中文版

AutoCAD 2020
机械制图实用教程
（微课视频版）

包 丽 骆驼在线课堂◎编著

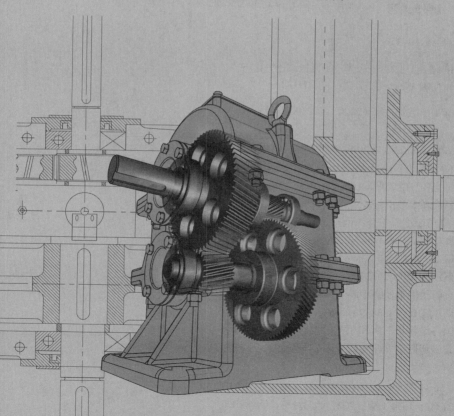

中国水利水电出版社

www.waterpub.com.cn

·北京·

内 容 提 要

《中文版 AutoCAD 2020 机械制图实用教程（微课视频版）》以 AutoCAD 2020 软件为操作平台，从实际操作和应用的角度出发，通过系统全面、详尽丰富的知识讲解和上百个具体工程案例的剖析，详细介绍了 AutoCAD 2020 在机械设计中的基本操作和实际应用技能。全书共分 5 篇，第 1 篇为基础篇，介绍了机械设计基础知识、AutoCAD 的基本操作和机械绘图的基本要求；第 2 篇为入门篇，介绍了二维图元、二维图的编辑与管理知识；第 3 篇为进阶篇，讲解了机械零件图的信息查询与资源共享、尺寸标注、文字注释与公差标注；第 4 篇为提高篇，详细讲解了轴测图的绘制、三维模型的创建与编辑、机械零件图的打印输出；第 5 篇为实战篇，分别通过实例讲解了轴、套、筒、盘、盖、座、箱、壳、泵类机械零件图的绘制过程。

《中文版 AutoCAD 2020 机械制图实用教程（微课视频版）》也是一本实例视频教程，全书配备了 272 集（45 小时）的视频讲解，涵盖了全书绝大部分的基础知识和实例操作，全书 236 个实例与练习操作、19 个综合练习与职场实战案例，实例结合视频教学，学习效率更高。本书赠送素材源文件，读者可以边学边操作，快速提高实际应用能力。

《中文版 AutoCAD 2020 机械制图实用教程（微课视频版）》内容全面、专业性强，对每个知识点都进行详细讲解和实例操作解析，每幅案例图纸均从满足专业工程设计要求的角度进行绘制，帮助读者正确掌握机械制图的绘制方法和技巧，熟练绘制各种机械零件图。本书既适合 AutoCAD 初级读者自学使用，又适合作为各大、中专院校和培训机构的教材，同时也可作为广大 AutoCAD 机械设计专业技术人员的必备设计手册。

图书在版编目（CIP）数据

中文版 AutoCAD 2020 机械制图实用教程：微课视频
版 / 包丽，骆驼在线课堂编著 . -- 北京：中国水利水
电出版社，2021.5
ISBN 978-7-5170-9110-3

Ⅰ.①中⋯ Ⅱ.①包⋯②骆⋯ Ⅲ.①机械设计—计
算机辅助设计—AutoCAD 软件—教材 Ⅳ.① TH122

中国版本图书馆 CIP 数据核字（2020）第 210020 号

书 名	中文版 AutoCAD 2020 机械制图实用教程（微课视频版） ZHONGWENBAN AutoCAD 2020 JIXIE ZHITU SHIYONG JIAOCHENG	
作 者	包丽 骆驼在线课堂 编著	
出版发行	中国水利水电出版社 （北京市海淀区玉渊潭南路 1 号 D 座 100038） 网址：www.waterpub.com.cn E-mail: zhiboshangshu@163.com 电话：（010）62572966-2205/2266/2201（营销中心）	
经 售	北京科水图书销售中心（零售） 电话：（010）88383994、63202643、68545874 全国各地新华书店和相关出版物销售网点	
排 版	北京智博尚书文化传媒有限公司	
印 刷	三河市龙大印装有限公司	
规 格	190 mm×235 mm 16 开本 26.5 印张 588 千字	
版 次	2021 年 5 月第 1 版 2021 年 5 月第 1 次印刷	
印 数	0001—5000 册	
定 价	89.80 元	

前　言

　　AutoCAD 是目前应用最广泛的辅助绘图软件，其强大的绘图功能一直以来深受广大设计人员的喜爱。为使广大读者能快速掌握最新版 AutoCAD 2020 机械设计操作技能，并将其应用到实际工作中，我们编写了本书。

　　本书内容丰富，实用性较强，内容几乎涵盖了 AutoCAD 2020 在机械设计方面的所有操作技能。在章节安排上，充分考虑初学者的学习特点和接受能力，采用从易到难、循序渐进、同时穿插大量精彩实例操作的写作技巧进行讲解，深入浅出地教会读者如何使用 AutoCAD 2020 软件进行机械制图的实际工作，自始至终都渗透着"案例导学"的思维模式。

本书结构

　　本章导读： 讲解本章所学的相关内容。

　　主要内容： 介绍本章主要知识。

　　实例： 以实例操作的形式对本节相关知识进行讲解。

　　知识拓展： 对相关知识点进行拓展讲解，拓宽读者知识面。

　　练一练： 设计相关练习，让读者对知识点进行巩固。

　　小贴士： 对容易出错的地方给出贴心的提示，避免出错。

　　疑问解答： 对学习中出现的疑难问题进行详细解答。

　　综合练习： 通过具体案例对本章所学知识进行综合练习。

　　职场实战： 将知识点融入实际工作案例中，使读者能学以致用。

本书显著特色

　　1. 视频讲解，手把手教学

　　本书配备了 272 集（45 小时）视频讲解，涵盖了全书绝大部分的基础知识和实例操作，读者可以扫描二维码观看视频，也可以从计算机端下载视频观看教学，如同老师在身边手把手教学，学习轻松高效。

　　2. 实例丰富，强化动手能力

　　实用才是硬道理，全书的知识点均以实例操作的形式进行讲解，通过反复演练达到掌握知识和熟练运用的目的。全书包含了 236 个实例与练习操作、19 个综合练习与职场实战案例，覆盖了机械设计中的轴、套、筒、盘、盖、座、箱、壳、泵类机械零件图的绘制过程，读者通过模仿操作，学习效率更高。

　　3. 内容丰富，注重学习规律

　　本书涵盖了 AutoCAD 2020 常用工具、命令的功能介绍，采用"基础知识 + 实例"的形式进行讲解，符合轻松易学的认知规律，对关键知识点设置"知识拓展""疑问解答""小贴士"等特色段落，以便拓展知识面，扫除技术盲点，巩固所学。

4. 赠送资源

本书赠送素材源文件，读者可以边学边操作，提高实战应用技能。

5. QQ 在线交流答疑

本书提供 QQ 群交流答疑，读者之间可以互相交流学习。

本书内容

本书共 5 篇 16 章，具体内容如下。

第 1 篇：AutoCAD 机械设计基础，包括第 1~3 章内容，本篇结合大量实际案例讲解了 AutoCAD 机械设计的基础知识，为学习 AutoCAD 机械设计奠定基础。

第 1 章：机械设计必备基础知识。本章主要讲解机械设计的分类、机械零件的类型、机械工程图的绘图原理、机械视图的表达内容、机械视图的选择与绘图要求以及机械零件图的绘图标准等基本知识。

第 2 章：AutoCAD 2020 机械设计基本操作。本章主要讲解 AutoCAD 2020 软件的工作空间、机械绘图环境设置、查看、管理机械图形文件、操作机械零件图的方法等软件基本操作知识等。

第 3 章：机械绘图设置与绘图方法。本章主要讲解 AutoCAD 2020 机械绘图界限、绘图单位的设置、启动机械绘图命令、启用机械绘图辅助功能以及正确输入机械零件图点坐标的方法等基本绘图知识。

第 2 篇：AutoCAD 机械设计入门，包括第 4~6 章内容，本篇结合大量实际案例讲解了 AutoCAD 机械设计基础入门知识。

第 4 章：机械设计中的二维图元。本章主要讲解 AutoCAD 2020 机械设计中二维图元的创建方法和应用技能。

第 5 章：机械零件二维图的编辑。本章主要讲解机械零件二维图形的编辑技能，包括图形对象的倒角、圆角、偏移、修剪、打断、合并、分解、延伸、拉伸和拉长等编辑知识。

第 6 章：机械零件二维图的管理。本章主要讲解机械零件二维图的管理知识，具体包括图层的应用、图块的创建、属性的定义以及特性设置等知识。

第 3 篇：AutoCAD 机械设计进阶，包括第 7~9 章内容，本篇结合大量实际案例讲解了 AutoCAD 机械设计进阶知识。

第 7 章：机械零件图的信息查询与资源共享。本章主要讲解 AutoCAD 2020 机械设计中应用图形资源以及查询图形信息的相关知识。

第 8 章：机械零件图的尺寸标注。本章主要讲解标注机械零件图尺寸的相关知识。

第 9 章：机械零件图的文字注释与公差标注。本章主要讲解机械零件图中文字注释、公差标注以及添加图框，绘制并应用表格的相关知识。

第 4 篇：AutoCAD 机械设计提高，包括第 10~13 章内容，本篇结合大量实际案例讲解了 AutoCAD 机械设计的提高知识。

第 10 章：绘制机械零件轴测图。本章主要讲解机械零件轴测图的类型、画法以及尺寸标注和文字注释等相关知识。

第 11 章：创建机械零件三维模型。本章主要讲解创建机械零件三维模型的相关知识。

第 12 章：机械零件三维模型的编辑。本章主要讲解编辑、修改机械零件三维模型的相关知识。

第 13 章：机械零件图的打印输出。本章主要讲解机械零件图的打印输出知识。

第 5 篇：AutoCAD 机械设计实战，包括第 14~16 章内容，本篇结合大量实际案例讲解了不同类型的机械零件图三种图形的画法。

第 14 章：绘制轴、套、筒类机械零件图。本章通过大量实例，详细讲解轴、套、筒类机械零件投影图、三维模型以及轴测图的画法。

第 15 章：绘制盘、盖、座类机械零件图。本章通过大量实例，详细讲解盘、盖、座类机械零件投影图、三维模型以及轴测图的画法。

第 16 章：绘制箱、壳、泵类机械零件图。本章通过大量实例，详细讲解箱、壳、泵类机械零件投影图、三维模型以及轴测图的画法。

本书赠送资源

（1）本书素材资源包

为了便于读者更好地学习、使用本书，本书赠送所有实例的素材文件、效果文件、图块文件和样板文件，以便读者在使用本书时随时调用和学习操作。

（2）视频文件

读者可用手机扫描二维码学习，也可下载本书实例的视频文件包，在计算机端学习。

资源获取及交流方式

（1）关注微信公众号"设计指北"，然后输入 CAD9110 并发送到公众号后台，即可获取本书资源的下载链接。将此链接复制到计算机浏览器的地址栏中，根据提示下载即可。

（2）加入本书学习 QQ 群 1045665079（注意加群时的提示，并根据提示加群），可在线交流学习。

关于作者

本书由包丽及骆驼在线课堂全体人员共同编写完成。其中，第 1~4 章由包丽执笔完成，第 5~16 章由骆驼在线课堂的史宇宏、李强、陈玉蓉、张伟、姜华华、史嘉仪、郝晓丽、翟成刚、陈玉芳、石旭云、陈福波执笔完成。

在此感谢所有给予我们关心和支持的同行。由于编者水平有限，书中难免有不妥之处，恳请广大读者批评指正。

编者

目　录

第 1 篇　AutoCAD 机械设计基础

第2篇　AutoCAD 机械设计入门

第3篇　AutoCAD 机械设计进阶

第4篇　AutoCAD 机械设计提高

第 5 篇　AutoCAD 机械设计实战

第1篇　AutoCAD 机械设计基础

学习 AutoCAD 机械设计，不仅要掌握机械设计的理论知识，而且也要掌握 AutoCAD 软件的基本操作知识，要理论与实践相结合，才能绘制出符合设计要求的机械零件图。本篇通过第 1~3 章的内容，向读者详细讲解机械设计的基本理论知识和软件的基本操作知识，为后续学习 AutoCAD 机械设计奠定基础。具体内容如下：

↘ 第1章　机械设计必备基础知识

本章主要讲解机械设计的分类、机械零件的类型、机械工程图的绘图原理、机械视图的表达内容、机械视图的选择与绘图要求以及机械零件图的绘图标准等基本知识。

↘ 第2章　AutoCAD 2020 机械设计基本操作

本章主要讲解 AutoCAD 2020 软件的工作空间，机械绘图环境设置，查看、管理机械图形文件，操作机械零件图的方法等软件基本操作知识。

↘ 第3章　机械绘图设置与绘图方法

本章主要讲解 AutoCAD 2020 机械绘图界限、绘图单位的设置、启动机械绘图命令、启用机械绘图辅助功能以及正确输入机械零件图点坐标的方法等基本绘图知识。

第 1 章　机械设计必备基础知识

本章导读

　　机械工程图是表达设计思想、指导机械制造的重要文件，作为机械设计初学者，了解机械制图标准和相关规定是必备技能，本章首先介绍机械设计的基础知识。

　　本章主要内容如下：

- ↘ 机械设计的分类与机械零件
- ↘ 机械零件图的投影原理与零件视图
- ↘ 机械零件视图的表达内容
- ↘ 机械零件视图的选择原则与绘图要求
- ↘ 机械零件图的绘图标准

1.1　机械设计的分类与机械零件

　　本节先来了解机械设计的分类，同时认识机械零件的类型，这对用户学习机械设计至关重要。

1.1.1　机械设计的分类

　　机械设计其实就是指根据用户的使用要求，对其专用机械的工作原理、结构、运动方式、力和能量的传递方式、各个零件的材料和形状尺寸、润滑方法等进行构思、分析和计算，最终将其以图纸的形式表现出来，作为机械制造的依据。

　　机械设计是机械工程的重要组成部分，是机械加工生产的第一要素，同时也是决定机械性能的主要因素。

　　机械设计根据其服务于不同产业和应用不同的工作原理，可以分为农业机械设计、矿山机械设计、纺织机械设计、汽车机械设计、船舶机械设计、泵机械设计、压缩机机械设计、汽轮机机械设计、内燃机机械设计、机床机械设计等。在这众多的机械设计中，尽管设计方向不同，但是这些设计又有许多共性技术，例如机构分析和综合、力与能的分析和计算、工程材料学、材料强度学、传动、润滑、密封，以及标准化、可靠性、工艺性、优化等都是相同的。

1.1.2　机械零件

　　机械设计是从机械零件开始的，机械零件是组成机械的基本单元，根据机械零件在机械中的作用不同，机械零件包括：用于连接的零件，如螺纹连接、楔连接、销连接、键连接、花键连接、过盈配合连接、弹性环连接、铆接、焊接和铰接等；传递运动和能量的带传动、摩擦轮传动、键传动、谐波传动、齿轮传动、绳传动和螺旋传动等机械传动，以及传动轴、联轴器、离合器和制动器等相应的轴系零件；起支撑作用的零件，如轴承、箱体和机座等；起润滑作用的润滑系统和密封等，以及弹簧等其他零件。这些零件归纳起来分为"轴套类"零件、"轮盘类"零件、"盖板类"零件、"叉架类"零件和"箱体类"零件五种，如图 1-1 所示。

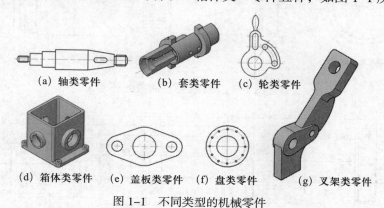

图 1-1　不同类型的机械零件

1.1.3　轴套类零件

1. 轴套类零件的结构特点与功能

轴套类零件是较常见的典型零件之一，它主要用来支撑传动零部件，传递扭矩和承受载荷。常见的轴套类零件主要有各种轴、丝杠、套筒、衬套等，这类零件大多由位于同一轴线上的数段直径不同的回转体组成，轴向尺寸一般比径向尺寸大，常见的有螺纹、销孔、键槽、退刀槽、越程槽、中心孔、油槽、倒角、圆角、锥度等结构，如图 1-2 所示。

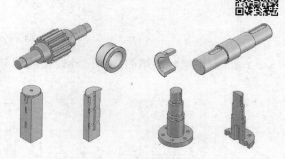

图 1-2　轴套类零件

轴套类零件多用来支撑安装回转体零件、传递动力等。因此，此类零件的基本形状多是轴向尺寸较长的圆柱体，且大多数是由几个不同直径的台阶形圆柱体组成。另外，为了与所配零件连接，一般都有各种槽、孔、螺纹等结构。

2. 轴套类零件的表达方法

由于轴套类零件的形体比较简单，一般其轴线水平放置，用一个主视图即可，这样既符合形体特征原则，又符合加工位置原则。如果零件较复杂，可以使用两个或两个以上视图表达。对于凸轮轴、曲轴等，由于它们的主要工作面不与主轴线对称，因此需要增加其他视图。

轴套类零件的表达方法如下：

（1）非圆视图水平摆放作为主视图。所谓非圆视图，也就是说，不能将轴套类零件的圆形面视图作为主视图，这样不利于很好地表达零件图的结构特点，如图 1-3 所示。

（2）对于内部有键槽、油孔等内部结构的轴类零件，要使用局部视图、局部剖视图、断面图、局部放大图等作为补充，如图 1-4 所示。

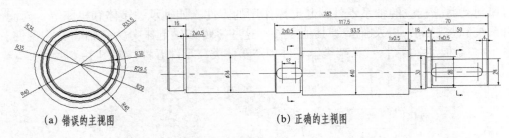

（a）错误的主视图　　　　　　　　　　（b）正确的主视图

图1-3　轴套类零件的主视图

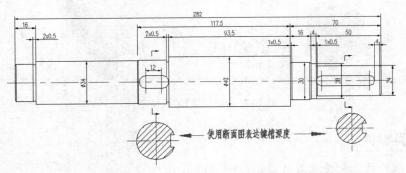

图1-4　轴类零件的主视图与断面图

（3）对于形状简单而轴向尺寸较长的轴套类零件，常将其断开后缩短绘制，如图1-5所示。

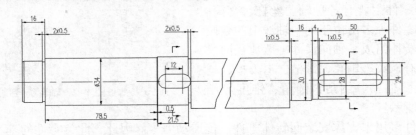

图1-5　断开后缩短绘制的轴套类零件

📋 小贴士

断开后缩短绘制的轴套类零件，在标注长度总尺寸时要标注零件的实际尺寸，切不可标注图形的实际测量尺寸。

（4）空心套类零件中由于多存在内部结构，一般采用全剖、半剖或局部剖来绘制，以便能很好地表达零件图的内部结构，便于零件图的加工，如图1-6所示。

1.1.4　盘盖轮类零件

盘盖轮类零件的结构一般是沿着轴线方向长度较短的回转体，或几何形状比较简单的板状体，如齿轮、端盖、皮带轮、手轮、法兰盘、阀盖、压盖等。图1-7所示是常见的几种盘盖轮类零件。

图1-6　空心套类零件的剖视图　　　　　　图1-7　盘盖轮类零件

1. 盘盖轮类零件的结构特点与功能

盘盖轮类零件的结构特点是，轴向尺寸较小而径向尺寸较大。据此类零件在设备中的功能和作用，零件上常有键槽、凸台、退刀槽、销孔、螺纹以及均匀分布的小孔、肋和轮辐等结构。

2. 盘盖轮类零件的表达方法

盘盖轮类零件一般需两个以上基本视图，一个是主视图，用于表示其形体特征；另一个是俯视图或左视图，用于表示其宽度。根据盘盖轮类零件的结构特点，视图具有对称面时可作半剖视；无对称面时可作全剖或局部剖视。其他结构形状如轮辐和肋板等可用移出断面或重合断面画法，也可用简化画法。有的盘盖轮类零件由于需要清楚表达一些结构不在一个平面上的特征，常采用多个剖切平面剖切机件，而对于结构简单或对称的盘盖轮类零件，用一个视图能表达清楚的，就没有必要使用两个视图。

盘盖轮类零件的毛坯有铸件或锻件，机械加工以车削为主，因此，主视图一般按加工位置水平放置，但有些较复杂的盘盖零件，因加工工序较多，主视图也可按工作位置画出。

另外，盘盖轮类零件的主要回转面都在车床上加工，故按加工位置将其轴线水平安放画主视图。对不以车削加工为主的某些盘盖轮类零件，也可按工作位置安放主视图。其主视投射方向的形状特征原则上应首先满足加工需要，通常选投影非圆的视图作为主视图，其主视图通常侧重反映内部形状，故多用剖视，如图1-8所示。

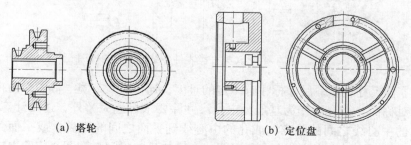

(a) 塔轮　　　　　　　　　　(b) 定位盘

图1-8　盘盖轮类零件的视图

1.1.5 叉架杆类零件

叉架杆类零件是在机械制造业中起着操纵、支撑、传动、连接等重要作用的一种零件，如拨叉、连杆、支撑臂、夹具架、轴承座等，此类零件多为铸件或模锻成型，再经过多种机床加工而成的。图 1-9 所示是常见的几种叉架杆类零件。

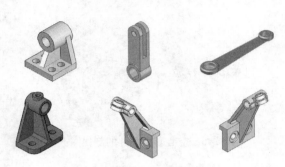

图 1-9 几种叉架杆类零件

1. 叉架杆类零件的特点与功能

叉架杆类零件的形体多不规则，但是大多数叉架杆类零件的主体部分都可以分为支撑部分、工作部分和连接部分，支撑部分和工作部分多为变形基本体，细部结构比较多，如圆孔、螺孔、油槽、油孔、凸台和凹坑等；而连接部分多由不同截面形状的肋或杆构成，其形状多为弯曲、扭斜等。

2. 叉架杆类零件的表达方法

由于叉架杆类零件的形体多不规则，且工作位置和加工位置方向多变，所以一般需要采用两个或两个以上的基本视图进行表达，且选择能明显反映零件固定和工作部分的方向为主视图投影方向。在具体绘制过程中，常采用断面图表达连接部分肋板形状，采用局部视图、剖视图表达一些孔、安装面等结构。图 1-10 所示是某叉架杆类零件各结构部分的视图。

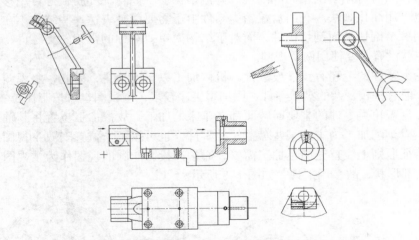

图 1-10 叉架杆类零件各结构部分的视图

叉架杆类零件尺寸较多，尺寸标注有一定的难度，通常有长、宽、高三个方向的尺寸基准，以孔的轴线、对称面、结合面作为基准，定位尺寸除要求标注完整外，还要注意尺寸精度，一般要标注出孔的中心线之间的距离，或孔的中心线到平面之间的距离，或平面到平面的距离，同时由于这类零件图的圆弧连接较多，所以要注意已知弧、中间弧的圆心应给出定位尺寸。

1.1.6　箱壳泵类零件

箱壳泵类零件用来支撑轴类零件和容纳安装其他零件，此类零件是机器或部件中的主要零件，其结构形状千变万化，是一类较为复杂的零件。常见的箱壳泵类零件有减速器箱体、阀体、泵体、腔体、机座和壳体等，如图 1-11 所示。

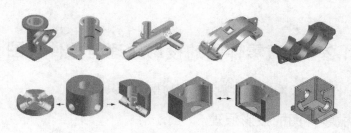

图 1-11　箱壳泵类零件

1. 箱壳泵类零件的特点与功能

箱壳泵类零件多是由曲面和平面构成的半封闭的空腔，其组成中有箱壁、连接、固定用的凸缘、支撑用的轴孔、沉孔、螺孔、肋板和底板等，机器或部件的外壳、机座和主体等均属于箱体类零件。

2. 箱壳泵类零件的表达方法

由于箱壳泵类零件的结构复杂、尺寸较多、尺寸精度要求较高，因此在标注尺寸时要注意长、宽、高三个方向的基准，然后确定各定位尺寸和定形尺寸的总格局。一般情况下，常以安装平面为高度方向的基准，而长和宽方向的基准则常选用对称平面、相邻件的接合面或重要孔的中心线。为了加工测量方便和装配需要，还常选用一些轴线、断面作为辅助基准，重要轴孔的定位尺寸和端面定位尺寸均从基准注出。

另外，由于此类零件的尺寸较多而且零碎分散，在标注时要注意布局合理、排列清晰和尺寸数量的完整。

由于箱壳泵类零件的形状结构比较复杂，加工工序较多，因此视图的选择和配置要特别慎重。一般常以工作位置和形状特征决定主视图，而且常采用多个基本视图以及剖视图、剖面视图等辅助视图综合表达此类零件的内部结构，如图 1-12 所示。因此，需要将几个视图结合起来分析，逐个弄懂各部分的形状，最后综合起来想象整体。

箱壳泵类零件的绘制一般是比较麻烦的，不仅要认真研究、分析零件自身的形状特征和结构特点，而且还要很好地了解与本零件有关的零件，以方便安装和容纳其他零件。另外，在具体绘制时还需要注意各螺

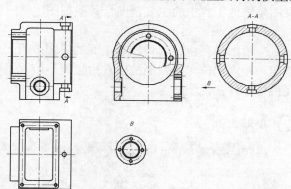

图 1-12　箱壳泵类零件视图

孔、定位销孔、油孔、地脚螺栓等的细小结构的精确定位。

1.1.7 标准件

标准件也叫通用件，就是指结构、尺寸、画法、标注等各方面已经完全标准化，并由专业厂生产这些常见的零件，如螺纹件、键、销、轴承等。此外，还有行业标准件，如汽车标准件、模具标准件等。

1.2 机械零件图的投影原理与零件视图

本节学习机械零件图的投影原理和零件视图的相关知识。

1.2.1 机械零件图的投影原理

在机械工程上，通常采用三面正投影原理生成三面正投影图来准确表达机械零件的内、外部结构特征。三面正投影图是指，从机械零件的正面向后投影生成的正面投影图、从机械零件的左面向右投影生成的侧面投影图以及从机械零件的顶面向下投影生成的顶面投影图，如图 1–13 所示。

机械工程上将正面投影图称为"主视图"，将侧面投影图称为"左视图"，将顶面投影图称为"俯视图"，"主视图""左视图""俯视图"总称为"三视图"。"三视图"是机械工程上的三大主要视图。

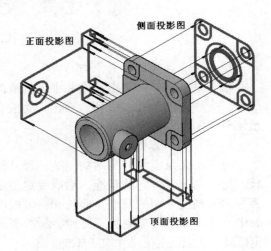

图 1–13　机械零件图的投影原理

1.2.2 零件视图

零件视图就是表达机械零件内、外部结构特征的视图，包括三视图和其他视图。其中，三视图是机械工程中的主要视图，其他视图包括三维图、轴测图、装配图等。

1. 三视图

三视图表现机械零件三个正面的投影效果，包括"主视图""左视图""俯视图"。国家标准规定，左视图位于主视图的正右边位置，俯视图位于主视图的正下方位置。图 1–14 所示是半轴壳机械零件三视图。

📋 小贴士

> 根据零件的复杂程度和加工制造要求，并不是每个机械零件都需要画三视图，可以根据机械零件的复杂程度选择不同的视图来表达，较简单的机械零件，可使用两个视图表达，如果两个视图不能表达清楚机械零件结构特征，即可使用三视图或更多视图来表达。

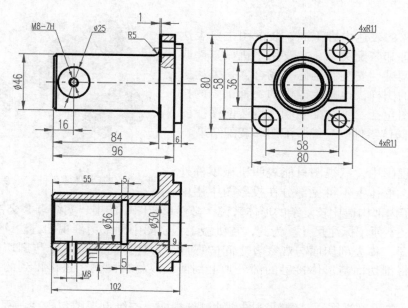

图 1-14 半轴壳机械零件三视图

2. 三维图

机械零件三维图是机械零件的三维效果表现，比起三视图，三维图可以更直观地表现机械零件的内、外部结构特征。图 1-15 所示是半轴壳机械零件的三维图和三维剖视图。

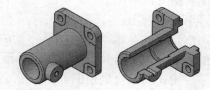

图 1-15 半轴壳机械零件的三维图和三维剖视图

📋 **小贴士**

绘制机械零件三维图，离不开三视图的支持，要根据机械零件三视图上标注的尺寸，在三维绘图空间精确创建机械零件三维图。

3. 轴测图

轴测图是在二维空间快速表达机械零件三维形体的最简单的视图，通过轴测图，同样可以较直观地表现机械零件的外形特征。图 1-16 所示是半轴壳机械零件轴测图和轴测剖视图。

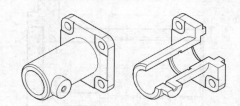

图 1-16 半轴壳机械零件轴测图和轴测剖视图

📋 **小贴士**

严格来讲，轴测图属于二维平面图，表面看起来与三维模型相似，但与三维模型有本质的区别。另外，绘制机械零件轴测图时，同样离不开机械零件三视图的支持。

4. 装配图

与其他视图的表达内容不同，装配图主要表达机械的工作原理和装配关系，主要用于机械零件或部件的装配、调试、安装、维修等场合，是表达机械零件或部件的图样，也是生产中的一种重要的技术文件。装配图包括二维装配图和三维装配图。图1-17所示是某阀体零件的三维装配图和装配结果。

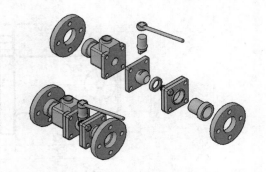

图1-17　某阀体零件的三维装配图和装配结果

5. 剖视图

在机械工程图中，三视图只能表明机械零件外形的可见部分，形体上不可见部分在投影图中用虚线表示，这对于内部构造比较复杂的形体来说，必然形成图中的虚、实线重叠交错，混淆不清，既不易识读，又不便于标注尺寸。为此，在机械工程制图中则采用剖视的方法，假想用一个剖切面将形体剖开，移去剖切面与观察者之间的那部分形体，将剩余部分与剖切面平行的投影面做投影，并将剖切面与形体接触的部分画上剖面线或材料图例，这样得到的投影图称为剖视图。

剖视图包括二维剖视图、三维剖视图和轴测剖视图，二维剖视图包含在三视图之内，三维剖视图包含在三维图之内，轴测剖视图包含在轴测图之内。

剖视图有以下类型。

（1）全剖视图

用剖切面完全地剖开物体所得到的剖视图称为全剖视图。此种类型的剖视图适用于结构不对称的形体，或者虽然结构对称但外形简单、内部结构比较复杂的物体。图1-18所示是半轴壳机械零件俯视图的全剖视图。

（2）半剖视图

当机械零件内外形状均匀，为左右对称或前后对称，而外形又比较复杂时，可将其投影的一半画成表示机械零件外部形状的正投影，另一半画成表示机械零件内部结构的剖视图。图1-19所示是半轴壳机械零件俯视图的半剖视图。

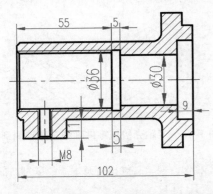

图1-18　半轴壳机械零件俯视图的全剖视图

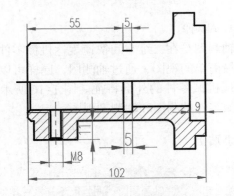

图1-19　半轴壳机械零件俯视图的半剖视图

（3）局部剖视图

使用剖切面局部地剖开机械零件后所得到的视图称为局部剖视图，多用于结构比较复杂、视图较多的情况。图 1-20 所示是半轴壳机械零件主视图的局部剖视图。

📋 小贴士

> 剖视图其实包含在三视图之内，在绘制三视图时，往往会根据机械零件的复杂程度，绘制机械零件的全剖、半剖或局部剖视图。

在机械设计中，三视图基本能反映出机械零件的结构特征，但在实际绘图中，需要根据机械零件本身的特征来决定，如果主视图已经能很清楚地表达出零件的结构特征，则不需要绘制其他视图，而对于主视图尚不能表达清楚的主要结构形状，则要通过俯视图或左视图来继续表达，有时还需要通过绘制仰视图（从下向上看）、后视图（从后向前看）、右视图（从右向左看）和局部放大图等进一步表达机械零件的结构特征。

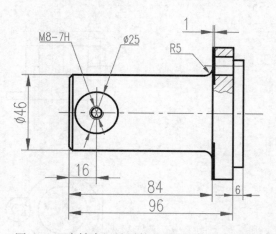

图 1-20　半轴壳机械零件主视图的局部剖视图

1.3　机械零件视图的表达内容

机械零件视图是表达单个机械零件的图样，也是生产加工和检验零件的依据，因此，机械零件视图应包括视图、尺寸、技术要求、图框与标题栏等内容。

1.3.1　视图

视图要能够完整、清晰地表达机械零件的结构和形状，以满足生产的需要。在绘制机械零件图时，应视零件的功用和结构形状的不同，采用不同的视图和表达方法，例如一个简单的轴套零件，使用两个视图即可清楚、完整地表达其内、外部结构特征，工程上将其称为零件二视图。图 1-21 所示为某轴套类零件的二视图。

对于较为复杂的箱体、壳体、夹具等零件，则需要使用三个或更多个视图来表达其内、外部结构特征，工程上将其称为零件三视图。图 1-22 所示为某箱体零件的三视图。

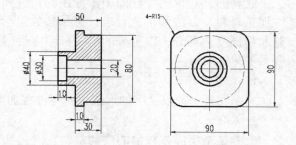

图 1-21　某轴套类零件的二视图

1.3.2　尺寸

尺寸是指表达零件各部分的大小和各部分之间的相对位置关系的参数，是零件加工的重要

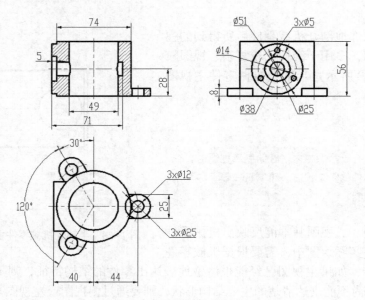

图 1-22　某箱体零件的三视图

依据。要在一个零件的各个视图上标注尺寸，各视图之间的尺寸要能相互对应，以方便零件的加工制造。图 1-23 所示是某零件的尺寸标注。

1.3.3　技术要求

　　技术要求是机械零件视图中非常重要的内容，是机械零件加工、制造的重要参考依据，包括文字说明和符号参数两部分。文字说明是通过文字注释的方式说明零件图中未标注的角度和零件加工材料、方法和工艺要求，符号参数包括公差和粗糙度两部分，以符号的形式标明零件的精度和工艺要求等。

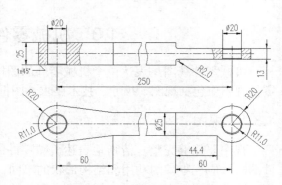

图 1-23　某零件的尺寸标注

　　1. 文字注释

　　文字注释一般以文字的形式说明零件在加工、检验过程中所需的技术要求。

　　2. 公差

　　公差是指实际参数值的变动量，它既包括机械加工中的几何参数，也包括物理、化学、电学等学科的参数，机械零件中的几何公差包括尺寸公差、形状公差和位置公差。尺寸公差是指允许尺寸的变动量，等于最大极限尺寸与最小极限尺寸代数差的绝对值。形状公差是指单一实际要素的形状所允许的变动全量，包括直线度、平面度、圆度、圆柱度、线轮廓度和面轮廓度 6 个项目。位置公差是指关联实际要素的位置对基准所允许的变动全量，它限制零件的两个或两个以上的点、线、面之间的相互位置关系，包括平行度、垂直度、倾斜度、同轴度、对称度、位置度、圆跳动和全跳动 8 个项目。公差表示了零件的制造精度要求，反映了其加工难易程度。

3. 粗糙度

在机械零件加工中，粗糙度是指零件表面所具有的较小间距和峰谷所组成的微观几何形状特性。表面粗糙度一般是由所采用的加工方法和其他因素所形成的，例如加工过程中刀具与零件表面间的摩擦、切屑分离时表面层金属的塑性变形以及工艺系统中的高频振动等。

由于加工方法和工件材料的不同，被加工表面留下痕迹的深浅、疏密、形状和纹理都有差别。表面粗糙度与机械零件的配合性质、耐磨性、疲劳强度、接触刚度、振动和噪声等有密切关系，对机械产品的使用寿命和可靠性有重要影响。

图 1-24 所示是涡轮箱零件三视图中标注的公差、粗糙度与文字注释。

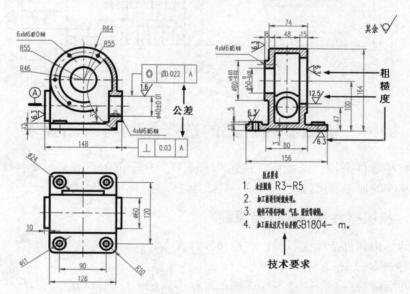

图 1-24 涡轮箱零件三视图中标注的公差、粗糙度与文字注释

1.3.4 图框与标题栏

机械零件图出图时要配置图框。图框有两种格式，一种是无装订边，另一种是有装订边，这两种格式的图框要根据图纸幅面大小，按照国家标准来配置。图框的右下角要有标题栏，标题栏格式和尺寸也要按照国家标准来绘制，用于填写零件名称、材料、比例、图号、单位名称及设计、审核、批准等有关人员的签字等，标题栏文字的方向一般为看图的方向。图 1-25 所示为涡轮箱三视图配置图框后的效果。

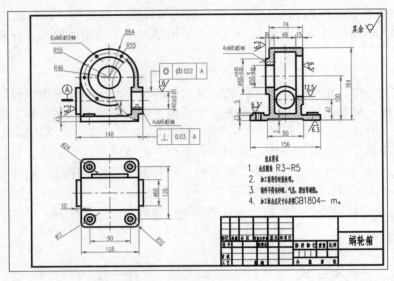

图 1-25　涡轮箱三视图配置图框后的效果

1.4　机械零件视图的选择原则与绘图要求

对于一个机械零件来说，选择零件视图非常重要，这不仅关系到机械零件图的绘制，而且也关系到机械零件的加工制造。

1.4.1　机械零件视图的选择原则

根据零件的结构和复杂程度不同，在选择零件视图时，要遵循以下原则。

1. 满足形体特征原则

根据零件的结构特点，要能使零件在加工过程中满足工件旋转和车刀移动。

2. 符合工作位置原则

主视图的位置应尽可能与零件在机器或部件中的工作位置相一致。

3. 符合加工位置原则

主视图所表达的零件位置要与零件在机床上加工时所处的位置相一致，这样方便加工人员在加工零件时看图。

总之，零件视图的选择要根据具体情况进行分析，从有利于看图出发，在满足零件形体特征原则的前提下，充分考虑零件的工作位置和加工位置，便于加工人员能顺利加工出符合要求的零件。

1.4.2　机械零件视图的绘图要求

在绘制机械零件视图时，每个视图都要能够完整、清晰地表达机械零件的内、外部结构和形状特征，因此，所有视图要能满足以下要求。

1. 完全

零件各部分的结构、形状、相对位置等要表达完全，并且唯一确定，便于零件的加工。

2. 正确

零件各视图之间的投影关系和表达方法要正确无误，避免加工出错误的零件。

3. 清楚

零件各视图中所画图形要清晰易懂，便于加工人员识图和加工。

在具体绘制过程中，可以参照以下步骤进行绘制。

首先确定正视图方向，然后布置视图，再画出能反映物体真实形状的一个视图，一般为"主视图"，最后运用"长对正、高平齐、宽相等"的三等关系画出其他视图和辅助视图。

小贴士

三等关系是绘制三视图的重要参考依据，具体如下。

长对正：主视图与俯视图的长度要对正（相等）。

高平齐：主视图与左视图的高度要平齐。

宽相等：左视图与俯视图的宽度要相等。

图 1-26 所示是半轴壳零件三视图的三等关系。

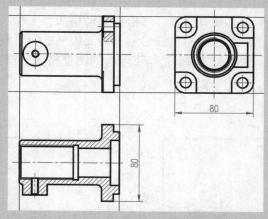

图 1-26　半轴壳零件三视图的三等关系

另外，根据机械设计制图要求规定，在布置三视图时，俯视图位于主视图的正下方，左视图位于主视图的正右方。

1.5　机械零件图的绘图标准

在机械制图中，任何一个机械零件图的绘制，都要严格按照国家标准《机械制图》中对机械工程图图样的要求和标准进行绘制，这些要求和标准包括图纸幅面、图框格式、标题栏尺寸和样式、图形的画法、比例、线型、尺寸标注方法等。

1.5.1　机械零件图图纸幅面与图框格式标准

在前面讲解机械零件图的表达内容时曾经讲到了图纸幅面和图框，在国家标准《机械制图》中对机械零件图图纸幅面和图框都有相关的标准。

1. 图纸幅面

图纸幅面就是画图的纸张大小，纸张的宽度（B）和长度（L）组成的画面就是图纸幅面。国家标准规定，机械制图中可采用 5 种图纸幅面，如表 1-1 所示。

表 1-1　国家标准规定的 5 种图纸幅面

幅面代号	A0	A1	A2	A3	A4
$B \times L$	841 × 1189	594 × 841	420 × 594	297 × 420	210 × 297
a	25				
c	10			5	
e	20			10	

2. 图框格式

一般情况下，机械图纸中都要有图框。图框有两种格式，一种为留有装订边，另一种为不留装订边，这两种格式的图框都采用粗实线绘制。需要说明的是，同一产品的图纸要采用一种图框格式。图 1-27（a）所示是 A3 图纸带有装订边的图框格式，图 1-27（b）所示是 A3 图纸不带装订边的图框格式。

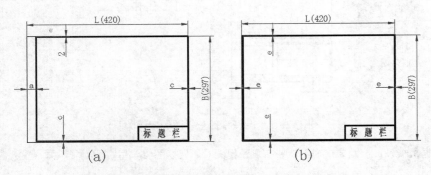

图 1-27　A3 图纸带有装订边与不带装订边的图框格式

3. 标题栏

标题栏位于图框的右下角，如图 1-27 所示。标题栏用于填写零件名称、材料、比例、图号、单位名称及设计、审核、批准等有关人员的签字等。每一张机械设计图纸都应该有标题栏，标题栏的方向一般为看图的方向，其区域组成、格式与尺寸要按照 GB/T10609.1—2008 的规定绘制。图 1-28 所示是标题栏的格式与内容。

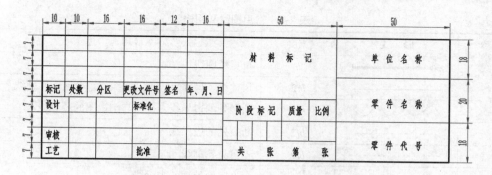

图 1-28　标题栏的格式与内容

1.5.2　机械零件图绘图比例标准

比例就是实物与图形之比，绘制机械工程图时，同一零件的各个视图都要采用统一比例，将实物按照放大或缩小的比例来绘制图形，当零件上有某些结构采用了不同比例进行绘制时，要在图形下方标注比例。图 1-29 所示是弯管模 A 向视图采用了 2:1 的比例放大绘制的效果。

需要注意的是，不管采用放大或缩小的比例绘制零件图，零件图上要标注零件的实际尺寸。表 1-2 所示是国家标准推荐优先使用的绘图比例。

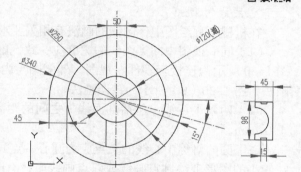

图 1-29　弯管模 A 向视图放大绘制的效果

表 1-2　国家标准推荐优先使用的绘图比例

种　类	优　先　使　用				
原值比例	1:1				
放大比例	2:1	5:1	$1\times10^n:1$	$2\times10^n:1$	$5\times10^n:1$
缩小比例	1:2	1:5	1:10	$1:1\times10^n$	$1:2\times10^n$	$1:5\times10^n$

1.5.3　机械零件图的图线线型与画法标准

在机械工程图中，图线的应用与画法有严格的规定和标准。

1. 图线的线型

在机械工程图中，图线分为粗线和细线两种，根据图形的大小和复杂程度，图线的宽度（b）在 0.5mm 和 2mm 之间选择，粗线与细线的宽度比为 2:1，图线宽度的推荐系列为 0.13mm、0.18mm、0.25mm、0.35mm、0.5mm、0.7mm、1mm、1.4mm、2mm。在机械工程图中，常用图线和用途如表 1-3 所示。

表 1-3　常用图线和用途

名　称	形　式	宽度	用　途
粗实线	▬▬▬▬	b	可见轮廓线
细实线	────	$b/2$	尺寸线、尺寸界线、剖面线、重合断面轮廓线、过渡线
波浪线	∿∿∿∿	$b/2$	断裂处的边界线、视图与剖视图的分界线
双折线	─╱╲─	$b/2$	断裂处的边界线
细虚线	‑ ‑ ‑ ‑ ‑	$b/2$	不可见轮廓线
粗虚线	━ ━ ━ ━	b	允许表面处理的表示线
细点画线	─ · ─ · ─	$b/2$	轴线、对称中心线
粗点画线	━ · ━ · ━	b	限定范围表示线
细双点画线	─ ·· ─ ·· ─	$b/2$	相邻辅助零件的轮廓线、极限位置的轮廓线

2. 图线的画法

在机械工程绘图中，图线的画法有相关要求和标准，具体如下：

（1）同一视图中同类图线的宽度应一致，虚线、点画线和双点画线线段长度与间隔要一致。图 1-30 所示为连接套零件左视图，外侧圆与内侧圆均为图形轮廓线。图 1-30（a）所示为正确画法，图 1-30（b）所示为错误画法。

（2）两条平行线（包括剖面线）之间的距离要不小于粗实线的 2 倍宽度，最小距离不得小于 0.7mm。

（3）圆的对称中心线的交点应为圆心，点画线与双点画线首尾两端应为线段而不是短画线，在较小的图形上绘制点画线或双点画线时，有时会有困难，这时可以允许使用细实线代替，如图 1-31 所示。

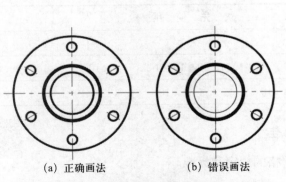

(a) 正确画法　　　　(b) 错误画法

图 1-30　连接套零件左视图正确与错误画法比较

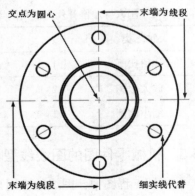

图 1-31　图线的画法示例（1）

（4）轴线、对称中心线、双折线和作为中断线的双点画线，要超出轮廓线 2~5mm，如图 1-32 所示。

（5）点画线、虚线与其他图线相交时，都应该在线段处相交，不能在空隙或短画线处相交，当虚线处于粗实线的延长线上时，粗实线应画到分界点，而虚线应留有空隙，当虚线圆弧与虚线直线相切时，虚线圆弧的线段要画到切点，而虚线直线要留有空隙，如图 1-33 所示。

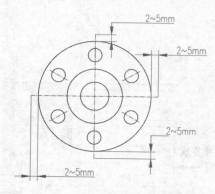

图 1-32　图线的画法示例

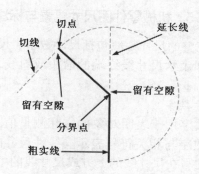

图 1-33　图线的画法示例

1.5.4　机械零件图尺寸标注标准

　　为机械零件图标注尺寸是机械设计中的重要内容，是机械零件实际大小和机械零件加工制造的依据，因此，为机械零件图标注尺寸，不仅要认真、一丝不苟，做到正确、完整、清晰、合理，同时要严格遵守国家标准 GB/T 4458.1—2002 对机械零件图尺寸标注方法的规定进行标注。

　　尺寸标注基本规定：

　　（1）机械零件的真实大小要以零件图上所标注的尺寸数值为依据，与图形大小和绘图精确度无关。由此可以看出，在绘制机械零件图时，尺寸标注是关键。

　　（2）绘图单位以 mm 为单位时，不必标注单位符号与名称，如果采用了其他单位，则需要注明相应单位符号。

　　（3）零件图中所标注的尺寸，必须是该零件的最后完工尺寸，否则要加以说明。也就是说，零件图中标注的尺寸如果只是该零件的草图，而非最终的图样尺寸，则需要说明，否则会被视为该零件的最终完工尺寸。

　　（4）零件的同一个尺寸，一般只标注一次，并应该标注在反映该零件结构清晰的图形上，如图 1-34 所示。在左视图中已经标注了壳体零件内孔圆的直径，而在主视图中则不需要再标注了，在左视图中没有标注隐藏线圆的直径，则需要在主视图中标注。另外，左视图中圆角矩形的 4 个圆角度都相同，只需要标注一个圆角度即可。

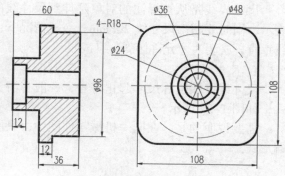

图 1-34　尺寸标注示例

小贴士

> 标注尺寸时，长度尺寸不需要任何符号，而圆弧和圆则需要在尺寸数字前添加半径或直径符号。

1.5.5　机械零件图尺寸要素与标注标准

一个完整的尺寸一般包括尺寸数字、尺寸线、尺寸界线和表示尺寸线终端的箭头或斜线，如图 1-35 所示。

1. 尺寸数字

尺寸数字用于表明对象的实际测量值，一般由阿拉伯数字与相关符号表示。线性尺寸的数字一般允许注写在尺寸线的上方或尺寸线的中断处，如果没有足够的位置，也允许引出标注。

另外，线性水平尺寸数字字头向上；线性垂直尺寸数字字头向左；线性倾斜尺寸数字字头趋于向上，如图 1-36 所示。

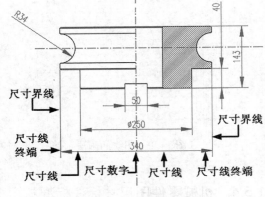

图 1-35　完整的尺寸

 小贴士

> 尺寸数字不允许被任何图线穿过，如果标注尺寸时不可避免，则需要将图线断开。

2. 尺寸线

尺寸线用于表明标注的方向和范围，一般使用细实线表示。线性尺寸的尺寸线必须与所标注的对象平行，同一方向的尺寸线之间的距离要相等，其间距应大于 5mm，同时要避免与其他尺寸线或尺寸界线相交。

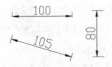

图 1-36　不同方向的线性尺寸标注

3. 尺寸界线

尺寸界线是从被标注的对象延伸到尺寸线的短线，表示所标注尺寸的起止范围，用细实线表示，同时要超出尺寸线 2~3mm。一般情况下，尺寸界线要与尺寸线垂直，必要时才允许倾斜。

4. 尺寸线终端

尺寸线终端也称尺寸起止符号，一般有箭头或倾斜短线两种形式，如图 1-37 所示。

需要说明的是，在同一机械零件图中，只能使用一种尺寸线终端形式。

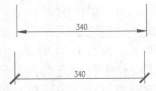

图 1-37　尺寸线终端类型

第 2 章　AutoCAD 2020 机械设计基本操作

本章导读

AutoCAD 是由 Autodesk 公司开发的一款辅助图形设计软件，到目前为止已升级到 2020 版本。本章首先介绍 AutoCAD 2020 的基本操作知识，为后续学习 AutoCAD 2020 机械设计奠定基础。

本章主要内容如下：
- ➥ 了解 AutoCAD 2020 的工作空间
- ➥ AutoCAD 2020 工作空间详解
- ➥ 设置机械绘图环境
- ➥ 管理与查看机械零件图形文件
- ➥ 选择与移动机械零件图
- ➥ 综合练习——创建阶梯轴机械零件装配图

2.1　了解 AutoCAD 2020 的工作空间

AutoCAD 从 2017 版本开始，其工作空间就发生了变化，由原来的"AutoCAD 经典""草图与注释""三维基础""三维建模"工作空间精简为"草图与注释""三维基础""三维建模"三种工作空间，每种工作空间都有各自的特点，并能满足不同的设计要求。下面介绍这三种工作空间。

2.1.1　"草图与注释"工作空间

"草图与注释"工作空间是系统默认的工作空间。当启动 AutoCAD 2020 软件程序后，首先进入"开始"界面，如图 2-1 所示。

在该界面中，用户可以新建一个空白绘图文件，也可以打开最近使用过的 CAD 图形文件。如果单击"开始绘制"按钮，就可以打开一个名为 Drawing 1.dwg 的默认 CAD 空白文件，并直接进入"草图与注释"工作空间。

在该工作空间，用户可以绘制、编辑、修改机械零件二维图和机械零件轴测图，并进行图形的输出、打印等一系列工作。图 2-2 所示为在"草图与注释"工作空间绘制的壳体零件二视图与轴测图。

2.1.2　"三维基础"工作空间

在"草图与注释"工作空间单击标题栏中的"草图与注释"工作空间列表，选择"三维基础"选项，如图 2-3 所示。

图 2-1 AutoCAD 2020 "开始"界面

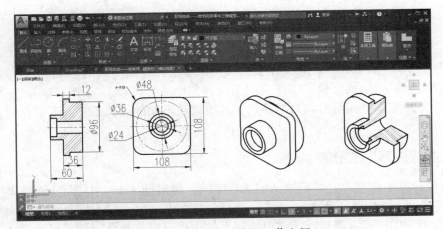

图 2-2 "草图与注释"工作空间

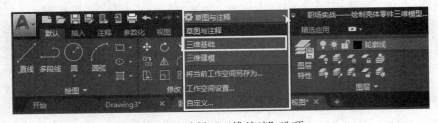

图 2-3 选择"三维基础"选项

此时可切换到"三维基础"工作空间。在该工作空间，用户可以创建、编辑、修改机械零件三维模型，同时也可以绘制、编辑机械零件二维图形，并进行机械零件图的输出、打印等一系列工作。图 2-4 所示为在"三维基础"工作空间创建的壳体零件三维模型与三维剖视图。

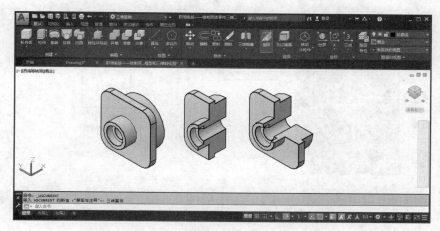

图 2-4　"三维基础"工作空间

2.1.3　"三维建模"工作空间

在"草图与注释"或"三维基础"工作空间标题栏的工作空间列表中选择"三维建模"选项，即可切换到"三维建模"工作空间。在该工作空间，用户同样可以绘制、编辑机械零件二维图形，创建、编辑、修改机械零件三维模型和三维装配图，并进行机械零件图的输出、打印等一系列工作。图 2-5 所示为在"三维建模"工作空间创建的机械零件三维模型和机械零件三维装配图。

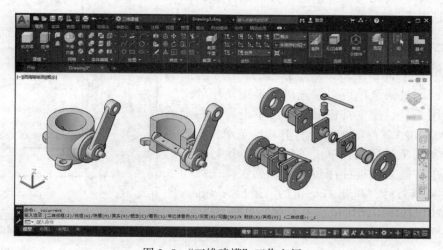

图 2-5　"三维建模"工作空间

📋 **小贴士**

除了以上切换工作空间的方法外，用户还可以单击任何一个工作空间右下角状态栏上的"切换工作空间"按钮 ⚙，在弹出的列表中选择不同的工作空间选项，或者执行菜单栏中的"工具"/"工作空间"命令，以切换工作空间，如图2-6所示。

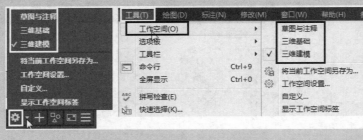

图2-6 切换工作空间的其他方法

2.2 AutoCAD 2020 工作空间详解

在AutoCAD 2020的三种工作空间中，"草图与注释"工作空间是比较常用的工作空间，该工作空间主要分为"程序菜单与标题栏""工具选项卡""绘图区与十字光标""命令行""状态栏"5部分，这5部分组成了AutoCAD 2020界面的核心组件。本节主要对AutoCAD 2020"草图与注释"工作空间界面组件进行详细讲解，其他两个工作空间界面组件和操作与此相同，这里不再对其进行介绍。

2.2.1 程序菜单与标题栏

程序菜单是AutoCAD 2020版本新增的，位于界面左上角位置，通过该菜单可以快速浏览最近使用的文档、访问常用工具、搜索常用命令等。单击界面左上角的AutoCAD 2020软件图标 ▲，打开程序菜单，菜单左侧是各种常用工具按钮，单击各按钮即可执行相应的操作，菜单右侧是最近使用过的文档列表，选择相关文档即可将其打开，单击右下角的"退出Autodesk AutoCAD 2020"按钮，即可退出该程序，单击"选项"按钮，可以对AutoCAD 2020进行相关设置，如图2-7所示。

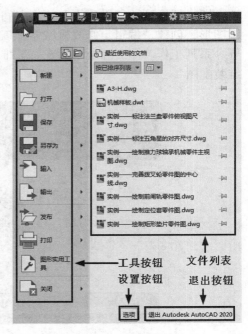

图2-7 程序菜单

标题栏位于"程序菜单"按钮右边，即界面顶部，包括"快速访问工具栏""工作空间切换列表""软件版本号与文件名称""快速查询信息中心""窗口控制按钮"等，如图 2-8 所示。

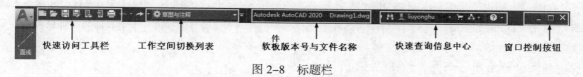

图 2-8　标题栏

通过标题栏，用户可以快速访问某些命令，进行切换工作空间、查看软件版本号与文件名称、获取所需信息、搜索所需资源，以及控制 AutoCAD 窗口的大小和关闭程序等操作。

2.2.2　工具选项卡

工具选项卡位于标题栏的下方，是 AutoCAD 2020 最主要的组件，也是用户绘制机械零件图的主要操作工具，具体包括"默认""插入""注释""参数化""视图""管理""输出""附加模块""协作""精选应用"10 个选项卡，如图 2-9 所示。

图 2-9　工具选项卡

工具选项卡的操作非常简单，单击选项卡名称即可显示该选项卡下的相关按钮，激活相关按钮即可执行相关操作。例如，单击"默认"选项卡下的"圆"按钮即可激活画圆命令，在绘图区单击并拖曳鼠标即可绘制一个圆，如图 2-10 所示。

2.2.3　绘图区与十字光标

绘图区位于工作界面正中央，绘图区内的十字符号就是十字光标，它是用户执行相关命令进行绘图的主要工具，会随用户的鼠标移动而移动，同时也会随操作不同而不同。

默认十字光标由"十字"符号和"矩形"符号叠加而成，当执行了绘图命令后，光标会显示十字符号，我们将其称为"拾取点光标"，它是点的坐标拾取器，用于拾取坐标点。当进入修改模式后，光标会显示矩形符号，我们将其称为"选择光标"，用于选取对象，如图 2-11 所示。

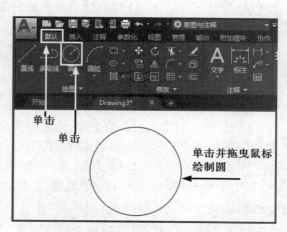

图 2-10　工具选项卡的应用

下面通过绘制并复制圆的操作，看看十字光标的相关变化。

实例——绘制并复制圆

（1）输入 C，按 Enter 键激活"圆"命令，此时光标显示为"拾取点光标"（十字符号），在绘图区单击拾取圆的圆心，移动光标到合适位置再次单击，确定圆半径的端点坐标绘制一个圆，如图 2-12 所示。

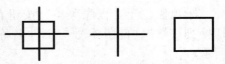

(a) 十字光标 (b) 拾取点光标 (c) 选择光标

图 2-11 十字光标的三种形式

（2）输入 CO，按 Enter 键激活"复制"命令，此时光标显示为选择光标（矩形符号），单击圆将其选择，如图 2-13 所示。

（3）按 Enter 键确认，此时光标显示"拾取点光标"（十字符号），拾取圆心作为基点，移动光标到合适位置再次拾取另一个圆心，如图 2-14 所示。

（4）按 Enter 键结束操作。

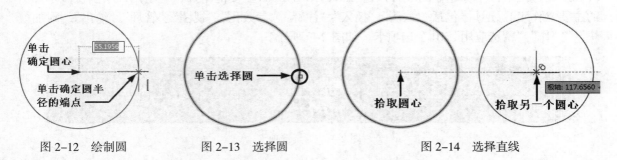

图 2-12 绘制圆　　　图 2-13 选择圆　　　图 2-14 选择直线

2.2.4 命令行

命令行位于绘图区的下方，是 AutoCAD 2020 最核心的部分，也是用户绘图的主要途径。命令行分为上下两部分，下半部分是命令输入窗口，让用户输入命令；上半部分是命令记录窗口，记录用户输入的命令，如图 2-15 所示。

图 2-15 命令行

在绘图时，用户只需向命令行输入相关命令，按 Enter 键确认，然后根据命令行的提示进行操作，即可完成图形的绘制。此时，命令行会记录用户输入的每个命令和操作过程。

下面绘制长度为 100 的直线，学习命令行的操作方法。

实例——绘制长度为 100 的直线

（1）在命令输入行输入 L，按 Enter 键，激活"直线"命令。

（2）根据命令行的提示，在绘图区单击拾取直线的第一个点。

（3）继续根据命令行的提示输入另一个点的坐标 100。

（4）继续根据命令行的提示，按两次 Enter 键确认并结束操作，此时在命令记录行将显示该操作的所有过程，如图 2-16 所示。

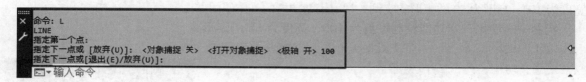

图 2-16　命令行提示

小贴士

命令行的这一功能最大的好处就是，用户可以查看绘图的全过程，尤其是出现错误的操作时，可以根据命令行的记录及时查找错误。

另外，由于"命令记录窗口"的显示有限，如果需要直观、快速地查看更多的历史信息，用户可以按 F2 功能键，系统会以"文本窗口"的形式显示记录信息，如图 2-17 所示。再次按 F2 功能键，即可关闭文本窗口。

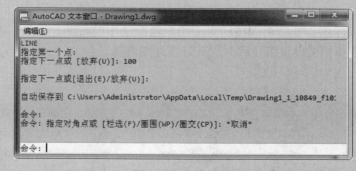

图 2-17　文本窗口

2.2.5　状态栏

状态栏位于命令行下方，即操作界面的底部，由绘图空间切换按钮与辅助功能按钮两部分组成，如图 2-18 所示。

图 2-18　状态栏

绘图空间包括"模型空间"和"布局空间"两种。一般情况下，模型空间用于绘图，布局空间用于打印输出。可以通过单击 模型 、 布局1 、 布局2 在不同的绘图空间进行切换。如果想新建一个布局，可以单击右侧的"新建布局"按钮 ＋ 新建一个布局。有关布局空间的使用，将在后面章节进行讲解，在此不再赘述。

辅助功能按钮包括捕捉模式设置、启用捕捉、极轴追踪、启用正交、显示线宽、切换工作空间等诸多功能按钮，这些功能按钮是用户精确绘图不可缺少的辅助工具。下面通过使用正交功能绘制宽度为 100、高度为 50 的矩形的实例，学习辅助功能的具体使用方法。

实例——使用正交功能绘制宽度为 100、高度为 50 的矩形

（1）单击状态栏上的"正交限制光标"按钮，将其激活，以启用正交功能，如图 2-19 所示。

（2）在命令输入行输入 L，按 Enter 键，激活"直线"命令。

图 2-19　启用正交功能

（3）在绘图区单击拾取一个点，水平向右引导光标，输入 100，按 Enter 键确认，绘制矩形的水平边。

（4）垂直向上引导光标，输入 50，按 Enter 键确认，绘制矩形的垂直边。

（5）继续水平向左引导光标，输入 100，按 Enter 键确认，绘制矩形的另一条水平边。

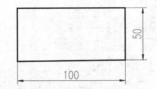

图 2-20　使用正交功能绘制矩形

（6）输入 C，按 Enter 键闭合图形，完成矩形的绘制，如图 2-20 所示。

由以上实例可以看出，辅助功能按钮对于用户精确绘图的帮助非常大，有关辅助功能按钮的其他更多使用方法和相关设置将在后面章节进行详细讲解。

📋 **小贴士**

AutoCAD 2020 菜单栏也是其重要组成部分，但由于 AutoCAD 2020 将大多数绘图、图形编辑等命令都集成在了工具选项卡中，菜单栏的作用就显得并不是那么重要了。因此，在系统默认情况下菜单栏被隐藏，用户可以单击"工作空间切换列表"右侧的 ▼ 按钮，在打开的列表中选择"显示菜单栏"选项，此时在标题栏下方将显示菜单栏，如图 2-21 所示。

图 2-21　菜单栏

菜单栏的操作方法与其他应用软件中菜单栏的操作完全相同，在此不再对其进行详细讲解，在后面章节中，将通过具体实例学习菜单栏的应用。

2.3　设置机械绘图环境

一个操作简单、方便的绘图环境，对用户来说可以起到事半功倍的效果。AutoCAD 2020 默认绘图环境基本能满足用户的绘图需求，但也有一些功能需要用户根据自己的需求进行设置，才能满足自己的绘图需求。本节就来讲解设置绘图环境的相关知识。

2.3.1　设置机械绘图背景颜色

系统默认情况下，AutoCAD 2020 绘图区背景颜色为黑色，对于有些用户来说可能看着不舒服，这时用户可以根据个人喜好设置一个自己满意的绘图区背景颜色。下面将绘图区背景颜色设置为白色。

实例——设置绘图区背景颜色为白色

（1）在程序菜单下单击 选项 按钮打开"选项"对话框，进入"显示"选项卡。单击 颜色(C)... 按钮，打开"图形窗口颜色"对话框，如图 2-22 所示。

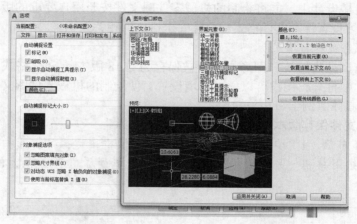

图 2-22　打开"图形窗口颜色"对话框

（2）在"上下文"列表中选择"二维模型空间"选项，在"界面元素"列表中选择"统一背景"选项，在"颜色"列表中选择"白"颜色，单击 应用并关闭(A) 按钮，如图 2-23 所示。

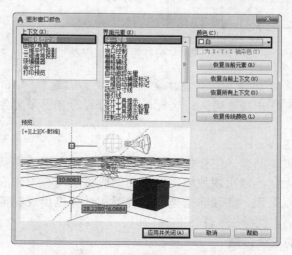

图 2-23　设置绘图背景颜色

（3）此时会发现绘图区颜色变成了白色，使用相同的方法，用户可以设置界面及其他系统颜色。

 小贴士

依次单击 恢复传统颜色(L) 、 应用(A) 和 确定 按钮，即可恢复系统默认的颜色。

2.3.2 设置机械绘图文件保存格式与文件安全措施

在 AutoCAD 机械设计中，能将绘制的机械零件图文件按照用户要求的版本和格式安全保存非常重要。本节学习设置保存文件格式与文件安全措施的相关知识。

1. 设置文件保存版本与格式

AutoCAD 2020 默认设置下，图形文件会被保存为 2018 版本的 .dwg 格式，这种格式只能在 2018 及以上高版本中打开，用户可以通过环境设置，使绘制的机械零件图文件能在多个低版本中通用。下面通过具体实例学习相关知识。

实例——设置文件保存版本与格式

（1）继续 2.3.1 节第（1）步的操作，在"选项"对话框中选择"打开和保存"选项卡，在"文件保存"选项组下单击"另存为"下拉列表，其中罗列了文件另存为的版本，如图 2-24 所示。

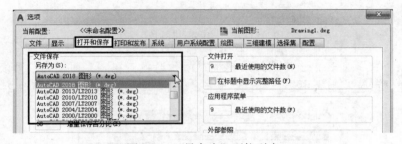

图 2-24 "另存为"下拉列表

（2）用户可以根据需要选择不同的版本和格式。例如，选择"AutoCAD 2013/LT2013 图形（*.dwg）"格式，单击 应用(A) 按钮确认，这样以后绘图的所有图形文件都会被保存为该版本的文件。

2. 文件安全措施设置

相信所有从事计算机辅助设计工作的人员都有过这样的经历，那就是在我们正集中精力工作时，计算机突然间毫无征兆地出现故障，结果前面所做的所有工作成果都不复存在。为了避免这样的情况发生，可以采取一些预防措施，以确保在计算机出现异常时，能保存我们的设计成果。下面继续通过一个实例操作，学习相关知识。

实例——设置文件的安全措施

（1）继续上一节的操作，在"文件安全措施"选项组下勾选"自动保存"复选框。

（2）在"保存间隔分钟数"文本框中设置保存间隔的时间。例如，设置为10，那么系统将每隔10分钟自动保存文件，如图2-25所示。

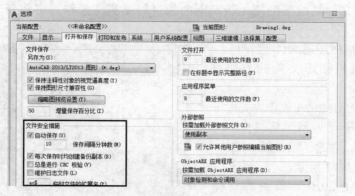

图 2-25　设置文件自动保存

（3）设置完成后单击 应用(A) 按钮确认完成设置。

📋 小贴士

> 如果想得到更安全的保障，可以勾选"每次保存时均创建备份副本"复选框，以创建备份保存，设置完成后单击 应用(A) 按钮。
>
> 另外，AutoCAD 2020 将最近使用过的 9 个文件组织并放置在程序菜单下，方便用户通过程序菜单快速打开这些文件。用户可以在"文件打开"选项组下设置最多 50 个最近使用过的文件，将其放置在程序菜单下，以方便随时打开。该操作比较简单，在此不再详细讲解。其效果如图 2-26 所示。

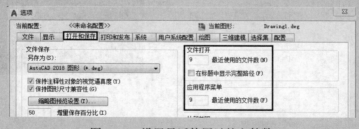

图 2-26　设置最近使用过的文件数

以上主要介绍了绘图背景颜色和文件保存格式与版本的设置知识。除了这些设置外，用户也可以对十字光标大小、自动捕捉等其他功能进行设置，以方便绘图。这些设置都比较简单，在此不再详细讲解，用户可以自己尝试设置。

2.4　管理与查看机械零件图形文件

管理图形文件与操作视图是 AutoCAD 2020 机械设计的基本操作，本节继续讲解相关知识。

2.4.1　新建机械图形文件

新建机械图形文件是绘图的第 1 步。下面通过简单实例操作，讲解新建机械图形文件的方法。

实例——新建机械图形文件

常用的新建机械图形文件的方法有两种。

（1）启动 AutoCAD 2020 程序进入"开始"界面，单击"开始绘图"按钮，即可新建一个图形文件，并进入 AutoCAD 2020 的绘图界面，如图 2-27 所示。

（2）在 AutoCAD 2020 的绘图界面单击"快速访问工具栏"上的"新建"按钮 打开"选择样板"对话框，选择 acad-Named Plot Styles 或其他类型的样板文件，单击 打开(O) 按钮，即可新建图形文件，如图 2-28 所示。

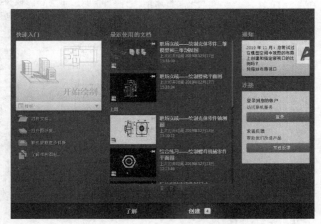

图 2-27　"开始"界面

图 2-28　"选择样板"对话框

📋 **小贴士**

执行菜单栏中的"文件"/"新建"命令，或在命令行输入 New 按 Enter 键，或按组合键 Ctrl+N 都可以打开"选择样板"对话框，从中选择一种样板文件然后确认，以新建绘图文件。需要说明的是，在"选择样板"对话框中，系统提供了多种类型的样板文件，其中 acadISO-Named Plot Styles 和 acadiso 是公制单位的样板文件，用于在二维绘图空间绘图。这两种样板文件的区别就在于，前者使用"命名打印样式"对图形进行打印输出，而后者使用"颜色相关打印样式"进行打印输出，这两种打印输出样式对绘图没有任何影响。另外，用户还可以以"无样板"方式新建绘图文件。具体操作如下：在"选择样板"对话框中选择一个图纸类型后，单击 打开(0) 按钮右侧的下三角按钮，选择"无样板打开-公制"选项，即可新建无样板公制单位的绘图文件，如图 2-29 所示。

图 2-29　新建"无样板"绘图文件

📖 **疑问解答**

疑问 1：什么是"样板"？以"无样板"方式创建的绘图文件与以其他方式创建的绘图文件有什么区别？

解答 1：在 AutoCAD 机械设计中，针对不同的零件图其设计精度要求和单位都不同，这就需要用户在设计前进行设置。"样板"就是已经定义好了绘图单位、绘图精度等一系列与绘图有关的设置的文件，而"无样板"就是还没有定义相关设置的空白文件。

其实，在实际绘图过程中，不管有样板还是无样板，用户都需要根据具体设计要求制作一个样板文件进行绘图。因此，采用"无样板"方式还是"样板"方式得到的绘图纸与实际设计无太大意义。有关样板文件的制作，将在后面章节中进行讲解。

疑问 2：什么是"公制"？什么是"英制"？二者有什么区别？

解答 2："公制"是我国对设计图的相关制式要求，而"英制"是美国对设计图的相关制式要求。一般情况下，都是采用我国对设计图的相关制式要求来绘图的。

疑问 3：3D 类型的样板文件在什么情况下使用？

解答 3：3D 类型的样板文件是一种三维透视投影视图，可以显示三维模型的 3 个投影面，用于创建三维模型，方便用户对三维模型进行观察和编辑，如图 2-30 所示。

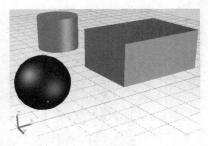

图 2-30　三维投影视图

2.4.2　打开、保存与关闭机械零件图

用户可以打开已保存或外部图形文件进行查看或编辑，也可以将打开或绘制的图形文件保存为不同的版本或格式。下面继续通过简单实例操作讲解相关知识。

1. 打开图形文件

实例——打开图形文件

（1）单击"快速访问工具栏"上的"打开"按钮📂打开"选择文件"对话框。

（2）选择文件存储路径，找到要打开的文件，单击 打开⑩ 按钮，如图 2-31 所示。

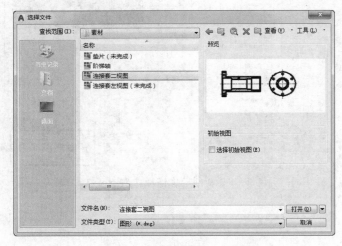

图 2-31　"选择文件"对话框

📋 **小贴士**

用户也可以执行菜单栏中的"文件"/"打开"命令，或在命令行输入 Open 后按 Enter 键，或使用组合键 Ctrl+O 打开"选择文件"对话框以打开图形文件。

2. 保存图形文件

保存图形文件分两种情况，一种是保存绘制的图形文件，另一种是保存打开并编辑后的图形文件。下面通过简单操作讲解保存图形文件的方法。

实例——保存图形文件

（1）保存绘制的图形文件。单击"快速访问工具栏"上的"保存"按钮🖫打开"图形另存为"对话框，选择存储路径并为文件命名、设置存储类型，如图 2-32 所示。

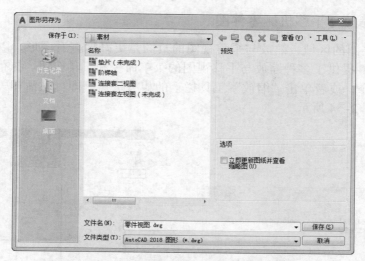

图 2-32　"图形另存为"对话框

（2）单击 [保存(S)] 按钮关闭该对话框。

（3）保存打开并编辑后的图形文件。单击"快速访问工具栏"上的"另存为"按钮🖫打开"图形另存为"对话框，选择存储路径并为文件重命名、设置存储类型，单击 [保存(S)] 按钮关闭该对话框。

📋 **小贴士**

> 单击菜单栏中的"文件"/"保存"或"另存为"命令，或在命令行输入 Save 后按 Enter 键，或者按组合键 Ctrl+S 都可以打开"图形另存为"对话框。对于编辑后的图形文件，如果不使用"另存为"命令保存，则会将原图形文件覆盖，因此对编辑后的图形文件多采用"另存为"命令进行保存。
>
> 另外，在保存文件时，可以在"文件类型"列表中选择合适的文件类型和文件格式将文件保存。AutoCAD 图形文件格式为".dwg"，如果用户要将零件图与其他软件进行交互使用，例如要在 3ds Max 软件中使用该零件图，此时可以选择".dws"或者".dxf"格式进行保存；如果用户要将图形文件保存为样板文件，此时可以选择".dwt"格式进行保存。有关样板文件的相关知识，将在后面章节进行讲解。

3. 关闭图形文件

单击图形右上角的 🗙（关闭）按钮，将图形文件关闭。但需要注意，关闭图形文件时一般会弹出询问提示框，询问是否在关闭前对该文件进行保存，如图 2-33 所示。

这又涉及保存文件的问题。如果用户对该文件进行过编辑，并想保留编辑结果，单击按钮，此时会打开"图形另存为"对话框，用户可以为该文件进行重命名，并选择存储路径，然后将文件保存并关闭；如果用户不想保存编辑结果，则直接单击 否(N) 按钮，则文件直接被关闭；如果用户单击了 取消 按钮，则系统会取消该操作，文件不会被关闭。

2.4.3　缩放与平移机械零件图

视图是用户绘图的区域，缩放与平移视图的目的是更好地查看图形，以便对图形进行编辑。AutoCAD 2020 提供了多种缩放与平移视图的菜单命令和工具按钮。执行菜单栏中的"视图"/"缩放"命令，或者单击"缩放"工具栏上的相关按钮，即可激活相关缩放命令，对视图进行缩放，如图 2-34 所示。

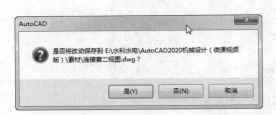

图 2-33　询问对话框

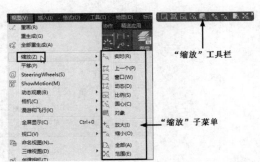

图 2-34　"缩放"菜单与工具栏

下面通过简单实例，对"窗口缩放"命令进行讲解。其他缩放方法与此相似，读者可以自己尝试操作。

实例——使用"窗口缩放"命令缩放机械视图

（1）打开"素材"/"定位盘零件二视图.dwg"素材文件，执行"工具"/工具栏/AutoCAD/"缩放"命令打开"缩放"工具栏。

（2）单击工具栏上的"窗口缩放"按钮，在定位盘左视图上方螺孔位置拖曳鼠标选取图形缩放区域，如图 2-35 所示。

（3）释放鼠标，框内的图形被放大，如图 2-36 所示。

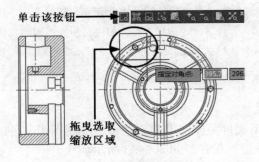

图 2-35　选取缩放区域

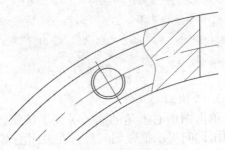

图 2-36　图形被放大

📋 **小贴士**

除了"窗口缩放"外，用户还可以对图形进行中心缩放、比例缩放、全部缩放、范围缩放等，这些操作都比较简单，读者可以自己尝试操作。另外，在视图中右击并选择"缩放"命令，光标显示为放大镜图标🔍，按住鼠标向下拖曳，放大镜右侧显示"–"号，此时缩小视图，如图 2-37 所示。

按住鼠标向上拖曳，放大镜图标右侧显示"+"号，此时放大视图，如图 2-38 所示。

右击并选择"平移"命令，此时光标显示小手图标，按住鼠标拖曳以平移视图，如图 2-39 所示。

再次右击并选择"退出"命令，退出视图的缩放与平移操作。

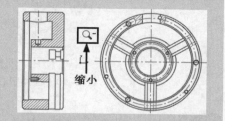

图 2-37　缩小视图

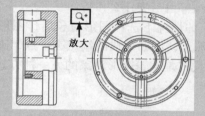

图 2-38　放大视图

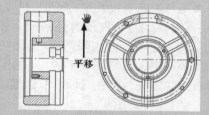

图 2-39　平移视图

除了以上所讲解的缩放与平移视图的操作外，向上滑动鼠标上的小滑轮，则放大视图；向下滑动鼠标上的小滑轮，则缩小视图；按住小滑轮拖曳鼠标，则平移视图。

2.5　选择与移动机械零件图

选择与移动是编辑、修改机械零件图的基础，AutoCAD 2020 提供了多种选择机械零件对象的方法，最常用的有"点选""窗口""窗交""快速选择"。本节就来讲解相关知识。

2.5.1　使用"点选"方式选择机械零件图

"点选"是最简单也最常用的一种选择方法，这种方法一次只能选择一个对象，通过多次单击即可选择多个对象。下面通过一个简单的实例操作，讲解使用"点选"方式选择对象的方法。

实例——使用"点选"方式选择机械零件图

（1）打开"素材"/"法兰盘零件俯视图 .dwg"素材文件，在无任何命令发出的情况下，移动光标到法兰盘零件内侧的中心线圆上单击，该圆被选择并进入夹点模式，如图 2-40 所示。

（2）按 Delete 键将选择的中心线圆删除，法兰盘效果如图 2-41 所示。

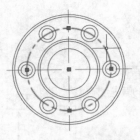 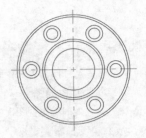

图 2-40　选择中心线圆　　　　图 2-41　删除中心线圆

 疑问解答

疑问：什么是"夹点"模式？"夹点"模式对编辑图形有什么作用？

解答："夹点"模式是指在没有任何命令发出的情况下选择图形对象后，图形对象以蓝色亮显其特征点。特征点就是能表现图形特征的特殊点，例如直线的端点、中点，圆的圆心、象限点等，不同图形对象，其特征点不同。"夹点"模式是编辑图形对象的另一种方式，有关"夹点"编辑图形对象的方法，将在后面章节详细讲解。

小贴士

利用"点选"方式一次只能选择一个对象，用户如果想选择多个对象，则连续单击多个对象，即可将这些对象选择。例如，单击中心线圆，再单击最内侧的轮廓圆，则这两个圆被选择，如图 2-42 所示。

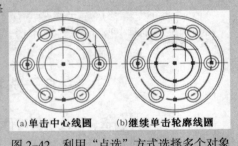

(a)单击中心线圆　　(b)继续单击轮廓线圆

图 2-42　利用"点选"方式选择多个对象

练一练

使用"点选"方式选择并删除法兰盘零件图中螺孔的内圆，结果如图 2-43 所示。

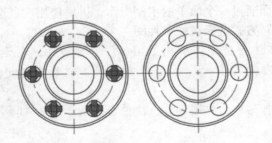

图 2-43　选择并删除螺孔的内圆

操作提示

（1）在无任何命令发出的情况下依次单击螺孔内圆将其选择。

（2）按 Delete 键将其删除。

2.5.2　使用"窗口"方式选择机械零件图

与"点选"方式不同，"窗口"方式一次可以选择多个机械零件对象。其操作方法是：单击并向右拖曳鼠标，拖出浅蓝色选择框，凡是被该选择框包围的对象会被选择。下面通过一个简单的实例操作，讲解使用"窗口"方式选择对象的方法。

实例——使用"窗口"方式选择机械零件图

（1）继续上一节的操作，按 Esc 键取消对象的选择，然后在无任何命令发出的情况下，移动光标到法兰盘零件左上角位置，单击并向右拖出浅蓝色选择框，将法兰盘上方两组螺孔圆包围在选择框内，如图 2-44 所示。

（2）单击鼠标，此时这两组螺孔圆被选择并进入夹点模式，如图 2-45 所示。

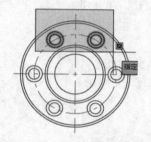　　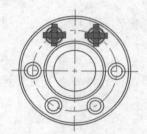

图 2-44　包围螺孔圆　　　　　　　　　图 2-45　选择螺孔圆

小贴士

与"点选"方式不同，利用"窗口"方式选择对象时，被完全包围在选择框内的对象才能被选择，而与选择框相交的对象不能被选择，如图 2-44 所示。两组螺孔圆被包围在选择框内，而其他轮廓圆与选择框相交，结果只有两组螺孔圆被选择，如图 2-45 所示。

练一练

使用"窗口"方式选择并删除法兰盘零件图内侧的 3 个轮廓圆，结果如图 2-46 所示。

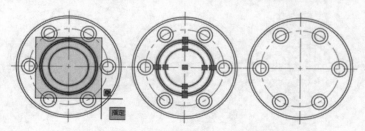

图 2-46　选择并删除螺孔内侧的 3 个轮廓圆

操作提示

（1）在无任何命令发出的情况下在内侧圆左上角位置单击并向右下拖出浅蓝色选择框，将3个内侧圆包围。

（2）按 Delete 键将其删除。

2.5.3　使用"窗交"方式选择机械零件图

利用"窗交"方式一次也可以选择多个对象，但其操作方法与"点选"和"窗口"方式完全不同。具体操作是：单击并向左拖曳鼠标，拖出浅绿色选择框将对象包围，被包围对象和与选择框相交的对象都会被选择。下面通过一个简单的实例操作，讲解使用"窗交"方式选择对象的方法。

实例——使用"窗交"方式选择机械零件图

（1）继续上一节的操作，按 Esc 键取消对象的选择，在无任何命令发出的情况下，移动光标到法兰盘零件右侧位置，单击并向左拖出浅绿色选择框，将法兰盘右边一组螺孔圆包围在选择框内，如图 2-47 所示。

（2）单击，此时发现这一组螺孔圆、两个外侧的轮廓圆、中心圆以及水平中心线都被选择并进入夹点模式，如图 2-48 所示。

疑问解答

疑问：使用"窗交"方式选择时，只有一组螺孔圆被包围在选择框内，为什么外侧轮廓圆、水平中心线与中心圆也会被选择？

解答：与"窗口"方式选择对象不同，"窗交"方式选择对象时，被完全包围在选择框内，以及与选择框相交的对象都会被选择，因此，在图 2-47 所示的操作中，螺孔圆被包围在选择框内，而其他轮廓圆和水平中心线与选择框相交，这样一来这些对象就都会被选择，如图 2-48 所示。

练一练

使用"窗交"方式选择并删除法兰盘零件图最内侧的轮廓圆和水平、垂直中心线，结果如图 2-49 所示。

图 2-47　包围螺孔圆

图 2-48　选择螺孔圆和外轮廓圆

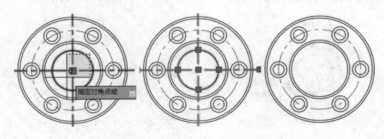

图 2-49　选择并删除最内侧的轮廓圆和中心线

操作提示：

（1）在无任何命令发出的情况下在内侧圆右上角位置单击并向左拖出浅绿色选择框，使其与内侧轮廓圆和中心线相交。

（2）按 Delete 键将选择对象删除。

2.5.4 移动机械零件图

移动是指将对象从 A 点移动到 B 点，移动时首先选取一个基点，再拾取目标点即可完成移动。下面通过创建机械零件装配图的实例操作，讲解移动机械零件图的方法。

实例——创建机械零件装配图

（1）打开"素材"/"阶梯轴.dwg""大齿轮.dwg""球轴承.dwg""定位套.dwg"素材文件。

（2）激活"定位套.dwg"素材文件，以"窗口"方式将该定位套零件图全部选择，右击并选择"剪贴板"/"复制"命令将其复制，如图 2-50 所示。

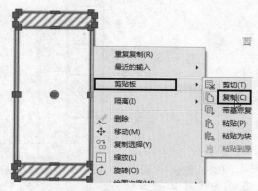

图 2-50 复制定位套零件图

（3）激活"阶梯轴.dwg"素材文件，右击并选择"剪贴板"/"粘贴"命令，在阶梯轴右侧空白位置单击拾取一点，将定位套零件粘贴到阶梯轴文件内，如图 2-51 所示。

（4）使用相同的方法，分别将大齿轮主视图和球轴承主视图粘贴到阶梯轴零件图内。效果如图 2-52 所示。

下面通过移动，创建该机械零件装配图。

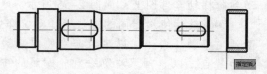

图 2-51 粘贴定位套零件图

（5）输入 SE 按 Enter 键打开"草图设置"对话框，在"对象捕捉"选项中卡勾选"中点"和"交点"复选框，然后关闭该对话框，如图 2-53 所示。

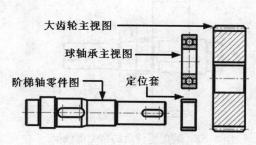

图 2-52 粘贴效果

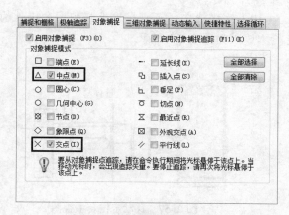

图 2-53 设置对象捕捉模式

📋 **小贴士**

> 捕捉是绘制机械零件图不可缺少的辅助功能，有关捕捉设置及其应用，将在后面章节详细讲解。

（6）在无任何命令发出的情况下，以"窗口"选择方式将大齿轮主视图选中，然后输入 M，按
Enter 键激活"移动"命令，捕捉大齿轮中心线与右侧轮廓线的交点作为基点，如图 2-54 所示。

（7）继续捕捉阶梯轴水平中心线与中间轮廓线的交点作为目标点，将大齿轮零件图移动到
阶梯轴零件图上，如图 2-55 所示。

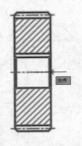

图 2-54　捕捉大齿轮交点

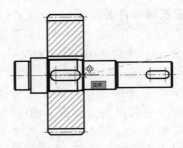

图 2-55　捕捉阶梯轴交点

（8）使用相同的方法选择球轴承主视图，激活"移动"命令，以水平中心线与有垂直轮廓
线的交点作为基点，以阶梯轴水平中心线与中间
垂直轮廓线的交点为目标点，将球轴承主视图移
动到阶梯轴零件图上，如图 2-56 所示。

（9）继续使用相同的方法选择定位套主视图，
激活"移动"命令，以定位套右侧垂直边的中点
作为基点，以球轴承左侧垂直轮廓线的中点为目
标点，将定位套主视图移动到阶梯轴零件图上，
如图 2-57 所示。

（10）这样就完成了机械零件装配图各组件的
装配。效果如图 2-58 所示。

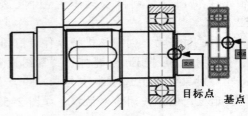

图 2-56　移动球轴承主视图

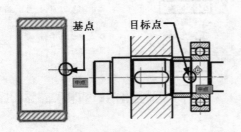

图 2-57　移动定位套主视图

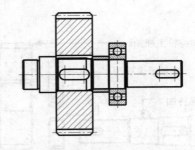

图 2-58　装配组件后的装配图效果

📋 **小贴士**

> 该机械零件装配图到此并没有完成，还需要对零件图中重叠的轮廓线进行删除和修剪，并进行剖面填充等细化操作。有关这些操作将在后面章节详细讲解。

练一练

打开"素材"/"盘盖零件主视图 .dwg"素材文件，如图 2-59（a）所示，使用移动命令创建该零件装配图，如图 2-59（b）所示。

操作提示

（1）执行"工具"/"选项板"/"工具选项板"命令打开"工具选项板"面板，激活"机械"标签，单击名为"六角螺母—公制"的标准件螺栓零件，如图 2-60 所示。

（2）输入 S，按 Enter 键激活"比例"选项，输入 1.4，按 Enter 键确认，然后在"盘盖零件主视图 .dwg"空白位置单击，将该标准件螺栓插入"盘盖零件主视图 .dwg"文件，如图 2-61 所示。

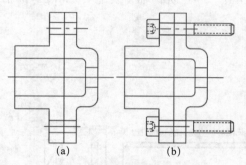

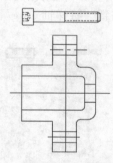

图 2-59　创建盘盖零件装配图　　　　图 2-60　选择标准件　　　　图 2-61　插入标准件

（3）输入 M，按 Enter 键激活"移动"工具，以"点选"方式选择标准件螺栓零件，以螺栓螺母右侧垂直边的中点作为基点，以盘盖零件上方螺孔中心线与左侧垂直边的交点作为目标点，将标准件移动到盘盖零件螺孔位置。

（4）使用相同的方法，再次插入标准件螺栓零件，并将其移动到盘盖零件下方的螺孔位置，完成该零件装配图的创建。

📋 **小贴士**

> 标准件也叫通用件，是指形状、尺寸等完全标准化的机械零件，AutoCAD 2020 自带了许多标准件，这些标准件放置在"工具选项板"面板中。在机械设计中，用户可以直接将这些标准件插入设计图中使用。有关"工具选项板"面板的具体操作，将在后面章节详细讲解。

2.6　综合练习——创建阶梯轴机械零件装配图

机械零件装配图是一种较为特殊的机械零件图，这类零件图主要用于机械零件的测试、检修等。本节就来创建阶梯轴机械零件装配图。

2.6.1　打开并粘贴素材文件

本节首先打开所需素材文件，然后将其粘贴到同一文件内，以便于创建装配图。

（1）执行"文件"/"打开"命令，依次打开"素材"目录下的"阶梯轴（装配 A）.dwg""阶梯轴（装配 B）.dwg""阶梯轴（装配 C）.dwg""阶梯轴 .dwg"素材文件。

（2）激活"阶梯轴（装配 B）.dwg"素材文件，以"窗口"选择方式将该零件图全部选中，右击并选择"剪贴板"/"复制"命令，将该零件图复制，如图 2-62 所示。

（3）激活"阶梯轴 .dwg"素材文件，在空白位置右击并选择"剪贴板"/"粘贴"命令，将复制的"阶梯轴（装配 B）.dwg"素材文件粘贴到该文件内。

（4）使用相同的方法，分别将"阶梯轴（装配 A）.dwg"和"阶梯轴（装配 C）.dwg"都粘贴到"阶梯轴 .dwg"素材文件内，如图 2-63 所示。

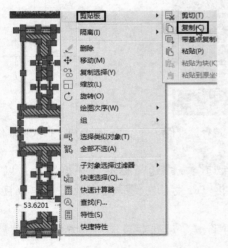

图 2-62　复制零件图

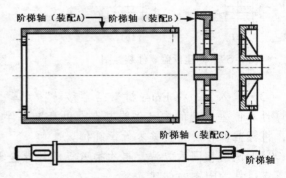

图 2-63　粘贴后的零件图

2.6.2　移动零件图创建装配图

本节对各零件图进行移动，以创建零件装配图，在移动创建装配图时，正确选择基点和目标点非常重要，这是创建装配图的关键。

（1）输入 M，按 Enter 键激活"移动"工具，以"窗口"方式选择"阶梯轴（装配 B）"零件图，按 Enter 键结束选择。

（2）捕捉"阶梯轴（装配 B）"零件图右上角点作为基点，再捕捉"阶梯轴（装配 A）"零件图左上角点作为目标点，将"阶梯轴（装配 B）"零件图移动到"阶梯轴（装配 A）"零件图上，完成第 1 个零件的装配，如图 2-64 所示。

（3）继续使用相同的方法，以"阶梯轴（装配 C）"零件右上角点为基点，以"阶梯轴（装配 A）"零件图右上角点为目标点，将该零件再次移动到"阶梯轴（装配 A）"零件图位置，完成第 2 个零件的装配，如图 2-65 所示。

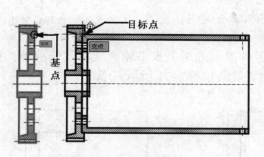 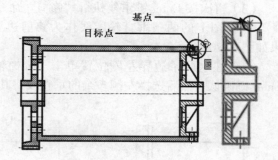

图 2-64　装配第 1 个零件　　　　　　　　图 2-65　装配第 2 个零件

（4）继续使用相同的方法，以"阶梯轴"零件图右侧垂直边的中点为基点，以"阶梯轴（装配 B）"零件图左侧垂直边与中心线的交点为目标点，将该零件再次移动到"阶梯轴（装配 A）"零件图位置，完成第 3 个零件的装配，如图 2-66 所示。

（5）这样该阶梯轴机械零件装配图制作完毕，效果如图 2-67 所示。

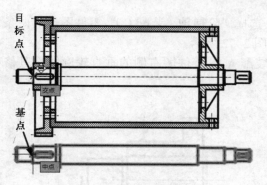 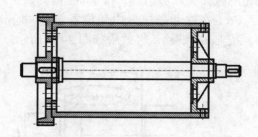

图 2-66　装配第 3 个零件　　　　　　图 2-67　组装后的阶梯轴机械零件装配图

2.6.3　编辑完善阶梯轴机械零件装配图

装配图组装完成并不代表该装配图就完成了，还需要根据装配图的具体要求对其进行完善。本例阶梯轴装配图是一个剖视图效果，其"阶梯轴（装配 A）"零件图位于"阶梯轴（装配 B）"零件图和"阶梯轴（装配 C）"零件图的下方，而"阶梯轴"零件图又位于"阶梯轴（装配 B）"零件图和"阶梯轴（装配 C）"零件图的上方，因此需要根据这一透视关系对各轮廓线进行修剪、删除等完善操作。

（1）输入 TR，按 Enter 键激活"修剪"命令，选择"阶梯轴（装配 B）"零件图上的两条水平轮廓线作为修剪边界，按 Enter 键确认，如图 2-68 所示。

（2）在这两条边界中间位置单击"阶梯轴（装配 A）"零件图上的两条垂直轮廓线将其修剪掉，按 Enter 键确认。效果如图 2-69 所示。

（3）再次按 Enter 键重复执行"修剪"命令，选择"阶梯轴（装配 B）"零件图上的两条垂直轮廓线作为修剪边界，按 Enter 键确认。效果如图 2-70 所示。

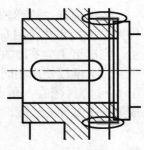

图 2-68　选择修剪边界

（4）在这两条边界左侧位置单击"阶梯轴"零件图上的两条水平轮廓线将其修剪掉，按 Enter 键确认，然后选择左侧多余的垂直线将其删除。效果如图 2-71 所示。

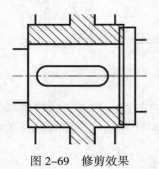　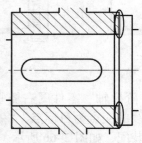　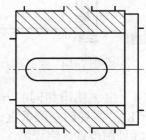

图 2-69　修剪效果　　　　　图 2-70　选择修剪边界　　　　　图 2-71　修剪并删除轮廓线

（5）再次按 Enter 键重复执行"修剪"命令，选择"阶梯轴（装配 C）"零件图上的两条水平轮廓线作为修剪边界，按 Enter 键确认。效果如图 2-72 所示。

（6）在这两条边界中间位置单击"阶梯轴（装配 A）"零件图右侧的垂直轮廓线将其修剪掉，按 Enter 键确认。效果如图 2-73 所示。

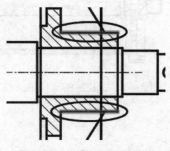　　　　　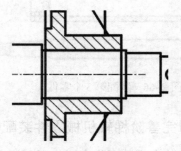

图 2-72　选择修剪边界　　　　　　图 2-73　修剪效果

（7）在无任何命令发出的情况下选择如图 2-74（a）所示的垂直轮廓线使其夹点显示，按 Delete 键将其直接删除。效果如图 2-74（b）所示。

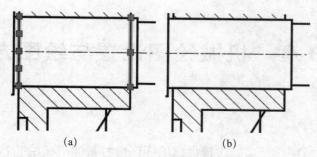

(a)   (b)

图 2-74　选择并删除轮廓线

（8）这样，阶梯轴零件装配图制作完毕，调整视图查看效果，如图 2-75 所示。

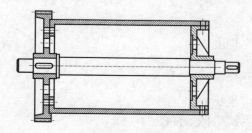

图 2-75　阶梯轴装配图效果

（9）执行"文件"/"另存为"命令，将该装配图另存为"综合练习——创建阶梯轴机械零件装配图 .dwg"文件。

✎ 小贴士

在该综合练习操作中，用到了"修剪"命令。"修剪"命令是一个编辑图形工具，用于对图线进行修剪，修剪时需要修剪边界，修剪边界可以是一条，也可以是无数条，然后对边界内的图线进行修剪。有关"修剪"命令的详细操作方法，将在后面章节进行详细讲解。

第 3 章　机械绘图设置与绘图方法

本章导读

在 AutoCAD 2020 机械设计中，设置机械绘图环境并掌握机械绘图方法非常重要，本章就来讲解相关知识，具体包括设置机械绘图界限、设置机械绘图单位与精度、启动机械绘图命令、启用机械绘图辅助功能以及输入机械零件图的点坐标等。

本章主要内容如下：

- ⬎ 设置机械绘图界限
- ⬎ 设置机械绘图单位与精度
- ⬎ 启动机械绘图命令
- ⬎ 启用机械绘图辅助功能
- ⬎ 输入机械零件图的点坐标
- ⬎ 综合练习——绘制弹簧机械零件图

3.1　设置机械绘图界限

绘图界限就是绘图的区域，这相当于手工绘图时的绘图纸。在 AutoCAD 2020 默认设置下，绘图界限是以坐标系原点为左下角点的 420×297 的矩形区域，如图 3-1 所示。

在实际绘制机械零件图的过程中，用户可以根据具体需要重新设置绘图界限以绘制机械零件图。本节讲解设置绘图界限的相关知识。

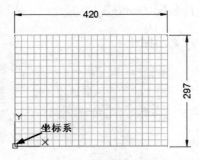

图 3-1　默认设置下的绘图界限

3.1.1　设置绘图界限

设置绘图界限的操作相当简单，下面以设置 220×120 的绘图界限为例，讲解设置绘图界限的方法。

实例——设置 220×120 的绘图界限

（1）打开菜单栏，按 F12 键启用"动态输入"功能，然后执行"格式"/"图形界限"命令，输入 0，0，按 Enter 键确定绘图界限的左下角点为坐标系原点。

（2）输入 220，120，按 Enter 键指定绘图界限的右上角点，完成图形界限的设置。

 小贴士

在命令行输入 LIMITS 后按 Enter 键，也可以激活"图形界限"命令，然后设置图形界限。

3.1.2　显示绘图界限

在 AutoCAD 2020 默认设置下，设置绘图界限后，在绘图区并没有明显的绘图界限显示效果，用户可以通过设置栅格行为来显示或隐藏绘图界限。本节就来讲解显示绘图界限的方法。

实例——显示绘图界限

（1）输入 SE，按 Enter 键打开"草图设置"对话框，进入"捕捉和栅格"选项卡，勾选"启用栅格"复选框，并在"栅格行为"选项组中取消勾选"显示超出界限的栅格"复选框，如图 3-2 所示。

（2）单击 [确定] 按钮关闭该对话框，此时在绘图区以栅格的形式显示设置的绘图界限，如图 3-3 所示。

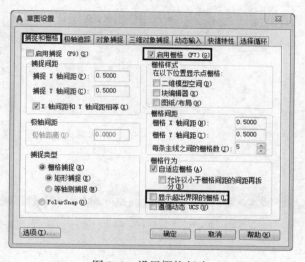

图 3-2　设置栅格行为

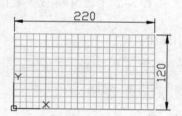

图 3-3　设置的绘图界限

3.1.3　启用绘图界限绘图

默认设置下，用户既可以在绘图界限内绘图，也可以在绘图界限外绘图，但是，如果开启绘图界限的检测功能后，系统就会强制用户只能在绘图界限内绘图。下面通过简单的实例操作，看看启用绘图界限功能后的绘图效果。

实例——启用绘图界限

（1）输入 C，按 Enter 键激活"圆"命令，在绘图界限外的左侧单击确定圆心，输入 35，按 Enter 键确认半径，结果绘制的圆一半在绘图界限内，一半在绘图界限外，如图 3-4 所示。

（2）在命令行输入 LIMITS 后按 Enter 键激活"绘图界限"命令，此时命令行显示如图 3-5 所示。

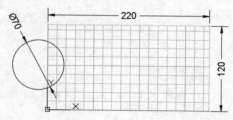

图 3-4　在绘图界限内和绘图界限外绘制圆

图 3-5　命令行显示效果

（3）输入 ON（开），按 Enter 键，启用图形界限的自动检测功能。

（4）再次输入 C，按 Enter 键激活"圆"命令，在绘图界限外的下侧单击，结果不能指定圆心，如图 3-6 所示。

（5）重新在绘图界限内的右侧单击确定圆心，输入 35，按 Enter 键确认半径，结果在绘图界限内绘制圆，如图 3-7 所示。

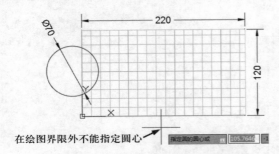

图 3-6　在绘图界限外不能指定圆心

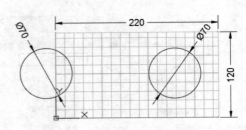

图 3-7　在绘图界限内绘制圆

📋 **小贴士**

再次输入 LIMITS，按 Enter 键激活"绘图界限"命令；输入 OFF（关），按 Enter 键，关闭图形界限的自动检测功能，则可以在图形界限内和图形界限外同时画图，大家不妨自己试试。

练一练

自己尝试设置 400×150 的绘图界限，并使其在绘图区显示，如图 3-8 所示。

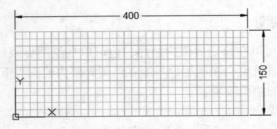

图 3-8　设置绘图界限

操作提示

（1）输入 LIMITS，按 Enter 键激活"绘图界限"命令，输入 0，0，按 Enter 键确定图形界限的左下角点。

（2）继续输入 400，150，按 Delete 键确认。

（3）打开"草图设置"对话框，设置栅格的行为。

3.2　设置机械绘图单位与精度

绘图单位与精度是精确绘制机械零件图的关键，本节讲解设置机械绘图单位与精度的方法。

3.2.1　设置绘图单位与精度的方法

AutoCAD 2020 系统的长度单位类型包括"小数""工程""分数""建筑""科学"5 种，而在机械工程中一般使用"小数"作为长度单位类型。本节就来设置机械工程中的长度单位类型和精度。

实例——设置长度单位类型和精度

（1）执行"格式"/"单位"命令，打开"图形单位"对话框。

（2）单击"长度"选项组中的"类型"下拉列表，选择长度类型为"小数"，如图 3-9 所示。

（3）继续单击"精度"下拉列表，设置绘图精度为 0，如图 3-10 所示。

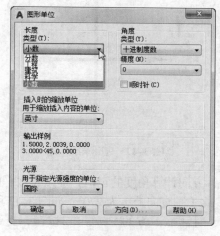

图 3-9　设置长度单位类型

图 3-10　设置绘图精度

（4）单击  按钮，完成机械制图中单位和精度的设置。

📋 **小贴士**

"插入时的缩放单位"选项组用于设置插入图块时的单位，一般使用"毫米"为单位，在"用于缩放插入内容的单位"下拉列表中设置单位为"毫米"即可。

3.2.2　设置角度类型与精度

默认设置下，AutoCAD 2020 的角度类型包括"十进制度数""百分度""度 / 分 / 秒""弧度""勘测单位" 5 种，在 AutoCAD 2020 机械工程中，其角度单位类型使用"十进制度数"。下面继续讲解设置角度类型的方法。

实例——设置角度类型和精度

（1）执行"格式"/"单位"命令，打开"图形单位"对话框。

（2）单击"角度"选项组中的"类型"下拉列表，选择角度类型为"十进制度数"，并在"精度"列表中选择精度为 0，如图 3-11 所示。

需要注意的是，默认设置下，系统是以东为角度的基准方向，按逆时针方向依次来计算角度的正值。也就是说，东（水平向右）为 0°、北（垂直向上）为 90°、西（水平向左）为 180°、南（垂直向下）为 270°，如图 3-12 所示。

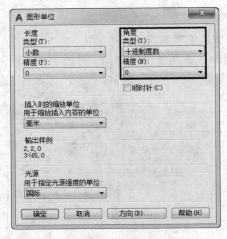

图 3-11　设置角度类型与精度

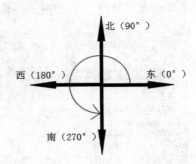

图 3-12　基准角度与方向

如果勾选了"顺时针"复选框，则系统会以顺时针方向计算角度的正值，即东（水平向右）为 0°、南（垂直向下）为 90°、西（水平向左）为 180°、北（垂直向上）为 270°，如图 3-13 所示。

如果用户想改变基准角度，则单击"图形单位"对话框下方的 方向(D)... 按钮，打开"方向控制"对话框，可以设置基准角度，如图 3-14 所示。

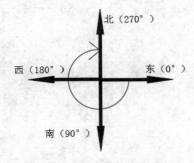

图 3-13　以顺时针方向计算角度正值

图 3-14　"方向控制"对话框

在实际绘图过程中，用户可以根据具体需要，设置基准角度与角度正值的计算方向来绘制机械零件图。

3.3 启动机械绘图命令

启动机械绘图命令是绘制机械零件图的第 1 步，AutoCAD 2020 有多种启动机械绘图命令的方法。本节继续讲解启动机械绘图命令的相关方法。

3.3.1 通过绘图菜单启动机械绘图命令

通过绘图菜单栏启动机械绘图命令是一种比较原始的方法，也是最主要的一种方法。下面通过菜单栏启动"矩形"命令，绘制 200 × 100 的矩形。

实例——通过绘图菜单栏启动"矩形"命令绘制矩形

AutoCAD 2020 系统默认情况下，其菜单栏处于隐藏状态，因此要通过菜单栏启动机械绘图命令，首先必须显示菜单栏。

（1）单击"工作空间切换列表"右侧的 按钮，在打开的列表中选择"显示菜单栏"选项，此时在标题栏下方将显示菜单栏，如图 3-15 所示。

图 3-15　菜单栏

（2）执行"绘图"/"矩形"命令激活该命令，如图 3-16 所示。

（3）输入 0，0，按 Enter 键确定矩形左下角点为坐标系的圆点，然后输入 200，100，按 Enter 键确定矩形右上角点的坐标。效果如图 3-17 所示。

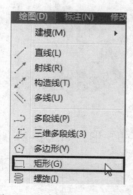

图 3-16　启动"矩形"命令

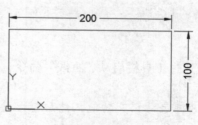

图 3-17　绘制矩形

练一练

自己尝试通过菜单栏启动"圆"命令，绘制半径为 40 的圆，如图 3-18 所示。

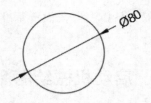

图 3-18　绘制圆

操作提示

（1）执行"绘图"/"圆"/"圆心、半径"命令。

（2）在绘图区单击确定圆心，输入 40，按 Enter 键确认。

3.3.2　通过工具栏启动机械绘图命令

工具栏是 AutoCAD 2020 的重要组成部分，系统默认情况下，工具栏处于隐藏状态，用户可以打开工具栏，单击"工具"按钮启动绘图命令。下面继续通过工具栏启动"直线"命令绘制长度为 150 的线段。

实例——通过工具栏启动"直线"命令绘制线段

（1）执行"工具"/"工具栏"/AutoCAD/"绘图"命令，打开"绘图"工具栏，如图 3-19 所示。

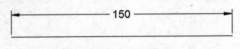

图 3-19　"绘图"工具栏

（2）单击"直线"按钮，激活直线命令，在绘图区单击确定直线的起点，水平向右引导光标，输入 150，按两次 Enter 键确认。绘制结果如图 3-20 所示。

|←——— 150 ———→|

图 3-20　绘制线段

小贴士

用户可以通过执行"工具"/"工具栏"/AutoCAD 命令，打开 AutoCAD 2020 的所有工具栏。

练一练

自己尝试通过工具栏启动"直线"命令，绘制 100×50 的矩形，如图 3-21 所示。

操作提示

（1）按 F8 键启动正交功能，然后打开绘图工具栏并激活"直线"按钮。

（2）在绘图区单击确定起点，水平向右引导光标，输入 100，按 Enter 键确认。

（3）向上引导光标输入 50，按 Enter 键确认。

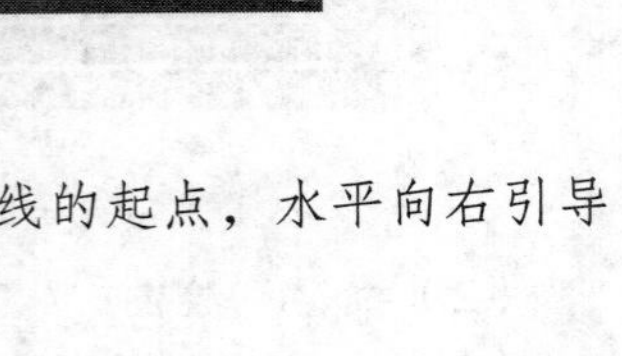

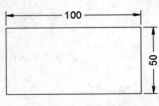

图 3-21　绘制矩形

（4）向左引导光标输入 100，按 Enter 键确认。

（5）输入 C，按 Enter 键闭合图形。

3.3.3 通过工具选项卡启动机械绘图命令

AutoCAD 2020 将众多的工具都以按钮的形式集成在了各选项卡下，用户只需单击绘图工具按钮即可激活绘图命令进行绘图。下面在"默认"选项卡的"绘图"选项区激活"圆"按钮，绘制半径为 30 的圆。

实例——通过工具选项卡激活"圆"命令绘制圆

（1）在"默认"选项卡的"绘图"选项区单击"圆"按钮。

（2）在绘图区单击确定圆心，输入 30，按 Enter 键确认，如图 3-22 所示。

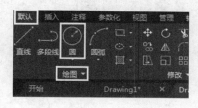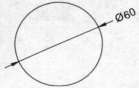

图 3-22 绘制圆

📋 **小贴士**

单击"绘图"按钮右侧的三角形按钮，即可显示更多的绘图按钮，如图 3-23 所示。

图 3-23 显示更多的绘图按钮

练一练

自己尝试通过工具选项卡激活"矩形"命令，绘制 120×60 的矩形，如图 3-24 所示。

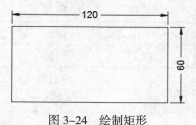

图 3-24 绘制矩形

操作提示

（1）单击"默认"选项卡中的"矩形"按钮 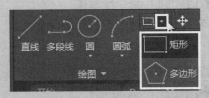。

（2）在绘图区单击确定矩形的左下角点，然后输入 @120，60，按 Enter 键确认。

 小贴士

在选项卡的各工具按钮右侧有三角形符号，表示该工具按钮下还隐藏有其他工具，单击该三角符号即可显示隐藏的工具按钮，如图 3-25 所示。

图 3-25　显示隐藏的工具按钮

 疑问解答

疑问： 在"练一练"的操作提示中，输入 @120，60，其中 @ 符号代表什么意思？

解答： @ 符号代表"相对"的意思，是 AutoCAD 坐标输入的一种方式。有关坐标输入的相关知识，将在下面章节中详细讲解。

3.3.4　通过快捷键启动机械绘图命令

AutoCAD 2020 为各绘图命令都设置了快捷键，通过快捷键启动绘图命令，可以大大简化绘图操作。快捷键其实就是绘图命令的英文缩写，移动光标到绘图按钮上，光标下方会显示该工具按钮的中、英文名称和使用方法以及用途，如图 3-26 所示。

绝大多数的绘图命令都有快捷键，表 3-1 所示是常用绘图命令的快捷键。

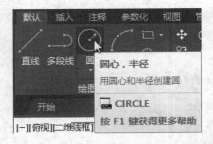

图 3-26　显示工具按钮的名称、用途等

表 3-1　常用绘图命令的快捷键

命令	功能	快捷键	命令	功能	快捷键
直线	绘制直线	L	椭圆	绘制椭圆或椭圆弧	EL
多段线	绘制多段线	PL	圆弧	绘制圆弧	ARC
构造线	绘制构造线	XL	多边形	绘制多边形	POL
矩形	绘制矩形	REC	样条曲线	绘制样条曲线	SPL
圆	绘制圆	C			

下面通过快捷键启动"椭圆"命令，绘制长轴为 100，短轴为 50 的椭圆。

实例——通过快捷键激活"椭圆"命令绘制椭圆

（1）输入 EL，按 Enter 键激活"椭圆"命令，单击拾取一点，水平向右引导光标，输入 100，按 Enter 键确定长轴。

（2）输入 25，按 Enter 键确认，设置短轴。效果如图 3-27 所示。

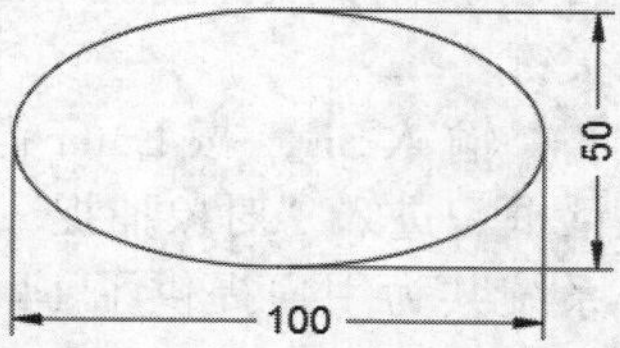

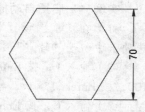

图 3-27 绘制椭圆

疑问解答

疑问：在上例的操作中，椭圆的短轴为 50，为什么输入的是 25？

解答：在绘制椭圆时，输入短轴值时，系统要求输入的是"半轴"。所谓"半轴"，其实就是短轴参数的一半，因此，椭圆短轴长度为 50，而在输入时需要输入 50 的一半，也就是 25。有关椭圆的具体绘制方法，将在下面章节中详细讲解。

练一练

使用快捷键激活"多边形"命令，绘制"外切于圆"半径为 35 的六边形，如图 3-28 所示。

操作提示

（1）输入 POL，按 Enter 键激活"多边形"命令。

（2）输入 6，按 Enter 键设置边数，拾取一点确定圆心，输入 C，按 Enter 键激活"外切于圆"选项。

（3）输入 35，按 Enter 键确认。

图 3-28 绘制六边形

疑问解答

疑问：什么是"外切于圆"？

解答："外切于圆"是绘制多边形的一种方法，这种方法是指多边形的各边都要与圆相切。有关多边形的具体绘制方法，将在下面章节中详细讲解。

📋 **小贴士**

除了以上所讲的几种启动绘图命令的方法外，还有一种方法，就是输入绘图命令的命令表达式，即输入绘图命令的英文命令，这种方法由于比较复杂，且不常用，在此不再讲解。

3.4 启用机械绘图辅助功能

在 AutoCAD 2020 机械设计中，绘图辅助功能是绘图的好帮手。本节继续讲解启用机械绘图辅助功能的方法。

3.4.1 自动捕捉

捕捉是指精确拾取图形的特征点，如直线的端点、中点与圆的圆心、象限点等。在启用捕捉功能后，当光标靠近图形特征点时，会自动吸附到这些特征点上，这是精确绘图的关键。

输入 SE，按 Enter 键打开"草图设置"对话框，进入"对象捕捉"选项卡。在此选项卡内系统共为用户提供了 14 种对象捕捉功能，如图 3-29 所示。

当在"草图设置"对话框中设置了相关捕捉后，系统会一直沿用这些捕捉，直到用户取消设置，因此，这种捕捉称为"自动捕捉"。下面通过具体实例操作，讲解启用自动捕捉功能绘图的方法。

图 3-29 "草图设置"对话框

实例——启用自动捕捉功能绘图

（1）在"草图设置"对话框的"对象捕捉"选项卡中勾选"端点""中点"复选框，单击 确定 按钮关闭该对话框。

（2）输入 L，按 Enter 键激活"直线"命令，在绘图区单击拾取一点，向右引导光标，输入 100，按 Enter 键确认，绘制长度为 100 个绘图单位的线段，如图 3-30 所示。

（3）输入 C，按 Enter 键激活"圆"命令，移动光标到直线的左端点位置，直线端点显示端点符号，单击捕捉到直线端点以确定圆心，如图 3-31 所示。

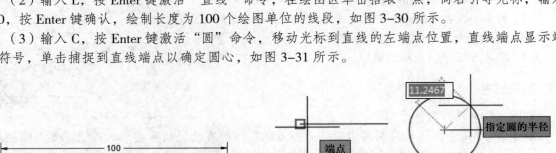

图 3-30 绘制线段

图 3-31 捕捉直线的端点作为圆心

（4）输入 15，按 Enter 键确定圆的半径，绘制圆。效果如图 3-32 所示。

（5）再次按 Enter 键重复执行"圆"命令，移动光标到直线的中点位置，直线中点位置显示中点符号，如图 3-33 所示。

图 3-32 绘制圆

图 3-33 中点符号

（6）单击捕捉直线的中点以确定圆心，然后输入 15，按 Enter 键确定圆的半径，绘制圆。效果如图 3-34 所示。

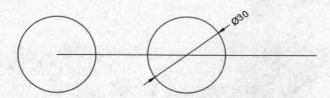

图 3-34 以直线中点为圆心画圆

疑问解答

疑问：什么是图形"特征点"？

解答：图形"特征点"是指体现图形特征的点，如线的端点、中点与圆的圆心、象限点等。不同的图形对象，其特征点的形状和数目也不同。一般情况下，图形特征点并不显示，在无任何命令发出的情况下选择图形时，图形特征点就会以蓝色显示，如图 3-35 所示。

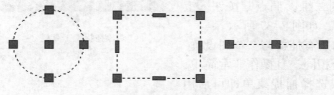

图 3-35 图形特征点

我们将这种显示图形特征点的模式称为"夹点"模式，"夹点"模式是编辑图形的一种重要方式，被称为"夹点编辑"。有关"夹点编辑"的具体操作将在后面章节详细讲解。

练一练

继续上一节的操作，分别以直线的右端点、左边圆与直线的右交点、中间圆与直线的左交点为圆心，绘制外切圆半径为 15 的六边形，如图 3-36 所示。

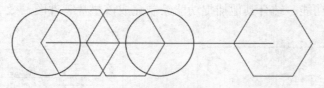

图 3-35 绘制六边形

操作提示

（1）在"草图设置"对话框的"对象捕捉"选项卡设置"端点"和"交点"捕捉功能。

（2）输入 POL，按 Enter 键激活"多边形"命令，输入 6，按 Enter 键确认设置边数。

（3）捕捉左边圆与直线的右交点，输入 C，按 Enter 键激活"外切于圆"选项，然后输入 15，按 Enter 键确认。

（4）使用相同的方法，分别绘制其他两个六边形。

小贴士

> 启用对象捕捉功能的操作非常简单，在"草图设置"对话框的"对象捕捉"选项卡下勾选相关选项即可启用该捕捉功能。需要说明的是，还需要在"草图设置"对话框中勾选"启用对象捕捉"复选框，或按F3键，或单击状态栏中的"将光标捕捉到二维参照点"按钮以及启用捕捉，这样才能捕捉到图形的特征点上。另外，除以上所讲的几种捕捉外，其他捕捉都比较简单，在此不再赘述，读者可以自己尝试操作。

3.4.2 临时捕捉

临时捕捉是指启用捕捉后只能使用一次。临时捕捉功能位于"捕捉"工具栏和状态栏中的"将光标捕捉到二维参照点"按钮下，执行"工具"/"工具栏"/AutoCAD/"对象捕捉"命令打开"对象捕捉"工具栏，或在状态栏上的"将光标捕捉到二维参照点"按钮上右击，弹出捕捉菜单，如图3-37所示。

临时捕捉功能的所有捕捉与"草图设置"对话框中的捕捉完全相同，且操作非常简单，单击"捕捉"按钮或选择捕捉菜单即可启用该捕捉。

除此之外，还有两种比较特殊的临时捕捉功能，分别是"自"和"两点之间的中点"。本节主要讲解这两种捕捉功能。

"对象捕捉"工具栏

在该按钮上右击
打开对象捕捉菜单 →

图 3-37 临时捕捉功能

1."自"功能

"自"功能是以某一点作为参照来定义相对于该点的另一个点的坐标，打开"素材"目录下的名为"垫片（未完成）.dwg"素材文件，这是一个未绘制完成的垫片零件图，如图3-38所示。

下面使用"自"功能，结合其他捕捉功能绘制完成该垫片零件图。效果如图3-39所示。

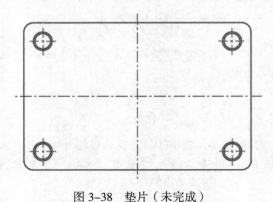

图 3-38 垫片（未完成）

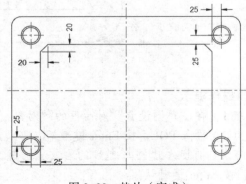

图 3-39 垫片（完成）

先来对垫片零件进行分析。根据绘制完成后的垫片的尺寸标注可以知道，内部是一个倒角矩形，倒角矩形各角点距离螺孔圆的圆心的 X 轴和 Y 轴的距离均为 25，倒角距离为 20，因此，在确定内部倒角矩形的角点时，就要以螺孔圆的圆心作为参照来确定。下面就来绘制内部倒角矩形。

实例——启用"自"功能绘制垫片机械零件图

（1）在"草图设置"对话框设置"圆心"捕捉模式，并勾选"启用对象捕捉"复选框，关闭该对话框。

（2）输入 REC，按 Enter 键激活"矩形"命令，输入 C，按 Enter 键激活"倒角"选项，输入 20，按两次 Enter 键确认矩形的倒角。

（3）按住 Shift 键右击并选择"自"命令，配合"圆心"捕捉功能捕捉垫片左下角螺孔圆的圆心，如图 3-40 所示。

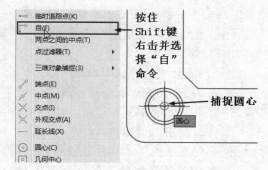

图 3-40 捕捉圆心

（4）输入 @25，25，按 Enter 键确定矩形的左下角点，然后再次按住 Shift 键右击并选择"自"命令，捕捉垫片右上角螺孔圆的圆心，如图 3-41 所示。

（5）输入 @-25，-25，按 Enter 键确定矩形的右上角点，绘制内部倒角矩形，完成垫片零件的绘制。效果如图 3-42 所示。

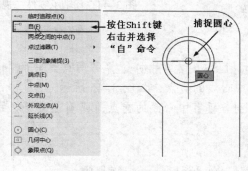

图 3-41 捕捉圆心

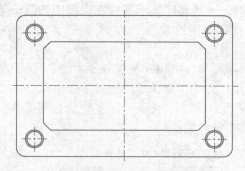

图 3-42 绘制完成的垫片零件图

小贴士

"自"功能是以某一个点作为参照点来定位另一个点，在上述操作中，是以左下角螺孔圆的圆心作为参照点，定位倒角矩形的左下角点，输入 @25，25，相对于左下角螺孔圆的圆心，倒角矩形左下角点距离左下角螺孔圆的圆心的 X 轴距离和 Y 轴距离均为 25。相同的，以右上角螺孔圆的圆心作为参照点，定位倒角矩形右上角点，该角点距离圆心的 X 轴距离和 Y 轴距离均为 25。

练一练

在机械制图中，A3 幅面图框是经常用到的一种图框，下面使用矩形，配合"自"功能绘制

图 3-43 所示的 A3 幅面的图框。

操作提示

（1）激活"矩形"命令，绘制图框外框。

（2）再次激活"矩形"命令，配合"端点"捕捉和"自"功能，根据图示尺寸绘制图框内框。

（3）继续使用"矩形"命令，配合"端点"捕捉功能绘制图框标题栏。

2. "两点之间的中点"功能

两点之间的中点是指捕捉两个点之间的中点，打开"素材" / "球轴承.dwg"素材文件，这是一个未完成的球轴承零件二视图，如图 3-44 所示。

根据主视图的尺寸标注以及视图间的对正关系可以知道，在左视图第 2 和第 3 个轮廓圆之间，有 16 个直径为 12 的滚子球，下面就来绘制左视图中的这 16 个滚子球。要在这两个轮廓圆之间绘制滚子球，首先必须找到两个圆之间的中点以定位圆心，这样才能正确绘制滚子球。下面就使用"圆"命令，配合"交点"捕捉和"两点之间的中点"功能来绘制滚子球图形。

实例——绘制球轴承零件左视图中的滚子球轮廓

（1）在"草图设置"对话框中设置"圆心"和"交点"捕捉模式。

（2）输入 C，按 Enter 键激活"圆"命令，按住 Shift 键右击并选择"两点之间的中点"命令，配合"交点"捕捉功能捕捉第 2 个圆与垂直中心线的交点，如图 3-45 所示。

（3）继续配合"交点"捕捉功能捕捉第 3 个圆与垂直中心线的交点，以确定滚子球的圆心，如图 3-46 所示。

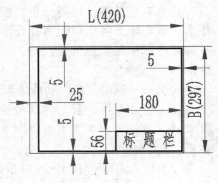

图 3-43　A3 幅面图框

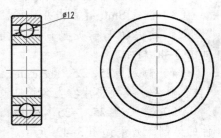

图 3-44　球轴承零件二视图

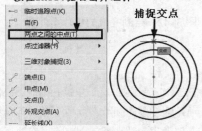

图 3-45　捕捉交点

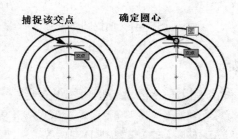

图 3-46　捕捉交点并确定圆心

（4）输入 6，按 Enter 键确定圆的半径。绘制结果如图 3-47 所示。

下面对该圆进行旋转复制 15 个，完成球轴承左视图的绘制。

（5）输入 AR，按 Enter 键激活"阵列"命令，选择绘制的滚子球，按 Enter 键确认，然后输入 PO，按 Enter 键激活"极轴"（旋转）阵列命令，捕捉圆心以确定阵列中心点，如图 3-48 所示。

（6）输入 I，按 Enter 键激活"项目数"选项，输入 16，按两次 Enter 键确定阵列数目并完成滚子球的阵列。效果如图 3-49 所示。

（7）输入 TR，按 Enter 键激活"修剪"命令，选择第 2 和第 3 个圆作为修剪边界，按 Enter 键确认，然后分别在这两个圆的外侧单击滚子球进行修剪，完成球轴承左视图的绘制。效果如图 3-50 所示。

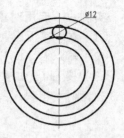

图 3-47　绘制滚子球

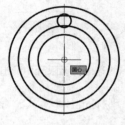

图 3-48　捕捉圆心

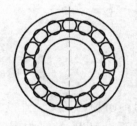

图 3-49　阵列复制滚子球

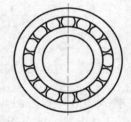

图 3-50　修剪滚子球

练一练

打开"素材"/"阶梯轴.dwg"素材文件，该零件图缺少中心线，如图 3-51（a）所示，下面使用"构造线"命令结合"两点之间的中点"命令，绘制阶梯轴零件的中心线，如图 3-51（b）所示。

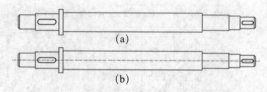

图 3-51　绘制中心线

操作提示

（1）输入 XL，激活"构造线"命令，按住 Shift 键右击并选择"两点之间的中点"命令，分别捕捉阶梯轴左边圆柱直径的两个端点以确定第 1 点。

（2）再次按住 Shift 键右击并选择"两点之间的中点"命令，分别捕捉阶梯轴右边圆柱直径的两个端点以确定第 2 点，完成中心线的绘制。

3.4.3　对象捕捉追踪

对象捕捉追踪是以对象上的某些特征点作为追踪点，引出向两端无限延伸的对象追踪虚线，以捕捉图形外的一点，该功能经常与自动捕捉功能配合使用。启用对象捕捉追踪功能的方法非常简单，可以在"草图设置"对话框中勾选"启用对象捕捉追踪"复选框，或者按 F11 键启用该功能，或者单击状态栏上的"显示捕捉参照线"按钮，都可以启用该功能。下面通过简单实例操作，讲解启用对象捕捉追踪功能绘图的方法。

首先绘制半径为 50 的一个圆，继续在该圆 0° 方向绘制半径为 50 的另一个圆，使该圆的圆心与另一个圆的圆心之间的距离为 100，如图 3-52 所示。

实例——启用对象捕捉追踪功能绘图

（1）在"草图设置"对话框中设置"圆心"捕捉功能，并勾选"启用对象捕捉追踪"复选框。

（2）输入 C，按 Enter 键激活"圆"命令，绘制半径为 50 的圆 01 对象。

（3）按 Enter 键重复执行"圆"命令，移动光标到圆 01 对象的圆心位置，向右移动光标，此时光标两端出现无限延伸的水平追踪线，如图 3-53 所示。

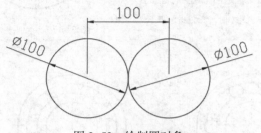

图 3-52　绘制圆对象

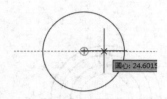

图 3-53　光标两端出现无限延伸的追踪线

（4）输入 100，按 Enter 键确认另一个圆的圆心，继续输入 50，按 Enter 键确认，绘制出半径为 50 的另一个圆，两个圆的圆心距离为 100。效果如图 3-52 所示。

小贴士

系统默认情况下，仅以水平或垂直的方向进行追踪，如果用户需要按照某一角度进行追踪，可以打开"草图设置"对话框，进入"极轴追踪"选项卡，在"对象捕捉追踪设置"选项组中选中"用所有极轴角设置追踪"单选项，如图 3-54 所示。

需要说明的是，"仅正交追踪"单选项与当前极轴角无关，它仅以水平或垂直的追踪矢量追踪对象，即在水平或垂直方向出现向两方无限延伸的对象追踪虚线。而"用所有极轴角设置追踪"单选项是根据当前所设置的极轴角和极轴角的倍数出现对象追踪虚线，用户可以根据需要进行取舍。

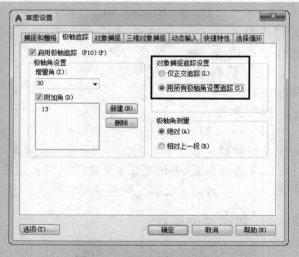

图 3-54　设置对象捕捉追踪

3.4.4　极轴追踪与正交

与对象捕捉追踪有些相似，极轴追踪功能可以沿某一角度进行追踪，以捕捉追踪线上的一点，追踪时可以设置追踪角度。打开"草图设置"对话框，进入"极轴追踪"选项卡，在"增量角"下拉列表中系统预设了多种增量角度供用户选择，如图 3-55 所示。

下面通过简单实例，讲解极轴追踪功能在实际绘图工作中的应用方法和技巧。

继续 3.4.3 节的操作，以圆心、圆上两点为三角形的三个角点，绘制倾斜角度为 30° 的等边三角形。效果如图 3-56 所示。

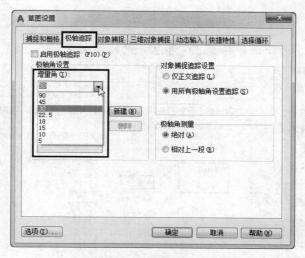

图 3-55 极轴追踪增量角

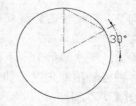

图 3-56 绘制等边三角形

实例——使用极轴追踪功能绘图

（1）打开"草图设置"对话框，进入"极轴追踪"选项卡，在"增量角"下拉列表中选择 30，并勾选"启用极轴追踪"复选框；进入"对象捕捉"选项卡，设置"圆心"和"交点"捕捉模式，并勾选"启用对象捕捉"复选框，然后关闭该对话框。

（2）输入 L，按 Enter 键激活"直线"命令，捕捉圆心作为线段的起点，向右上角引出 30° 的追踪矢量，捕捉追踪线与圆的交点，如图 3-57 所示。

（3）继续向左上角引出 150° 的追踪矢量，捕捉追踪线与圆的交点，如图 3-58 所示。

（4）继续向下引出 270° 的追踪矢量，捕捉圆心，如图 3-59 所示。

（5）按 Enter 键结束操作。绘制效果如图 3-56 所示。

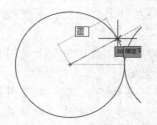

图 3-57 引出 30° 的追踪矢量

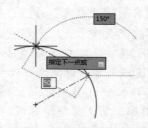

图 3-58 引出 150° 的追踪矢量

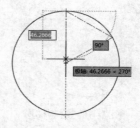

图 3-59 引出 270° 的追踪矢量

小贴士

设置极轴追踪角度后，用户可以单击状态栏上的"按指定角度限制光标"按钮 ⏣，或者按 F10 功能键，都可以启用极轴追踪功能。

疑问解答

疑问 1：设置的极轴追踪角度为 30°，为什么会引出 150° 和 270° 的追踪矢量？

解答 1：极轴追踪是按照设置的角度以及该角度的倍数进行追踪的，150° 和 270° 都与 30° 成倍数关系，因此，设置极轴追踪角度为 30° 后，即可引出 150° 和 270° 的极轴追踪矢量。

疑问 2：系统预设的极轴追踪角度不能满足绘图需要时该怎么办？

解答 2：在"增量角"下拉列表中有系统预设的多种极轴追踪角度，如果这些角度不能满足绘图要求，用户可以勾选"附加角"复选框，然后单击 新建(N) 按钮，之后在输入框输入所需角度，例如输入 13，单击 确定 按钮，这样就可以使用设置的附加角进行极轴追踪了，如图 3-60 所示。

如果想取消设置的附加角，只需要选择附加角，单击 删除 按钮即可将其删除。

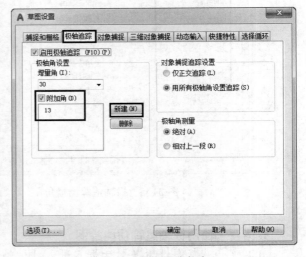

图 3-60　设置附加角

练一练

继续本节的操作，绘制以圆心与圆上一点的连线为 110°、底边和斜边长度为圆的半径、左上角和左下角均为 90° 的梯形，如图 3-61 所示。

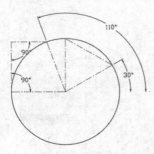

图 3-61　绘制梯形

操作提示

（1）设置"圆心""交点"捕捉模式，启用"对象捕捉""对象捕捉追踪"和"极轴追踪"功能，并设置附加角为 110°。

（2）激活"直线"命令，由圆心向左引出追踪线，捕捉追踪线与圆的交点作为直线的起点。

（3）捕捉圆心作为端点绘制梯形的底边，然后向左上角引出 110° 的追踪矢量，捕捉追踪线与圆的交点绘制梯形的斜边。

（4）水平引出追踪线，然后由下水平边的左端点向上引出 90° 的追踪矢量，捕捉追踪线的交点定位梯形上水平边，最后输入 C，按 Enter 键闭合图形。

正交功能可以强制光标沿水平或者垂直方向引出追踪线，捕捉追踪线上的点。正交追踪确定 4 个方向，向右引出水泡追踪线，系统定位为 0° 方向；向上引出追踪线，系统定位为 90° 方向；向左引出追踪线，系统定位为 180° 方向；向下引出追踪线，系统定位为 270° 方向，如图 3-62 所示。

正交功能的应用非常简单，按 F8 功能键或者单击状态栏上的"正交限制光标"按钮，即可启用正交功能。需注意的是，正交与极轴追踪不能同时启用。

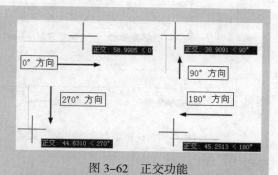

图 3-62　正交功能

3.5　输入机械零件图的点坐标

输入点坐标是精确绘制机械零件图的关键，AutoCAD 2020 提供了两种点坐标的输入法，一种是绝对输入，另一种是相对输入。本节就来讲解相关知识。

3.5.1　了解坐标系与坐标输入

在 AutoCAD 2020 中，坐标系包括 WCS（世界坐标系）与 UCS（用户坐标系）两种。系统默认坐标系为 WCS（世界坐标系），当用户新建一个绘图文件后，位于绘图区左下方的就是 WCS 坐标系，此坐标系是由三个相互垂直并相交的坐标轴 X、Y、Z 组成。如果用户是在二维平行投影绘图空间画平面图，那么坐标系的 X 轴正方向水平向右，Y 轴正方向垂直向上，Z 轴正方向垂直屏幕向外，指向用户，如图 3-63（a）所示；如果用户是在三维透视投影空间绘制三维投影图，那么坐标系也会自动切换为三维坐标系，如图 3-63（b）所示。

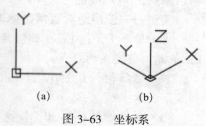

图 3-63　坐标系

坐标系是坐标输入的重要依据，在二维平行投影绘图空间，X 轴表示图形的水平距离，例如输入 X 为 100，表示从坐标系原点（X 轴和 Y 轴的交点）向 X 正方向（向右）为 100 个绘图单位，如图 3-64（a）所示，输入 X 为 -100，表示从坐标系原点（X 轴和 Y 轴的交点）向 X 负方向（向左）为 100 个绘图单位，如图 3-64（b）所示。

Y 表示图形的垂直距离，例如输入 Y 为 100，表示从坐标系原点（X 轴和 Y 轴的交点）向 Y 正方向（向上）为 100 个绘图单位，如图 3-65（a）所示；输入 Y 为 -100，表示从坐标系原点（X 轴和 Y 轴的交点）向 Y 负方向（向下）为 100 个绘图单位，如图 3-65（b）所示。

由于绘图的需要，有时需要用户重新定义坐标系，重新定义的坐标系称为 UCS（用户坐标系）。此种坐标系功能更强大，用途更广泛，将在后面章节详细讲解。

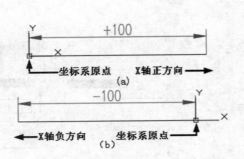

图 3-64　坐标系与 X 轴的输入关系

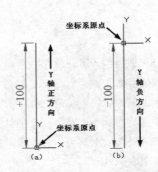

图 3-65　坐标系与 Y 轴的输入关系

3.5.2　输入点的绝对坐标值

绝对坐标输入是指输入点的绝对坐标值，通俗地讲，就是输入坐标原点与目标点之间的绝对距离值，它包括绝对直角坐标输入和绝对极坐标输入两种。

1. 绝对直角坐标输入

绝对直角坐标是以坐标系原点（0，0）作为参考点来定位其他点，其表达式为（x，y，z），用户可以直接输入点的 x、y、z 绝对坐标值来表示点。

如图 3-66 所示，A 点的绝对直角坐标为（5，10），其中 5 表示从 A 点向 X 轴引垂线，垂足与坐标系原点的距离为 5 个单位，而 10 表示从 A 点向 Y 轴引垂线，垂足与坐标系原点的距离为 10 个单位。

下面配合"正交"功能，使用"直线"命令，采用绝对直角坐标输入，绘制左下角点为坐标系原点，50×50 的一个矩形，学习绝对直角坐标输入的相关方法。

实例——使用绝对直角坐标输入法绘制矩形

（1）输入 L，按 Enter 键激活"直线"命令，拾取一点确定线的起点，继续输入 50，0，按 Enter 键，确定线的端点。

（2）继续输入 0，50，按 Enter 键，绘制矩形右垂直边，继续输入 -50，0，按 Enter 键，绘制矩形上水平边。

（3）继续输入 0，-50，按两次 Enter 键确定矩形左垂直边并结束操作，如图 3-67 所示。

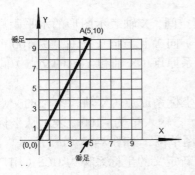

图 3-66　绝对直角坐标输入

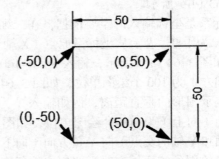

图 3-67　使用绝对直角坐标输入法绘制矩形

2. 绝对极坐标输入

绝对极坐标输入也是以坐标系原点作为参考点，通过某点相对于原点的极长和角度来定义点。其表达式为 L<α，其中，L 表示某点和原点之间的极长，即长度；α 表示某点连接原点的边线与 X 轴的夹角。

图 3-68 所示的 A 点就是用绝对极坐标表示的，其表达式为 100<35，其中 100 表示 A 点和坐标系原点连线的长度，35 表示该线与 X 轴的正向夹角为 35°。

下面继续使用"直线"命令，采用绝对极坐标方法绘制边长为 100 的等边三角形，讲解使用绝对极坐标输入法绘图的方法和技巧。

实例——使用绝对极坐标输入法绘制等边三角形

（1）输入 L，按 Enter 键激活"直线"命令，拾取一点确定线的起点，输入 100<0，按 Enter 键，绘制三角形的底边。

（2）继续输入 100<120，按 Enter 键，绘制三角形右斜边，继续输入 100<240，按两次 Enter 键，绘制三角形左斜边并结束操作，如图 3-69 所示。

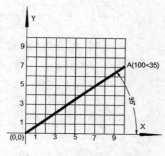

图 3-68　绝对极坐标输入

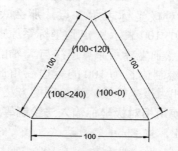

图 3-69　使用绝对极坐标输入绘制三角形

3.5.3　输入点的相对坐标值

与绝对坐标输入不同，相对坐标输入是以上一点作为参照，输入下一点的坐标，它包括相对直角坐标和相对极坐标两种。本节讲解相对坐标输入的方法。

1. 相对直角坐标

相对直角坐标是以某一点相对于参照点 X 轴、Y 轴和 Z 轴三个方向上的坐标变化来定位下一点坐标的，其表达式为 (@x, y, z)。

如图 3-70 所示，如果以 A 点作为参照点，使用相对直角坐标表示 B 点，那么表达式则为 (@-5, 3)，其中，@ 表示相对的意思，就是相对于 A 点来表示 B 点的坐标，-5 表示从 A 点到 B 点的 X 轴负方向的距离，而 3 则表示从 A 点到 B 点的 Y 轴正方向距离。

下面使用相对直角坐标输入法绘制 100×50 的矩形，讲

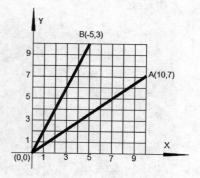

图 3-70　相对直角坐标输入

解使用相对直角坐标输入法绘图的方法和技巧。

实例——使用相对直角坐标输入法绘制矩形

（1）输入 L，按 Enter 键激活"直线"命令，拾取一点确定线的起点，输入 @100，0，按 Enter 键，确定线的端点。

（2）继续输入 @0，50，按 Enter 键，绘制矩形右垂直边；继续输入 @-100，0，按 Enter 键，绘制矩形上水平边；继续输入 @0，-50，按两次 Enter 键绘制矩形左垂直边并结束操作，如图 3-71 所示。

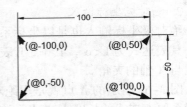

图 3-71　使用相对直角坐标输入法绘制矩形

2. 相对极坐标

相对极坐标是通过相对于参照点的极长距离和偏移角度来表示点，其表达式为 (@L<α)，其中，@ 表示相对的意思，L 表示极长，α 表示角度。

如图 3-72 所示，如果以坐标系的原点作为参照点，使用相对极坐标表示 A 点，那么表达式则为 (@100<35)，其中 100 表示 A 点到坐标系原点的极长距离，35 表示 A 点到坐标系原点连线与 X 轴的角度。

下面通过绘制边长为 100 的等边三角形的实例操作，讲解使用相对极坐标输入法绘图的方法和技巧。

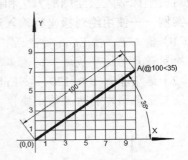

图 3-72　相对极坐标输入

实例——使用相对极坐标输入法绘制等边三角形

（1）输入 L，按 Enter 键激活"直线"命令，拾取一点确定线的起点，然后输入 @100<0，按 Enter 键，绘制三角形底边。

（2）继续输入 @100<120，按 Enter 键，绘制三角形右斜边；继续输入 @100<240，按两次 Enter 键，绘制三角形左斜边并结束操作，如图 3-73 所示。

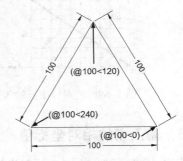

图 3-73　使用相对极坐标输入法
绘制等边三角形

📋 **小贴士**

除了以上所讲的坐标输入法之外，AutoCAD 2020 还有一种输入法，即动态输入，这其实是一种坐标输入功能，启用该功能后，输入的坐标点被看作相对坐标点，用户只需输入点的绝对坐标值，而不需要再输入符号 @，系统会将其看作相对坐标输入。

单击状态栏上的"动态输入"按钮，或按 F12 功能键，都可激活动态输入功能，此时在光标下方会出现坐标输入框，如图 3-74 所示。

图 3-74　动态输入状态

此时用户只需输入坐标的绝对值，例如输入 (100，0)，系统会将其看作相对直角坐标，输入 (100<90)，系统会将其看作相对极坐标。该操作比较简单，在此不再详述。

3.6 综合练习——绘制弹簧机械零件图

弹簧是较常见的一种机械零件，本节就来绘制图 3-75 所示的弹簧机械零件图。

3.6.1 绘制辅助线

本节绘制辅助线，这是机械制图的首要操作。

（1）执行"新建"命令，选择"样板"目录下的"机械样板 .dwt"样板文件，新建绘图文件。

（2）在"默认"选项卡移动光标到"图层"按钮上，在弹出的列表中单击图层控制列表，在弹出的下拉列表中选择"中心线层"，将其设置为当前图层，如图 3-76 所示。

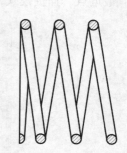

图 3-75 弹簧机械零件图

（3）输入 L，按 Enter 键激活"直线"命令，拾取一点，然后输入 @100，0，按 Enter 键，绘制长度为 100 个绘图单位的水平线段。

（4）输入 O，按 Enter 键激活"偏移"命令，输入 15，按 Enter 键，单击绘制的水平线，在水平线的上方单击，再次单击绘制的水平线，在水平线的下方单击，对水平线进行对称偏移。效果如图 3-77 所示。

至此，辅助线绘制完毕。

图 3-76 选择"中心线层"

图 3-77 绘制直线并偏移

3.6.2 绘制弹簧轮廓圆对象

本节绘制弹簧的轮廓圆对象。

（1）输入 SE，按 Enter 键打开"草图设置"对话框，设置"圆心""交点""延长线""切点""最近点"捕捉模式，并勾选"启用对象捕捉"复选框，如图 3-78 所示。

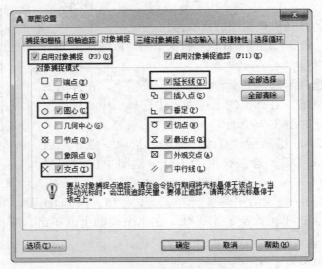

图 3-78　设置捕捉模式

（2）关闭该对话框，输入 C，按 Enter 键激活"圆"命令，移动光标到上方辅助线左端位置，配合"最近点"捕捉功能，捕捉辅助线上的一点作为圆心，输入 1.25，按 Enter 键，绘制直径为 2.5 的圆，如图 3-79 所示。

（3）输入 CO，按 Enter 键激活"复制"命令，选择绘制的圆，按 Enter 键，捕捉圆心作为基点，然后输入 @8.6，0，按 Enter 键，继续输入 @17.2，0，按两次 Enter 键确认，复制圆。效果如图 3-80 所示。

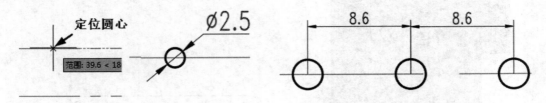

图 3-79　绘制圆　　　　　　　　　　　　图 3-80　向右复制圆

（4）按 Enter 键重复执行"复制"命令，单击左边的圆，按 Enter 键，捕捉圆心，由该圆左象限点向下引出 270° 的方向矢量，捕捉矢量线与最下方水平辅助线的交点作为目标点，按 Enter 键确认并结束对圆的复制操作。效果如图 3-81 所示。

（5）再次按 Enter 键重复"复制"命令，单击下方刚复制的圆，按 Enter 键确认，捕捉圆心，然后输入 @5.4，0，按 Enter 键确认，再次输入 @14.4，0，按 Enter 键确认，继续输入 @23.4，0，按两次 Enter 键确认并结束操作。效果如图 3-82 所示。

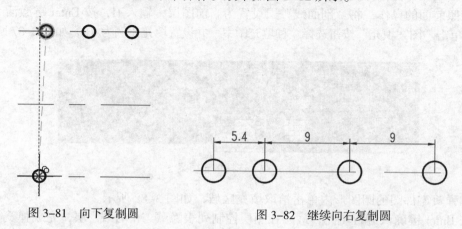

图 3-81　向下复制圆

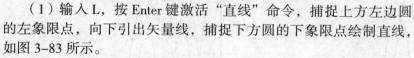

图 3-82　继续向右复制圆

至此，弹簧对象上的轮廓圆对象绘制完毕。

3.6.3　绘制弹簧的线轮廓

本节绘制弹簧对象上的线轮廓，继续完善弹簧零件。

（1）输入 L，按 Enter 键激活"直线"命令，捕捉上方左边圆的左象限点，向下引出矢量线，捕捉下方圆的下象限点绘制直线，如图 3-83 所示。

（2）再次执行"直线"命令，配合"切点"捕捉功能，绘制上、下两行圆的切线。效果如图 3-84 所示。

（3）输入 TR，按 Enter 键激活"修剪"命令，选择如图 3-85 所示的轮廓线作为修剪边界。

（4）按 Enter 键确认，然后单击要修剪的轮廓线进行修剪，完成弹簧零件轮廓线的绘制。效果如图 3-86 所示。

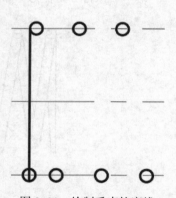

图 3-83　绘制垂直轮廓线

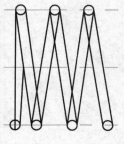

图 3-84　绘制切线

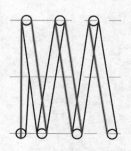

图 3-85　选择修剪边界

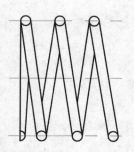

图 3-86　修剪轮廓线

3.6.4 填充并完善弹簧零件图

本节继续填充与完善弹簧零件图。

（1）依照前面的操作，将"剖面线"层设置为当前图层，输入 H，按 Enter 键激活"图案填充"命令，单击"图案填充"按钮选择一种填充图案，并设置填充比例为 0.2，如图 3-87 所示。

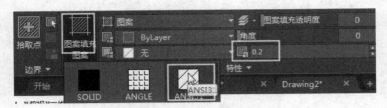

图 3-87　选择填充图案

（2）在弹簧零件图的圆图形内单击拾取填充区域，如图 3-88 所示。

（3）按 Enter 键确认进行填充，最后在图层控制列表隐藏"中心线"层，完成弹簧零件图的绘制。效果如图 3-89 所示。

（4）执行"另存为"命令，将该图形另存为"综合练习——绘制弹簧机械零件图 .dwg"文件。

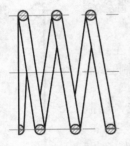

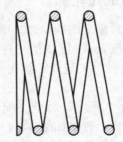

图 3-88　拾取填充区域　　　　　图 3-89　填充后的弹簧零件图

第 2 篇　AutoCAD 机械设计入门

学习 AutoCAD 机械设计是一个循序渐进的过程,当读者掌握了机械设计的理论知识以及软件的基本操作知识后,就可以进入机械设计入门知识的学习了。

本篇通过第 4~6 章共 37 个机械零件图的绘图实例详细讲解 AutoCAD 机械设计的入门知识。通过学习本篇内容,能够夯实 AutoCAD 机械设计的基础。具体内容如下:

➲ 第 4 章　机械设计中的二维图元

本章主要讲解 AutoCAD 2020 机械设计中二维图元的创建,具体包括二维线、二维图形以及复合图形的创建方法和这些对象在机械设计中的应用技能。

➲ 第 5 章　机械零件二维图的编辑

本章主要讲解机械零件二维图形的编辑技能,具体包括图形对象的倒角、圆角、偏移、修剪、打断、合并、分解、延伸、拉伸和拉长等编辑知识。

➲ 第 6 章　机械零件二维图的管理

本章主要讲解机械零件二维图的管理知识,具体包括图层的应用、图块的创建、属性的定义以及特性设置等知识。

本篇部分绘图实例如下:

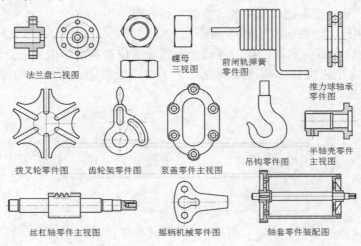

第 4 章　机械设计中的二维图元

本章导读

在 AutoCAD 2020 机械设计中，二维图形是机械零件图的基本要素，也是绘制机械零件图的基本图形，本章就来讲解绘制二维图形的相关知识。

本章主要内容如下：

- ➥ 二维线图元
- ➥ 二维图形
- ➥ 复合图形
- ➥ 综合练习——绘制法兰盘零件二视图
- ➥ 职场实战——绘制吊钩零件图

4.1　二维线图元

在 AutoCAD 2020 机械设计中，常用的二维线图元包括直线、多段线、构造线和样条曲线。本节就来讲解前三种二维线图元的绘制方法。

4.1.1　直线——绘制键零件主视图

直线是最简单、最常用的二维线，一般可用于绘制机械零件图的轮廓线或者绘制辅助线，用户可以通过以下方式激活"直线"命令。

- ➥ 快捷键：输入 L，按 Enter 键确认
- ➥ 工具按钮：单击工具选项卡中的"直线"按钮▰
- ➥ 菜单栏：执行"绘图"/"直线"命令

激活"直线"命令后，拾取一点，移动光标到合适位置再次拾取另一点，或者输入另一点的坐标，按 Enter 键结束操作，即可绘制直线。下面以绘制图 4-1 所示的键零件主视图为例，讲解绘制直线的方法。

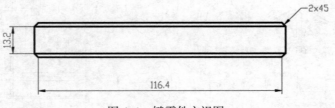

图 4-1　键零件主视图

实例——绘制键零件主视图

（1）输入 SE，按 Enter 键打开"草图设置"对话框，设置"端点"捕捉模式。

（2）输入 L，按 Enter 键激活"直线"命令，单击拾取一点，输入 @2<45，按 Enter 键确认。

（3）输入 @116.4，0，按 Enter 键确认，继续输入 @2<-45，按 Enter 键确认，继续输入 @0，-13.2，按 Enter 键确认，继续输入 @2<225，按 Enter 键确认，继续输入 @2<135，按 Enter 键确认。

（4）输入 C，按 Enter 键闭合图形，完成键零件外轮廓的绘制。效果如图 4-2 所示。

（5）继续输入 L，按 Enter 键激活"直线"命令，捕捉外轮廓左上角的端点，继续捕捉外轮廓右上角的端点，按 Enter 键结束操作，完成键零件内轮廓的绘制。效果如图 4-3 所示。

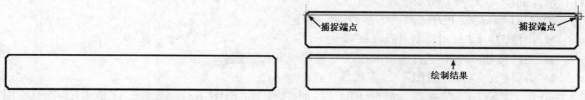

图 4-2　键零件外轮廓　　　　　　　图 4-3　键零件内轮廓

（6）使用相同的方法，继续激活"直线"命令，分别捕捉左下方和右下方两个端点，绘制键零件的另外一条内轮廓线，完成键零件俯视图的绘制。效果如图 4-1 所示。

小贴士

激活"直线"命令，单击拾取一点，移动光标到合适位置单击拾取另一点，或者输入另一点坐标，即可绘制直线，输入 C，按 Enter 键，即可绘制闭合图形。

练一练

自己尝试使用"直线"命令，配合坐标输入功能，绘制图 4-4 所示的五角星图形。

操作提示

输入 L，按 Enter 键激活"直线"命令，拾取一点，然后根据图示尺寸，使用相对极坐标输入功能，绘制五角星图形。

图 4-4　五角星

4.1.2　多段线——绘制键零件俯视图

与直线不同，多段线是由一系列直线段或弧线段连接而成的一种特殊二维线，表面来看，多段线与其他二维线没有任何区别，但实际上无论多段线包含多少直线段或弧线段，它都是一个整体。表面来看图 4-5（a）和图 4-5（b）这两个线图形没有任何区别，在没有任何命令发出的情况下，分别单击两个线图形的左边折线，此时会发现，图 4-5（a）只有左边直线段夹点显示，而图 4-5（b）则全部夹点显示，如图 4-6 所示。

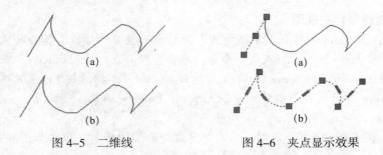

图 4-5　二维线　　　　　　　　图 4-6　夹点显示效果

由此说明，图 4-5（a）是由直线和圆弧组合而成的二维线图形，每段线段和圆弧都是独立存在的，而图 4-5（b）则是多段线图形。

用户可以通过以下方法激活"多段线"命令。

➥ 快捷键：输入 PL，按 Enter 键确认

➥ 工具按钮：单击工具选项卡中的"多段线"按钮

➥ 菜单栏：执行"绘图"/"多段线"命令

打开"效果"/"第 4 章"目录下的"绘制键零件主视图 .dwg"文件，这是 4.1.1 节中使用"直线"绘制的键零件主视图，如图 4-7（a）所示，本节继续通过绘制图 4-7（b）所示的键零件俯视图的具体实例，学习多段线的绘制方法。

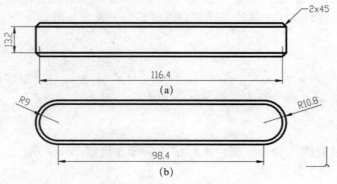

图 4-7　键零件二视图

实例——绘制键零件俯视图

（1）输入 PL，按 Enter 键激活"多段线"命令，在主视图下方合适位置单击拾取一点，输入 @98.4，0，按 Enter 键确认。

（2）继续输入 A，按 Enter 键转入"圆弧"模式，输入 @0，-21.6，按 Enter 键确认绘制圆弧，输入 L，按 Enter 键转入"直线"模式，输入 @-98.4，0，按 Enter 键确认。

📋 小贴士

默认设置下，绘制的多段线是直线，输入 A，按 Enter 键即可转入"圆弧"模式以绘制圆弧，输入 L，按 Enter 键即可转入"直线"模式绘制直线，依次在圆弧和直线之间切换，以绘制圆弧或直线多段线。

（3）继续输入 A，按 Enter 键转入"圆弧"模式，输入 @0，21.6，按两次 Enter 键确认绘制圆并结束操作，绘制出键俯视图的外轮廓。效果如图 4-8 所示。

（4）继续输入 O，按 Enter 键激活"偏移"命令，输入 1.8，按 Enter 键确认偏移距离，单击键俯视图外轮廓，在其内部单击进行偏移，最后按 Enter 键结束操作。效果如图 4-9 所示。

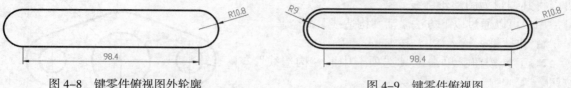

图 4-8　键零件俯视图外轮廓　　　　　图 4-9　键零件俯视图

小贴士

输入 O，按 Enter 键激活"偏移"命令，该命令是一个图形编辑命令，可以对二维图形进行偏移，以创建复合型图形。有关"偏移"命令的操作，将在后面章节详细讲解。

知识拓展

除了绘制圆弧或直线多段线外，用户还可以绘制具有宽度的多段线。下面以绘制图 4-10 所示的箭头为例，讲解绘制宽度多段线的方法。

（1）输入 PL，按 Enter 键激活"多段线"命令，拾取一点，然后输入 @100，0，按 Enter 键确认。

（2）输入 W，按 Enter 键激活"宽度"选项，输入 5，按 Enter 键确认设置起点宽度，继续输入 0，按 Enter 键确认设置端点宽度。

（3）输入 20，按两次 Enter 键结束操作，完成箭头的绘制。

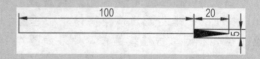

图 4-10　箭头

练一练

自己尝试使用"多段线"命令，配合坐标输入功能，绘制图 4-11 所示的图形。

操作提示

（1）输入 PL，按 Enter 键激活"多段线"命令，拾取一点，输入 W，按 Enter 键激活"宽度"选项，设置"起点"宽度为 5，"端点"宽度为 0，输入 A，转入"圆弧"模式，绘制半径为 30 的圆弧多段线。

（2）输入 L，按 Enter 转入"直线"模式，使用相同的宽度参数，绘制长度为 30 的直线段。

（3）以此方法激活绘制半径为 15 的圆弧多段线和长度为 30 的直线多段线，完成该图形的绘制。

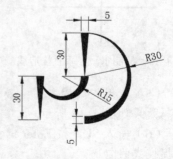

图 4-11　多段线图形

4.1.3 构造线——绘制椭圆形压盖零件图

与直线和多段线完全不同，构造线是向两端无限延伸的直线，此种直线通常用作绘图时的辅助线或参考线，不能直接作为图形的轮廓线，但可以将其编辑为图形轮廓线。

用户可以通过以下方法激活"构造线"命令。

➤ 快捷键：输入 XL，按 Enter 键确认

➤ 工具按钮：单击工具选项卡中的"构造线"按钮

➤ 菜单栏：执行"绘图" / "构造线"命令

本节通过使用"构造线"命令，结合其他绘图命令，通过绘制图 4-12 所示的椭圆形压盖零件图的实例，讲解构造线在机械绘图中的应用方法和技巧。

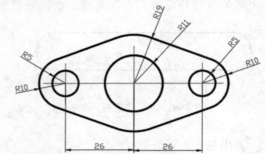

图 4-12　椭圆形压盖零件图

实例——绘制椭圆形压盖零件图

（1）输入 XL，按 Enter 键激活"构造线"命令，在绘图区单击拾取一点，引出 0°方向矢量，再次拾取一点，绘制水平构造线。

（2）引出 90°方向矢量，拾取一点绘制垂直构造线，按 Enter 键确认结束操作。效果如图 4-13 所示。

（3）按 Enter 键重复执行"构造线"命令，输入 O，按 Enter 键激活"偏移"选项，输入 26，按 Enter 键设置偏移距离，单击垂直构造线，在其左边单击进行偏移，再次单击垂直构造线，在其右侧单击继续偏移。效果如图 4-14 所示。

（4）窗交方式选择构造线，单击"特性"按钮，修改其颜色为红色，然后输入 C，按 Enter 键激活"圆"命令，捕捉左侧垂直构造线与水平构造线的交点，输入 5，按 Enter 键确认，绘制半径为 5 的圆。效果如图 4-15 所示。

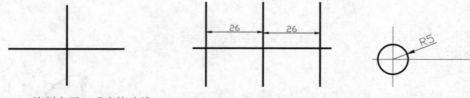

图 4-13　绘制水平、垂直构造线　　　图 4-14　偏移垂直构造线　　　图 4-15　绘制圆

（5）使用相同的方法，激活"圆"命令，以构造线的交点为圆心，根据提示尺寸绘制其他圆。效果如图 4-16 所示。

（6）输入 SE，按 Enter 键打开"草图设置"对话框，设置"切点"捕捉模式，并取消其他捕捉模式的勾选。

（7）输入 XL，按 Enter 键激活"构造线"命令，在左边外侧圆的上方捕捉切点，继续在中间大圆的左上方捕捉切点，按 Enter 键确认，绘制两个圆的公切线。效果如图 4-17 所示。

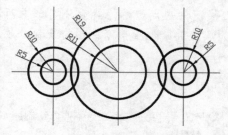

图 4-16　绘制其他圆

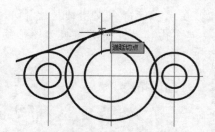

图 4-17　绘制圆的公切线

（8）使用相同的方法，继续使用"构造线"在左侧圆和中间大圆的下方，以及右侧圆和中间大圆的上、下位置绘制公切线。效果如图 4-18 所示。

（9）输入 TR，按 Enter 键激活"修剪"命令，单击选择 4 条公切线，按 Enter 键确认，然后分别单击左、右两边的外侧圆和中间外侧圆进行修剪。效果如图 4-19 所示。

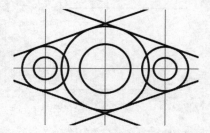

图 4-18　绘制其他公切线

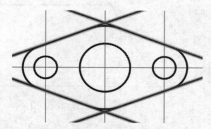

图 4-19　修剪圆

📋 小贴士

"修剪"命令是一个二维图形编辑命令，可以对二维图形进行修剪，修剪时需要修剪边界。关于该命令的详细操作方法，将在后面章节详细讲解。

（10）按两次 Enter 键确认并激活"修剪"命令，分别单击修剪后的 4 个圆弧作为修剪边界，如图 4-20 所示。

（11）按 Enter 键确认，然后分别在 4 条公切线和 4 条中心线的两端单击进行修剪，将其转换为图形轮廓线和中心线，按 Enter 键确认。效果如图 4-21 所示。

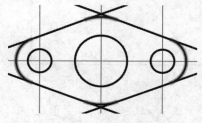

图 4-20　选择 4 个圆弧

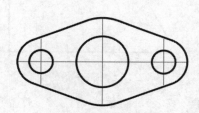

图 4-21　修剪结果

（12）在无任何命令发出的情况下单击 4 条中心线使其夹点显示，然后分别单击两端的夹点，并将其向内移动，将其转换为图形的中心线，完成该椭圆形压盖零件图的绘制。效果如图 4-12 所示。

📖 **知识拓展**

绘制构造线时，既可以绘制水平、垂直构造线，又可以绘制任意角度的构造线。下面以绘制图 4-22 所示的梯形图形为例，学习绘制水平、垂直和倾斜的构造线。具体操作如下。

（1）输入 XL，按 Enter 键激活"构造线"命令，输入 H，按 Enter 键激活"水平"选项，在绘图区单击拾取一点，按 Enter 键确认绘制水平构造线。

（2）再次按 Enter 键重复执行"构造线"命令，输入 O，按 Enter 键激活"偏移"选项，输入 100，按 Enter 键设置偏移距离，单击水平构造线，在其上方单击进行偏移。效果如图 4-23 所示。

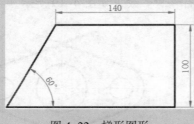

图 4-22　梯形图形

图 4-23　偏移水平构造线

（3）再次按 Enter 键重复执行"构造线"命令，输入 V，按 Enter 键激活"垂直"选项，在绘图区单击拾取一点，按 Enter 键确认绘制垂直构造线。

（4）再次按 Enter 键重复执行"构造线"命令，输入 A，按 Enter 键激活"角度"选项，输入 60，按 Enter 键确认设置角度。

（5）按住 Shift 键右击，选择"自"选项，捕捉垂直构造线与上水平构造线的交点，输入 @-140, 0，按 Enter 键确认，绘制角度为 60°的构造线。效果如图 4-24 所示。

（6）输入 TR，按 Enter 键激活"修剪"命令，单击两条水平构造线作为修剪边，按 Enter 键确认，然后分别在倾斜构造线和垂直构造线的两端单击进行修剪。效果如图 4-25 所示。

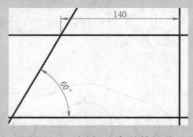

图 4-24　绘制 60°角的构造线

图 4-25　修剪图线

（7）再次按 Enter 键重复执行"修剪"命令，单击倾斜构造线和垂直构造线作为修剪边，按 Enter 键确认，然后分别在两条水平构造线的两端单击进行修剪，完成该梯形图形的绘制。效果如图 4-22 所示。

练一练

粗糙度符号是机械零件图中不可缺少的内容，用于标注机械零件的粗糙度，下面自己尝试使用构造线绘制图 4-26 所示的粗糙度符号。

操作提示

（1）输入 XL，按 Enter 键激活"构造线"命令，绘制水平和垂直构造线，然后将垂直构造线偏移 4.5 个绘图单位，两水平构造线偏移 3.9 个绘图单位。

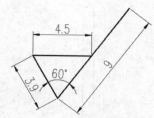

图 4-26　粗糙度符号

（2）以上水平构造线与左垂直构造线的交点为起点，绘制角度为 120° 的倾斜构造线，然后以该倾斜构造线与下水平构造线的交点为起点，绘制倾斜度为 60°，长度为 9 的直线，最后使用"修剪"命令对各图线进行修剪，完成粗糙度符号的绘制。

4.2　二维图形

在 AutoCAD 2020 机械设计中，常用的二维图形并不多，主要有圆、矩形和多边形，其他二维图形不太常用。本节讲解机械设计中常用二维图形的绘制方法。

4.2.1　矩形——绘制底座零件左视图

矩形是由 4 条直线组成的闭合图形，常用于绘制机械零件轮廓。用户可以通过以下方式激活"矩形"命令。

- ➥ 快捷键：输入 REC，按 Enter 键确认
- ➥ 工具按钮：单击工具选项卡中的"矩形"按钮
- ➥ 菜单栏：执行"绘图"/"矩形"命令

绘制矩形时，单击拾取一点作为矩形的左下角点，然后拾取右上角点或者输入该角点的坐标即可绘制矩形。下面通过绘制图 4-27 所示的底座零件左视图的具体实例，讲解绘制矩形的方法。

实例——绘制底座零件左视图

（1）执行"文件"/"新建"命令，选择"样板"目录下的"机械样板 .dwt"文件将其打开。

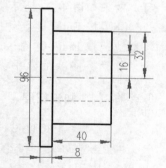

图 4-27　底座零件左视图

（2）在图层控制列表将"轮廓线"层设置为当前图层，输入 REC，按 Enter 键激活"矩形"命令，拾取一点作为矩形左下角点，然后输入 @8，96，按 Enter 键确认。效果如图 4-28 所示。

（3）输入 SE，按 Enter 键打开"草图设置"对话框，设置"中点"捕捉模式，然后在图层控制列表将"中心线"层设置为当前图层。

（4）输入 XL，按 Enter 键激活"构造线"命令，输入 H，按 Enter 键激活"水平"选项，捕捉矩形垂直边的中点，绘制水平构造线。效果如图 4-29 所示。

（5）按 Enter 键重复执行"构造线"命令，输入 O，按 Enter 键激活"偏移"选项，将水平构造线分别对称偏移 16 和 32 个绘图单位，将矩形右垂直边向右偏移 40 个绘图单位。效果如图 4-30 所示。

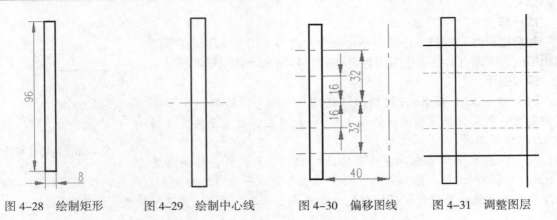

图 4-28　绘制矩形　　　　图 4-29　绘制中心线　　　　图 4-30　偏移图线　　　　图 4-31　调整图层

（6）在无任何命令发出的情况下单击选择上、下两条水平线和右侧垂直线，在图层控制列表选择"轮廓线"层，将其放入轮廓线层，再次选择另外两条水平线，在图层控制列表选择"隐藏线"层，将其放入该层。效果如图 4-31 所示。

（7）输入 TR，按 Enter 键激活"修剪"命令，单击矩形和右侧垂直线作为修剪边，按 Enter 键确认，然后在 4 条水平线的两端单击进行修剪。效果如图 4-32 所示。

（8）按 Enter 键重复执行"修剪"命令，单击上、下两条水平线作为修剪边，按 Enter 键确认，然后在垂直线的两端单击进行修剪，最后删除左侧两条多余的水平线。效果如图 4-28 所示。

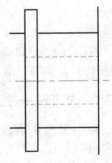

图 4-32　修剪图线

 知识拓展

除了绘制标准矩形外，还可以绘制倒角矩形和圆角矩形。下面以绘制图 4-33 所示的垫片零件图为例，讲解绘制倒角矩形和圆角矩形的方法。

（1）执行"文件"/"新建"命令，选择"样板"目录下的"机械样板 .dwt"文件将其打开。

（2）在图层控制列表将"轮廓线"层设置为当前图层，输入 REC，按 Enter 键激活"矩形"命令，输入 F，按 Enter 键激活"圆角"选项，拾取一点，然后输入 @60，40，按 Enter 键确认。效果如图 4-34 所示。

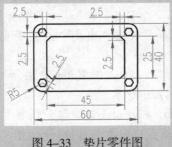

图 4-33　垫片零件图

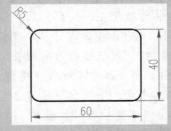

图 4-34　绘制圆角矩形

（3）输入 SE，按 Enter 键打开"草图设置"对话框，设置"圆心"捕捉模式，然后输入 REC，按 Enter 键激活"矩形"命令，输入 C，按 Enter 键激活"倒角"选项，输入 2.5，按 Enter 键设置第 1 个倒角距离，再次输入 2.5，按 Enter 键设置第 2 个倒角距离。

（4）按 Shift 键右击并选择"自"选项，捕捉圆角矩形左下圆角的圆心，输入 @2.5, 2.5，按 Enter 键确定倒角矩形的左下角点，然后输入 @45, 25，按 Enter 键确定另一个角点绘制倒角矩形。效果如图 4-35 所示。

（5）输入 POL，按 Enter 键激活"多边形"命令，输入 6，按 Enter 键设置边数，捕捉圆角矩形的圆心，按 Enter 键确认，然后输入 2.5，再次按 Enter 键确认，绘制内接圆半径为 2.5 的六边形，如图 4-36 所示。

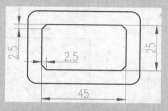 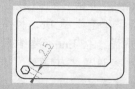

图 4-35　绘制倒角矩形　　　图 4-36　绘制六边形

（6）输入 CO，按 Enter 键激活"复制"命令，单击绘制的六边形，按 Enter 键确认，捕捉圆心，然后分别捕捉圆角矩形的其他 3 个圆心，对六边形进行复制，完成垫片零件的绘制。效果如图 4-33 所示。

小贴士

除了绘制倒角和倒角矩形外，用户还可以绘制厚度、宽度矩形，这两种矩形不太常用，且绘制方法比较简单，在此不做讲解，读者可以自己尝试绘制。

4.2.2　圆——绘制底座零件主视图

圆是一种较简单的二维图形，其绘制方法有多种，最常用的是半径和直径方式，即确定圆的圆心后，输入半径或者直径，即可绘制圆。

用户可以通过以下方式激活"圆"命令。

➥ 快捷键：输入 C，按 Enter 键确认

➥ 工具按钮：单击工具选项卡中的"圆"按钮

➥ 菜单栏：执行"绘图"/"圆"命令

下面继续通过绘制图 4-37 所示的底座机械零件主视图的具体实例，学习绘制圆的方法。

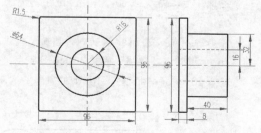

图 4-37　底座零件主视图

实例——绘制底座零件主视图

（1）打开"实例"/"第 4 章"目录下的"实例——绘制底座零件左视图 .dwg"图形文件，在图层控制列表将"轮廓线"层设置为当前图层。

（2）输入 SE，按 Enter 键打开"草图设置"对话框，设置"端点""中点""交点"捕捉模

式，然后关闭该对话框。

（3）输入 REC，按 Enter 键激活"矩形"命令，输入 F，按 Enter 键激活"圆角"选项，输入 1.5，按 Enter 键设置圆角半径。

（4）由底座零件左视图的左下角点向左引出矢量线，在适当位置单击拾取一点，输入 @-96，96，按 Enter 键确认，绘制圆角矩形，如图 4-38 所示。

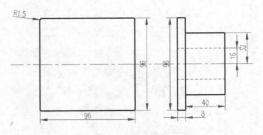

图 4-38　绘制圆角矩形

（5）在图层控制列表设置"中心线"层为当前图层，输入 XL，按 Enter 键激活"构造线"命令，输入 V，按 Enter 键激活"垂直"选项，捕捉矩形水平边的中点绘制垂直构造线，按 Enter 键结束操作。

（6）在图层控制列表设置"轮廓线"层为当前图层，输入 C，按 Enter 键激活"圆"命令，捕捉水平和垂直中心线的交点作为圆心，输入 16，按 Enter 键确认，绘制半径为 16 的圆，如图 4-39 所示。

（7）按 Enter 键重复执行"圆"命令，捕捉水平和垂直中心线的交点作为圆心，输入 D，按 Enter 键

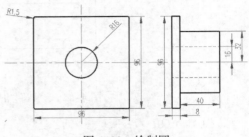

图 4-39　绘制圆

激活"直径"选项，输入 64，按 Enter 键确认，绘制直径为 64 的圆，完成底座零件主视图的绘制。效果如图 4-37 所示。

📖 **知识拓展**

除了半径和直径绘制圆的方法外，还可以采用两点、三点方式绘制圆。同时也可以绘制相切圆。下面以绘制图 4-40 所示的支架零件图为例，讲解两点画圆的方法。

（1）执行"文件"/"新建"命令，选择"样板"目录下的"机械样板.dwt"文件将其打开。

（2）在图层控制列表将"轮廓线"层设置为当前图层，输入 PL，按 Enter 键激活"多段线"命令，拾取一点，输入 @-60，0，按 Enter 键确认；输入 @0，-10，按 Enter 键确认；输入 @10，0，按 Enter 键确认。

（3）输入 A，按 Enter 键转入"圆弧"模式，引出 270° 的方向矢量，输入 10，按 Enter 键；输入 L，按 Enter 键转入"直线"模式，引出 180° 的方向矢量，输入 10，按 Enter 键确认；引出 270° 的方向矢量，输入 10，按 Enter 键；引出 0° 的方向矢量，输入 60，按 Enter 键确认。效果如图 4-41 所示。

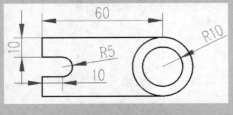

图 4-40　支架零件图

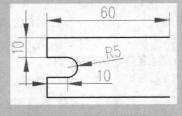

图 4-41　绘制轮廓线

（4）输入 C，按 Enter 键激活"圆"命令，输入 2P，按 Enter 键激活"2 点"选项，捕捉轮廓线右侧的两个端点绘制圆。效果如图 4-42 所示。

（5）按 Enter 键重复画圆命令，捕捉圆心，输入 10，按 Enter 键确认，绘制半径为 10 的另一个圆，完成支架零件图的绘制。效果如图 4-40 所示。

下面继续通过绘制图 4-43 所示的三角垫块的实例，讲解"相切、相切、半径"画圆的方法。

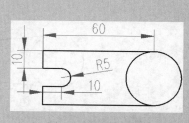
图 4-42　两点画圆

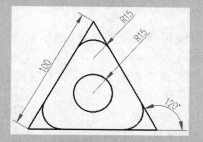
图 4-43　三角垫块

（1）输入 SE，按 Enter 键打开"草图设置"对话框，设置"中点""交点""切点"捕捉模式，并设置极轴角度为 30°，然后关闭该对话框。

（2）输入 L，按 Enter 键激活"直线"命令，拾取一点，引出 180° 方向矢量，输入 100，按 Enter 键确认；引出 60° 方向矢量，输入 100，按 Enter 键确认，输入 C，按 Enter 键闭合图形，绘制等边三角形，如图 4-44 所示。

（3）输入 C，按 Enter 键激活"圆"命令，输入 T，按 Enter 键激活"相切、相切、半径"选项，在三角形水平边和右斜边上单击拾取；两个切点，输入 15，按 Enter 键确认，绘制半径为 15 的相切圆。效果如图 4-45 所示。

（4）使用相同的方法，继续在三角形内部绘制两个半径为 15 的相切圆，然后使用直线命令，配合中点和端点捕捉功能绘制两条线，并以这两条线的交点为圆心，绘制半径为 15 的圆，如图 4-46 所示。

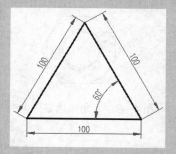
图 4-44　绘制等边三角形

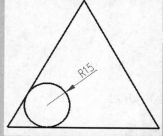
图 4-45　绘制相切圆

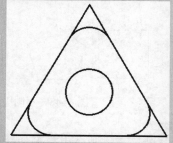
图 4-46　修剪相切圆

（5）将这两条线删除，输入 TR，按 Enter 键激活"修剪"命令，以三角形的 3 条边为修剪边，对 3 个相切圆进行修剪，完成三角垫块的绘制。效果如图 4-43 所示。

📋 **小贴士**

除了以上所讲的绘制圆的方法外，"三点"画圆的方法与"二点"画圆的方法相似，激活画圆命令，输入3P，激活"三点"选项，拾取3个点即可画圆。另外，"相切、相切、相切"画圆的方法也是拾取3个切点，即可绘制一个相切圆，这些操作都比较简单，在此不再讲解，读者可以自己尝试操作。

练一练

自己尝试使用圆绘制图4-47所示的V带传动图。

操作提示

（1）使用构造线绘制水平和垂直辅助线，然后以辅助线的交点为圆心绘制两个圆。

（2）激活"构造线"命令，绘制两个圆的公切线，然后输入TR激活"修剪"命令，以两个圆为修剪边，对构造线进行修剪，完成图形的绘制。

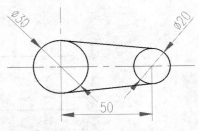

图 4-47　V带传动图

4.2.3　多边形——绘制六角螺母零件主视图

多边形是由相等的边、角组成的闭合图形，用户可以根据需要设置不同的边数，如四边形、五边形、六边形、八边形等。不同边数的多边形如图4-48所示。

用户可以通过以下方式激活"多边形"命令。

➥ 快捷键：输入 POL，按 Enter 键确认
➥ 工具按钮：单击工具选项卡中的"多边形"按钮 ⬡
➥ 菜单栏：执行"绘图"/"多边形"命令

有两种多边形，一种是内接于圆多边形，另一种是外切于圆多边形。下面继续通过绘制图4-49所示的六角螺母零件主视图的具体实例，讲解外切于圆多边形的绘制方法。

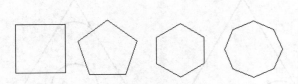

图 4-48　不同边数的多边形

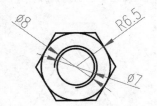

图 4-49　六角螺母零件主视图

实例——绘制六角螺母零件主视图

（1）执行"新建"命令，打开"样板"文件目录下的"机械样板.dwt"作为基础样板，在图层控制列表中将"轮廓线"层设置为当前图层。

（2）输入 SE，按 Enter 键打开"草图设置"对话框，设置"端点""中点""圆心""交点"捕捉模式，然后关闭该对话框。

（3）输入 POL，按 Enter 键激活"多边形"命令，输入 6，按 Enter 键，输入边数，在绘图区单击拾取一点，输入 C，按 Enter 键，激活"外切于圆"选项。

（4）输入 6.5，按 Enter 键，输入内接圆半径。效果如图 4-50 所示。

下面继续绘制螺母的内孔圆，绘制时注意，要以多边形的中心作为圆心来绘制。

（5）输入 C，按 Enter 键激活"圆"命令，输入 2P，按 Enter 键激活"两点"选项。

（6）分别捕捉多边形上、下、两条水平边的中点，绘制一个圆。效果如图 4-51 所示。

（7）按 Enter 键重复执行"圆"命令，捕捉圆心，然后分别绘制半径为 4 和半径为 3.5 的两个圆。效果如图 4-52 所示。

（8）输入 BR，按 Enter 键激活"打断"命令，单击半径为 4 的圆，输入 F，按 Enter 键激活"第 1 点"选项，然后分别捕捉左象限点和下象限点进行打断，完成螺母主视图的绘制。效果如图 4-53 所示。

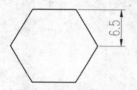

图 4-50 绘制多边形

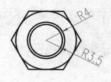

图 4-51 绘制圆

图 4-52 绘制圆

图 4-53 打断圆

疑问解答

疑问： 什么是内接于圆？什么是外切于圆？这两种多边形有什么不同？

解答： 内接于圆是指多边形位于圆内，与圆相接。外切于圆是指多边形位于圆的外部，与圆相切，如图 4-54 所示。

这两种多边形从本质上没什么不同，但是，在相同半径下，外切于圆多边形要比内接于圆多边形大。

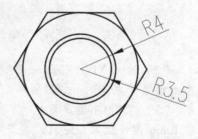

图 4-54 内接于圆与外切于圆多边形

小贴士

默认设置下，采用"中心点"方式绘制多边形，即当确定了多边形的边数后，单击确定多边形的中心绘制多边形。用户也可以采用"边"方式绘制多边形，即当确定了多边形的边数后，输入 E，按 Enter 键激活"边"选项，拾取边的两个端点，即可绘制多边形。该操作比较简单，在此不再详述。

4.2.4 圆弧——绘制六角螺母零件俯视图

圆弧是一种非封闭的椭圆，用户可以通过以下方式激活该命令。

➥ **快捷键：** 输入 ARC，按 Enter 键确认

➥ 工具按钮：单击工具选项卡中的"圆弧"按钮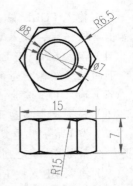

➥ 菜单栏：执行"绘图"/"圆弧"命令

AutoCAD 2020 提供了 5 类共 11 种绘制圆弧的方式，其中，"三点"方式以及"起点、端点、半径"方式是最常用的两种方式。下面通过绘制图 4-55 所示的六角螺母零件俯视图的具体实例，讲解"三点"方式画弧和"起点、端点、半径"方式画弧的方法。其他画弧方式都比较简单且相似，在此不再赘述，读者可以自己尝试操作。

图 4-55 六角螺母零件俯视图

📋 **小贴士**

> "三点"方式是指拾取圆弧的起点、圆弧上一点以及圆弧的端点绘制圆弧。"起点、端点、半径"方式是指分别拾取圆弧的起点和端点，然后输入圆弧的半径绘制圆弧。

实例——绘制六角螺母零件俯视图

1. 绘制螺母轮廓辅助线

（1）打开"效果"/"第 4 章"/"实例——绘制六角螺母零件俯视图 .dwg"文件，在图层控制列表中隐藏"标注线"层，并将"轮廓线"层设置为当前图层。

📋 **小贴士**

> 在图层控制列表中单击"标注线"层前面的黄色灯泡图标使其显示为蓝色，即可将该层隐藏，然后选择"轮廓线"层，即可将该层设置为当前图层。有关图层的具体操作，将在后面章节详细讲解。

（2）输入 XL，按 Enter 键激活"构造线"命令，输入 H，按 Enter 键激活"水平"选项，在六角螺母主视图下方位置单击绘制一条水平构造线。

（3）按 Enter 键重复执行"构造线"命令，输入 O，按 Enter 键激活"偏移"选项，输入 7，按 Enter 键设置偏移距离，单击水平构造线，在其下方单击进行偏移。效果如图 4-56 所示。

（4）按 Enter 键重复执行"构造线"命令，输入 V，按 Enter 键激活"垂直"选项，根据机械零件图视图间的对正关系，分别捕捉主视图各端点绘制 5 条垂直构造线作为俯视图的轮廓线。效果如图 4-57 所示。

2. 绘制圆弧

下面使用"起点、端点、半径"方式绘制俯视图上的圆弧轮廓。

（1）执行"绘图"/"圆弧"/"起点、端点、半径"命令，捕捉下水平构造线与第 2 条垂直构造线

图 4-56 绘制并偏移水平构造线

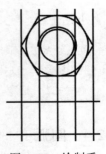

图 4-57 绘制垂直构造线

的交点作为圆弧的起点，继续捕捉下水平构造线与第 4 条垂直构造线的交点作为圆弧的端点，然后输入圆弧半径为 15，绘制一个圆弧。效果如图 4-58 所示。

（2）输入 M，按 Enter 键激活"移动"命令，选择圆弧，以圆弧与中间垂直构造线的交点为基点，以圆弧与下水平线的交点为目标点进行移动。效果如图 4-59 所示。

下面使用"三点"方式绘制俯视图上的圆弧轮廓。

（3）输入 ARC，按 Enter 键激活"圆弧"命令，捕捉圆弧的右端点，然后由螺母主视图右下边中点向下引出矢量线，捕捉矢量线与下水平构造线的交点作为圆弧上的一点，继续由圆弧的左端点向右引出 0° 矢量线，捕捉矢量线与右垂直线的交点作为圆弧的右端点绘制另一个圆弧。效果如图 4-60 所示。

（4）使用相同的方法绘制左边圆弧，然后输入 MI，按 Enter 键激活"镜像"命令，单击选择下方 3 个圆弧对象，按 Enter 键确认。

（5）按住 Shift 键右击，并选择"两点之间的中点"命令，然后分别捕捉上、下两条水平构造线与右侧垂直线的交点作为第 1 点，引出 180° 的方向矢量，拾取一点作为第 2 点，按 Enter 键确认。效果如图 4-61 所示。

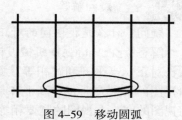

图 4-58　绘制圆弧

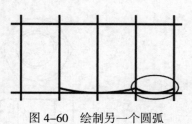

图 4-59　移动圆弧

图 4-60　绘制另一个圆弧

3. 修剪图线

（1）输入 TR，按 Enter 键激活"修剪"命令，选择两条水平线作为修剪边，按 Enter 键确认，然后分别在所有垂直线的两端单击进行修剪。效果如图 4-62 所示。

（2）按两次 Enter 键确认并重复执行"修剪"命令，选择上、下、左、右 4 个圆弧作为修剪边，按 Enter 键确认，然后对上、下两条水平线和左、右两条垂直线进行修剪。效果如图 4-63 所示。

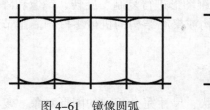

图 4-61　镜像圆弧

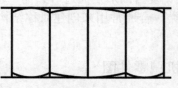

图 4-62　修剪垂直线

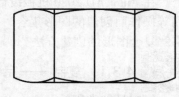

图 4-63　修剪其他图线

（3）删除中间垂直线和修剪多余的水平图线，完成六角螺母俯视图的绘制。效果如图 4-55 所示。

练一练

打开"效果"/"第 4 章"/"实例——绘制六角螺母零件俯视图 .dwg"文件，根据视图间的对正关系和图示尺寸，自己尝试绘制六角螺母零件左视图。效果如图 4-64 所示。

操作提示

（1）执行"构造线"命令，根据视图间的对正关系，由螺母主视图的端点引出 3 条水平构造线作为左视图的水平轮廓线，然后绘制垂直构造线，并根据图示尺寸将其偏移，作为螺母左视图的垂直轮廓线。

（2）使用"起点、端点、半径"方式绘制左视图左、右两侧的圆弧，并使用"修剪"命令进行修剪，完成螺母左视图的绘制。

 疑问解答

疑问：什么是视图间的对正关系？

解答：在 AutoCAD 机械设计中，视图间的对正关系是机械零件三视图的绘图标准，具体包括长对正、高平齐和宽相等三方面。以六角螺母三视图为例，长对正是指螺母主视图的长度与俯视图的长度要对正；高平齐是指螺母主视图的高度与左视图的高度要平齐；宽相等是指螺母俯视图的宽与左视图的宽要相等，如图 4-65 所示。

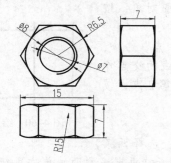
图 4-64　绘制六角螺母零件左视图

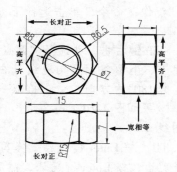
图 4-65　视图的对正关系

4.3　复合图形

在 AutoCAD 2020 机械设计中，复合图形是通过对其他二维图形进行复制、旋转、镜像和阵列等操作而创建的图形集合，这类集合通常用来创建对称结构或聚心结构的机械零件图。本节讲解复合图形的创建方法。

4.3.1　复制——完善机械零件图

复制是较常用的一个命令，通过复制，可以创建多个形状、尺寸完全相同的图形对象。复制对象时，选择对象，拾取一点作为基点，然后拾取目标点，或者输入目标点的坐标，即可对其进行复制。用户可以通过以下方式激活"复制"命令。

➜ 快捷键：输入 CO，按 Enter 键确认
➜ 工具按钮：单击工具选项卡中的"复制"按钮
➜ 菜单栏：执行"修改"/"复制"命令

打开"素材"/"机械平面图.dwg"素材文件,这是一幅未完成的机械零件图,如图4-66所示。

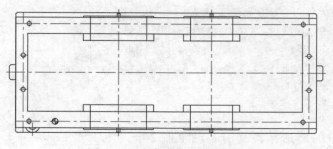

图 4-66　未完成的机械零件图

下面通过"复制"命令创建该零件图上的螺孔,对该零件图进行完善,讲解通过复制创建复合图形的方法。

实例——完善机械零件图

(1)输入 SE,按 Enter 键打开"草图设置"对话框,设置"圆心""交点"捕捉模式,然后关闭该对话框。

(2)输入 CO,按 Enter 键激活"复制"命令,以窗口方式选择左下角的螺孔图形,按 Enter 键确认,并捕捉螺孔的圆心。

(3)输入 @160,0,按两次 Enter 键确认并结束操作。效果如图4-67所示。

(4)按 Enter 键重复执行"复制"命令,以窗口方式选择左边两个螺孔圆,按 Enter 键确认,捕捉任意孔的圆心,输入 @740,0,按 Enter 键确认。

(5)输入 @1400,0,按 Enter 键确认;输入 @0,716,按 Enter 键确认;输入 @740,716,按 Enter 键确认;输入 @1400,716,按两次 Enter 键确认并结束操作。复制结果如图4-68所示。

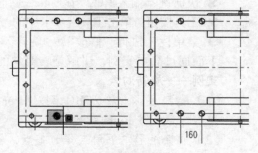

图 4-67　复制螺孔圆

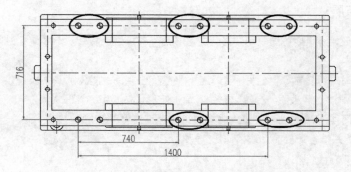

图 4-68　复制结果

小贴士

在复制对象时，目标点的坐标值应该包含对象本身的尺寸。例如，将一个长度为 200 的矩形以左下角点为基点，沿 X 轴复制一个，使两个矩形之间的距离为 200，此时，目标点的坐标应该是 "@矩形长度 200+ 矩形之间的距离 200=400，0"，而不是 "@200，0"，如图 4-69 所示。

图 4-69　复制时的目标点坐标

练一练

创建边长为 100 的矩形，将其沿 X 轴复制 2 个，使 3 个矩形之间的距离均为 50。效果如图 4-70 所示。

操作提示

激活 "复制" 命令，选择矩形并捕捉左下角点为基点，输入第 1 个目标点和第 2 个目标点的坐标复制矩形。

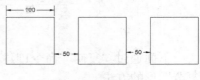

图 4-70　复制矩形

4.3.2　旋转——旋转对象

旋转时既可设置旋转角度进行旋转，也可参照某对象角度进行旋转。另外，可旋转复制对象。用户可以通过以下方式激活 "旋转" 命令。

➥ 快捷键：输入 RO，按 Enter 键确认
➥ 工具按钮：单击工具选项卡中的 "旋转" 按钮 ↻
➥ 菜单栏：执行 "修改" / "旋转" 命令

下面通过简单实例，讲解旋转对象的相关知识。

实例——旋转对象

（1）绘制矩形，输入 RO，按 Enter 键激活 "旋转" 命令，单击矩形，按 Enter 键确认。

（2）捕捉矩形左下角点作为基点，输入 30，按 Enter 键确认，矩形被旋转了 30°。效果如图 4-71 所示。

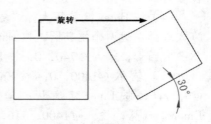

图 4-71　旋转矩形

📖 知识拓展：

除了可以旋转矩形，还可以旋转复制矩形，或者参照某对象进行旋转。下面继续讲解相关知识。

1. 旋转复制

可以在旋转对象时进行复制，得到另一个尺寸、形状完全相同的对象。具体操作如下：

（1）输入 RO，按 Enter 键激活 "旋转" 命令，单击矩形，按 Enter 键确认。

（2）捕捉矩形左下角点作为基点，输入 C，按 Enter 键激活 "复制" 选项，输入 30，按 Enter 键确认，矩形被旋转了 30° 并进行了复制。效果如图 4-72 所示。

2. 参照旋转

旋转时可以参照其他对象进行旋转，打开 "素材" / "参照旋转 .dwg" 素材文件，下面参照三角形的边对

矩形进行旋转。

（1）输入 RO，按 Enter 键激活"旋转"命令，单击矩形，按 Enter 键确认。

（2）捕捉矩形右下角点作为基点，输入 R，按 Enter 键激活"参照"选项，依次捕捉三角形右下角点、左下角点和左上角点。旋转结果如图 4-73 所示。

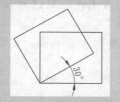

图 4-72　旋转复制对象

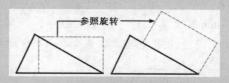

图 4-73　参照旋转

4.3.3　镜像——创建球轴承零件主视图

镜像其实是对称效果，通过镜像可以创建对称结构的图形。用户可以通过以下方式激活"镜像"命令。

➤ 快捷键：输入 MI，按 Enter 键确认
➤ 工具按钮：单击工具选项卡中的"镜像"按钮
➤ 菜单栏：执行"修改"/"镜像"命令

下面通过创建图 4-74 所示的球轴承零件主视图的具体实例，讲解镜像的相关知识。

实例——创建球轴承零件主视图

（1）执行"新建"命令，选择"样板"目录下的"机械样板 .dwg"文件作为当前文件，并在图层控制列表中将"轮廓线"层设置为当前图层。

（2）输入 REC，按 Enter 键激活"矩形"命令，输入 F，按 Enter 键激活"圆角"命令，输入 1，按 Enter 键设置圆角半径，然后拾取一点，输入 @25，95，按 Enter 键确认绘制矩形，如图 4-75 所示。

（3）输入 X，按 Enter 键激活"分解"命令，单击矩形并按 Enter 键确认将矩形分解。

（4）输入 O，按 Enter 键激活"偏移"命令，将矩形上水平边向下偏移 8/17 和 25 个绘图单位。效果如图 4-76 所示。

图 4-74　球轴承零件主视图

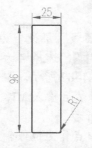

图 4-75　绘制矩形

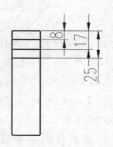

图 4-76　偏移结果

（5）输入 EX，按 Enter 键激活"延伸"命令，选择矩形两条垂直边作为延伸边界，按 Enter 键确认，然后在上方两条偏移线的两端单击进行延伸。效果如图 4-77 所示。

（6）输入 F，按 Enter 键激活"圆角"命令，输入 R，按 Enter 键激活"半径"选项，输入 1，按 Enter 键设置半径，输入 T，按 Enter 键激活"修剪"选项，输入 N，按 Enter 键选择"不修剪"选项，在第 3 条水平线的左端单击，在左垂直边的下端单击，对这两条线进行圆角处理。效果如图 4-78 所示。

（7）按 Enter 键重复执行"圆角"命令，继续在该水平线的右端单击，在有垂直线的下端单击，对这两条线进行圆角处理。效果如图 4-79 所示。

图 4-77　延伸图线　　　　图 4-78　圆角处理　　　　图 4-79　圆角处理

（8）输入 C，按 Enter 键激活"圆"命令，按住 Shift 键右击，选择"自"选项，捕捉第 2 条偏移水平线的中点，输入 @0, 4.5，按 Enter 键确定圆心，绘制直径为 12 的圆。效果如图 4-80 所示。

（9）输入 TR，按 Enter 键激活"修剪"命令，选择圆，按 Enter 键确认，然后在圆内单击两条水平线进行修剪。效果如图 4-81 所示。

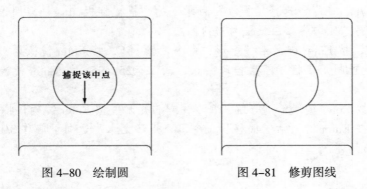

图 4-80　绘制圆　　　　　　　　图 4-81　修剪图线

（10）在图层控制列表中将"剖面线"层设置为当前图层，输入 H，按 Enter 键执行"图案填充"命令，单击"图案填充"按钮▦，选择名为 ANS131 的图案，在图形上方的空格中单击选择填充区域并填充图案。效果如图 4-82 所示。

（11）按 Enter 键确认进行填充，然后输入 MI，按 Enter 键激活"镜像"命令，选择填充的图案以及图线对象。效果如图 4-83 所示。

（12）分别捕捉两条垂直图线的中点作为镜像轴的两个端点。效果如图 4-84 所示。

（13）按 Enter 键确认进行镜像，完成球轴承零件主视图的绘制。效果如图 4-85 所示。

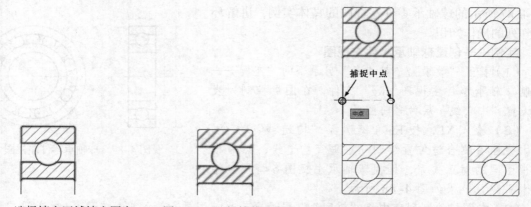

图4-82 选择填充区域填充图案　　图4-83 选择镜像对象　　图4-84 捕捉中点　　图4-85 镜像结果

小贴士

延伸、圆角、图案填充都是编辑二维图形不可缺少的重要命令，这些命令将在后面章节详细讲解。

练一练

自己尝试绘制图4-86所示的挡油盘零件图。

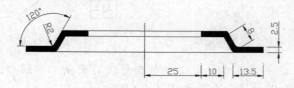

图4-86 挡油盘零件图

操作提示

根据图示尺寸，使用"多段线"命令，配合"偏移""圆角""图案填充"命令，绘制挡油盘左边图形，最后使用"镜像"命令完善挡油盘零件图。

4.3.4 阵列——创建球轴承零件左视图和矩形垫片零件图

阵列就是按照设定的数目，规则地排列并复制对象，创建某种规则图形结构。AutoCAD 2020有三种阵列类型，分别是矩形阵列、环形阵列和路径阵列。用户可以通过以下方式激活"阵列"命令。

↘ 快捷键：输入AR，按Enter键确认
↘ 工具按钮：单击工具选项卡中的"矩形阵列"按钮 或"环形阵列"按钮
↘ 菜单栏：执行"修改"/"阵列"子菜单命令

1. 环形阵列

环形阵列是沿中心点对图形进行环形复制，以快速创建聚心结构图形。下面通过创建

图 4-87 所示的球轴承零件左视图的具体实例，讲解环形阵列的操作知识。

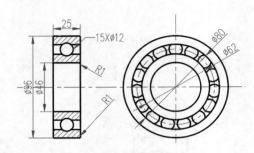

图 4-87　球轴承零件左视图

实例——创建球轴承零件左视图

（1）打开"效果"/"第 4 章"目录下的"实例——绘制球轴承零件主视图 .dwg"文件，在图层控制列表中设置"中心线"层为当前图层。

（2）输入 XL，按 Enter 键激活"构造线"命令，在主视图右侧合适位置绘制一条垂直构造线，然后根据视图间的对正关系，捕捉球轴承主视图各特征点绘制水平线。效果如图 4-88 所示。

（3）在图层控制列表中将"轮廓线"层设置为当前图层，输入 C，按 Enter 键激活"圆"命令，捕捉水平中心线与垂直线的交点作为圆心，继续捕捉垂直线与最上方水平线的交点，绘制一个圆。效果如图 4-89 所示。

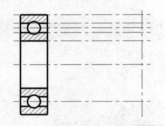

图 4-88　绘制垂直、水平构造线

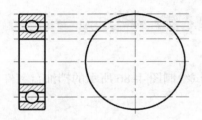

图 4-89　绘制圆

（4）使用相同的方法，继续以水平中心线与垂直线的交点作为圆心，以垂直线与其他水平线的交点作为圆上一点绘制其他圆。效果如图 4-90 所示。

（5）继续执行"圆"命令，以第 3 个圆与垂直线的交点为圆心。绘制直径为 12 的圆，效果如图 4-91 所示。

（6）在无任何命令发出的情况下选择第 3 个圆使其夹点显示，在图层控制列表中选择"中心线"层将其放入该层，按 Esc 键取消夹点显示，然后选择除水平和垂直中心线外的其他线将其删除。效果如图 4-92 所示。

（7）输入 TR，按 Enter 键激活"修剪"命令，选择第 2 和第 3 个轮廓圆作为修剪边，按 Enter 键确认，然后单击直径为 12 的圆的外侧进行修剪。效果如图 4-93 所示。

图 4-90　绘制其他圆

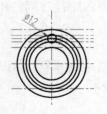

图 4-91　绘制直径为 12 的圆

图 4-92　删除其他图线

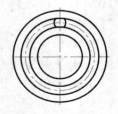

图 4-93　修剪圆

（8）输入 AR，按 Enter 键激活"阵列"命令，以窗口方式选择修剪后的两个圆弧，按 Enter 键确认，然后输入 PO，按 Enter 键激活"极轴（环形）"选项。

（9）捕捉中心线的交点作为阵列中心，输入 I，按 Enter 键激活"项目"选项，输入 15，按两次 Enter 键确认并完成球轴承零件左视图的绘制。效果如图 4-87 所示。

2. 矩形阵列

与环形阵列不同，矩形阵列是指将图形按照设定的行数和列数，以矩形的排列方式进行大规模复制，以创建均布结构的图形。下面通过绘制图 4-94 所示的矩形垫片零件图，讲解矩形阵列的操作方法。

实例——绘制矩形垫片零件图

（1）执行"新建"命令，选择"样板"/"机械样板"文件，在图层控制列表中设置"轮廓线"层为当前图层。

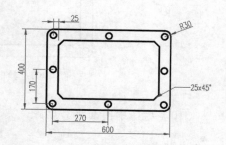

图 4-94 矩形垫片零件图

（2）输入 REC，按 Enter 键激活"矩形"命令，输入 F，按 Enter 键激活"圆角"选项，输入 30，按 Enter 键设置圆角半径，在绘图区拾取一点，输入 @600，400，按 Enter 键确认绘制矩形。效果如图 4-95 所示。

（3）按 Enter 键重复执行"矩形"命令，输入 C，按 Enter 键激活"倒角"选项，输入 25，按两次 Enter 键设置倒角距离。

（4）按住 Shift 键右击，选择"自"选项，捕捉左下角圆弧的圆心，输入 @25，25，按 Enter 键设置第一个角点坐标。

（5）按住 Shift 键右击，选择"自"选项，捕捉右上角圆弧的圆心，输入 @-25，-25，按 Enter 键设置另一个角点坐标。效果如图 4-96 所示。

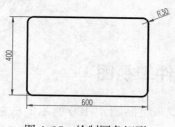

图 4-95 绘制圆角矩形

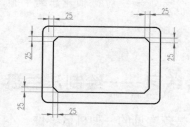

图 4-96 绘制倒角矩形

（6）输入 C，按 Enter 键激活"圆"命令，捕捉左下角圆弧的圆心，绘制半径为 15 的圆。效果如图 4-97 所示。

（7）输入 AR，按 Enter 键激活"阵列"命令，单击选择绘制的圆，按 Enter 键确认，然后输入 R，按 Enter 键激活"矩形"选项。

（8）输入 COU，按 Enter 键激活"计数"选项，输入 3，按 Enter 键确定列数；再次输入 3，按 Enter 键确定行数。

（9）输入 S，按 Enter 键激活"间距"选项，输入 270，按 Enter 键指定列之间的距离；输入 170，按 Enter 键指定行之间的距离，按两次 Enter 键结束操作。效果如图 4-98 所示。

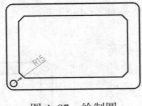

图 4-97　绘制圆

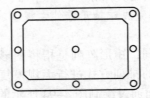

图 4-98　阵列圆

（10）选择中间圆将其删除，完成矩形垫片零件图的绘制。效果如图 4-94 所示。

📋 **小贴士**

除了矩形阵列和环形阵列外，还有路径阵列。路径阵列是沿路径对对象进行排列复制，路径阵列在机械设计中不太常用，在此不再讲解，读者可以自己尝试操作。另外，在创建矩形或环形阵列时，除了可以设置行数、列数外，还可以设置层数，创建三维空间的阵列效果，层数的设置方法与设置行数和列数的方法相同，在此不再赘述，读者可以自己尝试操作。

练一练
自己尝试根据视图尺寸，绘制图 4-99 所示的链轴零件图。
操作提示
（1）根据图示尺寸绘制外轮廓圆和链轴轮廓。
（2）使用环形阵列命令对链轴轮廓进行阵列，完成零件图的绘制。

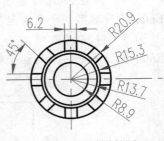

图 4-99　链轴零件图

4.4　综合练习——绘制法兰盘零件二视图

法兰盘零件是较常见的一种机械零件，本节就来绘制图 4-100 所示的法兰盘零件二视图。

4.4.1　绘制法兰盘零件主视图

本节绘制法兰盘零件主视图。绘制时可以首先绘制零件上半部分，然后通过镜像创建零件下半部分，完成该零件的绘制。

（1）执行"新建"命令，选择"样板"目录下的"机械样板 .dwt"样板文件，新建绘图文件，在图层控制列表中选择"中心线"层。

（2）输入 XL，按 Enter 键激活"构造线"命令，绘制水平、垂直构造线。

（3）在图层控制列表中将"轮廓线"层设置为当前图层，再次输入 XL，按 Enter 键激活

"构造线"命令，输入 O，按 Enter 键激活"偏移"选项。

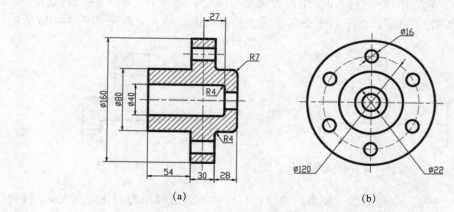

图 4-100 法兰盘零件二视图

（4）分别将垂直构造线向右偏 15、27 和 43 个绘图单位，向左偏移 15 和 69 个绘图单位。将水平构造线向上偏移 11、20、40、60 和 80 个绘图单位，效果如图 4-101 所示。

（5）输入 TR，按 Enter 键激活"修剪"命令，以水平中心线为修剪边，对所有垂直线的下端进行修剪，然后以垂直中心线和构造线作为修剪边，对其他水平构造线进行修剪。效果如图 4-102 所示。

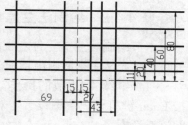

图 4-101 偏移图线

（6）输入 F，按 Enter 键激活"圆角"命令，输入 R，按 Enter 键激活"半径"选项，输入 4，按 Enter 键确认，输入 T，按 Enter 键激活"修剪"选项，输入 T，按 Enter 键设置修剪模式，然后单击水平线 A，在水平线 A 的下方单击垂直线 B 进行圆角处理。效果如图 4-103 所示。

（7）继续使用"圆角"命令对垂直线 C 和水平线 D 进行圆角处理，圆角半径为 4；对水平线 D 和垂直线 E 进行圆角处理，圆角半径为 7。效果如图 4-104 所示。

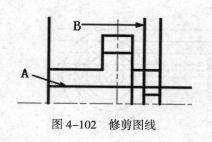

图 4-102 修剪图线

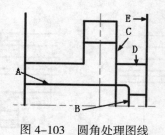

图 4-103 圆角处理图线

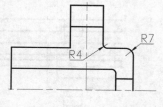

图 4-104 圆角处理

（8）输入 O，按 Enter 键激活"偏移"命令，将第 2 条水平轮廓线对称偏移 8 个绘图单位，然后将该线放入"中心线"层。效果如图 4-105 所示。

（9）在图层控制列表中将"剖面线"层设置为当前图层，输入 H，按 Enter 键执行"图案填充"命令，选择 ANS131 图案，在图形填充区域单击并确认进行填充。效果如图 4-106 所示。

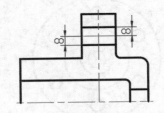

图 4-105　偏移图线并调整图层

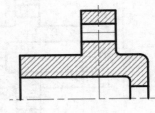

图 4-106　填充图案

（10）输入 MI，按 Enter 键激活"镜像"命令，以窗口方式选择所有对象，按 Enter 键确认。

（11）分别捕捉水平中心线与左、右两条垂直线的交点作为镜像轴的两个点，按 Enter 键进行镜像，完成法兰盘零件主视图的绘制。效果如图 4-100（a）所示。

4.4.2　绘制法兰盘零件左视图

本节绘制法兰盘零件左视图。绘制时可以根据机械零件主视图与左视图"高平齐"的三等关系，首先从主视图引出辅助线，然后对辅助线进行编辑，以创建左视图的轮廓线。

（1）继续 4.4.1 节的操作。在图层控制列表中将"轮廓线"层设置为当前图层，输入 SE，按 Enter 键打开"草图设置"对话框，设置"圆心""交点""端点""中点"捕捉模式，最后关闭该对话框。

（2）输入 XL，按 Enter 键激活"构造线"命令，分别捕捉主视图各特征点创建 6 条水平构造线，然后在主视图右侧合适位置创建一条垂直构造线。效果如图 4-107 所示。

（3）在没有任何命令发出的情况下选择最下方水平构造线和垂直构造线使其夹点显示，在图层控制列表中选择"中心线"层，将这两条构造线转换为图形中心线。

（4）输入 C，按 Enter 键激活"圆"命令，分别捕捉水平中心线和垂直中心线的交点作为圆心，捕捉垂直中心线与各水平辅助线的交点作为圆上的一点，绘制 5 个同心圆。效果如图 4-108 所示。

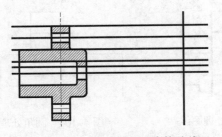

图 4-107　创建水平和垂直构造线

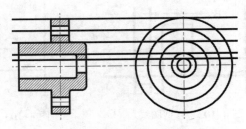

图 4-108　绘制同心圆

（5）在无任何命令发出的情况下以窗交方式选择除水平中心线外的其他水平辅助线使其夹点显示，按 Delete 键将其删除，然后选择第 2 个圆，在图层控制列表中选择"中心线"层，将其转换为中心线，如图 4-109 所示。

（6）再次输入 C，按 Enter 键激活"圆"命令，捕捉垂直中心线与中心线圆的交点作为圆心，绘制半径为 8 的圆。效果如图 4-110 所示。

（7）输入 AR，按 Enter 键激活"阵列"命令，选择绘制的圆，按 Enter 键确认，输入 PO，按 Enter 键激活"极轴"选项，捕捉中心线的交点作为阵列中心，输入 I，按 Enter 键激活"项目"选项，输入 6，按两次 Enter 键确认，对圆进行极轴阵列。效果如图 4-111 所示。

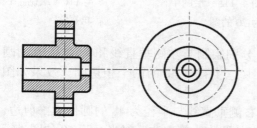 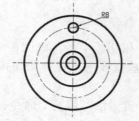 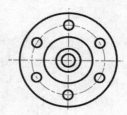

图 4-109　删除辅助线并设置中心线层　　　　图 4-110　绘制圆　　　　图 4-111　阵列圆

（8）这样，法兰盘零件左视图绘制完毕，将该零件图命名保存。

4.5　职场实战——绘制吊钩零件图

吊钩零件是一种较为特殊的机械零件，该类零件看似简单，其实绘制较为复杂。本节就来绘制图 4-112 所示的吊钩零件图。

（1）执行"新建"命令，选择"样板文件"目录下的"机械样板 .dwt"文件，然后在图层控制列表中将"轮廓线"层设置为当前图层。

（2）输入 REC，按 Enter 键激活"矩形"命令，拾取一点，输入 @23，38，按 Enter 键确认绘制矩形作为吊钩柄轮廓。效果如图 4-113 所示。

（3）输入 XL，按 Enter 键激活"构造线"命令，通过矩形水平边的中点和下水平边，分别绘制两条构造线，然后将水平构造线向下偏移 90 个绘图单位，将垂直构造线对称偏移 15 个绘图单位。效果如图 4-114 所示。

（4）输入 C，按 Enter 键激活"圆"命令，以垂直中心线与最下侧水平构造线的交点为圆心，绘制半径为 20 的圆。效果如图 4-115 所示。

（5）继续执行"圆"命令，以半径为 20 的圆的圆心作为参照点，以 @9，0 为圆心，继续绘制半径为 48 的圆。效果如图 4-116 所示。

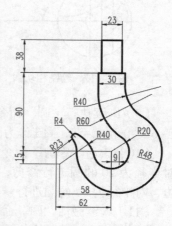

图 4-112　吊钩零件图

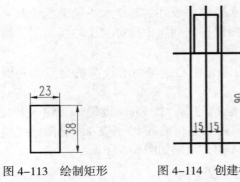

图 4-113　绘制矩形

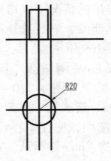

图 4-114　创建构造线

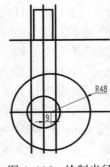

图 4-115　绘制半径
为 20 的圆

图 4-116　绘制半径
为 48 的圆

（6）继续激活"相切、相切、半径"画圆命令，分别绘制与左侧垂直线和半径为 20 的圆相切，半径为 60 和与右侧垂直线与半径为 48 的圆相切，半径为 40 的两个相切圆。效果如图 4-117 所示。

（7）输入 TR，按 Enter 键激活"修剪"命令，以右侧垂直线与半径为 48 的圆作为修剪边，对半径为 40 的圆进行修剪；以左侧垂直线与半径为 20 的圆作为修剪边，对半径为 60 的圆进行修剪。效果如图 4-118 所示。

（8）继续以修剪后的圆弧与上水平线作为修剪边，对两条垂直线进行修剪，然后以修剪后的两条垂直线作为修剪边，对上水平线进行修剪。效果如图 4-119 所示。

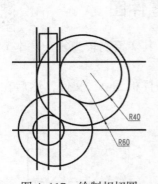

图 4-117　绘制相切圆

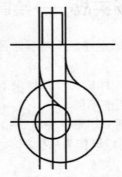

图 4-118　修剪相切圆

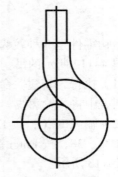

图 4-119　修剪图形

（9）继续执行"圆"命令，配合"自"功能，以半径为 20 的圆的圆心作为参照点，分别以 @-62，0 和 @-58，-15 作为圆心，绘制半径为 23 和 40 的两个圆。效果如图 4-120 所示。

（10）激活"修剪"命令，以左上方半径为 60 的圆弧和左下方半径为 40 的圆作为修剪边，对半径为 20 的圆进行修剪；继续以右上方半径为 40 的圆弧和左下方半径为 23 的圆作为修剪边，对半径为 48 的圆进行修剪。效果如图 4-121 所示。

（11）继续激活"圆"命令，绘制与半径为 23 和半径为 40 相切，半径为 4 的相切圆，然后激活"修剪"命令，以半径为 4 和半径为 20 的圆弧作为修剪边，对半径为 40 的圆进行修剪；

继续以半径为 4 和半径为 48 的圆弧作为修剪边，对半径为 23 的圆进行修剪；以半径为 23 和半径为 40 的圆弧作为修剪边，对半径为 4 的圆进行修剪。效果如图 4-121 所示。

（12）选择水平和垂直构造线将其删除，完成吊钩零件图的绘制。效果如图 4-112 所示。

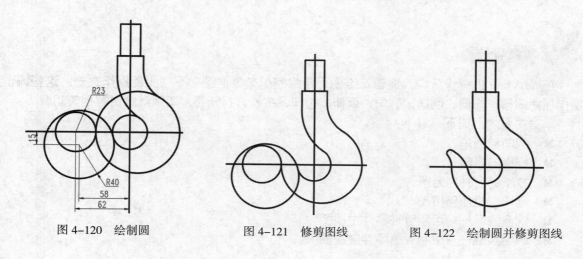

图 4-120　绘制圆　　　　　　　图 4-121　修剪图线　　　　　图 4-122　绘制圆并修剪图线

第 5 章　机械零件二维图的编辑

本章导读

在 AutoCAD 机械设计中，编辑二维图元是绘制机械零件图必不可少的操作之一，这些编辑操作包括偏移、修剪、倒角、圆角、延伸、拉伸、拉长、打断等，本章继续讲解相关知识。

本章主要内容如下：

- ↳ 倒角与圆角
- ↳ 偏移与修剪
- ↳ 打断、合并与分解
- ↳ 延伸、拉伸与拉长
- ↳ 综合练习——绘制链轴零件主视图
- ↳ 职场实战——绘制泵盖零件主视图

5.1　倒角与圆角

倒角与圆角是编辑、细化机械零件二维图较常用的编辑命令，本节讲解这两个编辑命令的使用方法。

5.1.1　倒角——创建定位套零件图

倒角就是使用一条线段连接两条相交或不相交的非平行线，使其形成一个倒角，如图 5-1 所示。

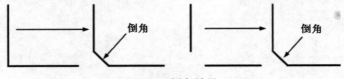

图 5-1　倒角效果

用户可以采用以下方式激活"倒角"命令。

- ↳ 快捷键：输入 CHA，按 Enter 键确认
- ↳ 工具按钮：单击工具选项卡中的"倒角"按钮
- ↳ 菜单栏：执行"修改" / "倒角"命令

激活"倒角"命令后，可以使用多种倒角方式来编辑图线，具体包括距离倒角、角度倒角和多段线倒角等。其中，距离倒角是通过设置倒角距离来进行倒角，这也是系统默认的倒角方式。下面通过绘制图 5-2 所示的

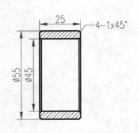

图 5-2　定位套零件图

定位套零件图的实例，讲解距离倒角图线的相关方法。

实例——绘制定位套零件图

1. 创建定位套外轮廓

（1）执行"新建"命令，选择"样板"/"机械样板 .dwt"文件，并在图层控制列表中将"轮廓线"层设置为当前图层。

（2）输入 XL，按 Enter 键激活"构造线"命令，拾取第 1 点，引出 0°方向矢量，拾取第 2 点，引出 90°方向矢量，拾取第 3 点，按 Enter 键结束操作，绘制水平和垂直构造线。

（3）按 Enter 键重复执行"构造线"命令，输入 O，按 Enter 键激活"偏移"选项，将垂直构造线向右偏移 25 个绘图单位，将水平构造线向下偏移 55 个绘图单位。效果如图 5-3 所示。

（4）输入 CHA，按 Enter 键激活"倒角"命令，输入 D，按 Enter 键激活"距离"选项，输入 1，按两次 Enter 键，设置第 1 和第 2 个倒角距离均为 1。

（5）在左垂直构造线右边单击上水平构造线，在上水平构造线的下方单击左垂直构造线，对这两条构造线进行倒角处理。效果如图 5-4 所示。

（6）按 Enter 键重复执行"倒角"命令，采用相同的倒角距离值，分别在右直构造线左边单击上水平构造线，在上水平构造线下方单击右垂直构造线；在右垂直构造线左边单击下水平构造线，在下水平构造线上方单击右垂直构造线；在下水平构造线上方单击左垂直构造线，在左垂直构造线右边单击下水平构造线，对图形其他 3 个角进行倒角处理。效果如图 5-5 所示。

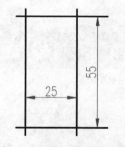
图 5-3　绘制并偏移构造线

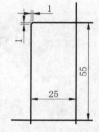
图 5-4　倒角处理

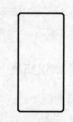
图 5-5　倒角效果

2. 完善定位套内部图形

（1）输入 XL，按 Enter 键执行"构造线"命令，输入 O，按 Enter 键激活"偏移"选项，将左、右垂直轮廓线分别向内各偏移 1 个绘图单位，将上、下水平构造线分别向内各偏移 5 个绘图单位。效果如图 5-6 所示。

（2）输入 CHA，按 Enter 键激活"倒角"命令，输入 D，按 Enter 键激活"距离"选项，输入 0，按两次 Enter 键设置倒角距离为 0，依照前面的操作，对图形的 4 个角进行倒角处理。效果如图 5-7 所示。

（3）设置"端点""交点"捕捉模式，同时设置极轴追踪角度为 45°，然后输入 L，按 Enter 键激活"直线"命令，分别捕捉内部矩形的左上、右上、左下和右下端点，引出 135°和 45°的方向矢量，捕捉矢量线与外轮廓线的交点，以补画内部轮廓线。效果如图 5-8 所示。

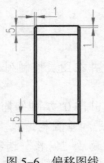

图 5-6　偏移图线

图 5-7　倒角内部图线

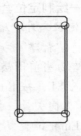

图 5-8　补画图线

 小贴士

距离倒角时，有"倒角 1"和"倒角 2"两个值，这两个值可以相同也可以不同，当两个倒角距离设置为 0 时，相当于对图形进行修剪。

（4）在图层控制列表中将"剖面线"层设置为当前图层，输入 H，按 Enter 键激活"图案填充"命令，选择名为 ANS131 的图案，在图形上、下两个空位置单击以选取填充区域，按 Enter 键进行填充，完成定位套零件图的绘制。效果如图 5-2 所示。

小贴士

图案填充也是编辑图形的主要命令，该命令可以向图形中填充各种图案，在机械设计中常用来表现机械零件的剖面效果。有关图案填充的详细操作，将在后面章节详细讲解。

 📖 知识拓展

除了距离倒角外，还有角度倒角和多段线倒角。

1. 角度倒角

角度倒角是通过设置倒角的角度和长度进行倒角，绘制 100×50 的矩形。下面对其进行长度为 10、角度为 60°的角度倒角。具体操作如下。

（1）输入 CHA，按 Enter 键激活"倒角"命令，输入 A，按 Enter 键激活"角度"选项。

（2）输入 10，按 Enter 键指定倒角长度，输入 60，按 Enter 键指定倒角角度。

（3）单击矩形下水平边，单击矩形左垂直边。倒角结果如图 5-9 所示。

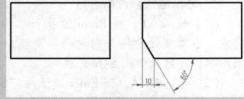

图 5-9　角度倒角

2. 多段线倒角

多段线图形包括矩形以及使用多段线命令绘制的所有图形。多段线倒角可以对多段线图形的多个角进行一次性倒角，倒角时既可以使用角度倒角方式，也可以使用距离倒角方式。下面继续使用距离倒角方式，对矩形的 4 个角进行一次性倒角，其倒角距离为 10。具体操作如下。

（1）输入 CHA，按 Enter 键激活"倒角"命令，输入 D，按 Enter 键激活"距离"选项，输入 10，按两次 Enter 键指定倒角距离。

（2）输入 P，按 Enter 键激活"多段线"选项，单击矩形，此时矩形的 4 个角都进行了倒角处理，如图 5-10 所示。

3. "修剪"模式

不管采用什么方式进行倒角，系统默认情况下都使用了修剪方式进行倒角。所谓修剪模式是指，倒角时会修剪掉多余图线，只保留倒角效果，用户可以根据具体需要选择"修剪"或"不修剪"模式进行倒角。下面继续对矩形采用"不修剪"模式进行距离倒角。具体操作如下。

（1）输入 CHA，按 Enter 键激活"倒角"命令，输入 D，按 Enter 键激活"距离"选项，输入 10，按两次 Enter 键指定倒角距离。

（2）输入 T，按 Enter 键激活"修剪"选项，输入 N，按 Enter 键选择"不修剪"模式，输入 P，按 Enter 键激活"多段线"选项，单击矩形，此时矩形的 4 个角以不修剪模式都进行了倒角处理，如图 5-11 所示。

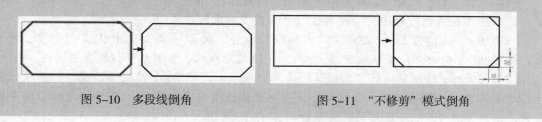

图 5-10　多段线倒角　　　　　　　　图 5-11　"不修剪"模式倒角

练一练

绘制 100×50 的矩形，根据提示尺寸，使用"倒角"命令，以"不修剪"模式对矩形的左、右下角进行倒角，以"修剪"模式对矩形的左、右上角进行倒角。效果如图 5-12 所示。

操作提示

（1）激活"倒角"命令，设置倒角"距离"为 10，分别对矩形左下角和右上角进行倒角处理。

（2）继续设置倒角"角度"为 60°，倒角"长度"为 10，分别对矩形右下角和左上角进行倒角处理。

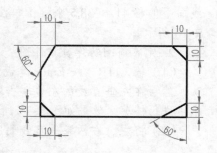

图 5-12　矩形倒角效果

5.1.2　圆角——绘制前闸轨弹簧零件图

圆角与倒角相似，它是使用一条圆弧连接两条相交或不相交的图线，使其形成一个圆角，如图 5-13 所示。

用户可以采用以下方式激活"圆角"命令。

↘ 快捷键：输入 F，按 Enter 键确认

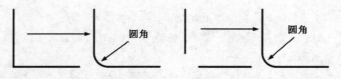

图 5-13　圆角效果

➤ 工具按钮：单击工具选项卡中的"圆角"按钮▨

➤ 菜单栏：执行"修改"/"圆角"命令

激活"圆角"命令后，设置圆角半径，即可对图线进行
圆角处理。与倒角不同的是，可以对平行线进行圆角处理。
下面通过绘制图 5-14 所示的前闸轨弹簧零件图的实例，学
习圆角图线的相关方法。

实例——绘制定位套零件图

1. 创建前闸轨弹簧零件图基本轮廓

（1）执行"新建"命令，选择"样板"/"机械样板 .dwt"
文件，并在图层控制列表中将"轮廓线"层设置为当前图层。

（2）输入 XL，按 Enter 键激活"构造线"命令，拾取一点，引出 0°方向矢量，拾取第 2
点，引出 90°方向矢量，拾取第 3 点，按 Enter 键结束操作，绘制水平和垂直构造线。

（3）按 Enter 键重复执行"构造线"命令，输入 O，按 Enter 键激活"偏移"选项，将水平
构造线对称偏移 1.25 和 12 个绘图单位，将垂直构造线向右偏移 18，然后将偏移后的垂直构造
线依次向右偏移 2.5 个绘图单位。效果如图 5-15 所示。

（4）选择中间的水平构造线将其删除，然后继续激活"构造线"命令，将最上方水平构造
线向下偏移 41 和 38.5 个绘图单位，将最右侧的垂直构造线向右偏移 18 个绘图单位。效果如图
5-16 所示。

2. 完善前闸轨弹簧零件图

（1）输入 TR，按 Enter 键激活"修剪"命令，单击左、右两条垂直构造线，按 Enter 键确
认，然后在左垂直线的左边单击中间两条水平线进行修剪，在右垂直线的右边单击下方两条水
平线进行修剪。效果如图 5-17 所示。

（2）将左、右两条垂直线删除，再次激活"修剪"命令，以最上方和第 4 条水平构造线为

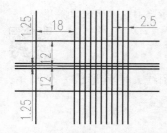

图 5-15　创建并偏移构造线

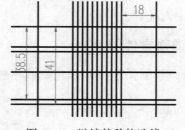

图 5-16　继续偏移构造线

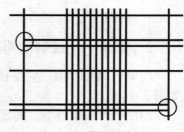

图 5-17　修剪图线（1）

图 5-14　前闸轨弹簧零件图

修剪边，对除最右侧两条垂直线外的其他垂直线进行修剪。效果如图 5-18 所示。

（3）再次激活"修剪"命令，以左、右两条垂直线作为修剪边，对上、下两组水平线进行修剪。效果如图 5-19 所示。

（4）再次激活"修剪"命令，以最下方的水平线作为修剪边，对右侧两组垂直线进行修剪。效果如图 5-20 所示。

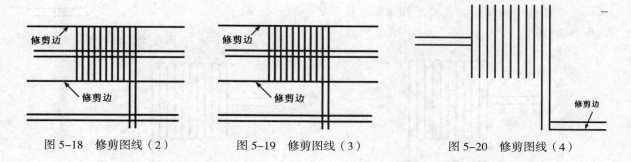

图 5-18　修剪图线（2）　　　图 5-19　修剪图线（3）　　　图 5-20　修剪图线（4）

3. 圆角处理前闸轨弹簧零件图

（1）输入 F，按 Enter 键激活"圆角"命令，输入 R，按 Enter 键激活"半径"选项，输入 2，按 Enter 键设置半径，输入 T，按 Enter 键激活"修剪"选项，输入 N，按 Enter 键选择"不修剪"模式。

（2）单击左边水平线，在该线的上方单击左垂直线进行圆角处理；按 Enter 键重复执行"圆角"命令，单击左下方水平线，在该线上方单击左垂直线进行圆角处理。效果如图 5-21 所示。

（3）按 Enter 键重复执行"圆角"命令，输入 T，按 Enter 键激活"修剪"选项，输入 T，按 Enter 键选择"修剪"模式，单击右侧上水平线，在该线上方单击右垂直线进行圆角。效果如图 5-22 所示。

（4）输入 O，按 Enter 键激活"偏移"命令，输入 2.5，按 Enter 键设置偏移距离，单击右下角的圆弧，在其左下方单击，按 Enter 键结束操作。效果如图 5-23 所示。

（5）输入 TR，按 Enter 键激活"修剪"命令，以右下角圆弧为修剪边，对右下水平线和垂直线进行修剪；以左上角两个圆弧作为修剪边，对左上方两条水平线进行修剪。效果如图 5-24 所示。

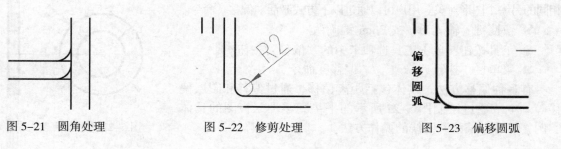

图 5-21　圆角处理　　　　　图 5-22　修剪处理　　　　　图 5-23　偏移圆弧

（6）输入 F，按 Enter 键激活"圆角"命令，输入 M，按 Enter 键激活"多个"选项，依次在垂直线的上端单击，对两条平行线进行圆角处理，然后在垂直线的下端单击进行圆角处理。需要注意的是，在对最右侧一组垂直线进行圆角处理时，要设置为"不修剪"模式进行圆角处理。效果如图 5-25 所示。

（7）激活"直线"命令，配合"端点"捕捉功能对弹簧两端水平线进行封口，完成前闸轨弹簧零件图的绘制。效果如图 5-26 所示。

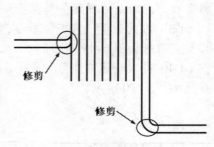

图 5-24　修剪图线

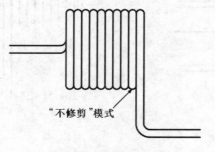

图 5-25　圆角处理结果

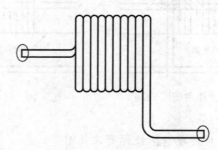

图 5-26　封口效果

 小贴士

圆角处理平行线时不需要设置圆角半径，其结果就是使用一个圆弧连接两条平行线。另外，也可以选择修剪或不修剪模式进行圆角，其效果与"倒角"效果相同，在此不再赘述。

5.2　偏移与修剪

偏移与修剪也是 AutoCAD 2020 机械设计中常用的两个编辑命令，本节讲解这两个编辑命令的操作方法。

5.2.1　偏移——创建平垫圈零件二视图

在 AutoCAD 2020 机械设计中，通过"偏移"可以创建形状完全相同的另一个图形对象。用户可以通过以下方式激活"偏移"命令。

➥ 快捷键：输入 O，按 Enter 键确认

➥ 工具按钮：单击工具选项卡中的"偏移"按钮 ⊑

➥ 菜单栏：执行"修改"/"偏移"命令

有多种偏移方法，具体包括距离偏移、通过偏移和图层偏移等。本节通过绘制图 5-27 所示的平垫圈零件二视图的具体实例，学习"偏移"图线的操作方法。

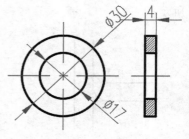

图 5-27　平垫圈零件二视图

实例——绘制平垫圈零件二视图

1. 创建平垫圈零件主视图

（1）执行"新建"命令，选择"样板"/"机械样板.dwt"文件，并在图层控制列表中将"轮廓线"层设置为当前图层。

（2）输入 C，按 Enter 键激活"圆"命令，拾取一点，输入 D，按 Enter 键激活"直径"选项，输入 30，按 Enter 键，绘制直径为 30 的圆作为平垫圈的轮廓。效果如图 5-28 所示。

图 5-28　绘制圆

（3）输入 O，按 Enter 键激活"偏移"命令，输入 6.5，按 Enter 键设置偏移距离，单击圆，在圆的内部拾取一点，创建另一个直径为 17 的圆作为平垫圈的内轮廓，完成平垫圈主视图的绘制。效果如图 5-29 所示。

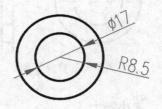

图 5-29　偏移创建另一个圆

2. 创建平垫圈零件左视图

（1）在图层控制列表中将"中心线"层设置为当前图层，然后设置"圆心"捕捉和"象限点"捕捉模式。

（2）输入 XL，按 Enter 键激活"构造线"命令，输入 H，按 Enter 键激活"水平"选项，捕捉主视图的圆心绘制一条水平构造线。效果如图 5-30 所示。

（3）在图层控制列表中将"轮廓线"层设置为当前图层，输入 O，按 Enter 键激活"偏移"命令，输入 L，按 Enter 键激活"图层"选项，输入 C，按 Enter 键激活"当前"选项，输入 T，按 Enter 键激活"通过"选项。

（4）单击水平中心线，捕捉外侧圆的上象限点进行偏移；再次单击水平中心线，捕捉内侧圆的上象限点进行偏移；再次单击水平中心线，捕捉外侧圆的下象限点进行偏移；再次单击水平中心线，捕捉内侧圆的下象限点进行偏移。效果如图 5-31 所示。

（5）输入 XL，按 Enter 键激活"构造线"命令，输入 V，按 Enter 键激活"垂直"选项，在主视图右侧合适位置单击绘制一条垂直构造线。

（6）输入 O，按 Enter 键激活"偏移"命令，输入 4，按 Enter 键设置偏移距离，单击垂直构造线，在构造线的右侧单击进行偏移。效果如图 5-32 所示。

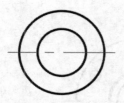

图 5-30　绘制水平中心线

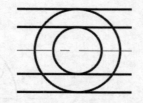

图 5-31　偏移创建水平轮廓线

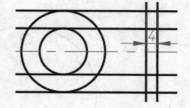

图 5-32　创建并偏移构造线

（7）输入 TR，按 Enter 键激活"修剪"命令，选择两条垂直构造线，按 Enter 键确认，然后在垂直构造线的两边以窗交方式选择 4 条水平构造线进行修剪。效果如图 5-33 所示。

（8）按 Enter 键重复执行"修剪"命令，选择最上方和最下方两条水平线作为修剪边界，对两条垂直线的两端进行修剪。效果如图 5-34 所示。

（9）在图层控制列表将"剖面线"层设置为当前图层，输入 H，按 Enter 键激活"图案填充"命令，选择名为 ANS131 的图案，在图形上、下两个空位置单击以选取填充区域，按 Enter 键进行填充，完成平垫圈零件左视图的绘制。效果如图 5-35 所示。

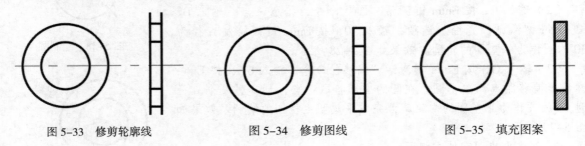

图 5-33 修剪轮廓线　　　　　图 5-34 修剪图线　　　　　图 5-35 填充图案

📋 **小贴士**

系统默认情况下使用"距离"方式进行偏移，即输入偏移距离、偏移对象，如图 5-29 所示，设置距离偏移圆。除此之外，激活"偏移"命令后输入 T 激活"通过"选项，捕捉某一点即可偏移对象，这类偏移与距离无关。另外，输入 L 激活"图层"选项，可以将对象偏移到当前图层。如图 5-31 所示，通过圆的象限点，将中心线偏移到"轮廓线"层，以创建图形轮廓线。

📖 **疑问解答**

疑问："偏移"命令与"构造线"命令中的"偏移"选项有什么区别？

解答："偏移"命令可以对任何对象进行偏移，以创建形状完全相同的另一个对象，而"构造线"命令中的"偏移"选项只能通过偏移创建构造线。

练一练

通过"偏移"命令可以对所有二维图形进行偏移。打开"素材"/"连接套左视图（未完成）.dwg"素材文件，这是一个未完成的连接套左视图，如图 5-36 所示。

根据图示尺寸，自己尝试通过"偏移"以完善该连接套左视图。效果如图 5-37 所示。

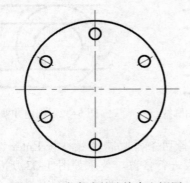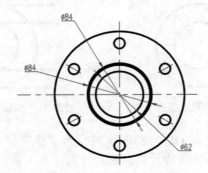

图 5-36 未完成的连接套左视图　　　　图 5-37 完善后的连接套左视图

操作提示

激活"偏移"命令，根据图示尺寸计算出各偏移距离，然后将外侧轮廓圆向内偏移，完善连接套左视图。

5.2.2 修剪——绘制拨叉轮零件图

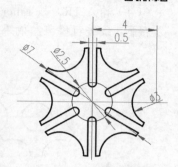

"修剪"命令可以修剪掉图形中多余的图线，修剪时需要一个修剪边界，沿修剪边界对图形进行修剪。

用户可以通过以下方式激活"修剪"命令。

❧ 快捷键：输入 TR，按 Enter 键确认

❧ 工具按钮：单击工具选项卡中的"修剪"按钮✂

❧ 菜单栏：执行"修改"/"修剪"命令

"修剪"命令是绘制机械零件图必不可少的编辑命令，在前面章节中已经多次使用过该命令来绘制机械零件图。本节通过绘制图 5-38 所示的拨叉轮零件图的具体实例，讲解"修剪"命令的使用方法。

图 5-38 拨叉轮零件图

实例——绘制拨叉轮零件图

1. 绘制拨叉轮基本轮廓

（1）执行"新建"命令，选择"样板"/"机械样板 .dwt"文件，并在图层控制列表中将"中心线"层设置为当前图层，然后设置"圆心"和"象限点"捕捉模式。

（2）输入 XL，按 Enter 键激活"构造线"命令，绘制水平、垂直的构造线，之后在图层控制列表中设置"轮廓线"层为当前图层。

（3）输入 C，按 Enter 键激活"圆"命令，以中心线的交点为圆心，绘制直径为 2.5、7 和 8 的同心圆。效果如图 5-39 所示。

（4）按 Enter 键重复执行"圆"命令，以直径为 8 的圆的左象限点为圆心，绘制直径为 3 的圆，然后在无任何命令发出的情况下单击直径为 8 的圆使其夹点显示，按 Delete 键将其删除。

（5）输入 AR，按 Enter 键激活"阵列"命令，单击直径为 3 的圆，按 Enter 键确认，输入 PO，按 Enter 键激活"极轴"选项，捕捉中心线的交点，输入 I，按 Enter 键激活"项目"选项，输入 6，按两次 Enter 键结束操作，将该圆阵列复制 6 个。效果如图 5-40 所示。

2. 修剪与完善拨叉轮零件图

（1）输入 TR，按 Enter 键激活"修剪"命令，单击直径为 7 的圆作为修剪边界，按 Enter 键确认，然后依次在圆外部单击直径为 3 的圆进行修剪。效果如图 5-41 所示。

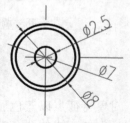

图 5-39 绘制同心圆

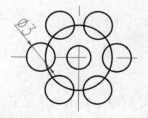

图 5-40 绘制并阵列复制圆

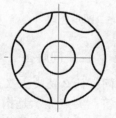

图 5-41 修剪结果

（2）按 Enter 键重复执行"修剪"命令，分别单击修剪后的圆弧作为修剪边，按 Enter 键确认，然后依次在圆弧位置单击直径为 7 的圆进行修剪。效果如图 5-42 所示。

（3）输入 O，按 Enter 键激活"偏移"命令，输入 L，按 Enter 键激活"图层"选项，输入 C，按 Enter 键激活"当前"选项，输入 0.25，按 Enter 键设置偏移距离，然后将垂直中心线对称偏移 0.25 个绘图单位。效果如图 5-43 所示。

（4）输入 TR，按 Enter 键激活"修剪"命令，以内部圆和外部圆弧作为修剪边，对偏移的两条垂直线进行修剪。效果如图 5-44 所示。

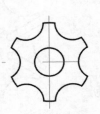
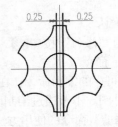

图 5-42　修剪结果　　　　图 5-43　偏移图线　　　　图 5-44　修剪图线

（5）输入 F，按 Enter 键激活"圆角"命令，分别在修剪后的两条垂直线的上端单击进行圆角处理。效果如图 5-45 所示。

（6）输入 AR，按 Enter 键激活"阵列"命令，以窗口方式选择圆角后的两条直线和圆弧，按 Enter 键确认，输入 PO，按 Enter 键激活"极轴"选项，捕捉中心线的交点，输入 I，按 Enter 键激活"项目"选项，输入 6，按两次 Enter 键结束操作，将两条直线和圆弧阵列复制 6 个。效果如图 5-46 所示。

（7）输入 TR，按 Enter 键激活"修剪"命令，分别单击阵列后的平行线作为修剪边，按 Enter 键确认，然后分别单击外侧的圆弧进行修剪。效果如图 5-47 所示。

（8）在无任何命令发出的情况下单击内部圆使其夹点显示，在图层控制列表选择"细实线"层，将该圆放入该层，完成拨叉轮零件图的绘制。效果如图 5-48 所示。

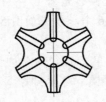

图 5-45　圆角处理　　　　图 5-46　极轴阵列　　　　图 5-47　修剪图形　　　　图 5-48　调整图层

📖 **疑问解答**

疑问： 什么是夹点显示？

解答： 夹点显示是指在没有任何命令发出的情况下选择对象，对象特征点以蓝色显示，称为夹点显示。特征点是指对象上的特殊点，不同对象其特征点不同，例如直线的两个端点和中点，矩形的角点、中点，圆的圆心和象限点等，都是图形的特征点，如图 5-49 所示。

通过这些特征点可以编辑对象，称为夹点编辑。有关夹点编辑的相关知识，将在后面章节详细讲解。

图 5-49 对象夹点显示

📖 **知识拓展**

在修剪图线时分为两种情况，一种是实际相交图线的修剪，例如，图线 a 和图线 b 实际相交，此时既可以以图线 a 作为边界修剪图线 b，也可以以图线 b 作为边界修剪图线 a，如图 5-50 所示。

图 5-50 实际相交图线的修剪

另一种是图线实际不相交，但一条图线的延伸线与另一条图线相交，如图 5-51 所示，图线 a 与图线 b 并不相交，但图线 a 的延伸线与图线 b 相交。

延伸线其实就是图线延伸后的线，看不到但确实存在。对于这种类型的图线修剪时需要激活"边"选项，选择"延伸"模式，这样才能进行修剪，否则不能完成修剪。下面以图线 a 作为修剪边界，对图线 b 进行修剪。具体操作如下：

（1）输入 TR，按 Enter 键激活"修剪"命令，单击图线 a，按 Enter 键确认，输入 E，按 Enter 键激活"边"选项，此时命令行显示边的延伸模式，有"延伸"和"不延伸"两种模式。

（2）输入 E，按 Enter 键激活"延伸"选项，在图线 b 的右端单击进行修剪。结果如图 5-52 所示。

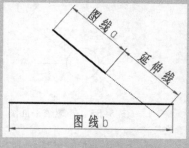

图 5-51 延伸线相交示例

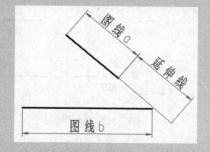

图 5-52 延伸线修剪结果

需要注意的是，选择"延伸"选项，表示对图线 a 进行延伸以作为修剪边界，如果选择"不延伸"选项，表示对图线 a 不延伸，图线 a 不延伸就意味着没有修剪边界，因此就不能对图线 b 进行修剪。

练一练

根据图示尺寸绘制图 5-53 所示的 V 带传动图。

操作提示

（1）激活"圆"命令，根据图示尺寸绘制两个圆。

（2）激活"构造线"命令，绘制两个圆的公切线，然后
激活"修剪"命令，以圆为修剪边界对构造线进行修剪。

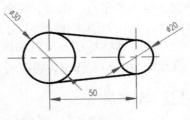

图 5-53   V 带传动图

5.3   打断、合并与分解

"打断"与"合并"是两个编辑效果完全相反的编辑命令，使用"打断"命令可以修剪掉多
余图线，而使用"合并"命令则可以将两段位于同一平面上的线段合并为一段线段。本节讲解
这两个编辑命令的使用方法。

5.3.1   打断——绘制外螺纹平面图

"打断"是指删除图线中间一部分特定长度的线段，使其成为相连的两部分，如图 5-54（a）
所示，或者从图线的一端删除特定长度的线段，如图 5-54（b）所示。

打断图线时需要确定两个断点，即"第 1 点"和"第 2 点"，然后系统会将这两个点之间的
线段删除。用户可以通过以下方式激活"打断"命令。

➤ 快捷键：输入 BR，按 Enter 键确认

➤ 工具按钮：单击工具选项卡中的"打断"按钮

➤ 菜单栏：执行"修改"/"打断"命令

本节通过绘制图 5-55 所示的外螺纹平面图的具体实例，讲解"打断"命令的使用方法。

实例——绘制外螺纹平面图

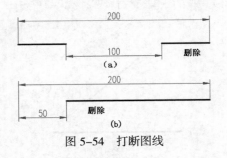

图 5-54   打断图线

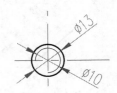

图 5-55   外螺纹平面图

（1）执行"新建"命令，选择"样板"/"机械样板.dwt"文件，并在图层控制列表中将"中
心线"层设置为当前图层，然后输入 XL，按 Enter 键激活"构造线"命令，绘制水平、垂直的
构造线。

（2）继续在图层控制列表中将"轮廓线"层设置为当前图层，输入 C，按 Enter 键激活
"圆"命令，捕捉中心线的交点，输入 D，按 Enter 键激活"直径"选项，输入 13，按 Enter 键，

绘制直径为 13 的圆作为外螺纹轮廓。效果如图 5-56 所示。

（3）继续在图层控制列表中将"细实线"层设置为当前图层，再次激活"圆"命令，绘制直径为 10 的同心圆。效果如图 5-57 所示。

（4）输入 BR，按 Enter 键激活"打断"命令，单击内侧圆，输入 F，按 Enter 键激活"第 1点"选项，捕捉水平中心线与内侧圆的交点，继续捕捉垂直中心线与内侧圆的交点，将该圆打断，完成外螺纹平面图的绘制。结果如图 5-58 所示。

练一练

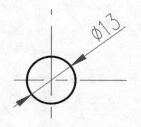

图 5-56　绘制外轮廓

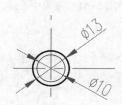

图 5-57　绘制内轮廓

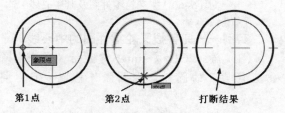

第1点　　第2点　　打断结果

图 5-58　打断结果

绘制 100×50 的矩形，根据图示尺寸，在矩形的两条水平边上创建宽度为 30 和 20 的两个开口，如图 5-59 所示。

操作提示

激活"打断"命令，根据图示尺寸，确定打断的第 1 点和第 2 点，创建开口。

5.3.2　合并——创建拨叉轮零件图的中心线

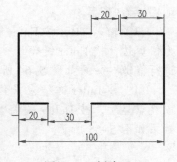

图 5-59　创建开口

与"打断"命令相反，"合并"命令可以将位于同一平面上的两条相连的线段合并为一条线段，也可以将一个圆弧合并为一个圆。

用户可以通过以下方式激活"合并"命令。

↘ 快捷键：输入 JOIN，按 Enter 键确认

↘ 工具按钮：单击工具选项卡中的"合并"按钮

↘ 菜单栏：执行"修改"/"合并"命令

中心线是机械零件图中不可缺少的内容，是定位零件三视图的重要依据，因此，每一幅机械零件图中都应该有中心线，同时中心线应该超出轮廓线 2~10 个绘图单位。

打开"效果"/"第 5 章"/"实例——绘制拨叉轮零件图 .dwg"文件，这是 5.2.2 节中绘制的拨叉轮零件图，该零件图的中心线不规范，如图 5-60 所示。

本节通过规范并完善拨叉轮零件图中心线的具体实例，讲解"合并"命令在实际工作中的使用方法和技巧。结果如图 5-61 所示。

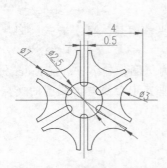

图 5-60　拨叉轮零件图及其中心线

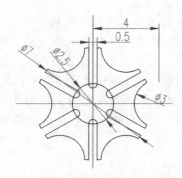

图 5-61　完善中心线后的拨叉轮零件图

实例——完善拨叉轮零件图的中心线

（1）输入 O，按 Enter 键激活"偏移"命令，输入 2，按 Enter 键设置偏移距离，然后单击直径为 7 的圆弧，在圆弧外拾取一点，将该圆弧向外偏移 2 个绘图单位。效果如图 5-62 所示。

（2）输入 JOIN，按 Enter 键激活"合并"命令，单击偏移后的圆弧，按 Enter 键确认，输入 L，按 Enter 键，此时圆弧被合并为一个圆，如图 5-63 所示。

（3）输入 TR，按 Enter 键激活"修剪"命令，单击合并后的圆作为修剪边，按 Enter 键确认，然后分别在水平和垂直中心线的两端单击进行修剪。效果如图 5-64 所示。

（4）按 Enter 键结束操作，在无任何命令发出的情况下单击圆拾取夹点显示，按 Delete 键将其删除，完成拨叉轮零件图中心线的完善。效果如图 5-65 所示。

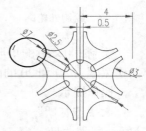

图 5-62　偏移圆弧

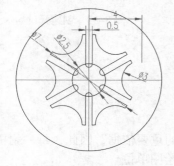

图 5-63　合并圆弧

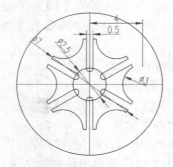

图 5-64　修剪中心线

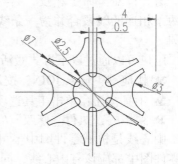

图 5-65　完善后的中心线

📖 疑问解答

疑问：什么是同一平面？什么是相连线段？

解答：在 AutoCAD 中采用世界坐标系定义绘图平面，这样就会有 3 个绘图平面，这 3 个绘图平面分别是由 X 轴和 Y 轴组成的 XY 平面，由 Y 轴和 Z 轴组成的 YZ 平面和由 Z 轴和 X 轴组成的 ZX 平面，如图 5-66 所示。

同一平面是指图形的所有对象都位于这 3 个平面的任意一个平面内。简单来说，就是选择一个绘图平面来绘图，那么该图形的所有对象就会位于同一平面内。

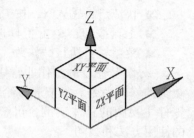

图 5-66　坐标系及其绘图平面

📋 **小贴士**

系统默认情况下采用世界坐标系（WCS）作为绘图坐标系，以 XY 平面作为绘图平面来绘图。但在实际绘图中，尤其是在绘制机械零件三维图和零件轴测图时，有时需要重新定义坐标系，将定义的坐标系称为用户坐标系（UCS），并选择不同的绘图平面来绘图。有关坐标系的相关知识，将在后面章节详细讲解。

相连线段是指一条线段的延伸线会与另一条线段相连，如图 5-67 所示，在 XY 绘图平面内，线段 a 与线段 b 在同一平面内，线段 a 的延伸线与线段 b 相连，那么线段 a 与线段 b 就是相连线段。

对于位于同一平面内，并且是相连的两条线段，可以使用"合并"命令将其合并为一条线段。具体操作是，输入 JOIN，按 Enter 键激活"合并"命令，在线段 a 的右端单击，在线段 b 的左端单击，按 Enter 键确认，此时，这两条线段被合并为一条线段，如图 5-68 所示。

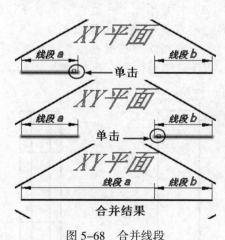

图 5-67　相连线段示例

图 5-68　合并线段

5.3.3　分解——绘制推力球轴承主视图

"分解"命令与"合并"命令相反，可以将多段线图形分解为各自独立的线段，可用于分解的对象有矩形、多边形和使用"多段线"命令所绘制的所有图形。

用户可以通过以下方式激活"分解"命令。

➥ 快捷键：输入 X，按 Enter 键确认

➥ 工具按钮：单击工具选项卡中的"分解"按钮 ⬚

➥ 菜单栏：执行"修改" / "分解"命令

"分解"命令的操作非常简单，但却是机械设计中不可缺少的修改命令。本节通过绘制图 5-69 所示的推力球轴承零件主视图的具体实例，讲解"分解"命令在实际工作中的使用方法和技巧。

实例——绘制推力球轴承零件主视图

（1）执行"新建"命令，选择"样板文件" / "机械样板 .dwt"文件，在图层控制列表中将"轮廓线"层设置为当前图层。

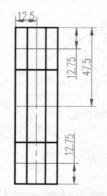

图 5-69　推力球轴承零件主视图

（2）输入 REC，按 Enter 键激活"矩形"命令，拾取一点，输入 @25，95，按 Enter 键绘制矩形。效果如图 5-70 所示。

（3）输入 X，按 Enter 键激活"分解"命令，单击矩形，按 Enter 键确认，将矩形分解为 4 条独立的线段。

（4）输入 O，按 Enter 键激活"偏移"命令，将矩形上、下水平边向内偏移 25.5 个绘图单位，将矩形两条垂直边各向内偏移 7 个绘图单位。效果如图 5-71 所示。

（5）在图层控制列表中将"中心线"层设置为当前图层，输入 O，按 Enter 键激活"偏移"命令，输入 L，按 Enter 键激活"图层"选项，输入 C，按 Enter 键激活"当前"选项。

（6）将矩形上水平边向下偏移 12.75 和 47.5 个绘图单位，将下水平边向上偏移 12.75，将左垂直边向右偏移 12.5 个绘图单位，可以创建中心线。效果如图 5-72 所示。

（7）在图层控制列表中将"轮廓线"层设置为当前图层，输入 C，按 Enter 键激活"圆"命令，以上、下两个中心线的交点为圆心，绘制直径为 12 的两个圆。效果如图 5-73 所示。

图 5-70　绘制矩形

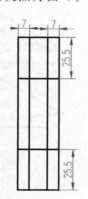

图 5-71　分解并偏移图线

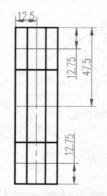

图 5-72　偏移创建中心线

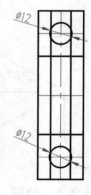

图 5-73　绘制圆

（8）输入 TR，按 Enter 键激活"修剪"命令，选择中间两条垂直轮廓线作为修剪边界，对其他 4 条水平轮廓线进行修剪。效果如图 5-74 所示。

（9）继续以两个圆作为修剪边，对中间两条垂直轮廓线以及圆上的中心线进行修剪。效果如图 5-75 所示。

（10）输入 F，按 Enter 键激活"圆角"命令，以"修剪"模式对零件图的 4 个角进行圆角处理，圆角半径为 1.5。效果如图 5-76 所示。

（11）在图层控制列表中将"剖面线"层设置为当前图层，输入 H，按 Enter 键激活"图案"填充命令，选择 ANS131 图案，在零件图上、下两个空白位置单击选择填充区域，按 Enter 键进行填充。效果如图 5-77 所示。

（12）在无任何命令发出的情况下分别选择水平和垂直中心线使其夹点显示，单击中心线一端的夹点并将其向外拉伸，以编辑图形的中心线，完成推力球轴承零件主视图的绘制。效果如图 5-78 所示。

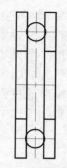

图 5-74　修剪图线（1）

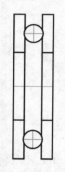

图 5-75　修剪图线（2）

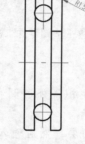

图 5-76　圆角处理

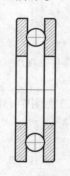

图 5-77　填充剖面

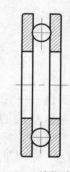

图 5-78　编辑中心线

 小贴士

有关"图案填充"命令的详细操作，将在后面章节详细讲解。

5.4　延伸、拉伸与拉长

"延伸""拉伸"与"拉长"编辑命令看似相似，其实各有特点，其操作方法和编辑结果也大不相同。本节继续讲解这 3 个编辑命令的操作知识。

5.4.1　延伸——创建平垫圈零件二视图的中心线

与"修剪"命令完全相反，"延伸"命令可以延长图线，但与"修剪"命令相同，延长图线时同样需要一个边界。该命令常用于创建零件的中心线，或者补画零件图轮廓线等。

用户可以通过以下方式激活"延伸"命令。

➥ 快捷键：输入 EX，按 Enter 键确认

➥ 工具按钮：单击工具选项卡中的"延伸"按钮 →|

↘ 菜单栏：执行"修改"/"延伸"命令

打开"效果"/"第 5 章"/"实例——绘制平垫圈零件二视图 .dwg"文件，这是 5.2.1 节中绘制的平垫圈零件二视图，但该零件图没有垂直中心线，只有水平中心线，而且水平中心线并不完善，如图 5-79 所示。

本节通过创建并完善图 5-80 所示的平垫圈零件二视图中心线的具体实例，讲解"延伸"命令在实际工作中的使用方法和技巧。

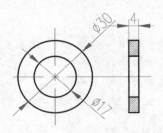
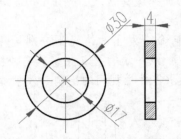

图 5-79　平垫圈零件二视图　　　　　图 5-80　完善平垫圈零件二视图中心线

实例——完善平垫圈零件二视图中心线

（1）输入 TR，按 Enter 键激活"修剪"命令，单击主视图外侧圆和左视图的两条垂直边作为修剪边界，对水平中心线进行修剪。效果如图 5-81 所示。

（2）在图层控制列表中将"中心线"层设置为当前图层，然后输入 L，按 Enter 键激活"直线"命令，捕捉主视图外侧圆的上、下两个象限点补画垂直中心线。效果如图 5-82 所示。

（3）输入 O，按 Enter 键激活"偏移"命令，将主视图外侧圆和左视图两条垂直线分别向外偏移 5 个绘图单位。效果如图 5-83 所示。

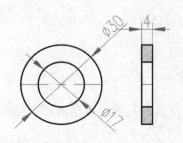
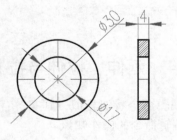
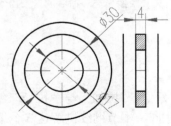

图 5-81　修剪水平中心线　　　　图 5-82　补画垂直中心线　　　　图 5-83　偏移图线

✎ 小贴士

图形中心线一般要求超出轮廓线 5~10 个绘图单位即可，因此在此将圆和直线向外偏移 5 个绘图单位以作为延伸边界。

（4）输入 EX，按 Enter 键激活"延伸"命令，单击偏移的圆和两条垂直线，按 Enter 键确认，然后分别在主视图水平、垂直中心线以及左视图水平中心线的两端单击进行延伸。效果如图 5-84 所示。

（5）在无任何命令发出的情况下单击偏移的圆和两条垂直线，按 Delete 键将其删除，完成平垫圈零件二视图中心线的绘制。效果如图 5-80 所示。

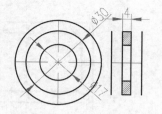

图 5-84　延伸中心线

 小贴士

> "延伸"命令的操作比较简单。需要注意的是，延伸时通常需要指定一个延伸边界。另外，当延伸线与延伸边界无相交时，可以输入 E 激活"边"选项，设置"延伸"模式，这样就可以完成延伸，其原理和效果与"修剪"命令中的"边"选项相同，在此不再赘述。

5.4.2　拉伸——改变矩形垫片零件的尺寸

"拉伸"是指将图形进行拉伸，从而改变图形的尺寸或形状。通常用于拉伸的基本图形主要有直线、矩形、多边形、圆弧、椭圆弧、多段线、样条曲线等。

用户可以通过以下方式激活"拉伸"命令。

➥ 快捷键：输入 S，按 Enter 键确认

➥ 工具按钮：单击工具选项卡中的"拉伸"按钮

➥ 菜单栏：执行"修改"/"拉伸"命令

拉伸时需要使用"窗交"方式选择对象，而不能使用"点选"或"窗口"方式选择对象。打开"效果"/"第 4 章"/"实例——绘制矩形垫片零件图 .dwg"图形文件，该垫片零件的长度为 600 个绘图单位，如图 5-85 所示。

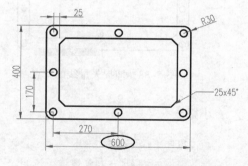

图 5-85　垫片零件图

下面通过使用"拉伸"命令将垫片的长度改变为 800 个绘图单位的具体实例，讲解"拉伸"命令在实际工作中的使用方法和技巧。

实例——通过拉伸改变垫片零件图的长度

（1）输入 S，按 Enter 键激活"拉伸"命令，以"窗交"方式选择垫片零件图，如图 5-86 所示。

 小贴士

> "点选""窗口""窗交"选择的具体操作方法参阅前面章节相关内容的详细讲解，在此不再赘述。

（2）按 Enter 键确认，捕捉垫片右侧任意端点，输入 @200，0，按 Enter 键确认，发现垫片长度被拉长为 800 个绘图单位。效果如图 5-87 所示。

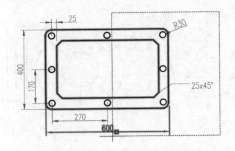

图 5-86 "窗交"方式选择垫片零件图

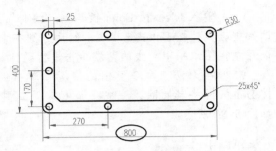

图 5-87 拉伸结果

（3）输入 M，按 Enter 键激活"移动"命令，以窗口方式选择垫片中间位置的两个螺孔圆，按 Enter 键确认，捕捉圆心并引出 0°方向矢量，然后由垫片水平边的中点引出 90°的方向矢量，捕捉矢量线的交点，如图 5-88 所示。

（4）这样就完成了垫片零件图的拉伸。结果如图 5-89 所示。

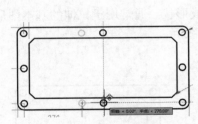

图 5-88 捕捉矢量线的交点

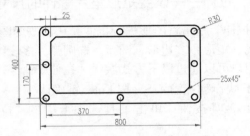

图 5-89 拉伸后的垫片零件图

📋 小贴士

通过拉伸不仅可以拉长图形，而且可以缩短图形，同时也可以改变图形的形状，这取决于拉伸的方向和参数。例如沿 45°方向矢量进行拉伸，不仅可以改变垫片的尺寸，而且也可以改变垫片零件图的形状。效果如图 5-90 所示。

如果设置拉伸值为负值，则可以缩短图形。例如，沿 X 轴负方向引导光标，并设置拉伸值为 −50，则垫片被缩短了 50 个绘图单位，其长度变为 550。结果如图 5-91 所示。

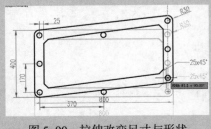

图 5-90 拉伸改变尺寸与形状

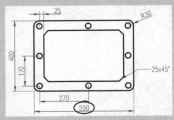

图 5-91 缩短图形

练一练

绘制 100 × 50 的矩形，以右下端点为基点，使用"拉伸"命令将其拉伸为 50 × 30 的矩形。效果如图 5-92 所示。

操作提示

激活"拉伸"命令，首先沿 X 轴拉伸 −50，再沿 Y 轴拉伸 −20。

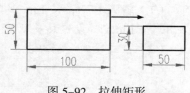

图 5-92　拉伸矩形

5.4.3　拉长——拉长线段

"拉长"命令与前面刚学过的"延伸"命令很相似，都是增加图线的长度。与"延伸"命令不同的是，"拉长"命令是按照指定的尺寸来拉长图线。

用户可以通过以下方式激活"拉长"命令。

❯ 快捷键：输入 LEN，按 Enter 键确认

❯ 工具按钮：单击工具选项卡中的"拉长"按钮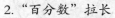

❯ 菜单栏：执行"修改"/"拉长"命令

有多种拉长图线的方式，分别是"增量"拉长、"百分数"拉长、"全部"拉长以及"动态"拉长。下面通过具体实例讲解这几种拉长命令。

1. "增量"拉长

"增量"拉长是通过设置拉长值来拉长图线。拉长值为正数，则拉长图线；拉长值为负数，则缩短图线。绘制长度为 10 个绘图单位的线段，使用"增量"拉长方式将其拉长 5 个绘图单位。

实例——将长度为 10 个绘图单位的线段拉长 5 个绘图单位

（1）输入 LEN，按 Enter 键激活"拉长"命令，输入 ED，按 Enter 键激活"增量"选项，输入 5，按 Enter 键设置增量长度。

（2）在线段的一端单击，按 Enter 键确认以拉长线段。效果如图 5-93 所示。

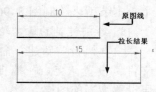

2. "百分数"拉长

"百分数"拉长是通过设置线段总长度的百分数拉长图线，大于 100% 拉长图线，小于 100% 缩短图线。下面通过具体实例讲解将长度为 10 的线段拉长 130%。

图 5-93　"增量"拉长

实例——将长度为 10 的线段拉长 130%

（1）输入 LEN，按 Enter 键激活"拉长"命令，输入 P，按 Enter 键激活"百分数"选项，输入 130，按 Enter 键设置百分数。

（2）在线段的一端单击，按 Enter 键确认以拉长线段。效果如图 5-94 所示。

3. "全部"拉长

"全部"拉长是按照图线的总长度拉长图线，总长度大于原图线长度，则拉长图线；总长度小于原图线长度，则缩短图线。下面通过具体实例讲解将长度为 10 的线段拉长为总长度为 8。

实例——将长度为 10 的线段拉长为总长度为 8

（1）输入 LEN，按 Enter 键激活"拉长"命令，输入 T，按 Enter 键激活"总计"选项，输入 8，按 Enter 键设置总长度数。

（2）在线段的一端单击，按 Enter 键确认以拉长线段。效果如图 5-95 所示。

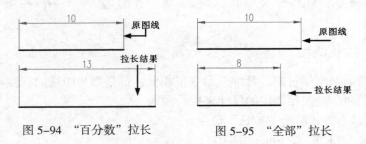

图 5-94 "百分数"拉长　　　　　图 5-95 "全部"拉长

📓 **小贴士**

除了以上几种拉长方式外，还有一种"动态"拉长方式，这种方式是根据线段的端点位置动态地改变长度。这种方式比较随意，其操作比较简单，在此不再详述，读者可以自己尝试操作。

5.5　综合练习——绘制链轴零件主视图

链轴是一种聚心结构的轴类零件图，其主视图轮廓主要以圆为主。本节就来绘制图 5-96 所示的链轴零件主视图。

1. 绘制链轴的基本轮廓

（1）执行"新建"命令，选择"样板"/"机械样板 .dwt"样板文件，设置"交点"捕捉模式，并在图层控制列表中将"中心线"层设置为当前图层。

（2）输入 XL，按 Enter 键激活"构造线"命令，拾取第 1 点，引出 0° 方向矢量，拾取第 2 点，引出 90° 方向矢量，拾取第 3 点，按 Enter 键结束操作，绘制水平、垂直构造线。

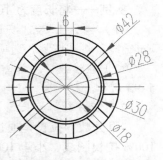

图 5-96 链轴零件主视图

（3）在图层控制列表中将"轮廓线"层设置为当前图层，输入 C，按 Enter 键激活"圆"命令，捕捉中心线的交点，输入 9，按 Enter 键确认，绘制半径为 9 的圆。

（4）按 Enter 键重复执行"圆"命令，捕捉半径为 9 的圆的圆心，分别绘制半径为 14、15 和 21 的同心圆。效果如图 5-97 所示。

2. 编辑完善链轴平面图

（1）输入 O，按 Enter 键激活"偏移"命令，输入 L，按 Enter 键激活"图层"选项，输入 C，按 Enter 键激活"当前"选项，输入 3，按 Enter 键

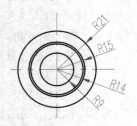

图 5-97 绘制同心圆

设置偏移距离，将垂直中心线对称偏移到轮廓线层。效果如图 5-98 所示。

（2）输入 TR，按 Enter 键激活"修剪"命令，单击半径为 21 和半径为 15 的两个圆作为修剪边界，对偏移的两条垂直轮廓线进行修剪。效果如图 5-99 所示。

（3）输入 AR，按 Enter 键激活"阵列"命令，选择修剪后的两条垂直线，按 Enter 键，输入 PO，按 Enter 键激活"极轴"选项。

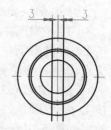
图 5-98　偏移中心线

（4）捕捉中心线的交点，输入 I，按 Enter 键激活"项目"选项，输入 8，按两次 Enter 键设置项目数并结束操作。阵列结果如图 5-100 所示。

（5）输入 O，按 Enter 键激活"偏移"命令，输入 10，按 Enter 键，单击半径为 21 的圆，在该圆的外侧单击进行偏移。效果如图 5-101 所示。

（6）输入 TR，按 Enter 键激活"修剪"命令，单击偏移的圆作为修剪边界，分别在水平和垂直中心线的两端单击进行修剪，以完善零件图的中心线。

（7）在没有任何命令发出的情况下单击偏移的圆使其夹点显示，按 Delete 键将其删除，完成链轴零件主视图的绘制。效果如图 5-102 所示。

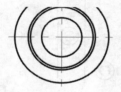
图 5-99　修剪图线

图 5-100　阵列结果

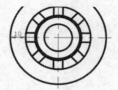
图 5-101　偏移圆

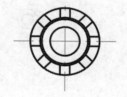
图 5-102　完善中心线

5.6　职场实战——绘制泵盖零件主视图

泵盖零件是一种对称结构的盘盖类零件，其造型相对比较复杂。本节就来绘制图 5-103 所示的泵盖零件主视图。

1. 绘制作图辅助线

（1）执行"新建"命令，选择"样板"/"机械样板 .dwt"样板文件，设置"交点"捕捉模式，并在图层控制列表中将"中心线"层设置为当前图层。

（2）输入 XL，按 Enter 键激活"构造线"命令，拾取第 1 点，引出 0° 方向矢量，拾取第 2 点，引出 90° 方向矢量，拾取第 3 点，按 Enter 键结束操作，绘制水平、垂直构造线。

（3）输入 O，按 Enter 键激活"偏移"命令，将垂直中心线对称偏移 30 个绘图单位，将水平中心线对称偏移 21 和 51 个绘图单位，完成辅助线的绘制。效果如图 5-104 所示。

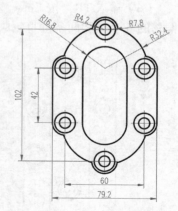
图 5-103　泵盖零件主视图

2. 绘制轮廓线

（1）在图层控制列表中将"轮廓线"层设置为当前图层，输入 C，按 Enter 键激活"圆"命令，捕捉最上方水平辅助线与中间辅助线的交点，绘制半径为 4.2 和 7.8 的同心圆。效果如图 5-105 所示。

（2）输入 CO，按 Enter 键激活"复制"命令，旋转两个同心圆，按 Enter 键确认，捕捉圆心，分别将其复制到其他辅助线的交点位置。效果如图 5-106 所示。

（3）输入 O，按 Enter 键激活"偏移"命令，输入 L，按 Enter 键激活"图层"选项，输入 C，按 Enter 键激活"当前"选项，再次将垂直中心线对称偏移 16.8 和 39.6 个绘图单位，并将其偏移到轮廓线层。效果如图 5-107 所示。

图 5-104　绘制辅助线

图 5-105　绘制同心圆

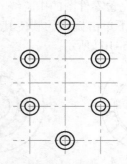

图 5-106　复制同心圆

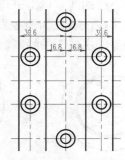

图 5-107　偏移轮廓线

（4）按 Enter 键重复执行"偏移"命令，继续将半径为 7.8 的圆向外偏移 1.8 个绘图单位。效果如图 5-108 所示。

（5）输入 C，按 Enter 键激活"圆"命令，以垂直中心线与第 2 和第 4 条水平辅助线的交点为圆心，绘制半径为 16.8 和 32.4 的同心圆。效果如图 5-109 所示。

（6）输入 TR，按 Enter 键激活"修剪"命令，以半径为 16.8 和 32.4 的圆作为修剪边界，对偏移的 6 个圆和两条垂直轮廓线进行修剪。效果如图 5-110 所示。

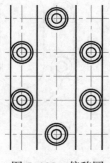

图 5-108　偏移圆

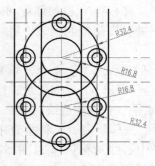

图 5-109　绘制同心圆

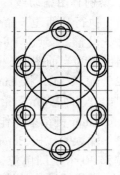

图 5-110　修剪图线（1）

（7）继续以修剪后的 6 个圆弧和中间两条垂直轮廓线作为修剪边，对半径为 16.8 和 32.4 的圆以及两边两条垂直轮廓线进行修剪。效果如图 5-111 所示。

（8）继续以外侧两条垂直轮廓线作为修剪边，对两边 4 个圆弧再次进行修剪，完成泵盖零件主视图的绘制。效果如图 5-112 所示。

（9）使用"偏移"命令，将半径为 7.8 的 6 个圆分别向外偏移 2 个绘图单位，然后以偏移的 6 个圆作为修剪边，对所有中心线进行修剪，最后将偏移的 6 个圆和水平中心线删除，完成泵盖零件主视图的绘制。效果如图 5-113 所示。

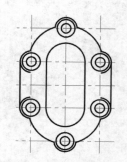
图 5-111 修剪图线（2）

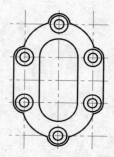
图 5-112 修剪图线（3）

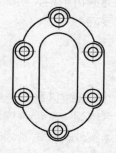
图 5-113 完善中心线

第 6 章　机械零件二维图的管理

本章导读

在 AutoCAD 机械设计中，管理机械零件图并应用图形资源是快速、精确绘制机械零件图的关键，本章继续讲解相关知识。

本章主要内容如下：

- ➥ 图层
- ➥ 图块
- ➥ 属性
- ➥ 特性与特性匹配
- ➥ 综合练习——绘制摇柄零件图
- ➥ 职场实战——绘制齿轮架零件图

6.1　图　　层

图层是管理、规划机械零件图的一种工具，可以将机械零件图的各元素分门别类地放置在不同的图层中，便于对零件图进行编辑与修改。本节讲解有关图层的相关知识。

6.1.1　新建与规划图层——设置机械绘图文件中的图层

在机械绘图中，一幅完整的机械工程图不仅只有图形，而且还包括文字、尺寸标注、文字注释、符号等众多元素。根据机械零件图的绘图要求，这些元素必须绘制在不同的图层中，便于对图形进行管理与编辑，而系统默认情况下，新建的绘图文件只有一个名为 0 的图层，这不能满足机械绘图需要，此时就需要新建多个图层。

在 AutoCAD 中，图层是由"图层特性管理器"对话框来管理的，用户可以通过以下方式打开该对话框。

- ➥ 快捷键：输入 LA，按 Enter 键确认
- ➥ 工具按钮：单击工具选项卡中的"图层"按钮
- ➥ 菜单栏：执行"工具" / "选项板" / "图层"命令

在"图层特性管理器"对话框中，用户可以新建、删除图层以及设置图层特性等操作。本节通过设置机械绘图文件中图层的具体实例，讲解新建图层和设置图层特性的相关知识。

实例——设置机械制图文件中的图层

在机械制图中，常用的图层主要有轮廓线、中心线、剖面线、隐藏线、标注线、细实线等，这些图层用于绘制图形轮廓线、标注图形尺寸、填充图层剖面等。本节就来新建这些图层，并

设置其图层特性。

　　1. 新建图层

　　（1）执行"新建"命令，在打开的"选择样板"对话框中选择 acad–Named Plot Styles 样板文件，如图 6–1 所示。

　　（2）单击 打开(O) 按钮新建绘图文件，输入 LA，按 Enter 键打开"图层特性管理器"对话框，新建的绘图文件只有一个名为 0 的图层，如图 6–2 所示。

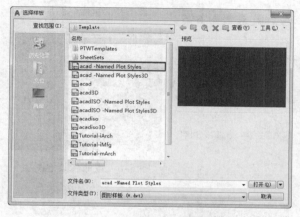

图 6–1　"选择样板"对话框

图 6–2　"图层特性管理器"对话框

　　（3）单击"新建图层"按钮 ，即可新建一个名为"图层 1"的新图层，如图 6–3 所示。

　　（4）连续单击该按钮 3 次，新建名为"图层 1""图层 2""图层 3"的新图层，如图 6–4 所示。

图 6–3　新建"图层 1"

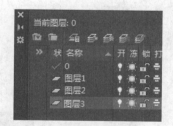

图 6–4　新建 3 个图层

　　（5）根据绘图需要，继续单击"新建图层"按钮 ，即可新建多个图层。

📋 小贴士

除了以上方法外，在创建了一个图层后，连续按 Enter 键，或按 Alt+N 组合键，也可新建多个图层；在"图层特性管理器"对话框中右击，选择"新建图层"命令，同样可以新建图层。另外，如果想删除一个图层，则选择该图层，单击"图层特性管理器"对话框中的"删除图层"按钮 即可将该层删除。需要说明的是，系统预设的 0 图层和当前操作图层不能被删除。

2. 重命名并设置图层颜色

用户可以根据绘图需要为新建图层重命名，并设置图层颜色，以方便管理图形。下面继续为新建图层重命名，并设置图层颜色。

（1）单击"图层 1"名称使其反白显示，或在图层名上右击，执行"重命名图层"命令，然后输入新名称"轮廓线"，按 Enter 键确认，如图 6-5 所示。

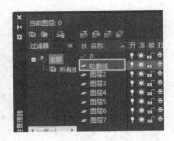

图 6-5　重命名图层

（2）使用相同的方法，分别为其他图层重命名。效果如图 6-6 所示。

（3）单击"标注线"层右侧的"颜色"按钮打开"选择颜色"对话框，如图 6-7 所示。

（4）单击蓝色颜色块，单击按钮以设置该层颜色为蓝色。效果如图 6-8 所示。

（5）使用相同的方法，分别设置其他图层的颜色。效果如图 6-9 所示。

图 6-6　重命名其他图层

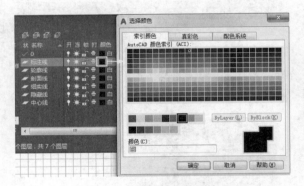

图 6-7　"选择颜色"对话框

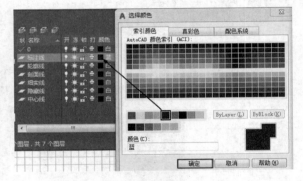

图 6-8　选择蓝色

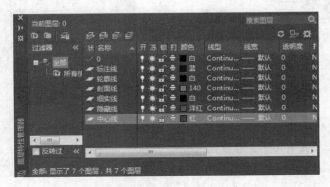

图 6-9　设置其他图层的颜色

小贴士

设置图层颜色主要是为了在图形各元素之间进行区分。一般情况下，图形轮廓线使用黑色，其他元素的颜色用户可以根据自己喜好进行设置。另外，系统默认情况下使用"索引颜色"模式设置颜色，用户也可以单击"真彩色"或"配色系统"选项卡，采用这两种颜色模式设置图层颜色。

3. 设置线型与线宽特性

线型与线宽也是绘图的主要设置，可以根据机械零件图绘图标准与要求进行设置。下面设置线型与线宽特性。

（1）单击"中心线"层的"线型"按钮打开"选择线型"对话框，单击 加载(L)... 按钮打开"加载或重载线型"对话框，如图6-10所示。

（2）选择ACAD-ISO04W100线型，单击 确定 按钮将其载入"选择线型"对话框，然后选择加载的该线型，单击 确定 按钮将其指定给"中心线"层，如图6-11所示。

图6-10 "加载或重载线型"对话框

图6-11 指定线型

（3）使用相同的方法继续为"隐藏线"层指定名为CENTER2的线型，完成线型的设置。

下面设置线宽。一般情况下，只有轮廓线采用设置线宽，其他图层使用默认线宽即可。

（4）单击"轮廓线"层的"线宽"按钮打开"线宽"对话框，选择0.30mm的线宽，单击 确定 按钮将其指定给"轮廓线"层，如图6-12所示。

至此，就完成了机械制图样板文件中图层的设置。

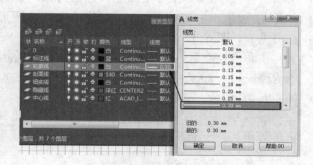

图6-12 设置线宽

6.1.2 图层的基本操作方法

在机械制图中，图层的操作对绘图至关重要，其操作包括设置当前图层、隐藏图层、显示图层、冻结图层、解冻图层、锁定图层、解锁图层等。本节讲解相关知识。

1. 设置当前图层

当前图层是指当前正在操作的图层，当前图层名称前有 ✓ 图标。设置当前图层的方法比较简单，例如，在"图层特性管理器"对话框中选择"轮廓线"层，单击"置为当前"按钮 ，即可将该层设置为当前图层，如图 6-13 所示。

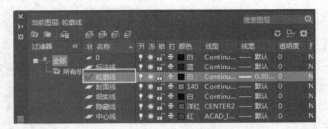

图 6-13　设置当前图层

📋 **小贴士**

> 除此之外，选择图层后右击并选择"置为当前"命令，或者按 Alt+C 组合键，可将图层设置为当前图层。另外，在"图层"控制下拉列表中选择图层，即可将其设置为当前图层，如图 6-14 所示。

图 6-14　选择当前图层

2. 开、关图层

打开图层后，图层中的所有对象都是可见的，而关闭图层后，图层中的所有对象都不可见。打开"素材"/"法兰盘零件主视图 .dwg"素材文件，默认情况下该图形的所有对象都可见，如图 6-15 所示。

在图层控制列表中单击"尺寸层"前面的 按钮，使其显示为 按钮，将该层关闭，此时发现图形中尺寸标注不见了，如图 6-16 所示。

继续单击"剖面线"层前面的 按钮，使其显示为 按钮将该层关闭，此时发现图形中填充的剖面线不见了，如图 6-17 所示。

再次单击"尺寸层"和"剖面线"层前面的 按钮使其显示为 按钮以打开这两个图层，此时图形中的尺寸标注和剖面

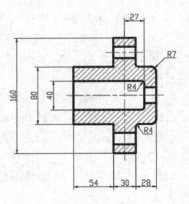

图 6-15　法兰盘零件图

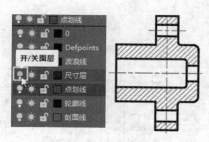

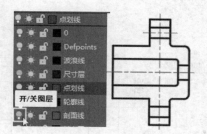

图 6-16　关闭"尺寸层"　　　　　　　图 6-17　关闭"剖面线"层

线又显示了。

3. 冻结、解冻图层

冻结、解冻图层与开、关图层有些相似，冻结图层后，图层上的对象也会处于隐藏状态，只是图形被冻结后，图形不仅不能在屏幕上显示，而且不能由绘图仪输出，不能进行重生成、消隐、渲染和打印等操作。

在图层控制列表中单击图层前面的 按钮使其显示为 按钮，此时图层被冻结，再次单击 按钮使其显示为 按钮，图层就会被解冻。该操作比较简单，在此不再详细讲解，读者可以自己尝试操作。

4. 锁定、解锁图层

可以将图层锁定，锁定后图层中的对象不能进行任何操作，这样做的好处是可以避免误操作。继续上一节的操作，在图层控制列表的"尺寸层"前面单击 按钮，使其显示为 按钮，此时发现图形中的尺寸颜色变暗了，移动光标到尺寸上，光标旁边显示锁图标，表示该层被锁定了，如图 6-18 所示。

再次单击 按钮使其显示为 按钮，即可解锁该图层。除了以上所讲解的图层的相关操作知识外，图层还有其他操作功能，但这些功能在实际绘图中不常用，在此不做讲解。

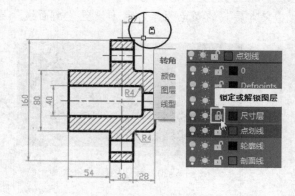

图 6-18　锁定图层

6.1.3　图层的应用——管理与规划丝杠轴零件图

在 AutoCAD 机械绘图中，应用图层可以有效管理与规划机械零件图。打开"素材"/"丝杠轴零件图 .dwg"图形文件，发现该零件图的所有对象都被绘制在了系统默认的一个图层上，如图 6-19 所示。

这并不符合机械制图标准与要求，下面通过图层来重新管理与规划该零件图。

实例——通过图层管理与规划丝杠轴零件图

1. 新建图层并设置图层特性

下面首先需要新建图层，并设置图层特性，以便管理与规划图形对象。

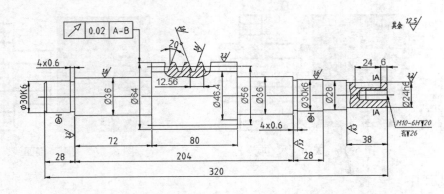

图 6-19　丝杠轴零件图

（1）输入 LA，按 Enter 键打开"图层特性管理器"对话框，我们发现除了系统默认的两个图层外，只有一个"尺寸层"。

（2）选择"尺寸层"，按 Enter 键新建图层 1，并将其命名为"轮廓线"层，然后再次按 Enter 键新建图层并对其进行重命名，以此方法新建所需的多个图层并命名。效果如图 6-20 所示。

（3）设置"轮廓线"与"其他层"的颜色为黑色，设置"中心线"层的颜色为红色，设置"文本层"的颜色为洋红色，设置"剖面线"层的颜色为蓝绿色。效果如图 6-21 所示。

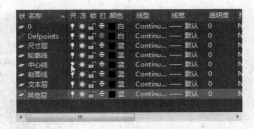

图 6-20　新建图层并命名

图 6-21　设置图层颜色

（4）继续设置"中心线"层的线型为 CENTER，设置"轮廓线"层的线宽为 0.30mm，其他设置默认，完成图层的新建与设置。

📋 小贴士

图层的这些设置请参阅前面章节中相关内容的详细讲解，在此不再讲述。

2. 规划管理图形对象

下面来规划管理图形对象。

（1）在无任何命令发出的情况下分别单击各尺寸标注拾取夹点显示，然后在图层控制列表中选择"尺寸层"，将尺寸标注放入该层，然后按 Esc 键取消夹点显示。效果如图 6-22 所示。

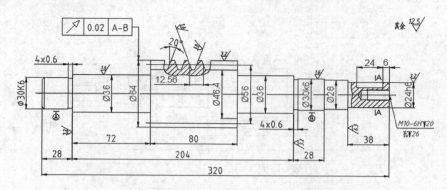

图 6-22　调整尺寸标注层

（2）依照相同的方法继续在无任何命令发出的情况下单击所有粗糙度符号使其夹点显示，在图层控制列表中选择"其他层"；继续夹点显示剖面线使其夹点显示，在图层控制列表中选择"剖面线"层；夹点显示"其余"文本内容，在图层控制列表中选择"文本层"；夹点显示中心线，在图层控制列表中选择"中心线"层。零件图效果如图 6-23 所示。

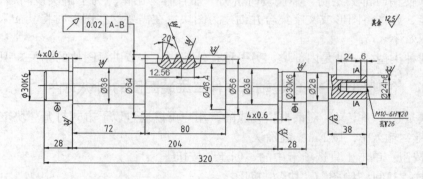

图 6-23　继续规划其他图层

（3）在图层控制列表中将除系统默认的两个图层外的其他图层全部关闭。此时零件图效果如图 6-24 所示。

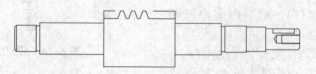

图 6-24　零件图显示效果

（4）以"窗口"方式选择所有对象，在图层控制列表中选择"轮廓线"层将选择对象放入该层，单击状态栏上的▤按钮打开线宽显示功能，最后打开所有关闭的图层，完成丝杠轴零件图的管理与规划。效果如图 6-25 所示。

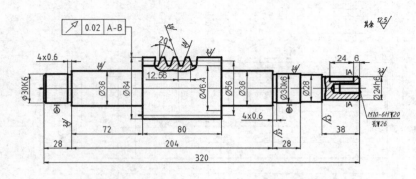

图 6–25 管理与规划丝杠轴零件图

6.2 图　　块

在 AutoCAD 机械绘图中，经常会重复使用一些相同的图形，如常见的螺母、螺栓等标准件，如果每次使用时都去绘制，不仅费时费力，而且容易出错。为了解决该问题，AutoCAD 提供了图块功能，允许将图形或文字集合并创建为图块，在需要这些图形时将其插入图形中即可，从而提高绘图效率。

图块有两种类型，一种是内部块，另一种是外部块。本节讲解图块的相关知识。

6.2.1 创建图块——创建轴套零件二维装配图的图块文件

创建图块是在"块定义"对话框中完成的，用户可以通过以下方式打开"块定义"对话框。

➥ 快捷键：输入 B，按 Enter 键确认

➥ 工具按钮：单击工具选项卡中的"创建"按钮

➥ 菜单栏：执行"绘图"/"块"/"创建"

命令

打开"素材"/"轴套零件装配图 .dwg"素材文件，这是轴套零件装配图的 4 个装配对象，单击任意一个装配图对象，发现每个对象并不是一个独立对象，而是由多个图形元素组成的，如图 6–26 所示。

下面将这 4 个装配对象分别创建为 4 个独立的图块对象，以方便创建轴套零件装配图。

图 6–26 装配图的装配对象

实例——创建轴套零件装配图的图块文件

（1）输入 B，按 Enter 键，打开"块定义"对话框，在"名称"列表中输入"轴套01"，单击 "拾取点"按钮返回绘图区，捕捉图 6–27 所示的轴零件端点作为基点。

📋 **小贴士**

> 块名是一个不超过 255 个字符的字符串，可包含字母、数字、"$"、"-" 和 "_" 等符号。另外，捕捉
> 轴零件的端点其实是定位块的基点，基点是"块"在插入图形中时的定位点，基点一般选择图形的特征
> 点，即中点、象限点、端点等。如果勾选"在屏幕上指定"复选框，则返回绘图区，在屏幕上拾取一点
> 作为块的基点。

（2）系统再次返回"块定义"对话框，单击 ⊕ "选择对象"按钮，再次返回绘图区，以"窗
口"方式选择轴零件的所有对象，按 Enter 键返回"块定义"对话框，该对话框中显示定义的图
块的缩览图，如图 6-28 所示。

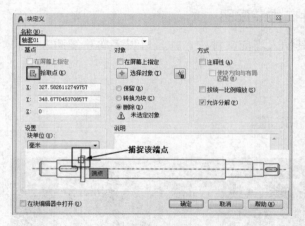

图 6-27 命名块并捕捉端点

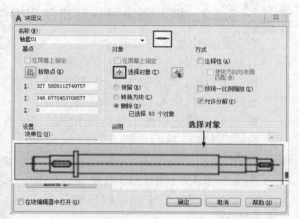

图 6-28 选择对象

📋 **小贴士**

> 在定义块时，系统默认情况下，直接将原图形转换为图块文件，如果选中"保留"单选项，定义图块后，
> 原图形将保留；否则，原图形不保留。如果选中"删除"单选项，定义图块后，将从当前文件中删除选
> 定的图形。另外，勾选"按统一比例缩放"复选框，那么在插入块时，仅可以对块进行等比缩放。勾选
> "允许分解"复选框，插入的图块允许被分解。另外，勾选"在块编辑器中打开"复选框，定义完块后自
> 动进入块编辑器窗口，以便对图块进行编辑管理。有关块的编辑，在后面章节将详细讲解。

（3）选中"删除"单选项，然后单击 [确定] 按钮，将该轴零件图定义为当前文件的块。
（4）下面请大家自己尝试使用相同的方法，分别将其他 3 个装配图对象定义为当前文件的
3 个块，其块名分别为"轴套 02""轴套 03""轴套 04"，基点如图 6-29 所示。

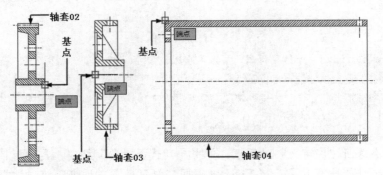

图 6-29　创建其他块对象

6.2.2　插入图块——创建轴套零件二维装配图

定义的图块文件可以通过"插入"命令将其插入当前文件中，并且可以多次重复插入。插入块对象是在"插入"对话框中完成的。

用户可以通过以下方式打开"插入"对话框。

- 快捷键：输入 I，按 Enter 键确认
- 工具按钮：单击工具选项卡中的"插入"按钮
- 菜单栏：执行"插入"/"块选项板"命令

本节将 6.2.1 节创建的轴套零件的图框对象插入当前文件中，以创建轴套零件二维装配图。

实例——创建轴套零件二维装配图

（1）继续 6.2.1 节的操作，输入 I，按 Enter 键激活"插入块"命令打开"块选项板"，在当前文件中创建的块对象都会显示在该选项板，如图 6-30 所示。

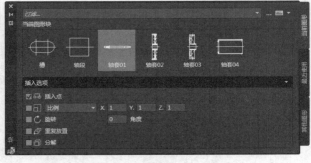

图 6-30　块选项板

 小贴士

插入块时可以在"插入选项"列表中进行相关设置。

插入点：勾选该复选框，在视图中捕捉一点进行插入；取消该复选框的勾选，可以设置插入的 X、Y、Z 的坐标。

比例：勾选该复选框，不设置比例；取消该复选框的勾选，可以设置插入的 X、Y、Z 的缩放比例。

旋转：勾选该复选框，不旋转；取消该复选框的勾选，可以设置旋转角度。

重复放置：勾选该选项，只能插入一个对象；取消该选项的勾选，可以连续插入多个对象。

分解：勾选该复选框，插入的块对象被分解；取消该复选框的勾选，插入的对象不被分解。

另外，激活"当前图形"选项卡，则显示在当前图形中定义的块对象。单击"其他图形"选项卡，可以选择写块的块对象。

（2）单击名为"轴套01"的块对象，在绘图区拾取一点将其插入当前文件中，如图6-31所示。

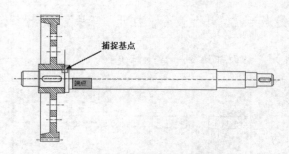

图6-31 插入"轴套01"块对象

（3）继续单击"轴套02"块，在绘图区捕捉"轴套01"块的基点将其插入。效果如图6-32所示。

（4）使用相同的方法，单击"轴套04"块，在绘图区捕捉"轴套02"块的基点将其插入。效果如图6-33所示。

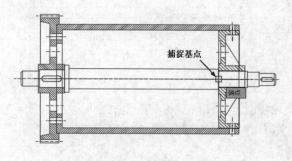

图6-32 插入"轴套02"块对象

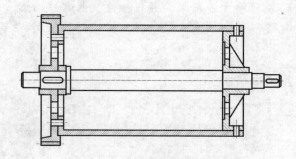

图6-33 插入"轴套04"块对象

（5）继续单击"轴套03"块对象，在绘图区捕捉"轴套01"的基点将其插入。效果如图6-34所示。

（6）这样轴套零件二维装配图创建完毕，但是图形的所有对象都被放置在一个图层中，这不符合机械绘图标准与要求。下面读者自己根据前面所学知识，新建相关图层并设置图层特性，然后将装配图的各元素放入合适的图层，最后使用"修剪"命令对图形进行修剪完善。效果如图6-35所示。

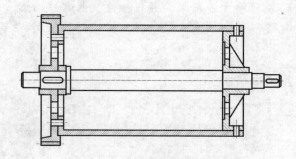

图6-34 插入"轴套03"块对象

图6-35 完善轴套零件装配图

📋 小贴士

图形被定义为图块后就成了一个整体，需要将图块分解，然后才能将图形对象的各元素调整到合适的图层。有关分解图形对象的相关知识，请参阅本书前面章节相关内容的讲解，在此不再赘述。

6.2.3 写块——创建轴套零件外部图块文件

使用"块"命令创建的块对象属于内部块，内部块只能在当前文件中重复插入，而不能在其他文件中应用。为了弥补这一不足，AutoCAD 又提供了"写块"命令创建可以应用于任何文件中的图块，这类图块被称为外部块。

"写块"的操作比较简单，下面将 6.2.2 节创建的名为"轴套 01"的内部块使用"写块"命令创建为外部块。

实例——创建轴套零件外部图块文件

（1）继续 6.2.2 节的操作，输入 W，按 Enter 键激活"写块"命令，打开"写块"对话框，在"源"选项组中有三个选项：

①勾选"块"选项，单击"块"下拉列表按钮，选择内部块作为写块对象；

②勾选"对象"选项，其下方的选项被激活，可以确定图形的基点并选择图形，将选择的图形直接创建为外部块，其操作与定义块相同；

③勾选"整个图形"选项，则可以将视图中的所有对象创建为一个外部块，其操作方法也与创建内部块的方法相同。

（2）勾选"块"选项，在右侧下拉列表中选择"轴套 01"的内部块，单击"文件名和路径"文本框右侧的□按钮打开"浏览图形文件"对话框，选择存储路径并将图块命名，单击 保存(S) 按钮将其保存并返回"写块"对话框，如图 6-36 所示。

（3）单击 确定 按钮，将该"轴套 01"的内部块转换为外部块，并以独立文件形式存盘，以后就可以使用"插入"命令，将该外部块插入任何文件中了。

图 6-36 保存外部块

📋**小贴士**

可以对图块进行编辑，输入 BE，按 Enter 键打开"编辑块定义"对话框，选择要编辑的图块文件，确认进入块编辑窗口对图块进行编辑，最后保存编辑结果并退出编辑窗口，该操作比较简单，在此不再详述，读者可以自己尝试操作。

6.3 属　　性

"属性"不能独立存在，它是附属于图块的一种文字信息，以表达图形无法表达的信息。本节继续讲解"属性"的相关知识。

6.3.1 定义文字属性——定义粗糙度符号的文字属性

文字属性一般用于几何图形，以表达几何图形无法表达的一些内容。例如，机械工程图上的粗糙度符号其实就是一种文字属性块。

定义属性是在"属性定义"对话框中完成的，用户可以通过以下方式打开该对话框。

➥ 快捷键：输入 ATT，按 Enter 键确认

➥ 工具按钮：单击工具选项卡中的"定义属性"按钮

粗糙度符号是机械绘图中不可缺少的一种符号，用于标注机械零件在加工过程中的粗糙度。下面通过定义标记为 X.X 的粗糙度符号的文字属性的具体实例，讲解定义文字属性的相关知识。

实例——定义标记为 X.X 的粗糙度符号的文字属性

（1）输入 PL，按 Enter 键激活"多段线"命令，根据图示尺寸绘制粗糙度符号图形，如图 6-37 所示。

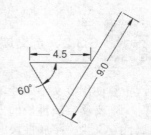

图 6-37 绘制粗糙度符号

（2）输入 ATT，按 Enter 键打开"属性定义"对话框，在该对话框设置属性值，在左侧的"模式"选项属性的提示模式：

➢ 不可见：该复选框用于设置插入属性块后是否显示属性值。

➢ 固定：该复选框用于设置属性是否为固定值。

➢ 验证：该复选框用于设置在插入块时提示确认属性值是否正确。

➢ 预设：该复选框用于将属性值定为默认值。

➢ 锁定位置：该复选框用于将属性位置进行固定。

➢ 多行：该复选框用于设置多行的属性文本。

（3）在"标记"输入框中输入值 X.X，在"提示"输入框中输入"输入粗糙度值:"，在"默认"输入框中输入 0。

（4）在"对正"列表中选择"左对齐"，在"文字样式"列表中选择"数字与字母"的文字样式，设置"文字高度"为 2.5，设置"旋转"为 0，如图 6-38 所示。

（5）单击 **确定** 按钮返回绘图区，捕捉粗糙度符号的左上端点作为属性插入点。结果如图 6-39 所示。

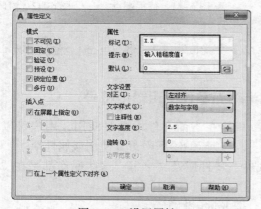

图 6-38 设置属性

图 6-39 定义粗糙度符号的文字属性

小贴士

可以对定义的属性值进行修改，方法非常简单，执行"修改"/"对象"/"文字"/"编辑"命令，单击定义的属性值 X.X，打开"编辑属性定义"对话框，修改"标记"值，例如修改其值为 3.6，单击 确定 按钮，结果属性值被修改，如图 6-40 所示。

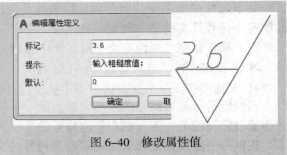

图 6-40 修改属性值

6.3.2 定义属性块——创建粗糙度符号属性块

定义文字属性后，还需要将该文字属性定义为文字属性块，这样才可以在以后的工作中多次重复使用该文字属性块，并对属性进行修改与编辑。

定义文字属性块的方法与创建块的方法相同，本节通过将 6.3.1 节创建的粗糙度符号的文字属性定义为文字属性块的具体实例，讲解定义文字属性块的方法。

实例——定义粗糙度符号文字属性块

（1）输入 B，按 Enter 键打开"块定义"对话框，在"名称"输入框中将其命名为"粗糙度符号"，勾选"转换为块"选项，然后单击 "拾取点"按钮返回绘图区，捕捉粗糙度符号的下端点作为块的基点，如图 6-41 所示。

（2）返回"创建块"对话框，单击 "选择对象"按钮，再次返回绘图区，以窗口方式选择粗糙度符号对象，如图 6-42 所示。

（3）按 Enter 键返回"块定义"对话框，则在此对话框内出现图块的预览图标，如图 6-43 所示。

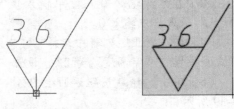

图 6-41 捕捉端点 　　 图 6-42 窗口选择

（4）单击 确定 按钮，打开"编辑属性"对话框，在此可以修改"输入粗糙度值"的参数，例如修改其值为 4.2，然后单击 确定 按钮，完成粗糙度符号属性块的定义，如图 6-44 所示。

 ## 6.3.3 应用与编辑属性块——标注半轴壳零件图粗糙度符号

定义的粗糙度符号属性块目前只是内部块，只能在当前文件中重复使用，用户可以使用"写块"命令将其创建为外部块并保存，这样就可以在以后的绘图中重复使用该属性块了。

另外，可以对属性块进行编辑，例如编辑属性、特性以及文字等，这些操作都是在"增强属性编辑器"对话框中完成的，用户可以通过以下方式打开该对话框。

➥ 快捷键：输入 ED，选择要编辑的属性块，按 Enter 键确认

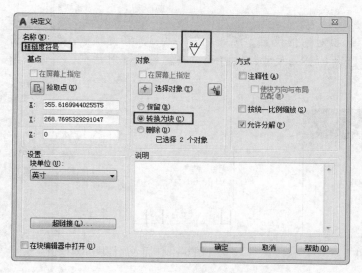

图 6-43 显示缩览图

图 6-44 编辑属性

➥ 工具按钮：在默认选项卡的"块"选项中单击"单个"按钮⊠

➥ 其他操作：双击属性块

打开"素材"/"半轴壳零件俯视图 .dwg"素材文件，该零件标注了尺寸与公差，但没有标注粗糙度符号，如图 6-45 所示。

本节就将 6.3.2 节创建的粗糙度符号的属性块插入该文件中，效果如图 6-46 所示。

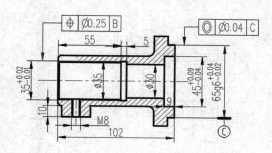

图 6-45 半轴壳零件俯视图

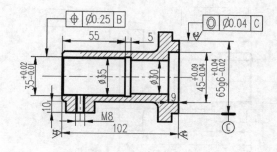

图 6-46 插入粗糙度符号

实例——标注半轴壳零件图粗糙度符号

（1）继续 6.3.2 节的操作，依照前面所学知识，将定义为属性块的粗糙度符号创建为名为"粗糙度符号"的外部块，并将其保存在"图块"目录下。

（2）打开"素材"/"半轴壳零件俯视图 .dwg"的素材文件，在图层控制列表中将"其他层"设置为当前图层。

（3）输入 I，按 Enter 键激活"插入"命令并打开"块"选项对话框，单击"过滤"右侧的"显示文件选项"按钮打开"选择图形文件"对话框，选择"图块"目录下的"粗糙度 .dwg"图块文件，如图 6-47 所示。

（4）单击 打开⑥ ▼ 按钮，在"块"选项对话框设置"统一比例"为 3，其他默认，然后单击"粗糙度"的图块文件，在视图捕捉右上角的公差尺寸线，打开"编辑属性"对话框，修改"输入粗糙度值"为 6.3，如图 6-48 所示。

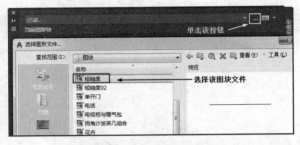

图 6-47 选择粗糙度符号图块文件

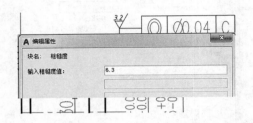

图 6-48 插入属性块并修改值

（5）单击 确定 按钮，完成粗糙度符号属性块的插入。

（6）输入 CO，按 Enter 键激活"复制"命令，选择插入的粗糙度属性块，按 Enter 键确认，捕捉属性块的下端点作为基点，捕捉下方尺寸标注线右端点作为目标点进行复制。效果如图 6-49 所示。

（7）输入 RO，按 Enter 键激活"旋转"命令，选择右下角插入的粗糙度属性块，按 Enter 键确认，捕捉属性块的下端点，输入 –90，按 Enter 键确认进行旋转。效果如图 6-50 所示。

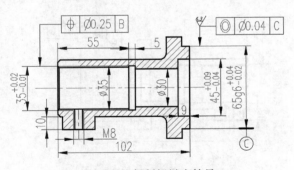

图 6-49 复制粗糙度符号

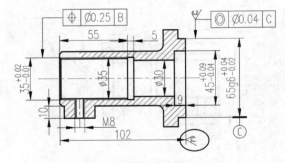

图 6-50 旋转粗糙度符号

（8）输入 MI，按 Enter 键激活"镜像"命令，单击选择右侧的粗糙度符号属性块，按 Enter 键确认，然后按住 Shift 键右击，选择"两点之间的中点"命令，分别捕捉下方尺寸标注线的两个端点，确定镜像轴的第 1 点。

（9）输入 @0, 1，按 Enter 键确认镜像轴的第 2 点，将右侧的粗糙度符号属性块镜像复制到左侧位置。效果如图 6-51 所示。

（10）双击左边镜像复制的粗糙度属性块打开"增强属性编辑器"对话框，进入"属性"选项卡，修改"值"为 3.2。效果如图 6-52 所示。

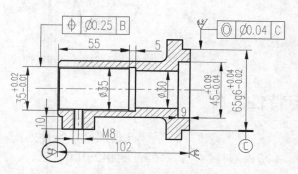

图 6-51　镜像复制粗糙度属性块

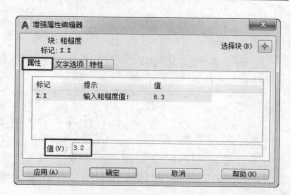

图 6-52　修改属性值

（11）单击 确定 按钮，完成半轴壳零件俯视图粗糙度符号的插入。效果如图 6-46 所示。

📖 知识拓展

编辑属性块

属性块的编辑是在"增强属性编辑器"对话框中完成的，打开"增强属性编辑器"对话框，进入"属性"选项卡，可以修改属性块的值，如图 6-52 所示。

进入"文字选项"选项卡，在"文字样式"列表中选择文字样式；在"对正"列表中选择对正方式；在"高度"输入框中设置文字高度；在"旋转"输入框中设置文字的旋转角度；在"宽度因子"输入框中输入文字的宽度因子；在"倾斜角度"输入框中设置文字的倾斜角度，以编辑属性块的文字，如图 6-53 所示。

进入"特性"选项卡，设置文字的特性，包括图层、线型、颜色、线宽以及打印样式等，如图 6-54 所示。

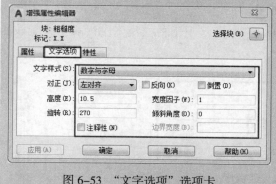

图 6-53　"文字选项"选项卡

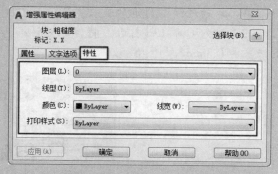

图 6-54　"特性"选项卡

练一练

绘制半径为 4 的圆，定义标记为 X 的属性，并将其创建为名为"轴标号"的属性块，修改其值为 A，如图 6-55 所示。

操作提示

绘制圆并定义属性文字，然后将其创建为属性块，并修
改其值。

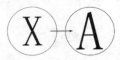

图 6-55　定位文字属性并创建属性块

6.4　特性与特性匹配

特性是指图形对象的图层、颜色、线型、线宽、厚度、宽度等一系列几何属性。特性匹配
是指可以将图形的这些特性匹配给其他图形对象。本节讲解特性与特性匹配的相关知识。

6.4.1　特性——调整固定联轴器简图的图线特性

特性是图形的基本特征，这些特征可以根据绘图标准与要求进行设置，我们将其称为"特
性设置"，这些设置是在"特性"对话框中完成的，用户可以通过以下方式打开"特性"对
话框。

➥ 快捷键：输入 PR，按 Enter 键确认
➥ 工具按钮：单击工具选项卡中的"特性"按钮
➥ 菜单栏：执行"修改"/"特性"命令
➥ 组合键：Ctrl+1

打开"素材"/"固定联轴器简图 .dwg"文件，该零件图
的轮廓线不符合绘图要求，如图 6-56 所示。

下面通过特性设置调整该图的轮廓线，使其符合绘图标
准与要求。

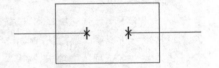

图 6-56　固定联轴器简图

实例——调整固定联轴器简图的轮廓线特性

（1）激活状态栏上的"显示 / 隐藏线宽"按钮 以显示线宽，然后在无任何命令发出的情
况下单击联轴器简图的矩形轮廓使其夹点显示。

（2）输入 Ctrl+1 键打开"特性"对话框，在"常规"选项下的"线宽"列表中设置该矩形
的线宽为 0.3mm，如图 6-57 所示。

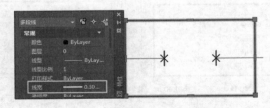

图 6-57　设置线宽特性

（3）按 Esc 键取消夹点显示，然后再次在无任何命令发出的情况下单击选择联轴器上的两条水
平图线使其夹点显示，继续在"特性"对话框中设置这两条线的线宽为 0.6mm，如图 6-58 所示。

（4）按 Esc 键取消夹点显示，调整特性后的固定联轴器简图如图 6-59 所示。

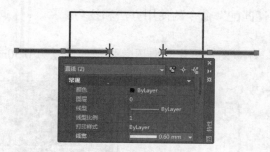

图 6-58　设置线宽特性

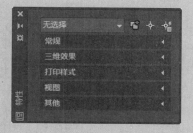

图 6-59　调整特性后的固定联轴器简图

📖 **知识拓展**

"特性"对话框分为标题栏、工具栏、特性窗口三部分，各部分功能如下：

标题栏：显示名称以及调整对话框的位置等。

工具栏：放置了选择对象的相关工具。单击"选择对象"按钮 ⊕，在绘图区单击对象，按 Enter 键，对象进入夹点显示状态，表示对象被选择；单击"快速选择"按钮 ，打开"快速选择"对话框，可以根据对象的图层、颜色、线型、线宽等特性快速选取对象。

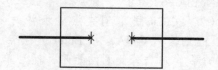

"特性"窗口：系统默认情况下，"特性"窗口包括"常规""三维效果""打印样式""视图"和"其他"5 个组合框，如图 6-60 所示。

图 6-60　"特性"窗口

"常规"组合框用于对二维图形的颜色、图层、线型、比例、线宽、透明度以及厚度进行设置；"三维效果"组合框主要对三维模型的材质进行设置；"打印样式"组合框主要对图形打印时的样式进行设置；"视图"组合框主要对视图的圆心坐标以及宽度和高度进行设置；"其他"组合框主要对图形的注释比例、UCS 原点等进行设置。需要说明的是，当选择一个二维图形对象后，会出现"几何图形"组合框，可以设置二维图形的起点、端点坐标、增量的 XYZ 以及长度和角度等。

6.4.2　特性匹配——设置并匹配垫片零件图的特性

特性匹配是指将一个图形对象的特性匹配给其他图形对象。用户可以通过以下方式激活"特性匹配"命令。

➥ 快捷键：输入 MA，按 Enter 键确认

➥ 工具按钮：单击工具选项卡中的"特性匹配"按钮

➥ 菜单栏：执行"修改"/"特性匹配"命令

特性匹配的操作非常简单，打开"效果"/"第 3 章"/"实例——使用'自'功能完善垫片零件图 .dwg"图形文件，如图 6-61 所示。

下面通过设置垫片外侧圆角矩形的线型特性，并将其匹配给内

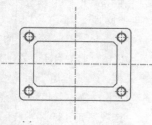

图 6-61　垫片零件图

部的倒角矩形以及螺孔圆的具体实例，讲解"特性匹配"命令的使用方法和技巧。

实例——设置并匹配垫片零件图的特性

（1）依照 6.4.1 节的操作方法，使用"特性"命令设置垫片外侧圆角矩形的线宽为 0.30mm。效果如图 6-62 所示。

（2）按 Esc 键取消夹点显示并关闭"特性"对话框，输入 @MA，按 Enter 键激活"特性匹配"命令，单击外侧圆角矩形，然后单击内侧倒角矩形，将圆角矩形的特性匹配给倒角矩形，如图 6-63 所示。

（3）继续分别单击垫片上的螺孔圆，将圆角矩形的特性匹配给螺孔圆，最后按 Enter 键结束操作。垫片效果如图 6-64 所示。

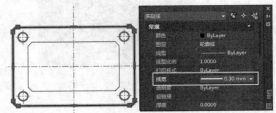

图 6-62　设置外侧圆角矩形的线宽特性

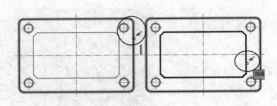

图 6-63　特性匹配

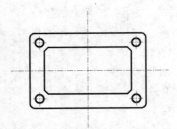

图 6-64　特性匹配后的垫片效果

📋 **小贴士**

系统默认设置下，使用"特性匹配"命令可以将原图形对象的所有特性匹配给目标对象，如果只想将原图形对象的部分特性匹配给目标对象，则可以在激活"特性匹配"命令并选择原对象后，输入 S，并按 Enter 键，打开"特性设置"对话框。在该对话框中，用户可以根据需要选择需要匹配的基本特性和特殊特性，如图 6-65 所示。

图 6-65 中，"颜色"和"图层"选项适用于除 OLE（对象链接嵌入）对象外的所有对象；"线型"选项适用于除属性、图案填充、多行文字、OLE 对象、点和视口外的所有对象；"线型比例"选项适用于除属性、图案填充、多行文字、OLE 对象、点和视口外的所有对象。

图 6-65　"特性设置"对话框

6.5　综合练习——绘制摇柄零件图

摇柄是一种结构较为特殊的机械零件，本节讲解绘制图 6-66 所示的摇柄零件图。

1. 绘制摇柄零件的基本轮廓

（1）执行"新建"命令，打开"样板"/"机械样板 .dwt"样板文件，设置"交点"捕捉模式，并在图层控制列表中将"中心线"层设置为当前图层。

（2）输入 XL，按 Enter 键激活"构造线"命令，拾取第 1点，引出 0°方向矢量拾取第 2点，引出 90°方向矢量拾取第 3点，按 Enter 键结束操作，绘制水平、垂直构造线。

（3）按 Enter 键重复执行"构造线"命令，输入 O，按Enter 键激活"偏移"选项，将垂直构造线向右偏移 18 个绘图单位，创建绘图辅助线。效果如图 6-67 所示。

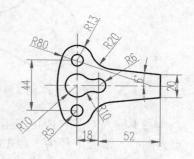

图 6-66　摇柄零件图

（4）在图层控制列表中将"轮廓线"层设置为当前图层，输入 C，按 Enter 键激活"圆"命令，捕捉辅助线的交点，绘制半径为 6 和 10 的两个圆。效果如图 6-68 所示。

（5）按 Enter 键重复执行"圆"命令，输入 T，按 Enter 键激活"相切、相切、半径"命令，分别在半径为 10 和 6 的两个圆上拾取两个切点，绘制半径为 10 的两个相切圆。效果如图 6-69所示。

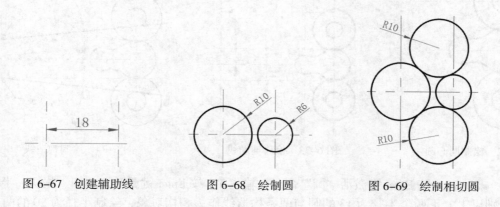

图 6-67　创建辅助线　　　　图 6-68　绘制圆　　　　图 6-69　绘制相切圆

（6）输入 TR，按 Enter 键激活"修剪"命令，以两个相切圆作为修剪边，对半径为 10 和 6的圆进行修剪，然后以修剪后的两个圆弧作为修剪边，对两个相切圆进行修剪。效果如图 6-70所示。

2. 完善摇柄零件图

（1）输入 O，按 Enter 键激活"偏移"命令，将水平中心线对称偏移 22 个绘图单位。效果如图 6-71 所示。

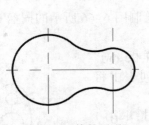

图 6-70 修剪图形

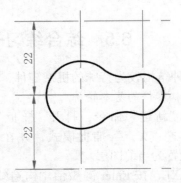

图 6-71 偏移水平线

（2）输入 C，按 Enter 键激活"圆"命令，以左侧垂直辅助线与偏移的两条水平辅助线的交点为圆心，绘制半径为 5 和 13 的同心圆。效果如图 6-72 所示。

（3）再次输入 O，按 Enter 键激活"偏移"命令，将左边垂直辅助线向右偏移 70，将中间水平辅助线对称偏移 10 个绘图单位。效果如图 6-73 所示。

（4）输入 XL，按 Enter 键激活"构造线"命令，输入 A，按 Enter 键激活"角度"选项，分别设置角度为 6 和 −6，并分别通过右侧垂直辅助线与偏移距离为 10 的两条水平辅助线的交点，绘制两条构造线。效果如图 6-74 所示。

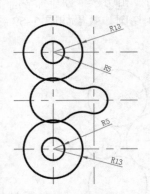

图 6-72 绘制同心圆

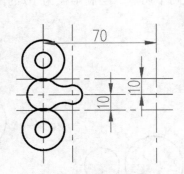

图 6-73 偏移辅助线

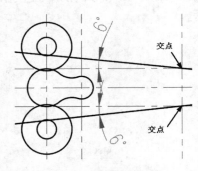

图 6-74 绘制构造线

（5）输入 C，按 Enter 键激活"圆"命令，输入 T，按 Enter 键激活"相切、相切、半径"命令，分别以上、下两个半径为 13 的圆与两条构造线作为相切对象，绘制半径为 20 的两个相切圆，然后以半径为 13 的两个圆作为相切对象，绘制半径为 80 的相切圆。效果如图 6-75 所示。

（6）输入 TR，按 Enter 键激活"修剪"命令，对相切圆、构造线以及辅助线进行修剪，修剪出零件图的轮廓线和中心线，并删除多余辅助线。效果如图 6-76 所示。

（7）选择右侧修剪后的垂直辅助线，在图层控制列表中将其放入"轮廓线"层，然后选择图形的中心线拾取夹点显示，单击夹点并进行拉伸，编辑出摇柄零件图的中心线，完成摇柄零件图的绘制。效果如图 6-77 所示。

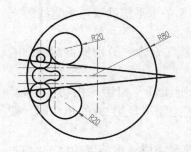
图 6-75　绘制相切圆

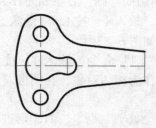
图 6-76　修剪图线

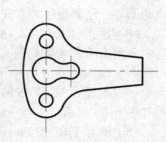
图 6-77　编辑图形中心线

6.6　职场实战——绘制齿轮架零件图

齿轮架零件也是一种比较特殊的零件，其造型相对比较复杂。本节继续绘制图 6-78 所示的齿轮架零件图。

1. 绘制作图辅助线以及减重装置

（1）执行"新建"命令，选择"样板"/"机械样板 .dwt"的样板文件，设置"交点"捕捉模式，并在图层控制列表中将"中心线"层设置为当前图层。

（2）输入 XL，按 Enter 键激活"构造线"命令，拾取第 1 点，引出 0° 方向矢量拾取第 2 点，引出 90° 方向矢量拾取第 3 点，按 Enter 键结束操作，绘制水平、垂直构造线。

（3）输入 O，按 Enter 键激活"偏移"命令，将水平中心线分别向上偏移 55、91 和 160 个绘图单位。效果如图 6-79 所示。

（4）在图层控制列表中将"轮廓线"层设置为当前图层，输入 C，按 Enter 键激活"圆"命令，以下方第 1 条水平线与垂直线的交点为圆心，绘制半径为 22.5 和 45 的同心圆。效果如图 6-80 所示。

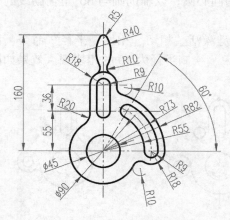
图 6-78　齿轮架零件图

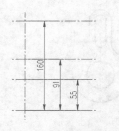
图 6-79　绘制辅助线

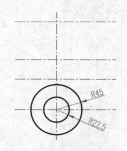
图 6-80　绘制同心圆

（5）按 Enter 键重复执行"圆"命令，继续以下方第 2 条和第 3 条水平辅助线与垂直线的交点为圆心，绘制半径为 9 和 18 的两组同心圆。效果如图 6-81 所示。

（6）设置"象限点"捕捉模式，输入 L，按 Enter 键激活"直线"命令，分别捕捉两组圆的左右象限点绘制 4 条垂直线。效果如图 6-82 所示。

（7）输入 C，按 Enter 键激活"圆"命令，输入 T，按 Enter 键激活"相切、相切、半径"命令，以半径为 18 和 45 的两个圆作为相切对象，在图形左边位置绘制半径为 20 的相切圆。效果如图 6-83 所示。

（8）输入 TR，按 Enter 键激活"修剪"命令，对图形进行修剪，完成减重装置轮廓的绘制。效果如图 6-84 所示。

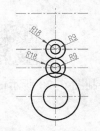 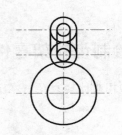 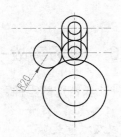 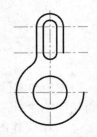

图 6-81　绘制同心圆　　　图 6-82　绘制垂直线　　　图 6-83　绘制相切圆　　　图 6-84　修剪图线

2. 绘制齿轮架的滑齿结构

（1）在图层控制列表中将"中心线"层设置为当前图层，输入 XL，按 Enter 键激活"构造线"命令，输入 A，按 Enter 键激活"角度"选项，设置角度为 60°，通过下方圆心绘制 60° 角的构造线。效果如图 6-85 所示。

（2）输入 C，按 Enter 键激活"圆"命令，以下方圆的圆心为圆心，绘制半径为 64 的辅助圆。效果如图 6-86 所示。

（3）在图层控制列表中将"轮廓线"层设置为当前图层，按 Enter 键重复"圆"命令，以辅助圆和水平中心线的交点为圆心，绘制半径为 9 和 18 的同心圆；以辅助圆与 60° 角辅助线的交点为圆心，绘制半径为 9 的圆。效果如图 6-87 所示。

（4）按 Enter 键重复"圆"命令，输入 T，按 Enter 键激活"相切、相切、半径"命令，以下方半径为 45 的圆弧和右侧半径为 18 的圆作为相切对象，绘制半径为 10 的相切圆。效果如图 6-88 所示。

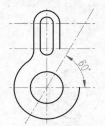 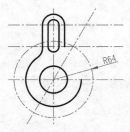 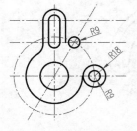 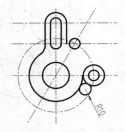

图 6-85　绘制辅助线　　　图 6-86　绘制辅助圆　　　图 6-87　绘制圆　　　图 6-88　绘制相切圆

（5）按 Enter 键重复"圆"命令，以下方半径为 45 的圆的圆心为圆心，绘制半径分别为 55、73 和 82 的同心圆。效果如图 6–89 所示。

（6）按 Enter 键重复"圆"命令，输入 T，按 Enter 键激活"相切、相切、半径"命令，以半径为 82 的圆和右上方垂直线作为相切对象，绘制半径为 10 的相切圆。效果如图 6–90 所示。

（7）输入 TR，按 Enter 键激活"修剪"命令，对图形进行修剪，完成滑齿结构的绘制。效果如图 6–91 所示。

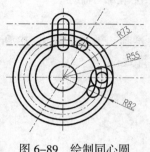

图 6–89 绘制同心圆

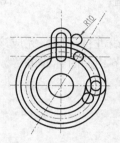

图 6–90 绘制相切圆

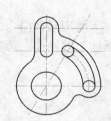

图 6–91 修剪结果

3. 绘制手柄

（1）输入 O，按 Enter 键激活"偏移"命令，将最上侧的水平构造线向下偏移 5 和 23 个绘图单位。效果如图 6–92 所示。

（2）输入 C，按 Enter 键激活"圆"命令，偏移距离为 5 的水平辅助线与垂直辅助线的交点为圆心，绘制半径为 5 和 35 的同心圆。效果如图 6--93 所示。

（3）按 Enter 键重复执行"圆"命令，以偏移距离为 23 的水平辅助线与半径为 35 的圆的两个交点为圆心，绘制两个半径为 40 的圆。效果如图 6–94 所示。

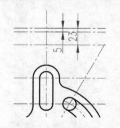

图 6–92 偏移辅助线

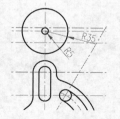

图 6–93 绘制同心圆

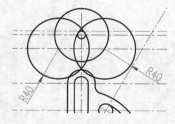

图 6–94 绘制圆

（4）按 Enter 键重复执行"圆"命令，输入 T，按 Enter 键激活"相切、相切、半径"命令，分别以上方半径为 18 的圆弧和半径为 40 的两个圆作为相切对象，绘制两个半径为 10 的圆。效果如图 6–95 所示。

（5）输入 TR，按 Enter 键激活"修剪"命令，对图形轮廓线以及中心线再次进行修剪，并删除多余图线以及辅助线，完成该齿轮架零件图的绘制。效果如图 6–96 所示。

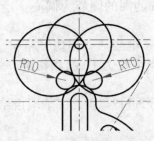

图 6-95　绘制相切圆

图 6-96　修剪图形轮廓与辅助线

（6）使用延伸命令，将各中心线进行延伸，完成该零件图的绘制。效果如图 6-78 所示。有关"延伸"的操作，请参阅前面章节相关内容的讲解，在此不再详述。

第 3 篇　AutoCAD 机械设计进阶

要想成为一名出色的机械设计工程师，仅仅掌握绘制机械零件图的技能还远远不够，用户还需要掌握应用设计资源以提高绘图速度；标注机械零件图尺寸、公差、技术要求、添加图框、绘制表格以详细表达机械零件图的相关信息等相关技能，只有掌握了这些知识，才能进一步提高机械设计技能。

本篇通过第 7~9 章共 26 个机械零件图绘图实例详细讲解 AutoCAD 机械设计的进阶知识。具体内容如下：

　➥　**第 7 章　机械零件图的信息查询与资源共享**

本章主要讲解 AutoCAD 2020 机械设计中应用图形资源以及查询图形信息的相关知识。

　➥　**第 8 章　机械零件图的尺寸标注**

本章主要讲解标注机械零件图尺寸的相关知识。

　➥　**第 9 章　机械零件图的文字注释与公差标注**

本章主要讲解机械零件图中文字注释、公差标注以及添加图框，绘制并应用表格的相关知识。

本篇部分绘图实例如下：

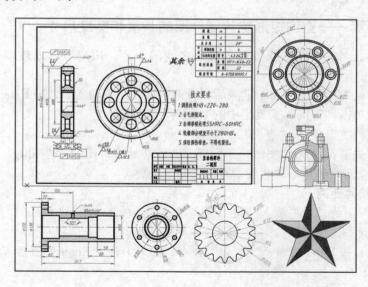

第 7 章　机械零件图的信息查询与资源共享

本章导读

在 AutoCAD 机械设计中，通过查询机械零件图信息可以得知机械零件图的尺寸、角度、质量以及体积等，这对零件图的标注以及零件的加工制造都非常重要。另外，在机械设计中，共享设计资源不仅可以提高绘图速度，而且能保证绘图的精度。本章讲解信息查询与资源共享等相关知识。

本章主要内容如下：
- ❯ 信息查询
- ❯ 资源共享
- ❯ 图案填充
- ❯ 夹点编辑
- ❯ 综合练习——绘制轴承基座零件二维装配图
- ❯ 职场实战——绘制盘盖零件主剖视图

7.1　信 息 查 询

信息查询包括距离、面积、半径、角度、体积等内容，在菜单栏的"工具"/"查询"子菜单下有相关的菜单命令。另外，在"查询"工具栏中也有相关的工具按钮，执行相关命令或激活相关工具按钮，即可实现相关的查询工作。本节就来讲解信息查询。

7.1.1　距离——查询矩形垫片零件图的长度和宽度尺寸

距离就是两点之间的距离，或者两个对象之间的距离。用户可以通过以下方式激活"查询"/"距离"命令。

- ❯ 快捷键：输入 MEA，按 Enter 键激活"查询"命令，再输入 D，按 Enter 键确认
- ❯ 工具按钮：单击"查询"工具栏中的"距离"按钮
- ❯ 菜单栏：执行"工具"/"查询"/"距离"命令

打开"效果"/"第 6 章"/"实例——设置并匹配垫片零件图的特性.dwg"文件，这是一个垫片零件图，下面查询该垫片零件两条垂直边之间的距离。

实例——查询垫片距离

（1）单击状态栏上的"动态输入"按钮将其开启，输入 SE，按 Enter 键打开"草图设置"对话框，设置"端点"捕捉模式。

（2）输入 MEA，按 Enter 键激活"查询"命令，输入 D，按 Enter 键激活"距离"选项。

（3）捕捉垫片外侧左垂直边的上端点，再捕捉垫片外侧右垂直边的上端点，此时显示这两点之间的距离值，如图7-1所示。

（4）输入X，按Enter键退出操作。

练一练

自己尝试查询垫片内侧两条垂直边之间的距离，如图7-2所示。

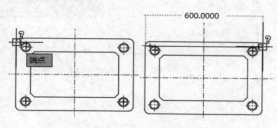

图7-1 查询距离

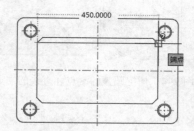

图7-2 查询内侧垂直边之间的距离

操作提示

执行"查询"/"距离"命令，分别捕捉垫片内部两条垂直边的端点以查询距离。

7.1.2 面积——查询垫片零件图的总面积

面积就是物体的平面大小，是由多条线合围形成的闭合区域。查询面积时，依次捕捉该区域各边的端点，形成一个合围区域，即可查询出该区域的面积，如果区域边缘是圆弧，则可以转入"圆弧"模式沿圆弧选取区域面积，之后再转入"直线"模式选取直线面积，其操作与多段线相同。

用户可以通过以下方式激活"查询"/"面积"命令。

➥ 快捷键：输入MEA，按Enter键激活"查询"命令，再输入AR，按Enter键确认

➥ 工具按钮：单击"查询"工具栏中的"面积"按钮

➥ 菜单栏：执行"工具"/"查询"/"面积"命令

继续7.1.1节的操作，下面查询垫片零件图的总面积。

实例——查询垫片零件图的总面积

（1）输入MEA，按Enter键激活"查询"命令，输入AR，按Enter键激活"面积"选项，捕捉垫片下水平边的中点，依次捕捉下水平边的右端点，如图7-3所示。

（2）输入A，按Enter键转入"圆弧"模式，捕捉圆弧的另一个端点，然后输入L，按Enter键转入"直线"模式，捕捉右垂直边的上端点，如图7-4所示。

（3）以此方法继续捕捉垫片轮廓直线边的端点和圆弧的端点，使其合围，然后按Enter键确认，即可查询出垫片的"区域"和"周长"，如图7-5所示。

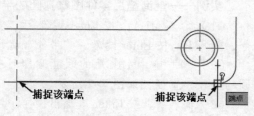

图7-3 捕捉端点

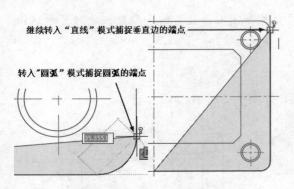

图 7-4　捕捉圆弧的端点和直线的端点

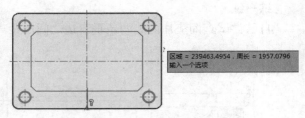

图 7-5　查询面积

（4）输入 X，按 Enter 键退出操作。

📋 **小贴士**

"区域"即图形区域的面积，在标注面积时，可根据绘图精度进行四舍五入，然后再标注。

练一练

自己尝试查询垫片内侧边合围形成的面积，如图 7-6 所示。

操作提示

执行"查询"/"面积"命令，分别捕捉垫片内侧边的端点使其合围，按 Enter 键查询面积。

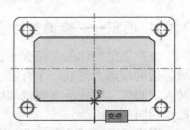

图 7-6　查询内侧边合围形成的面积

7.1.3　半径——查询垫片零件图螺孔圆的半径

使用"半径"命令可以查询圆、圆弧的半径，查询半径时，激活"半径"命令，单击圆或圆弧，即可查询出圆或圆弧的半径和直径。

用户可以通过以下方式激活"查询"/"半径"命令。

➦ 快捷键：输入 MEA，按 Enter 键激活"查询"命令，再输入 R，按 Enter 键确认

➦ 工具按钮：单击"查询"工具栏中的"半径"按钮⊘

➦ 菜单栏：执行"工具"/"查询"/"半径"命令

继续 7.1.2 节的操作，下面查询垫片零件图的螺孔圆的半径。

实例——查询垫片零件图螺孔圆的半径

（1）输入 MEA，按 Enter 键激活"查询"命令，输入 R，按 Enter 键激活"半径"选项。

（2）单击垫片左上角的螺孔圆即可查询出该圆的半径和直径，如图 7-7 所示。

（3）输入 X，按 Enter 键退出操作。

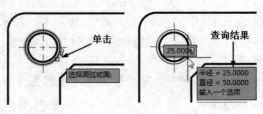

图 7-7　查询螺孔圆的半径和直径

练一练

自己尝试查询垫片外轮廓圆角半径。

操作提示

执行"查询"/"半径"命令,单击垫片外轮廓圆角,以查询圆角半径和直径。

7.1.4 角度——查询垫片零件图内倒角的角度

使用"角度"命令可以查询图形的角度,查询时激活"角度"命令,分别单击角的两条边即可查询出角度。

用户可以通过以下方式激活"查询"/"角度"命令。

➥ 快捷键:输入 MEA,按 Enter 键激活"查询"命令,再输入 A,按 Enter 键确认

➥ 工具按钮:单击"查询"工具栏中的"角度"按钮

➥ 菜单栏:执行"工具"/"查询"/"角度"命令

继续 7.1.3 节的操作,下面查询垫片零件图内倒角的角度。

实例——查询垫片零件图内倒角的角度

(1)输入 MEA,按 Enter 键激活"查询"命令,输入 A,按 Enter 键激活"角度"选项。

(2)单击左上角内倒角的一条边,继续单击内倒角的另一条边即可查询出该倒角的角度,如图 7-8 所示。

(3)输入 X,按 Enter 键退出操作。

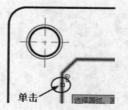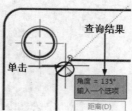

图 7-8 查询垫片零件图内倒角的角度

7.1.5 快速查询——快速查询垫片零件图的信息

使用"快速查询"命令可以快速查询图形对象的距离、角度、半径、直径等信息,激活"快速查询"命令,将光标移动到要查询的对象上,系统会自动查询对象的相关信息。

继续 7.1.4 节的操作,下面快速查询垫片零件图的相关信息。

实例——快速查询垫片零件图的信息

(1)输入 MEA,按 Enter 键激活"查询"命令,输入 Q,按 Enter 键激活"快速"选项。

(2)移动光标到垫片零件图的各条边上,系统自动查询出各条边之间的距离尺寸,如图 7-9 所示。

(3)继续移动光标到垫片零件图的圆角以及倒角位置,即可自动查询出圆角半径和倒角角度等相关信息,如图 7-10 所示。

(4)输入 X,按 Enter 键退出操作。

小贴士

> 除了以上所讲的这些查询内容外,用户还可以查询三维实体模型的体积、质量等特性,这些操作都非常简单,在此不再详述,读者可以自己尝试操作。

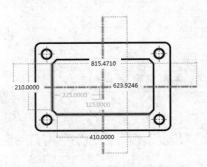

图 7-9　自动查询各条边之间的距离

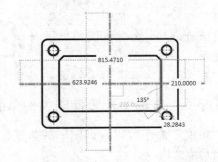

图 7-10　自动查询圆角半径和倒角角度等信息

📖 **知识拓展**

用户可以设置查询模式，使其始终为自动测量行为，这样一来，只要激活"查询"命令，则系统自动进入快速查询模式，用户就可以快速查询出对象的相关信息，其设置方法如下：

（1）输入 MEA，按 Enter 键激活"查询"命令，输入 M，按 Enter 键激活"模式"选项，此时命令行提示是否将查询设置为始终为快速测量行为，如图 7-11 所示。

▼ MEASUREGEOM 始终默认为快速测量行为？[是(Y) 否(N)] <否>：

图 7-11　命令行提示

（2）输入 Y，按 Enter 键确认，这样就完成了快速查询的设置。

如果用户想获得图形更多信息，可以使用"列表查询"方式，操作方法如下：

（1）执行"工具"/"查询"/"列表"命令，单击要查询的对象，如图 7-12 所示。

（2）按 Enter 键确认，此时会打开"AutoCAD 文本窗口"窗口，在该窗口中显示了查询对象的大多数信息，如图 7-13 所示。

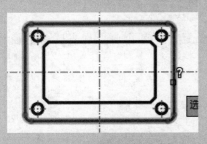

图 7-12　选择要查询的对象

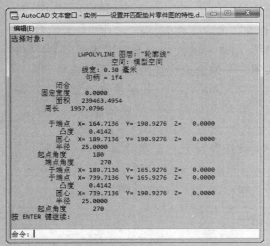

图 7-13　"AutoCAD 文本窗口"窗口

练一练

打开"素材"/"法兰盘零件俯视图.dwg"素材文件，使用快速查询命令查询该零件图中各圆的半径、直径以及其他信息，如图 7-14 所示。

操作提示

执行"查询"/"快速"命令，移动光标到零件图上，快速查询圆的半径、直径以及其他信息。

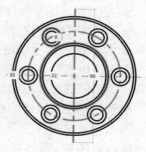

图 7-14　快速查询信息

7.2　资　源　共　享

在 AutoCAD 机械绘图中，可以共享外部的一些设计资源，以加快机械零件图的绘图速度。共享外部资源时有两种方式，一种是通过"设计中心"窗口共享资源，另一种是通过"工具选项板"面板共享资源。本节讲解这两种共享资源的方法。

7.2.1　在"设计中心"窗口查看与打开图形资源

用户可以在"设计中心"窗口查看并打开图形资源，"设计中心"窗口与 Windows 的资源管理器功能相似，用户可以通过以下方式打开"设计中心"窗口。

➡ 快捷键：输入 ADC，按 Enter 键确认
➡ 工具按钮：在"视图"选项卡单击"选项板"列表中的"设计中心"按钮
➡ 菜单栏：执行"工具"/"选项板"/"设计中心"命令

"设计中心"窗口分为 3 部分，分别是"工具栏""树状管理视窗""控制面板"，如图 7-15 所示。

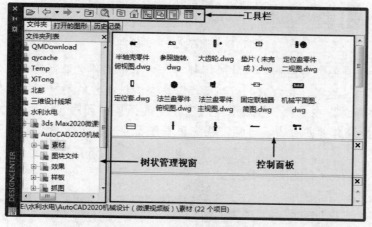

图 7-15　"设计中心"窗口

- ❧ 工具栏：用于操作界面的相关工具。
- ❧ 树状管理视窗：显示计算机或网络中文件和文件夹的层级关系。
- ❧ 控制面板：显示在树状管理视窗中选定文件的相关内容。

用户可以通过"设计中心"窗口查看文件夹资源、文件内部资源以及文件块资源，也可以打开这些图形资源。下面通过简单实例讲解具体操作方法。

实例——在"设计中心"窗口查看与打开图形资源

（1）查看文件夹资源。在"树状管理视窗"左上角单击"文件夹"选项卡，在下方单击需要查看的文件夹，即可在右侧"控制面板"中查看该文件夹中的所有图形资源，如图 7-16 所示。

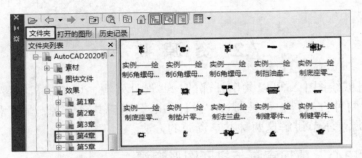

图 7-16　查看文件夹中的所有图形资源

（2）查看文件内部资源。在左侧"树状管理视窗"中单击需要查看的文件，在右侧窗口中即可查看该文件内部的所有资源，如图 7-17 所示。

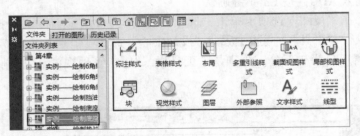

图 7-17　查看文件内部资源

（3）查看文件块资源。在左侧"树状管理视窗"中单击文件名前面的"+"号将其展开，在下拉列表中选择"块"选项，在右侧"控制面板"中查看该文件的所有图块，如图 7-18 所示。

（4）打开文件资源。在左侧"树状管理视窗"中选择要打开的文件所在的文件夹，在右侧"控制面板"中选择该文件并右击，选择"在应用程序窗口中打开"命令，即可将该文件打开，如图 7-19 所示。

📝 **小贴士**

> 按住 Ctrl 键在右侧"控制面板"窗口将对象拖到绘图区域并释放鼠标，可将其打开。另外，在右侧"控制面板"窗口中直接将图形拖到应用程序窗口，以插入的方式将其插入当前文件中。

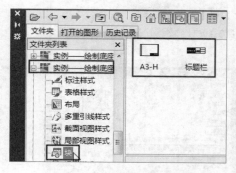
图 7-18　查看块资源

图 7-19　打开文件

7.2.2　在"设计中心"窗口共享图形资源

"共享图形资源"包括"共享图块资源"和"共享图形内部资源"两方面。下面通过一个具体实例，讲解共享图形资源的相关方法。

实例——共享图形资源

1. 共享图块资源

共享图块资源其实与前面章节学习过的应用图块比较相似，都是将创建的外部图块文件应用到图形对象中。

（1）在左侧"树状管理视窗"窗口中单击"图块"文件夹，在右侧"控制面板"窗口中选择"轴套 02.dwg"的图块文件并右击，选择"插入为块"选项，如图 7-20 所示。

（2）打开"插入"对话框，设置参数或采用默认设置，单击 确定 按钮回到绘图区，拾取一点，将该图块文件共享到当前文件中，如图 7-21 所示。

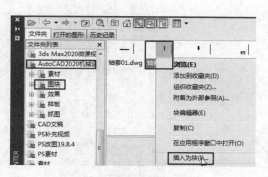
图 7-20　选择图块

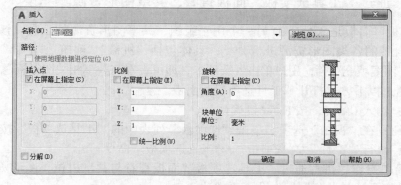
图 7-21　共享图块资源

2. 共享图形内部资源

内部资源是指文件内的文字样式、尺寸样式、图层以及线型等其他的图形资源，可以将这些资源共享。下面继续通过具体实例，讲解共享图形内部资源的相关知识。

（1）在左侧"树状管理视窗"窗口中选择"第4章"文件夹，并单击名称前面的"+"号按钮将其展开。

（2）选择"实例——绘制六角螺母零件主视图 .dwg"文件，并单击前面的"+"号按钮将其展开，然后选择列表下的"块"选项。

图 7-22　选择内部资源

（3）在右侧"控制面板"窗口中选择该图块中A3-H 的内部资源文件并右击，选择"插入块"选项，如图 7-22 所示。

（4）此时会打开"插入"对话框，设置参数或采用默认设置，单击 确定 按钮回到绘图区，拾取一点，将该图块文件共享到当前文件中，如图 7-23 所示。

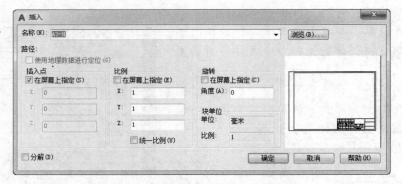

图 7-23　共享内部资源

7.2.3　通过"工具选项板"面板查看、共享图形资源

"工具选项板"面板是 AutoCAD 另一个用于组织、共享图形资源的工具，该工具以选项卡的形式将系统自带的各类图形资源进行分类，具体包括"机械""建筑""注释""电力""土木工程""结构""图案填充"等，用户单击各选项卡，即可查看与共享相关图形资源。

用户可以通过以下方式打开"工具选项板"面板。

➥ 快捷键：输入 Ctrl+3，按 Enter 键确认

➥ 工具按钮：在"视图"选项卡单击"选项板"列表中的"工具选项板"按钮 ▦

➥ 菜单栏：执行"工具"/"选项板"/"工具选项板"命令

本节通过简单操作，讲解通过"工具选项板"面板查看与共享机械类图形资源的方法，其他类型的资源共享方法与此相同，在此不再赘述。

1. 查看与共享系统内部机械类图形资源

系统内部的机械类图形资源其实是一些机械零件的标准件图形资源，也是机械设计中较常用的一些图形资源。下面讲解查看与共享这些图形资源的方法。

实例——查看与共享系统内部机械类图形资源

（1）输入 Ctrl+3，按 Enter 键打开"工具选项板"面板，单击左侧的"机械"选项卡，即可显示系统内部的机械标准件图形资源，如图 7-24 所示。

📋 **小贴士**

> 标准件也叫通用件，是指结构、尺寸、画法、标注等各方面已经完全标准化，并由专业生产厂家生产，可以通用的机械零件，例如螺纹件、键、销、轴承等。

（2）上下拖动右侧的滑块，查看更多机械零件标准件图形资源，单击某标准件图形资源，在视图单击，即可将该图形资源共享到当前绘图文件中。

（3）单击名为"六角圆柱头立柱（侧视图）–公制"的图形资源，然后在视图单击，即可将该图形资源共享到当前绘图文件中，如图 7-25 所示。

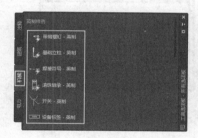

图 7-24 机械标准件图形资源

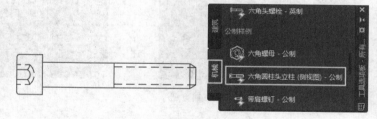

图 7-25 共享机械标准件图形资源

（4）使用相同的方法，用户可以继续共享其他图形资源。

2. 查看与共享外部机械类图形资源

除了系统内部的图形资源外，用户可以将外部图形资源定义为"工具选项板"的选项卡，以方便随时查看与调用。下面继续讲解查看与共享外部机械类图形资源的方法，其他类型的外部图形资源的查看与共享与此相同，不再赘述。读者可以自己尝试操作。

实例——查看与共享系统外部机械类图形资源

（1）打开"设计中心"窗口，在左侧树状管理器窗口中选择名为"图块"的文件夹并右击，选择"创建块的工具选项板"命令，如图 7-26 所示。

（2）此时在"工具选项板"面板中出现名为"图块"的选项卡，激活该选项卡，发现在该选项卡下显示"图块"文件夹中的图形资源，如图 7-27 所示。

（3）单击名为"轴套 04"的图形资源，在当前绘图区单击，将该图形资源共享到当前绘图文件中，如图 7-28 所示。

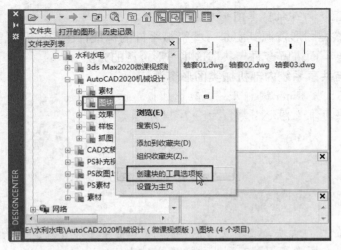

图 7-26　选择"创建块的工具选项板"命令

图 7-27　"图块"选项卡及其资源

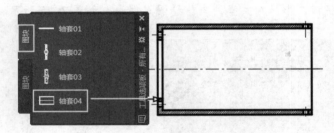

图 7-28　共享外部图形资源

📋 **小贴士**

用户也可以将单个图形文件添加到"工具选项板"面板中。首先在"设计中心"左侧"树状管理器"窗口中选择文件所在的文件夹，在右侧"控制面板"窗口选择要添加到"工具选项板"中的图形文件，将其直接拖到"工具选项板"面板中，释放鼠标，该文件就会被添加到"工具选项板"面板中。在添加的文件上右击，在弹出的右键菜单中选择相关命令，即可对该文件进行重命名、复制、删除等操作。

7.3　图案填充

　　图案填充是指使用颜色或图案对闭合图形进行填充，以表达图形的相关信息。在 AutoCAD 机械设计中，通常使用"图案填充"命令填充机械零件图的剖面，以表达机械零件的剖面结构特征。用户可以通过以下方式激活"图案填充"命令。

↳ 快捷键：输入 H，按 Enter 键确认

↳ 工具按钮：在"默认"选项卡的"绘图"工具列表中单击"图案填充"按钮

↳ 菜单栏：执行"绘图"/"图案填充"命令

激活"图案填充"命令，进入"图案填充创建"选项卡，如图 7-29 所示。

图 7-29 "图案填充创建"选项卡

在该选项卡中可以选择"实体""图案""渐变色""用户定义"四种填充类型的任意一种，然后设置相关参数，并选择填充区域进行填充。本节讲解图案填充的方法。

7.3.1 实体——向五角星图形中填充颜色

实体其实就是指一种纯色，例如红色、黑色、蓝色等。使用"实体"填充闭合图形，可以表达零件的实体效果。

打开"素材"/"五角星.dwg"素材文件，如图 7-30 所示，本节向该图形中填充深红和淡红两种实体颜色，以表现五角星的立体效果，如图 7-31 所示。

图 7-30 五角星图形

实例——向五角星图形中填充实体颜色

（1）输入 H，按 Enter 键激活"图案填充"命令，并进入"图案填充创建"选项卡，选择填充类型为"实体"，并单击下方的"图案填充颜色"按钮，选择"红色"为填充颜色，其他设置默认，如图 7-32 所示。

（2）分别移动光标到五角星各角的一边区域中单击，以确定填充区域，然后按 Enter 键确认。结果如图 7-33 所示。

图 7-31 填充实体颜色后的五角星效果

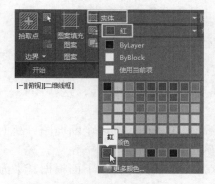

图 7-32 选择类型并设置颜色

图 7-33 选择填充区域进行填充

（3）按 Enter 键重复执行"图案填充"命令并进入"图案填充创建"选项卡，继续选择填充类型为"实体"，并单击下方的红色块，重新选择一种黄色块，其他设置默认，如图 7-34 所示。

（4）在绘图区单击选择五角星各角的另一边区域以确定填充区域，然后按 Enter 键确认。填充结果如图 7-35 所示。

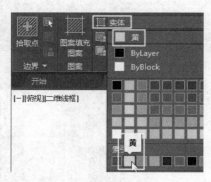

图 7-34　设置类型与颜色

图 7-35　填充结果

练一练

打开"素材"/"参照旋转.dwg"素材文件，这是由一个矩形和一个三角形组成的图形对象，如图 7-36 所示，自己尝试向该图形中填充红、蓝和绿三种实体颜色。效果如图 7-37 所示。

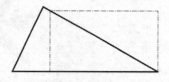

图 7-36　素材文件

图 7-37　填充实体颜色

操作提示

激活"图案填充"命令，选择类型为"实体"并设置颜色进行填充。

7.3.2　图案——绘制传动轴零件的键槽断面图

与实体不同，图案是系统预设的、由各种图线交织形成的，这些图案都是一些行业标准，这些行业标准包括区分部件的图案以及表现对象材质的图案等，这些图案一般是一个整体。

在 AutoCAD 机械设计中，轴类零件一般需要绘制一个平面图和多个断面图，断面图一般用于表现轴上的键槽的深度，因此要根据键槽的数量确定。

打开"素材"/"传动轴零件图.dwg"文件，这是一个轴类零件。下面根据其平面图上的图示尺寸，绘制其键槽断面图。结果如图 7-38 所示。

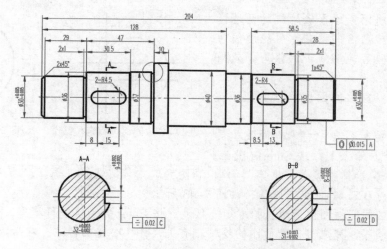

图 7-38　传动轴零件图及其键槽断面图

实例——绘制传动轴零件的键槽断面图

在绘制之前要根据平面图的尺寸，分析并计算出键槽断面图的相关尺寸。根据该传动轴尺寸标注，在左边键槽位置标注有剖切符号 A，表示是从左边键槽中间位置断开的，键槽所在的轴的直径为 36，键槽的宽度为 9，而键槽的深度一般为 4，得到这些参数后就可以开始绘制键槽断面图了。

（1）在图层控制列表中将"中心线"层设置为当前图层，输入 L，按 Enter 键激活"直线"命令，在传动轴平面图下方合适位置绘制水平、垂直相交的线作为断面图的定位线。

（2）在图层控制列表中将"轮廓线"层设置为当前图层，输入 C，按 Enter 键激活"圆"命令，以定位线的交点为圆心，绘制直径为 36 的圆，如图 7-39 所示。

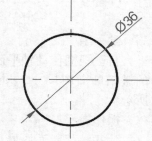

图 7-39　绘制圆

（3）输入 O，按 Enter 键激活"偏移"命令，输入 L，按 Enter 键激活"图层"选项，输入 C，按 Enter 键激活"当前"选项，输入 4.5，按 Enter 键设置偏移距离，将水平定位线对称偏移 4.5 个绘图单位。效果如图 7-40 所示。

下面继续通过偏移垂直定位线来创建键槽的深度。那么垂直定位线到底需要偏移多少绘图单位呢？这需要我们来计算。我们知道，键槽的深度为 4，而键槽所在的轴的直径为 36，那么其半径就是 18，半径 18 减去键槽深度 4 等于 14，14 就是垂直定位线的偏移距离。

（4）按 Enter 键重复执行"偏移"命令，设置偏移距离为 14，将垂直定位线向右偏移 14 个绘图单位作为垂直轮廓线。效果如图 7-41 所示。

（5）输入 TR，按 Enter 键激活"修剪"命令，以圆和偏移的垂直

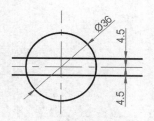

图 7-40　偏移水平定位线

轮廓线为边界，将两条水平轮廓线的两端修剪掉，然后再以修剪后的两条水平轮廓线为修剪边，对圆和垂直轮廓线进行修剪。效果如图 7-42 所示。

下面需要对修剪后的图形进行填充，以表现断面效果。

（6）在图层控制列表中将"剖面线"层设置为当前图层，输入 H，按 Enter 键激活"图案填充"命令，选择类型为"图案"，单击"图案填充"按钮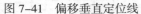，选择名为 ANS131 的图案，并设置"比例"为 0.5，其他设置默认，如图 7-43 所示。

（7）在绘图区的断面图内部单击拾取填充区域，按 Enter 键确认进行填充，最后为键槽断面图标注尺寸、公差等，完成键槽断面图的绘制。有关尺寸、公差的标注，在后面章节进行讲解。其最终效果如图 7-44 所示。

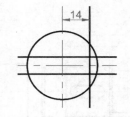

图 7-41　偏移垂直定位线

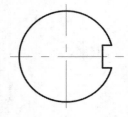

图 7-42　修剪轮廓线

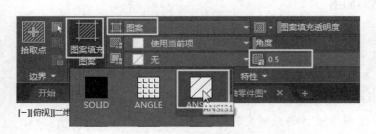

图 7-43　设置填充图案参数

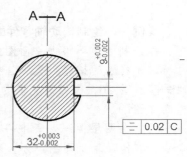

图 7-44　键槽断面图

练一练

自己根据传动轴平面图的图示尺寸，计算出传动轴右侧的键槽断面图尺寸，并绘制该键槽断面图。结果如图 7-45 所示。

操作提示

计算键槽断面图的相关尺寸，然后绘制键槽断面图并填充图案。

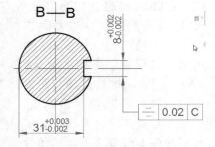

图 7-45　右侧键槽断面图

 小贴士

除了以上所讲的实体与图案两种填充类型外，还有渐变色与用户定义两种填充类型，渐变色其实就是两种颜色的渐变，使用渐变色进行填充，其操作方法与实体相同，分别设置两种颜色，并选择渐变方式即可，而用户定义其实也是系统预设的一种图案填充类型，这种图案是由无数水平平行线组成，用户可以设置比例、颜色、平行线的间距，然后进行填充，其操作方法与图案的操作方法相同，在机械设计中不太常用，在此不再讲解，读者可以自己尝试操作。

7.3.3 图案填充的其他设置

填充图案时，除了选择填充类型、填充图案、比例外，用户还可以设置填充的角度、原点、边界以及孤岛检测等。本节继续讲解填充的其他相关知识。

1. 透明度与角度设置

在"图案填充透明度"输入框和"图案填充角度"输入框设置填充的透明度和角度，默认为 0。图 7-46 所示是设置前和设置后的效果比较。

2. 设置原点

原点就是图案填充时的插入点，单击"原点"选项，在弹出的按钮中可以选择图案的原点，包括左上、右上、左下、右下、中心等，原点影响图案的填充位置，如图 7-47 所示。

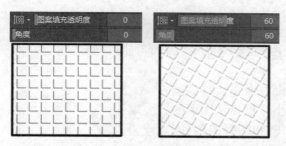

图 7-46 角度和透明度设置效果比较

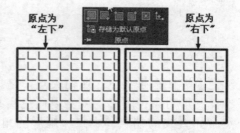

图 7-47 设置图案填充的原点

3. 设置图案填充的关联性

单击"关联边界"按钮▨将其激活，这样就设置了图案填充的关联性，设置图案填充的关联性后，当填充边界发生变化时，图案填充会自动更新，否则图案填充不自动更新，如图 7-48 所示。

4. 孤岛检测

在填充中，会有"孤岛"存在。在一个闭合区域内，又定义了另一个闭合区域，这个闭合区域就叫"孤岛"。在填充时，单击"选项"按钮，在弹出的下拉列表中单击"普通孤岛检测"选项，我们会发现有 4 种孤岛检测方式，分别是普通孤岛检测、外部孤岛检测、忽略孤岛检测以及无孤岛检测。这四种孤岛的填充效果如图 7-49 所示。

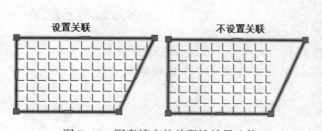

图 7-48 图案填充的关联性效果比较

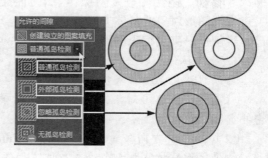

图 7-49 孤岛的填充效果

175

📋 **小贴士**

如果想要对填充后的图案进行编辑，可以双击填充的图案，进入"图案填充编辑器"面板，该面板设置与"图案填充创建"面板完全相同，可以在该面板重新设置图案类型、比例、角度等对图案进行编辑。另外，也可以在打开的"图案填充"对话框中设置图案的颜色、图层、类型、比例、角度等，对图案进行修改编辑，如图 7-50所示。

图 7-50　"图案填充"对话框

7.4　夹点编辑

首先了解什么是夹点。所谓夹点，是指在没有命令执行的前提下选择图形对象，图形上就会以蓝色实心的小方框显示图形的特征点，如直线的端点、中点、矩形的角点、圆和圆弧的圆心、象限点等，我们将其称为"夹点"，不同的图形对象，其夹点个数及位置也会不同。图 7-51 所示是圆、直线、矩形、多边形的夹点显示效果，而夹点编辑是指在夹点模式下编辑图形。本节继续讲解夹点编辑图形对象的方法。

图 7-51　不同图形的夹点显示

7.4.1　夹点编辑的操作方法

夹点编辑是在夹点模式下编辑图形，首先进入夹点模式并单击夹点，夹点显示红色，我们将其称为夹基点或者热点，此时右击可打开夹点编辑菜单，如图 7-52 所示。

通过执行相关菜单命令，即可实现对图形对象的复制、旋转、缩放、移动、镜像等一系列操作。下面通过简单实例操作，讲解夹点编辑图形对象的具体方法。

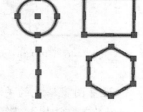

图 7-52　夹点编辑菜单

实例——夹点编辑图形的操作方法

1. 夹点拉伸

可以通过夹点编辑来拉伸图形对象，这与使用"拉伸"命令拉伸图形效果相同。

（1）绘制六边形对象并进入夹点编辑模式，单击右垂直边中点位置的夹点进入夹基点，右击并选择"拉伸"命令，如图 7-53 所示。

（2）引出 0°方向矢量，输入 5，按 Enter 键，按 Esc 键取消夹点显示，发现多边形被拉宽了，结果矩形被拉宽了 5 个绘图单位，如图 7-54 所示。

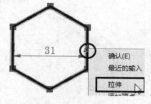

图7-53 选择"拉伸"命令

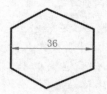

图7-54 拉伸结果

📋 **小贴士**

当选择多边形的一个顶点并右击，选择"拉伸顶点"命令，可以对该顶点进行拉伸而不影响其他顶点，如图7-55所示。

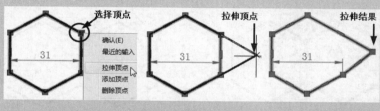

图7-55 拉伸顶点

2. 夹点旋转

（1）再次以夹点显示多边形，单击上方的夹点进入夹基点，右击并选择"旋转"命令，如图7-56所示。

（2）输入30，按Enter键确认，按Esc键取消夹点显示，结果多边形被旋转了30°，如图7-57所示。

3. 夹点缩放

（1）夹点显示多边形，单击右上角的夹点，进入夹基点，右击并选择"缩放"命令，如图7-58所示。

（2）输入1.5，按Enter键确认，并取消夹点显示，结果多边形放大了1.5倍，如图7-59所示。

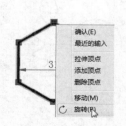

图7-56 选择"旋转"命令

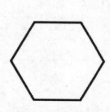

图7-57 旋转结果

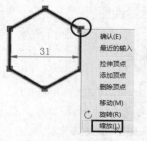

图7-58 选择"缩放"命令

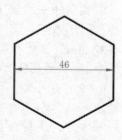

图7-59 缩放结果

4. 夹点移动

（1）夹点显示多边形，右击右上角的夹点并选择"移动"命令，此时进入移动模式，如图 7-60 所示。

（2）移动光标到合适位置单击，按 Esc 键取消夹点显示，完成对象的移动操作。

5. 夹点镜像与镜像复制

（1）夹点显示多边形，单击右上角的夹点并右击选择"镜像"命令，然后垂直引导光标并拾取镜像轴的另一点，这样就可以将对象水平镜像，如图 7-61 所示。

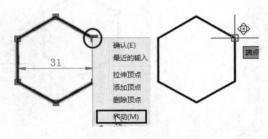

图 7-60　夹点移动

（2）继续单击右上角的夹点并右击选择"镜像"命令，再次右击并选择"复制"命令，然后拾取一点，这样可以将多边形进行水平镜像复制。结果如图 7-62 所示。

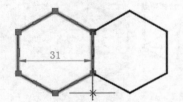

图 7-61　夹点镜像操作

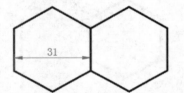

图 7-62　水平镜像复制

🗒️ **小贴士**

利用夹点编辑图形时，针对不同的图形对象和特征点，其夹点命令也会不同，但其操作方法相同，在此不再对这些命令进行一一讲解，读者可以自己尝试进行操作。

7.4.2　夹点编辑的应用——绘制飞轮零件图

夹点编辑在机械设计中使用较普遍，本节通过绘制图 7-63 所示的飞轮零件图的具体实例，讲解夹点编辑在机械设计中的应用方法和技巧。

实例——绘制飞轮零件图

（1）执行"新建"命令，选择"样板"目录下的"机械样板.dwt"文件作为基础样板文件，然后在图层控制列表中将"中心线"层设置为当前图层。

（2）输入 XL，按 Enter 键激活"构造线"命令，在绘图区拾取一点，引出 0° 方向矢量拾取第 2 点，引出 90° 方向矢量拾取第 3 点，绘制水平、垂直相交的中心线。

（3）在图层控制列表中将"轮廓线"层设置为当前图层，

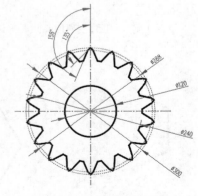

图 7-63　飞轮零件图

输入 C，按 Enter 键激活"圆"命令，以中心线的交点为圆心，绘制半径分别为 150、144、120 和 60 的同心圆，如图 7-64 所示。

（4）输入 SE，按 Enter 键打开"草图设置"对话框，设置"交点""象限点""端点"捕捉模式，并设置极轴追踪角度为 22.5°，然后关闭该对话框。

（5）输入 PL，按 Enter 键激活"构造线"命令，捕捉半径为 150 的外侧圆的上象限点，向左下引出 225° 的方向矢量，捕捉矢量线与半径为 140 的圆的交点，如图 7-65 所示。

（6）继续向左下引出 112.5° 的方向矢量，捕捉矢量线与半径为 120 的圆的交点，按 Enter 键确认，绘制飞轮齿牙的一条轮廓线。效果如图 7-66 所示。

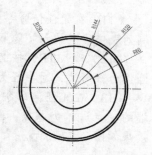

图 7-64　绘制同心圆

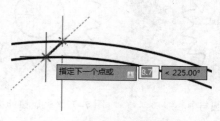

图 7-65　引出 225° 方向矢量

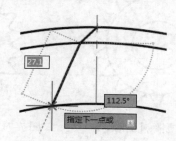

图 7-66　引出 112.5° 方向矢量

（7）在无任何命令发出的情况下单击飞轮齿牙轮廓线使其夹点显示，单击上方的夹点进入夹基点，右击选择"镜像"命令，如图 7-67 所示。

（8）继续右击选择"复制"命令，然后捕捉半径为 144 的圆与垂直中心线的交点，按 Enter 键确认，对飞轮齿牙轮廓线进行镜像复制，最后按 Esc 键取消夹点显示，完成飞轮齿牙另一条轮廓线的绘制。效果如图 7-68 所示。

（9）输入 AR，按 Enter 键激活"阵列"命令，单击选择飞轮齿牙的两条轮廓线，按 Enter 键，输入 PO，按 Enter 键激活"极轴"选项，捕捉中心线的交点作为极轴中心点。

（10）继续输入 I，按 Enter 键激活"项目"选项，输入 18，按两次 Enter 键确认，对飞轮齿牙轮廓线进行极轴阵列。效果如图 7-69 所示。

图 7-67　选择"镜像"命令

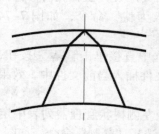

图 7-68　镜像复制结果

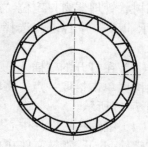

图 7-69　极轴阵列效果

（11）在无任何命令发出的情况下单击半径为150和144的两个圆使其夹点显示，在图层控制列表中将其放入"隐藏线"层。效果如图7-70所示。

（12）输入TR，按Enter键激活"修剪"命令，选择所有飞轮齿牙轮廓线以及半径为150的圆作为修剪边，对半径为120的圆以及水平和垂直中心线进行修剪。效果如图7-71所示。

（13）在无任何命令发出的情况下单击水平和垂直中心线使其夹点显示，分别单击中心线两端的夹点进入夹基点，通过夹点拉伸的方式将两条中心线适当拉长，完成飞轮零件图的绘制。效果如图7-72所示。

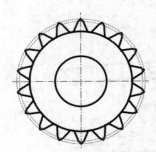 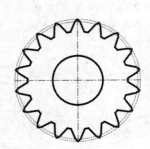 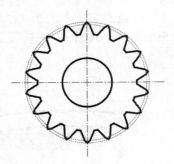

图 7-70　删除外侧两个圆　　　图 7-71　修剪轮廓圆与中心线　　　图 7-72　夹点拉伸中心线

7.5　综合练习——绘制轴承基座零件二维装配图

零件装配图是机械设计中不可缺少的，一般技术要求高，绘制难度较大。本节绘制图7-73所示的轴承基座零件二维装配图。

1. 共享轴承基座零件装配图的素材

（1）执行"新建"命令，选择"样板"/"机械样板.dwt"样板文件，在图层控制列表中将"轮廓线"层设置为当前图层。

（2）输入ADC，按Enter键打开"设计中心"窗口，在左侧树状管理器窗口定位"素材"文件夹，在右侧窗口选择"轴承.dwg"并右击，选择"插入为块"命令，如图7-74所示。

（3）在打开的"插入"对话框中直接单击 确定 按钮，在绘图区单击拾取一点，将轴承文件插入当前文件中。效果如图7-75所示。

（4）继续在"设计中心"面板左侧树状管理器列表中定位"素材"文件夹，在右侧视窗选择"螺栓.dwg"素材文件并右击，选择"复制"命令，如图7-76所示。

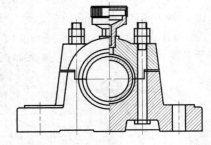

图 7-73　轴承基座零件二维装配图

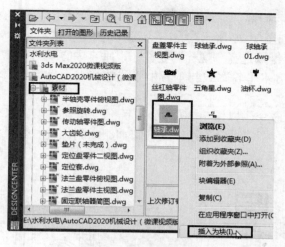

图 7-74 选择轴承文件

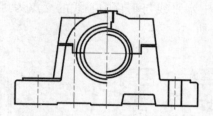

图 7-75 插入轴承文件

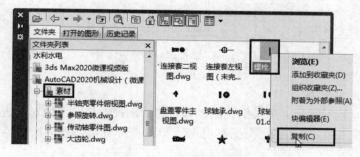

图 7-76 复制螺栓图形

（5）在绘图区右击并选择"剪贴板"/"粘贴"命令，然后拾取一点，将该图形文件粘贴到当前文件中，如图 7-77 所示。

（6）使用相同的方法，继续将装配图的另一个图形文件"油杯"也共享到当前文件中。效果如图 7-78 所示。

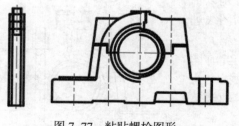

图 7-77 粘贴螺栓图形

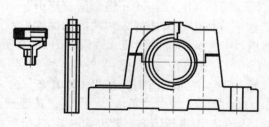

图 7-78 装配图的素材文件

2. 创建轴承基座零件装配图

（1）输入 M，按 Enter 键激活"移动"命令，单击选择"油杯"图形，按 Enter 键，捕捉油杯水平线与垂直中心线的交点作为基点，然后捕捉"轴承"零件上水平边与垂直中心线的交点作为目标点，进行这两个零件的装配。效果如图 7-79 所示。

（2）按 Enter 键重复执行"移动"命令，继续选择"螺栓"零件，以垂直中心线与第 4 条水平轮廓线的交点作为基点，以"轴承"左上方水平轮廓线与垂直中心线的交点为目标点，将这两个零件进行装配。效果如图 7-80 所示。

（3）输入 CO，按 Enter 键激活"复制"命令，以图 7-80 所示的目标点作为基点，以轴侧右侧上水平线与垂直中心线的交点为目标点，将"螺栓"零件复制到轴侧预测位置。效果如图 7-81 所示。

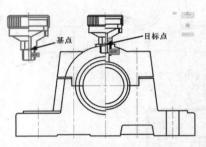 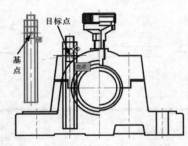 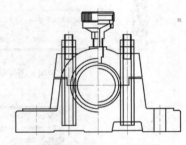

| 图 7-79 装配油杯与轴承零件 | 图 7-80 装配螺栓与轴承零件 | 图 7-81 复制螺栓零件 |

3. 完善轴侧基座装配图

其实该轴承基座装配图是一个半剖视图，其右侧为剖视效果，下面对其进行完善。

（1）输入 X，按 Enter 键激活"分解"命令，单击选择轴承基座的所有零件图，按 Enter 键将其全部分解。

📋 小贴士

> 由于轴侧基座装配图的每个部件都是以块的形式共享到当前文件中的，因此需要将这些部件分解，便于后面对其进行编辑完善。

（2）输入 TR，按 Enter 键激活"修剪"命令，分别以轴承上水平线作为修剪边界，对两侧的螺栓以及油杯的图线进行修剪，并删除多余的图线。效果如图 7-82 所示。

（3）在图层控制面板将"剖面线"层设置为当前图层，输入 H，按 Enter 键激活"图案填充"命令，选择名为 ANS131 的图案，设置"角度"为 90°，其他默认，对轴侧上右侧位置的剖面进行填充。效果如图 7-83 所示。

（4）使用相同的填充图案，修改角度为 0°，继续对轴承右侧其他剖面部分进行填充。效果如图 7-84 所示。

至此，该轴承基座零件二维装配图绘制完毕。

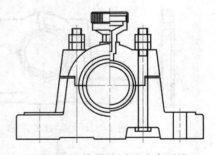

图 7-82 修剪并删除多余图线

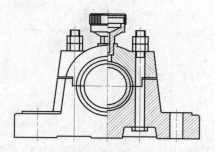

图 7-83 填充图案　　　　　　　图 7-84 继续填充图案

7.6 职场实战——绘制盘盖零件主剖视图

盘盖类零件基本属于回转体结构，这类零件结构一般比较简单，但用途比较广泛。本节绘制图 7-85 所示的盘盖零件主剖视图。

1. 绘制盘盖零件主剖视图轮廓

下面首先来绘制盘盖零件主剖视图的轮廓，该盘盖零件主剖视图属于左右对称结构，因此在绘制其轮廓时可以先绘制出左边轮廓，再通过镜像复制的方法创建出右侧轮廓。

（1）执行"新建"命令，选择"样板"/"机械样板 .dwt"样板文件，设置"交点"捕捉模式，并在图层控制列表中将"中心线"层设置为当前图层。

（2）输入 XL，按 Enter 键激活"构造线"命令，拾取第 1 点，引出 0° 方向矢量拾取第 2 点，引出 90° 方向矢量拾取第 3 点，按 Enter 键结束操作，绘制水平、垂直构造线。

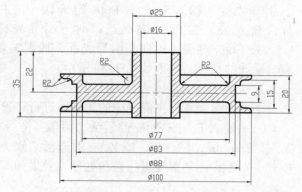

图 7-85 盘盖零件主剖视图

（3）输入 O，按 Enter 键激活"偏移"命令，将水平中心线向上偏移 22 个绘图单位。效果如图 7-86 所示。

（4）在图层控制列表中将"轮廓线"层设置为当前图层，然后按 F8 键激活"正交"功能，输入 PL，按 Enter 键激活"多段线"命令，捕捉上水平辅助线与垂直辅助线的交点，向左引导光标，输入 12.5，按 Enter 键确认。效果如图 7-87 所示。

（5）继续向下引导光标，输入 17.5，按 Enter 键确认；向左引导光标，输入 26，按 Enter 键确认；向上引导光标，输入 5.5，按 Enter 键确认；向左引导光标，输入 11.5，按 Enter 键确认；向下引导光标，输入 2.5，按 Enter 键确认；向右引导光标，输入 6，按 Enter 键确认；向下引导光标，输入 3，按 Enter 键确认；向右引导光标，输入 2.5，按 Enter 键确认。效果如图 7-88 所示。

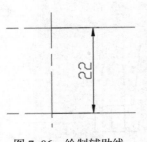

图 7-86　绘制辅助线　　　　图 7-87　绘制水平线

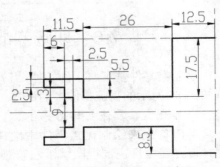

图 7-88　绘制轮廓线

（6）继续向下引导光标，输入 9，按 Enter 键确认；向左引导光标，输入 2.5，按 Enter 键确认；向下引导光标，输入 3，按 Enter 键确认；向左引导光标，输入 6，按 Enter 键确认；向下引导光标，输入 2.5，按 Enter 键确认；向右引导光标，输入 11.5，按 Enter 键确认；向上引导光标，输入 5.5，按 Enter 键确认；向右引导光标，输入 26，按 Enter 键确认；向下引导光标，输入 8.5，按 Enter 键确认；向右引导光标，捕捉矢量线与垂直辅助线的交点。效果如图 7-89 所示。

图 7-89　继续绘制轮廓线

2.　完善盘盖零件主剖视图

下面对盘盖零件主剖视图的轮廓线进行完善。

（1）输入 F，按 Enter 键激活"圆角"命令；输入 R，按 Enter 键激活"半径"选项，输入 2，按 Enter 键，输入 T，按 Enter 键激活"修剪"选项，继续输入 T，按 Enter 键设置"修剪"模式，对零件图轮廓线进行圆角处理。效果如图 7-90 所示。

📋 小贴士

圆角处理图线的详细操作，请参阅前面章节中相关内容的详细讲解，在此不再详述。

（2）输入 L，按 Enter 键激活"直线"命令，配合"端点""交点"捕捉功能补画两条水平轮廓线。效果如图 7-91 所示。

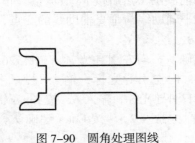

图 7-90　圆角处理图线

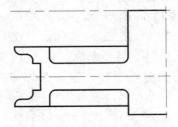

图 7-91　补画水平轮廓线

（3）输入 O，按 Enter 键激活"偏移"命令，输入 L，按 Enter 键激活"图层"选项，输入 C，按 Enter 键激活"当前"选项，将垂直中心线向左偏移 8 个绘图单位。效果如图 7-92 所示。

（4）输入 TR，按 Enter 键激活"修剪"命令，以零件图的轮廓线作为修剪边，对偏移的垂直线进行修剪。效果如图 7-93 所示。

（5）在无任何命令发出的情况下单击盘盖零件图所有轮廓线使其夹点显示，单击右上方夹点进入夹基点，右击选择"镜像"命令。效果如图 7-94 所示。

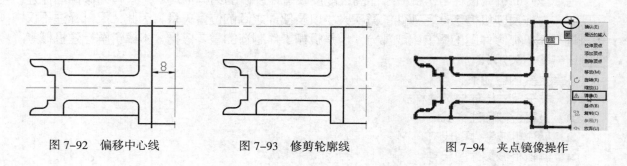

图 7-92　偏移中心线　　　　　图 7-93　修剪轮廓线　　　　　图 7-94　夹点镜像操作

（6）再次右击选择"复制"命令，然后捕捉下水平线与垂直辅助线的交点以确定镜像轴的另一个点，按 Enter 键确认进行镜像复制。效果如图 7-95 所示。

（7）输入 H，按 Enter 键激活"图案填充"命令，选择名为 ANS131 的图案，设置其"比例"为 0.5，其他设置默认，对盘盖零件剖视图进行图案填充。效果如图 7-96 所示。

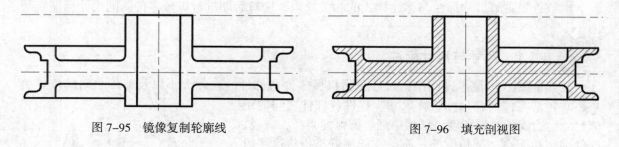

图 7-95　镜像复制轮廓线　　　　　　　　　　图 7-96　填充剖视图

（8）使用"修剪"命令对中心线进行修剪，使用夹点拉伸命令对中心线进行拉伸，完成盘盖零件主剖视图的绘制。效果如图 7-85 所示。

第 8 章　机械零件图的尺寸标注

本章导读

在 AutoCAD 机械设计中，机械零件图只能反映零件部件的结构与形状，只有为零件图标注了尺寸，才能反映机械零件各部件的真实大小以及部件之间的位置关系。因此，尺寸标注不仅是一幅完整机械零件图的重要组成部分，也是机械零件制造的重要依据。本章讲解标注机械零件图尺寸的相关知识。

本章主要内容如下：

- ➥ 关于尺寸标注与标注样式
- ➥ 设置机械标注样式
- ➥ 标注机械零件图尺寸
- ➥ 编辑机械零件图尺寸
- ➥ 综合练习——标注起重钩零件图尺寸
- ➥ 职场实战——标注锁钩零件图尺寸

8.1　关于尺寸标注与标注样式

本节首先讲解尺寸标注与标注样式的相关知识，这对后期进行机械零件图的尺寸标注有帮助。

8.1.1　尺寸与尺寸标注

在 AutoCAD 机械零件图中，尺寸是指机械零件各部件的实际大小以及部件之间的位置关系，它包括零件的长尺寸、宽尺寸、零件各部件之间的距离尺寸、边线的倾斜角度、部件中圆、圆弧的半径、直径、部件的倒角距离、圆角度等。而尺寸标注就是指将这些内容以数字的形式标注在零件图上。

标注机械零件图尺寸时，并不需要进行测量，用户只需执行相关标注命令，系统会自动完成对尺寸的测量，并将测量结果标注在对象上，例如我们要标注五角星图形的高度尺寸，则可以执行"标注"/"线性"命令，分别捕捉五角星的上端点和下端点，系统会自动测量出这两点的高度值，然后向左引导光标，在合适的位置单击确定尺寸线的位置，即可完成尺寸的标注，如图 8-1 所示。

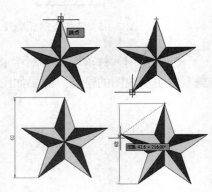

图 8-1　标注尺寸

需要注意的是，在标注尺寸时要严格按照机械零件图制图标准和要求进行标注。有关机械零件图尺寸标注的要素与具体要求，读者可以参阅本书 1.5.5 节相关内容的详细讲解，在此不再赘述。

8.1.2 新建机械标注样式

首先了解什么是标注样式。在本书第 1 章中讲过，一个完整的尺寸标注包括尺寸数字、尺寸线、尺寸界线以及尺寸线终端符号等相关内容，而标注样式其实就是用来统一与规范这些内容的一个标准，有了这样一个标准，可以使标注的尺寸更规范和标准，符合机械零件图标注要素与标注要求。有关机械零件图尺寸要素与标注要求，读者可以参阅本书 1.5.5 节相关内容的详细讲解，在此不再赘述。

新建标注样式是在"标注样式管理器"对话框中进行的，用户可以通过以下方式打开"标注样式管理器"对话框。

❯ 快捷键：输入 D，按 Enter 键确认

❯ 工具按钮：在"默认"选项卡中单击"注释"选项，激活"标注样式"按钮

❯ 菜单栏：执行"标注（格式）"/"标注样式"命令

本节以新建名为"机械标注"的标注样式为例，讲解新建标注样式的方法。

实例——新建机械标注的标注样式

（1）输入 D，按 Enter 键打开"标注样式管理器"对话框，单击 新建(N)... 按钮，打开"创建新标注样式"对话框，在"新样式名"输入框中输入"机械标注"，如图 8-2 所示。

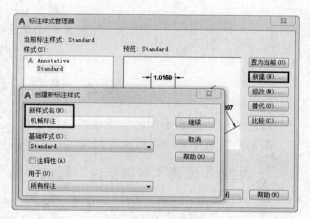

图 8-2 为样式命名

小贴士

新样式名：该文本框用来为新样式命名；基础样式：该下拉列表框用于设置新样式的基础样式，选择基础样式后，对于新建的样式，只需更改与基础样式特性不同的特性即可；注释性：该复选框用于为新样式添加注释；用于：该下拉列表框用于设置新样式的适用范围，一般情况下，选择"所有标注"选项即可，表示对所有对象进行标注。

（2）单击"创建新标注样式"对话框中的 继续 按钮，这样就新建了名为"机械标注"的新样式，同时打开"新建标注样式：机械标注"对话框，在该对话框可以对新样式进行一系列的设置，如图 8-3 所示。

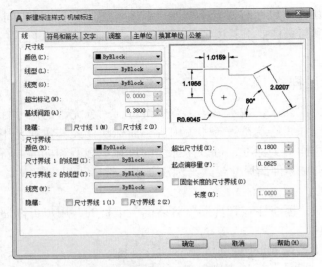

图 8-3　新建的机械标注样式

8.2　设置机械标注样式

新建的标注样式采用的是系统默认的设置，这些设置并不能满足机械零件图的尺寸标注要求，需要用户对尺寸标注样式进行设置。本节讲解设置标注样式的相关知识。

8.2.1　设置"机械标注"样式中的"线"

"线"是指尺寸标注中的"尺寸线"与"尺寸界线"，是尺寸标注的组成部分。继续 8.1.2 节的操作，在"新建标注样式：机械标注"对话框中进入"线"选项卡，设置"机械标注"样式中的"线"的相关选项。

实例——设置"机械标注"样式中的"线"

1. 设置尺寸线

尺寸线用于表明标注的方向和范围，一般使用细实线表示。

（1）在"颜色""线型""线宽"列表选择尺寸线的颜色、线型、线宽等，一般采用系统默认设置即可。

📋 **小贴士**

系统默认设置下，颜色、线型、线宽列表显示 ByBlock，ByBlock 是随块的意思，表示该颜色、线型、线宽将沿用块的颜色、线型和线宽。除此之外，用户也可以选择 ByLayer（随层）或其他颜色、线型以及线宽，其操作与设置图层特性的颜色、线型与线宽方法相同，在此不再赘述。

（2）在"超出标记"选项设置尺寸线超出尺寸界线的长度，当尺寸箭头为"建筑标记"时该选项被激活，在此不做讲解。

（3）基线是标注尺寸的一种方法，在"基线间距"选项设置基线标注时两条尺寸线之间的距离值。效果如图8-4所示。

（4）在"隐藏"选项勾选相关选项，则可以将尺寸线隐藏。效果如图8-5所示。

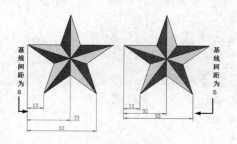

图8-4　基线间距效果

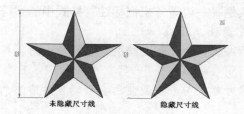

图8-5　尺寸线的隐藏效果

2. 设置尺寸界线

尺寸界线是从被标注的对象延伸到尺寸线的短线，表示所标注尺寸的起止范围，用细实线表示。

（1）继续在"尺寸界线"选项设置尺寸界线的相关参数与选项，其所有设置与"尺寸线"的设置相同，在此不再赘述。

（2）勾选"隐藏"选项，即可隐藏两条尺寸界线。效果如图8-6所示。

（3）在"超出尺寸线"选项设置尺寸界线超出尺寸线的距离。效果如图8-7所示。

（4）在"起点偏移量"选项设置尺寸界线起点与被标注对象间的距离值。效果如图8-8所示。

（5）勾选"固定长度的尺寸界线"选项，可以设置一个固定长度的尺寸界线值。

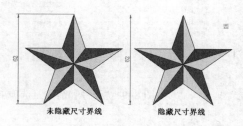

图8-6　尺寸界线隐藏效果

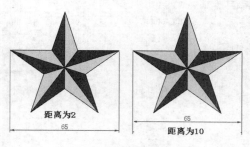

图8-7　超出尺寸线效果

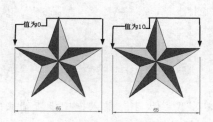

图8-8　起点偏移量效果

8.2.2 设置"机械标注"样式中的"符号和箭头"

"符号和箭头"也叫尺寸线终端，或者"尺寸起止符号"，一般有箭头或倾斜短线两种形式，也是尺寸标注中不可缺少的组成部分。

继续 8.2.1 节的操作，进入"符号和箭头"选项卡，本节设置"机械标注"中的"符号和箭头"选项卡，如图 8-9 所示。

实例——设置"机械标注"样式中的"符号和箭头"

1. 箭头

箭头就是尺寸线两端的起止符号，用于指出测量的开始位置和结束位置。

（1）在"第一个""第二个"和"第三个"列表系统预设了多种起止符号，在机械零件图中，尺寸起止符号一般使用实心闭合的箭头，如图 8-10 所示。

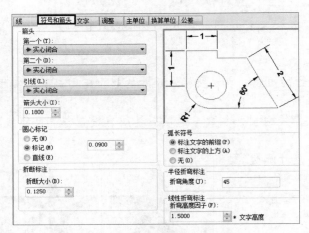

图 8-9 "符号和箭头"选项卡

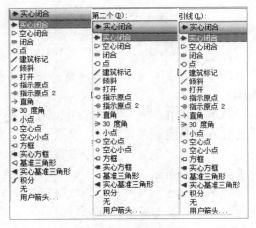

图 8-10 选择箭头

📋 **小贴士**

有时会使用用户定义箭头，此时可以选择"用户箭头"选项，打开"选择自定义箭头块"对话框，用户可以选择自定义的一个箭头，如图 8-11 所示。

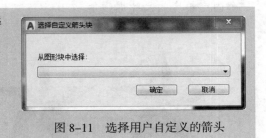

图 8-11 选择用户自定义的箭头

（2）在"箭头大小"输入框中设置箭头的大小。

2. 圆心标记

在标注圆时，设置是否为圆添加圆心标记。

（1）勾选"无"单选项，表示不添加圆心标记。

（2）勾选"标记"单选项，表示为圆添加十字形标记，并在后面的输入框中设置十字标记的大小。

（3）勾选"直线"单选项，表示为圆添加直线形标记。

效果如图 8-12 所示。

图 8-12　圆心标记

3. 折断标注

在标注尺寸时，当两个尺寸线相交时需要将其中一个尺寸线打断，在此设置打断标注的参数。

4. 弧长符号

标注圆弧的弧长时，设置是否添加弧长符号以及弧长符号的位置。

（1）勾选"标注文字的前缀"单选项，表示弧长符号添加在标注文字的前面。

（2）勾选"标注文字的上方"单选项，表示弧长符号添加在文字的上方。

（3）勾选"无"单选项，表示不添加弧长符号。

效果如图 8-13 所示。

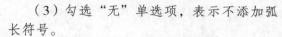

图 8-13　弧长符号

5. "半径折弯标注"与"线性折弯标注"

用于设置半径折弯的角度以及线性折弯的高度因子，这两个设置可以使用默认设置。

8.2.3　设置"机械标注"样式中的"文字"

"文字"是表示机械零件实际大小以及零件各部件相互位置关系的数值，即尺寸标注中的实际测量值，一般使用阿拉伯数字与相关符号表示。

继续 8.2.2 节的操作，进入"文字"选项卡，本节设置"机械标注"样式中的"文字"选项卡，如图 8-14 所示。

实例——设置"机械标注"样式中的"文字"

1. 文字外观

在"文字外观"选项组中设置文字样式、文字颜色、填充颜色、文字高度等。

（1）在"文字样式"列表中选择使用的文字样式，如果列表中没有能满足标注的文字样式，则单击右侧的按钮打开"文字样式"对话框，设置一种文字样式，如图 8-15 所示。

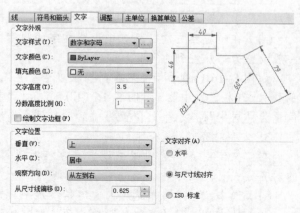

图 8-14　"文字"选项卡

图 8-15　"文字样式"对话框

📋 **小贴士**

有关文字样式的设置，将在后面章节讲解，在此不做讲解。

（2）在"文字颜色"列表中设置文字在零件图中的颜色，一般选择默认或者设置一种颜色。

（3）在"文字高度"输入框中设置标注文字的高度。

（4）在"填充颜色"列表中设置标注文字的背景颜色，一般采用默认设置"无"。

（5）勾选"绘制文字边框"选项，可以为标注文字添加边框。

2. 文字位置

在"文字位置"选项组中设置文字的放置位置。

（1）在"垂直"列表中选择标注文字相对于尺寸线的垂直位置，一般选择"上"。

（2）在"水平"列表中选择标注文字在尺寸线上相对于尺寸界线的位置，一般选择"居中"。

（3）在"观察方向"列表中设置文字的观察方向，一般设置为"从左到右"。

如图 8-16（a）所示，"垂直"位置为"上"，"水平"位置为"居中"；如图 8-16（b）所示，"垂直"位置为"居中"，"水平"位置为"第一条尺寸界线"。

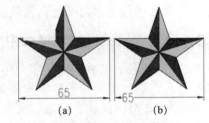

图 8-16　文字位置

3. 文字对齐

在"文字对齐"选项组中设置文字相对于尺寸线的对齐方式。

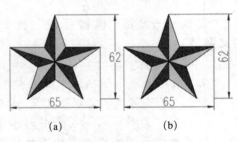

图 8-17　文字对齐方式

（1）选中"水平"单选项，文字始终水平放置。

（2）选中"与尺寸线对齐"单选项，文字始终与尺寸线对齐。

（3）选中"ISO 标准"单选项，文字在尺寸界线内时文字与尺寸线对齐，文字在尺寸界线外时，文字水平排列。

如图8-17（a）所示，文字始终水平放置；如图8-17（b）所示，文字始终与尺寸线对齐。

8.2.4 设置"机械标注"样式中的"调整"

继续8.2.3节的操作，进入"调整"选项卡，本节设置"机械标注"样式中标注文字与尺寸线、尺寸界线等之间的位置、比例等，如图8-18所示。

实例——设置"机械标注"样式中的"调整"

1. 调整选项

在"调整选项"选项组下调整文字和箭头的位置。

（1）选中"文字或箭头（最佳效果）"单选项，以最佳效果将文字或箭头调整到尺寸界线外。

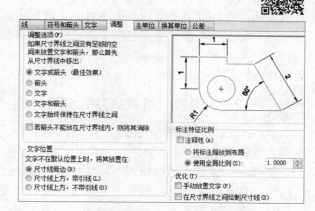

图8-18 "调整"选项卡

（2）选中"箭头"单选项，先将箭头移动到尺寸界线外，然后移动文字。

（3）选中"文字"单选项，先将文字移动到尺寸界线外，然后移动箭头，如图8-19所示。

（4）选中"文字和箭头"单选项，当尺寸界线间距不足以放下文字和箭头时，文字与箭头都移动到尺寸界线外。

（5）选中"文字始终保持在尺寸界线之间"单选项，将文字始终放置在尺寸界线之间。

（6）勾选"若箭头不能放在尺寸界线内，则将其消除"复选框，如果尺寸界线内没有足够的空间，则不显示箭头，如图8-20所示。

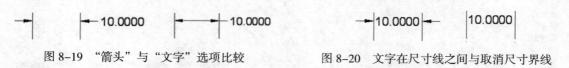

图8-19 "箭头"与"文字"选项比较　　　　图8-20 文字在尺寸线之间与取消尺寸界线

2. 文字位置

在"文字位置"选项组中调整文字的位置。

（1）选中"尺寸线旁边"单选项，将文字放置在尺寸线旁边。

（2）选中"尺寸线上方，带引线"单选项，将文字放置在尺寸线上方，并加引线。

（3）选中"尺寸线上方，不带引线"单选项，将文字放置在尺寸线上方，但不加引线，如图8-21所示。

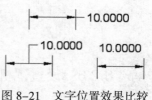

图8-21 文字位置效果比较

3. 标注特征比例

在"标注特征比例"选项组中设置标注比例等。

（1）勾选"注释性"复选框，设置标注为注释性标注。

（2）选中"使用全局比例"单选项，设置标注的比例因子。比例因子为 5 和 10 时的效果如图 8-22 所示。

（3）选中"将标注缩放到布局"单选项，系统会根据当前模型空间的视口与布局空间的大小确定比例因子。

（4）勾选"手动放置文字"复选框，将手动放置标注文字。

（5）勾选"在尺寸界线之间绘制尺寸线"复选框，在标注圆弧或圆时，尺寸线始终在尺寸界线之间。

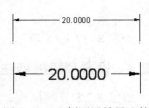

图 8-22　比例因子效果比较

8.2.5　设置"机械标注"样式中的"主单位"

继续 8.2.4 节的操作，进入"主单位"选项卡。本节设置"机械标注"样式中的主单位与精度等，如图 8-23 所示。

实例——设置"机械标注"样式中的"主单位"

在"线性标注"选项组中设置单位格式、精度等。

（1）在"单位格式"列表中选择"小数"选项，这是机械标注中常用的单位格式；在"精度"列表中设置尺寸标注的精度，可以根据机械零件图的设计要求设置精度。

（2）在"角度标注"的"单位格式"中一般选择"十进制度数"，其"精度"可以根据零件图的设计要求来设置。图 8-24 所示是"精度"为 0 和 0.00 时的标注效果比较。

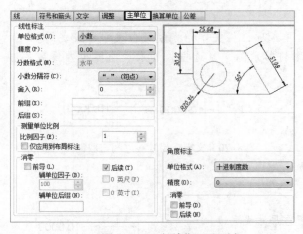

图 8-23　"主单位"选项卡

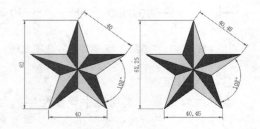

图 8-24　标注精度效果比较

8.2.6　设置"机械标注"样式中的"换算单位"与"公差"

1. 换算单位

进入"换算单位"选项卡，勾选"显示换算单位"选项，设置换算的单位格式、精度等，通过换算标注单位，可以转换使用不同测量单位绘制的标注，通常是显示公制标注的等效英制标注，或者显示英制标注的等效公制标注，在标注文字中，换算标注单位显示在主单位旁边的方括号中，如图 8-25 所示。

2. 公差

进入"公差"选项卡，设置是否在尺寸标注中标注公差，以及以何种方式标注，如图 8-26 所示。

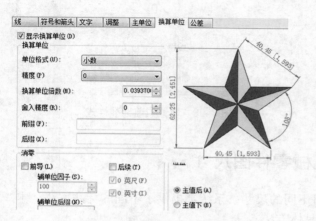

图 8-25　"换算单位"选项卡

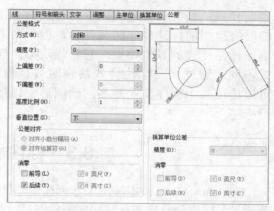

图 8-26　"公差"选项卡

在"公差格式"选项组中设置公差的标注格式。

➢ 方式：选择以何种方式标注公差，包括"无""对称""极限偏差""极限尺寸"和"基本尺寸"等选项。效果如图 8-27 所示。

➢ 精度：设置公差精度。

➢ 上偏差、下偏差：设置尺寸的上、下偏差。

➢ 高度比例：确定公差文字的高度比例因子。

➢ 垂直位置：控制公差文字相对于尺寸文字的位置。

➢ 消零：消除前导和后缀的零。

➢ 换算单位公差：当标注换算单位时，设置换算单位公差的精度以及是否消零。

图 8-27　公差格式

8.2.7　设置"当前标注样式"与"修改标注样式"

所谓"当前标注样式"，是指当前正在使用的标注样式。当标注样式的所有设置完成后，单击 确定 按钮返回"标注样式管理器"对话框，选择新建的名为"机械标注"的标注样式，单击 置为当前(U) 按钮，将新建的标注样式设置为当前样式，这样才能在当前文件中使用设置的标注样式，如图 8-28 所示。

如果需要对标注样式进行修改，则选择该标准样式，单击 修改(M)... 按钮进入"修改标注样式"对话框，在该对话框进入各选项卡进行修改，其方法与设置标注样式的方法相同，在此不再赘述。

另外，单击 替代(O)... 按钮，可以创建一个当前样式的临时替代样式，临时替代值是指临时修改当前标注样式的某些值，但不会影响原标注样式的其他设置，它与修改标注样式不同。通过修改标注样式的临时替代值，可以使用一个标注样式对不同的图形文件进行标注。

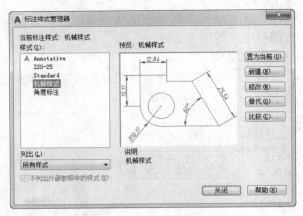

图 8-28　设置当前标准样式

8.3　标注机械零件图尺寸

在 AutoCAD 机械零件图尺寸标注中，针对不同的尺寸，系统都提供了不同的标注方法。本节通过具体实例，讲解标注机械零件图尺寸的具体方法。

需要说明的是，在标注尺寸前，如果图形中没有标注样式，用户需要新建一个标注样式，并进行相关的设置，如果图形自带标注样式，则需要将该样式设置为当前标注样式进行标注。

8.3.1　线性——标注"垫片"零件图尺寸

"线性"标注是使用频率较高的一种标注方法，用于标注零件的水平长度尺寸或垂直宽度尺寸。用户可以通过以下方式激活"线性"标注命令。

> ⤵ 快捷键：输入 DIML，按 Enter 键确认
> ⤵ 工具按钮：在"默认"选项卡的"注释"选项中单击"线性"按钮█
> ⤵ 菜单栏：执行"标注" / "线性"命令

打开"效果" / "第3章"目录下的"综合练习——绘制弹簧机械零件图 .dwg"文件，这是前面章节中绘制的一个弹簧零件图，如图 8-29 所示。下面为该弹簧零件标注尺寸，结果如图 8-30 所示。

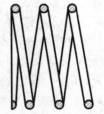

图 8-29　弹簧零件图

实例——标注弹簧零件图尺寸

（1）在图层控制列表中将"尺寸层"设置为当前图层，输入 D，按 Enter 键打开"标注样式管理器"对话框，选择名为"机械标注"的标注样式，单击 修改(M)... 按钮进入"修改标注样式"对话

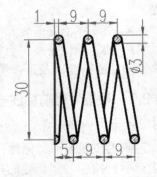

图 8-30　标注弹簧零件图尺寸

框，在"主单位"选项卡修改"线性标注"的"精度"为 0，其他设置默认，如图 8-31 所示。

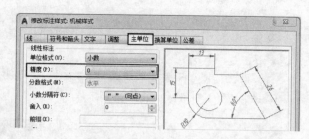

图 8-31　修改"精度"

（2）单击 确定 按钮返回"标注样式管理器"对话框，单击 置为当前(U) 按钮将"机械标注"样式设置为当前标注样式，然后单击 关闭 按钮关闭该对话框。

（3）输入 SE，按 Enter 键打开"草图设置"对话框，设置"圆心"和"象限点"捕捉功能，然后关闭该对话框。

（4）输入 DIML，按 Enter 键激活"线性"命令，配合"圆心"捕捉功能捕捉弹簧左上方圆的圆心，继续捕捉弹簧左下方圆弧的圆心，向左引导光标，在适当位置单击确定尺寸线的位置，标注弹簧的高度尺寸，如图 8-32 所示。

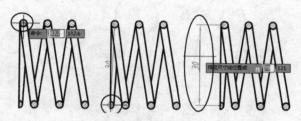

图 8-32　标号弹簧高度尺寸

（5）按 Enter 键重复执行"线性"命令，捕捉左上角圆心，继续捕捉另一个圆的圆心，向上引导光标，在适当的位置单击确定尺寸线的位置，标注弹簧宽度尺寸，如图 8-33 所示。

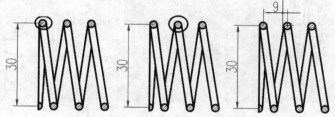

图 8-33　标注弹簧宽度尺寸

（6）按 Enter 键重复执行"线性"命令，自己尝试配合"圆心"和"象限点"捕捉功能，标注弹簧其他宽度尺寸，完成弹簧零件图尺寸的标注。结果如图 8-28 所示。

📖 知识拓展

线性标注时，当分别指定了尺寸界线的第 1 个原点和第 2 个原点后，命令行出现命令提示，如图 8-34 所示。

▼ DIMLINEAR [多行文字(M) 文字(T) 角度(A) 水平(H) 垂直(V) 旋转(R)]:

图 8-34　命令提示

输入 M 激活"多行文字"，进入"文字编辑器"面板，可以选择标注文字的字体、大小、样式、颜色、对正方式等。

继续上一节的操作，下面标注弹簧的直径尺寸。

激活"线性"命令，配合"象限点"捕捉功能，分别捕捉弹簧右上角圆的上下两个象限点，如图 8-35 所示。

输入 M 激活"多行文字"，进入"文字编辑器"面板，单击"插入"按钮，再单击"符号"按钮，然后选择"直径"符号，如图 8-36 所示。

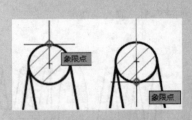

图 8-35　捕捉象限点

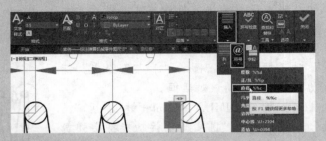

图 8-36　选择"直径"符号

单击右上角的☑按钮确认，然后向右移动光标，在适当的位置单击确定尺寸线的位置，标注该圆的直径尺寸，如图 8-37 所示。

如果输入 T 激活"文字"选项，输入标注文字；输入 A 激活"角度"选项，设置标注文字的旋转角度；输入 R 激活"旋转"选项，设置标注尺寸的旋转角度，如图 8-38 所示。

图 8-37　标注直径尺寸

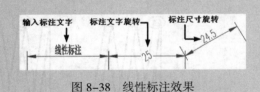

图 8-38　线性标注效果

练一练

打开"素材"/"定位套 .dwg"素材文件，自己尝试标注定位套零件的尺寸。结果如图 8-39 所示。

操作提示

（1）设置"尺寸层"为当前图层，设置"机械标注"样式为当前样式，设置"端点"捕捉模式。

（2）输入 DIML 激活"线性"命令，标注定位套的宽度尺寸。

（3）按 Enter 键重复"线性"命令，配合"端点"捕捉和"多行文字"选项功能，标注定位套零件的直径尺寸。

8.3.2　对齐——标注"五角星"零件图尺寸

对于非水平或垂直的长度尺寸，标注时不能使用"线性"标

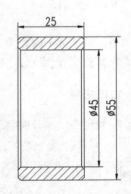

图 8-39　标注定位套零件尺寸

注命令，而要使用"对齐"标注命令，标注结果是尺寸线与被标注对象对齐。

用户可以通过以下方式激活"对齐"标注命令。

> 快捷键：输入 DIMA，按 Enter 键确认

> 工具按钮：在"默认"选项卡的"注释"选项中单击"对齐"按钮

> 菜单栏：执行"标注"/"对齐"命令

打开"效果"/"第 7 章"目录下的"实例——为五角星填充实体 .dwg"文件，下面就标注五角星每个角的长度尺寸。结果如图 8-40 所示。

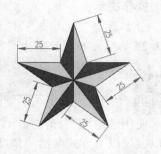

图 8-40　标注五角星的对齐尺寸

实例——标注五角星的角长度尺寸

（1）在图层控制列表中将"标注线"层设置为当前图层，输入 SE，按 Enter 键打开"草图设置"对话框，设置"端点"捕捉模式。

（2）输入 D，按 Enter 键打开"标注样式管理器"对话框，选择图形自带的"机械标注"的标注样式将其设置为当前标注样式，然后关闭该对话框。

📋 **小贴士**

> 对于图形自带的标注样式，用户可以进行修改，以满足图形的标注要求。

（3）输入 DIMA，按 Enter 键激活"对齐"命令，捕捉五角星最上方角的上端点，继续捕捉右下方的端点，如图 8-41 所示。

（4）沿右上引导光标，在适当位置单击确定尺寸线的位置。标注结果如图 8-42 所示。

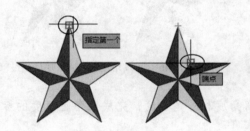

图 8-41　捕捉端点

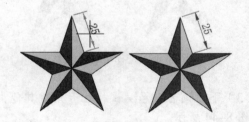

图 8-42　确定标注线的位置

（5）按 Enter 键重复执行"对齐"标注命令，下面读者自己尝试使用相同的方法，继续标注五角星其他角的对齐尺寸。结果如图 8-40 所示。

练一练

打开"素材"/"参照旋转 .dwg"素材文件，自己尝试标注三角形两条边的尺寸。结果如图 8-43 所示。

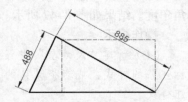

图 8-43　标注三角形尺寸

操作提示

（1）新建"尺寸层"并设置为当前图层，设置名为"机械标注"的样式，或者将默认的 ISO-25 的标注样式设置为当前标注样式。

（2）输入 DIMA 激活"对齐"命令，标注三角形两条边的长度尺寸。

8.3.3 角度——标注五角星的角度

使用"角度"标注命令可以标注机械零件图中角的度数。用户可以通过以下方式激活"角度"标注命令。

➤ 快捷键：输入 DIMAN，按 Enter 键确认

➤ 工具按钮：在"默认"选项卡的"注释"选项中单击"角度"按钮

➤ 菜单栏：执行"标注"/"角度"命令

继续 8.3.2 节的操作，删除标注的五角星的对齐尺寸，下面继续标注五角星的角度。结果如图 8-44 所示。

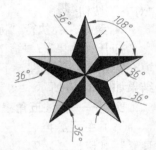

图 8-44 标注五角星的角度

实例——标注五角星的角度尺寸

（1）标注五角星内角角度。输入 DIMAN，按 Enter 键激活"角度"命令，单击五角星上方角的一条边，然后单击另一条边，如图 8-45 所示。

（2）向下引导光标，在合适的位置单击确定标注线的位置。标注效果如图 8-46 所示。

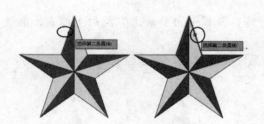

图 8-45 选择角的两条边

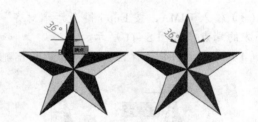

图 8-46 区段角度标注线的位置

（3）下面读者自己尝试标注五角星其他内角角度和外角角度，完成五角星角度的标注。效果如图 8-44 所示。

练一练

继续打开"素材"/"参照旋转.dwg"素材文件，自己尝试标注三角形内角角度和矩形的内角角度。结果如图 8-47 所示。

操作提示

（1）新建"尺寸层"并设置为当前图层，设置名为"机械标注"的样式，或者将默认的 ISO-25 的标注样式设置为当前标注样式。

（2）输入 DIMAN 激活"角度"命令，标注三角形内角角度

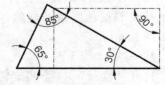

图 8-47 标注角度

与矩形内角角度。

8.3.4　半径、直径——标注法兰盘零件俯视图尺寸

"半径""直径"标注用于标注圆或圆弧的半径和直径，标注直径时会在直径参数前添加 ϕ 符号，标注半径时会在参数前添加 R 符号。

用户可以通过以下方式激活"半径"和"直径"标注命令。

　　↳ 快捷键：输入 DIMR 或 DIMD，按 Enter 键确认

　　↳ 工具按钮：在"默认"选项卡的"注释"选项中单击"半径"◪或"直径"◪按钮

　　↳ 菜单栏：执行"标注"/"半径"或"直径"命令

打开"素材"/"法兰盘零件俯视图 .dwg"素材文件，下面标注该零件图的尺寸。结果如图 8-48 所示。

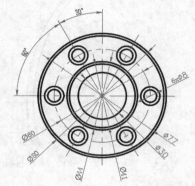

图 8-48　标注法兰盘零件俯视图尺寸

实例——标注法兰盘零件俯视图尺寸

（1）在图层控制列表中将"标注线"层设置为当前图层，输入 D，按 Enter 键打开"标注样式管理器"对话框，选择"机械标注"的标注样式，将其设置为当前标注样式，然后关闭该对话框。

📋 **小贴士**

> 对于图形自带的标注样式，用户可以进行修改，以满足图形的标注要求。另外，如果图形没有标注样式，那么需要新建一个标注样式，设置相关的标注样式，并将其设置为当前标注样式，然后进行标注。

（2）输入 DIMD，按 Enter 键激活"直径"命令，单击法兰盘俯视图最外侧的圆，在合适位置单击确定标注线的位置，以标注该圆的直径尺寸，如图 8-49 所示。

（3）按 Enter 键重复执行"直径"标注命令，分别单击法兰盘俯视图中的其他圆，并在合适位置单击确定标注线的位置，以标注圆的直径尺寸，如图 8-50 所示。

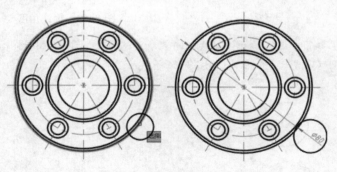

图 8-49　标注外侧圆的直径

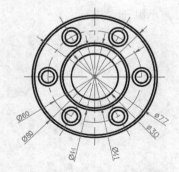

图 8-50　标注圆的直径尺寸

（4）再次按 Enter 键重复执行"直径"标注命令，单击法兰盘右侧螺孔的内圆，输入 M，

按 Enter 键激活"多行文字"命令，在直径尺寸前输入 6×，如图 8-51 所示。

（5）单击"文字格式编辑器"右侧的☑按钮确认，然后在适当位置单击确定标注线的位置，完成对该法兰盘螺孔圆的标注。效果如图 8-52 所示。

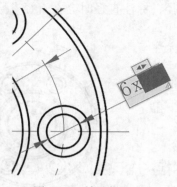

图 8-51　输入标注文字

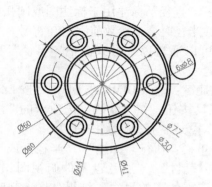

图 8-52　标注法兰盘螺孔圆的直径

📋 小贴士

在标注法兰盘零件螺孔圆时，在螺孔直径前输入 6×，表示法兰盘零件中，直径为 8 的圆共有 6 个。

下面继续标注法兰盘零件的角度尺寸。

（6）输入 DIMAN，按 Enter 键激活"角度"命令，单击垂直中心线，再单击左侧螺孔圆的中心线，然后向上引导光标，在合适的位置单击确定标注线的位置，以标注角度，如图 8-53 所示。

（7）按 Enter 键重复执行"角度"命令，依照相同的方法标注两个螺孔之间的角度，完成法兰盘零件俯视图尺寸的标注。结果如图 8-48 所示。

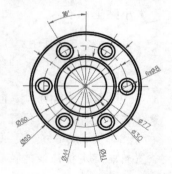

图 8-53　标注角度

📋 小贴士

标注半径的方法与标注直径的方法相同，执行"半径"标注命令，单击要标注的圆或者圆弧，引导光标在合适的位置单击确定标注线的位置，即可完成半径的标注，如图 8-54 所示。

图 8-54　标注圆的半径

8.3.5 基线——标注阶梯轴基线尺寸

"基线"标注是以已有的线性尺寸作为基准尺寸，快速标注其他尺寸。该标注命令用于标注相邻的多个尺寸。

用户可以通过以下方式激活"基线"标注命令。

➥ 快捷键：输入 DIMBA，按 Enter 键确认

➥ 工具按钮：在"注释"选项卡的"标注"选项中单击"基线" 按钮

➥ 菜单栏：执行"标注"/"基线"命令

打开"素材"/"阶梯轴 .dwg"素材文件，下面标注该零件图的尺寸，结果如图 8-55 所示

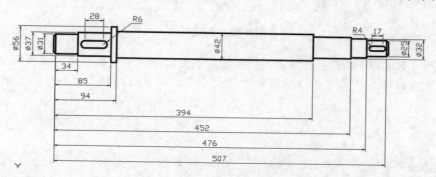

图 8-55 标注阶梯轴零件图尺寸

实例——标注阶梯轴零件图基线尺寸

（1）在图层控制列表中将 dim 层设置为当前图层，并设置该层的颜色为蓝色，如图 8-56 所示。

（2）输入 D，按 Enter 键打开"标注样式管理器"对话框，选择名为"习题"的标注样式，进入"线"选项卡，修改"基线间距"为 8，修改标注比例为 3，然后将该样式设置为当前标注样式，最后关闭该对话框。

（3）输入 DIML，按 Enter 键激活"线性"命令，分别捕捉阶梯轴左端点和另一个端点，向下引导光标，在适当位置单击确定标注线的位置，标注线性尺寸，如图 8-57 所示。

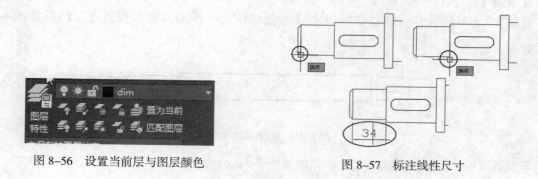

图 8-56 设置当前层与图层颜色　　　　图 8-57 标注线性尺寸

（4）输入 DIMBA，按 Enter 键激活"基线"命令进入"基线"标注模式，依次捕捉阶梯轴其他端点进行基线标注，如图 8-58 所示。

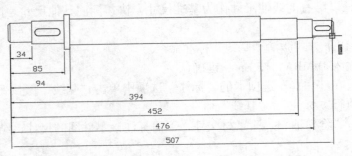

图 8-58　基线标注

（5）按两次 Enter 键结束基线标注，然后依照前面的操作，继续使用"线性"和"半径"标注命令标注阶梯轴的直径尺寸、键槽圆弧半径尺寸等，完成阶梯轴尺寸的标注。结果如图 8-55 所示。

小贴士

> 在标注非圆形图形的直径尺寸时，需要在尺寸数字前面添加符号，这样才能表示标注的是直径而非长度距离。在上例的操作中，在使用"线性"命令标注阶梯轴直径尺寸时，输入 M，按 Enter 键激活"多行文字"选项打开"文字格式编辑器"，在尺寸数字前添加直径符号。

8.3.6　连续——标注阶梯轴零件图连续尺寸

与"基线"标注相同，"连续"标注也是在现有的尺寸基础上创建连续的尺寸标注，二者的区别在于，"连续"标注所创建的连续尺寸位于同一个方向矢量上。

用户可以通过以下方式激活"连续"标注命令。

➷ 快捷键：输入 DIMC，按 Enter 键确认
➷ 工具按钮：在"注释"选项卡的"标注"选项中单击"连续" ⊞ 按钮
➷ 菜单栏：执行"标注" / "连续"命令

继续 8.3.5 节的操作，删除阶梯轴上除左侧线性尺寸外的其他基线尺寸。结果如图 8-59 所示。

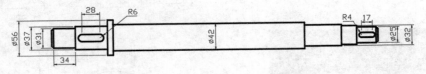

图 8-59　删除基线尺寸

下面继续标注阶梯轴的连续尺寸。结果如图 8-60 所示。

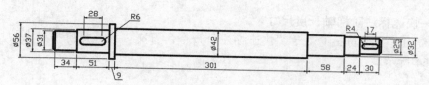

图 8-60 标注连续尺寸

实例——标注阶梯轴零件图连续尺寸

（1）输入 DIMC，按 Enter 键激活"连续"标注命令，输入 S，按 Enter 键激活"选择"选项，单击阶梯轴左侧尺寸标注为 34 的线性尺寸，如图 8-61 所示。

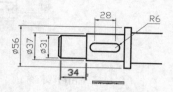

图 8-61 选择线性尺寸

 小贴士

在标注连续尺寸时，输入 S，按 Enter 键激活"选择"选项，单击选择一个线性尺寸，则连续标注会以选择的该线性尺寸为基准尺寸，标注连续尺寸。

（2）此时系统会以该线性尺寸为基准，然后依次捕捉阶梯轴各端点，以标注连续尺寸，如图 8-62 所示。

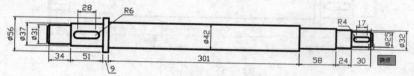

图 8-62 标注连续尺寸

（3）按两次 Enter 键结束连续标注操作，结果如图 8-60 所示。

8.3.7 快速——快速标注阶梯轴长度尺寸

"快速"标注命令可以快速标注对象上同一方向的多个对象的水平尺寸或垂直尺寸，这是一种比较常用的复合标注工具。

用户可以通过以下方式激活"快速"标注命令。

➦ 快捷键：输入 QD，按 Enter 键确认
➦ 工具按钮：在"注释"选项卡的"标注"选项中单击"快速" 按钮
➦ 菜单栏：执行"标注"/"快速标注"命令

继续 8.3.6 节的操作，删除阶梯轴中标注的连续尺寸，下面使用"快速标注"命令标注该阶梯轴的长度尺寸。结果如图 8-63 所示。

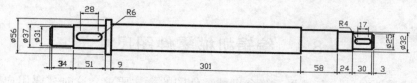

图 8-63 快速标注阶梯轴尺寸

实例——快速标注阶梯轴长度尺寸

（1）输入 QD，按 Enter 键激活"快速标注"命令，窗交方式选择阶梯轴上的所有垂直轮廓线，如图 8-64 所示。

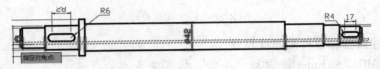

图 8-64 窗交选择所有垂直轮廓线

（2）按 Enter 键确认，然后向下引导光标，在适当的位置单击确定尺寸线的位置，完成快速标注。效果如图 8-65 所示。

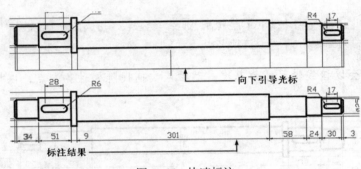

图 8-65 快速标注

📋 **小贴士**

"快速标注"命令是一个综合性的标注工具，激活该命令并进入快速标注模式，命令行会显示更多命令选项，如图 8-66 所示。

▼ QDIM 指定尺寸线位置或 [连续(C) 并列(S) 基线(B) 坐标(O) 半径(R) 直径(D) 基准点(P) 编辑(E) 设置(T)] <连续>:

图 8-66 命令提示

激活相关选项，即可进行其他尺寸的快速标注，例如快速连续、快速并列、快速半径、直径等，这些操作方法与快速标注的方法相同，在此不再赘述，读者可以自己尝试操作。

另外，除了以上所讲解的各种标注外，还有其他标注，例如坐标标注、弧长标注、圆心标记等，这些标注的操作都非常简单，读者可以自己尝试操作。

8.4 编辑机械零件图尺寸

标注的机械零件图尺寸有时并不符合机械零件图的标注要求，这时需要用户对标注的尺寸进行编辑，例如调整尺寸标注的间距、打断标注、编辑标注文字等。本节讲解编辑机械零件图尺寸的相关知识。

8.4.1　打断——调整阶梯轴零件图的尺寸标注

在标注机械零件图尺寸时，有时尺寸标注线会与图形轮廓线或者其他尺寸线相交，这不符合机械零件图的标注要求，而"打断标注"命令就是将尺寸标注线在图形轮廓线位置打断，以符合机械零件图的尺寸标注要求。

用户可以通过以下方式激活"打断标注"命令。

➥ 快捷键：输入 DIMBR，按 Enter 键确认

➥ 工具按钮：在"注释"选项卡的"标注"选项中单击"打断标注" 按钮

➥ 菜单栏：执行"标注"/"打断标注"命令

继续 8.3.7 节的操作，我们发现，阶梯轴零件图尺寸标注中有多处尺寸标注线与阶梯轴轮廓线或其他尺寸标注线相交，如图 8-67 所示。

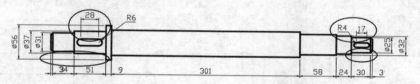

图 8-67　尺寸标注线相交

这显然不符合机械零件图的尺寸标注要求，下面就将这些尺寸标注线在轮廓线以及另一个尺寸标注线相交的位置打断，以满足机械零件图的标注要求。结果如图 8-68 所示。

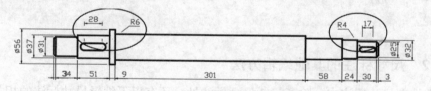

图 8-68　打断标注效果

实例——打断标注

（1）输入 DIMBR，按 Enter 键激活"标注打断"命令，单击左边键槽尺寸标注为 28 的标注线，如图 8-69 所示。

（2）按 Enter 键确认，结果该尺寸标注线与轮廓线和另一个尺寸标注线之间断开。效果如图 8-70 所示。

（3）按 Enter 键重复执行"打断标注"命令，分别对标注半径为 6 的尺寸标注线和右侧键槽的尺寸标注线进行打断。最终

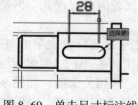

图 8-69　单击尺寸标注线

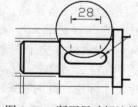
图 8-70　断开尺寸标注线

效果如图 8-68 所示。

📖 **知识拓展**

"打断标注"的操作非常简单，激活该命令后，单击要打断的尺寸标注线，按 Enter 键确认即可。需要说明的是，系统默认情况下自动设置打断的距离，用户也可以自行设置一个打断距离。具体操作如下：

（1）输入 DIMBR，按 Enter 键激活"打断标注"命令，单击左边键槽中尺寸标注为 28 的标注线，输入 M，按 Enter 键激活"手动"选项。

（2）由该尺寸线与另一个尺寸线相交的交点向上引出矢量线，输入 3，按 Enter 键确定第 1 个断点，如图 8-71 所示。

（3）继续由该交点向下引出矢量线，再次输入 3，按 Enter 键确定第 2 个断点，结果该尺寸线被打断。效果如图 8-72 所示。

（4）使用相同的方法，继续将该尺寸线与另一个尺寸线相交的另一边也打断。然后再将该尺寸线与阶梯轴轮廓线相交的位置也打断 3 个绘图单位。效果如图 8-73 所示。

图 8-71 由交点引出矢量线

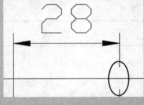
图 8-72 打断效果

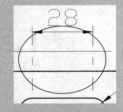
图 8-73 手动打断效果

（5）继续使用相同的方法，将阶梯轴零件图中其他相交的尺寸线进行手动打断，完成阶梯轴尺寸线的编辑。

8.4.2 尺寸标注的其他编辑方法

在机械零件图尺寸标注中，除了打断尺寸标注外，还有以下编辑尺寸标注的相关命令。

1. 编辑标注命令

该命令可以对尺寸标注中的文字进行编辑调整，例如设置文字的旋转角度以及尺寸界线的倾斜角度。执行菜单栏中的"标注"／"倾斜"命令，或者单击"标注"工具栏中的"编辑标注" 按钮激活该命令，选择相关选项，即可实现对尺寸标注的编辑，其操作类似于"线性"标注命令中的各选项，操作比较简单，在此不再赘述，读者可以自己尝试操作。

2. 编辑标注文字命令

"编辑标注文字"命令用于设置标注文字的对齐方式，执行菜单栏中的"标注"／"对齐文字"命令，或单击"标注"工具栏中的"编辑标注文字" 按钮激活该命令，单击要编辑文字的尺寸标注，此时在命令行显示相关选项，如图 8-74 所示。

直接调整文字的位置或激活相关选项，即可对尺寸标注的文字进行调整，其他操作简单，

DIMTEDIT 为标注文字指定新位置或 [左对齐(L) 右对齐(R) 居中(C) 默认(H) 角度(A)]:

图 8-74 命令行提示

读者可以自己尝试操作。

3. 使用夹点编辑调整标注文字

夹点编辑是一种编辑命令,除了对图形可以进行编辑外,对尺寸标注也可以使用夹点编辑进行调整。在机械零件图尺寸标注中,有时因为位置不足,导致尺寸标注文字出现重叠的现象,这时就可以使用夹点编辑进行调整。

继续 8.4.1 节的操作,在阶梯轴尺寸标注中,我们发现左下方尺寸标注为 3 的尺寸文字与右侧尺寸标注为 34 的尺寸文字出现重叠现象,而尺寸标注为 9 的尺寸文字则位于另一个尺寸线上,这些都不符合机械零件图的尺寸标注要求,如图 8-75 所示。

下面编辑这些尺寸文字,以满足机械零件图尺寸标注的要求。结果如图 8-76 所示。

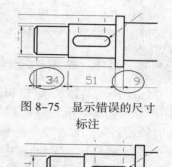

图 8-75 显示错误的尺寸标注

图 8-76 调整尺寸文字后的效果

实例——调整尺寸标注文字的位置

(1)在无任何命令发出的情况下单击左边尺寸标注为 3 的标注线使其夹点显示,单击数字 3 上的夹点进入夹基点模式,如图 8-77 所示。

(2)将数字 3 向左移动到尺寸标注线左边合适位置单击,以调整尺寸文字的位置,如图 8-78 所示。

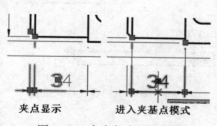

夹点显示　　　进入夹基点模式

图 8-77 夹点与夹基点模式

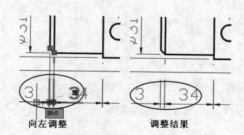

向左调整　　　调整结果

图 8-78 调整尺寸文字的位置

(3)使用相同的方法,继续调整尺寸标注为 9 的标注文字,使其位于其尺寸线的下方位置。效果如图 8-76 所示。

8.5 综合练习——标注起重钩零件图尺寸

标注零件图尺寸是机械设计中的重要内容,标注尺寸时要遵循"完全""正确"的理念,所谓"完全"是指要将零件图中各部件的尺寸完全标注出来，不能有遗漏；"正确"则是指标注的尺寸要正确，决不能出现任何差错。

打开"素材"/"起重钩零件图.dwg"素材文件，本节为该零件图标注尺寸。效果如图 8-79 所示。

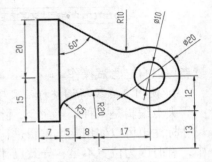

图 8-79　为起重钩零件图标注尺寸

8.5.1　新建标注样式与新标注图层

标注样式是标注尺寸的标准，该起重钩零件图并没有标注样式，本节就来为其新建名为"机械标注"的标注样式，同时新建名为"标注线"的新图层，以便进行尺寸标注。

（1）输入 D，按 Enter 键打开"标注样式管理器"对话框，单击 新建(N)... 按钮，在打开的"创建新标注样式"对话框将样式命名为"机械样式"，如图 8-80 所示。

（2）单击 继续 按钮，打开"新建标注样式：机械标注"对话框，进入"文字对齐"选项卡，设置文字的对齐方式为"与尺寸线对齐"；进入"主单位"选项卡，修改"精度"为 0；进入"调整"选项卡，修改标注比例为 1，其他设置采用默认，如图 8-81 所示。

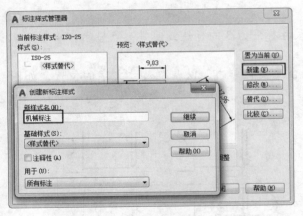

图 8-80　命名样式

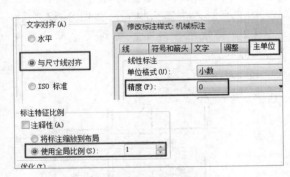

图 8-81　标注样式设置

（3）单击 确定 按钮返回"标注样式管理器"对话框，将"机械标注"样式设置为当前标注样式，如图 8-82 所示。

（4）关闭"标注样式管理器"对话框，然后输入 LA，按 Enter 键打开"图层特性管理器"对话框，新建名为"标注线"的新图层，设置该图层的颜色为蓝色，然后将其设置为当前图层，如图 8-83 所示。

8.5.2　标注起重钩零件图线性尺寸

线性尺寸主要是零件图各部件大小尺寸以及部件之间的距离尺寸，包括零件图中圆和圆弧

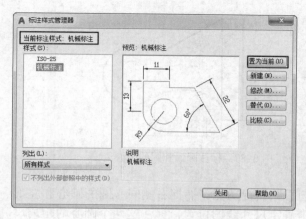

图 8-82 设置当前标注样式

图 8-83 新建图层

的圆心位置，这些尺寸都是绘图以及零件加工制造的重要依据，这类尺寸都可以使用"线性"命令进行标注。本节就来标注起重钩零件的线性尺寸。

（1）输入 SE，按 Enter 键打开"草图设置"对话框，设置"端点""交点"和"圆心"捕捉模式，然后关闭该对话框。

（2）标注右侧同心圆的圆心位置尺寸。输入 DIML，按 Enter 键激活"线性"命令，捕捉左上角端点，然后由右侧同心圆的圆心向左引出矢量线，捕捉矢量线与左垂直边的交点，向左引导光标，在合适位置单击确定尺寸线的位置，标注同心圆的圆心位置，如图 8-84 所示。

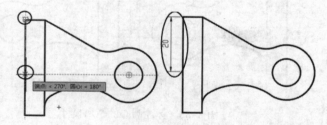

图 8-84 标注同心圆的圆心位置

（3）继续标注左侧垂直边的长度尺寸。输入 DIMC，按 Enter 键激活"连续"标注命令，配合"端点"捕捉功能，捕捉左下方端点，按两次 Enter 键确认，标注部件长度尺寸。效果如图 8-85 所示。

（4）机械标注左边矩形部件的宽度尺寸。输入 DIML，按 Enter 键激活"线性"命令，依次捕捉下方两个端点，向下引导光标确定尺寸线的位置，标注该部件的宽度尺寸。效果如图 8-86 所示。

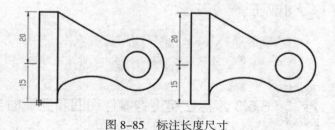

图 8-85 标注长度尺寸

（5）输入 DIMC，按 Enter 键激活"连续"标注命令，配合"圆心"捕捉功能，依次捕捉左下方两个圆弧的圆心和右侧同心圆的圆心，按两次 Enter 键确认，标注圆和圆弧的圆心位置尺寸。效果如图 8-87 所示。

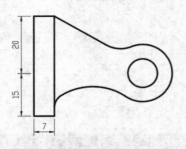
图 8-86　标注宽度尺寸

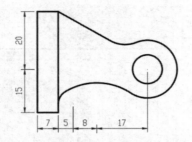
图 8-87　标注圆弧和圆的圆心位置

（6）继续执行"线性"标注命令，配合"圆心"捕捉功能，捕捉右侧同心圆的圆心和左下方圆弧的圆心，向右引导光标，在适当位置单击确定尺寸线的位置，标注这两个圆心的距离尺寸。效果如图 8-88 所示。

（7）输入 DIMC，按 Enter 键激活"连续"标注命令，配合"圆心"捕捉功能，捕捉左下方另一个圆弧的圆心，按两次 Enter 键确认，继续标注圆心的距离尺寸。效果如图 8-89 所示。

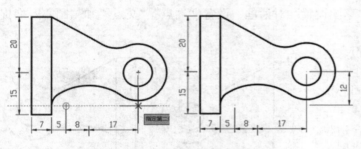
图 8-88　标注圆心的距离尺寸

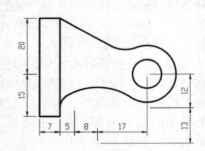
图 8-89　标注圆心的距离尺寸

至此，该起重钩零件图中各部件的长、宽尺寸以及圆、圆弧的圆心位置都标注完毕。

 小贴士

在该零件图中，右上角的圆弧的圆心位置并没有标注，这是因为该圆弧其实是一个相切圆，对于相切圆的位置，取决于其相切对象和半径，因此该圆弧并不需要标注其圆心的位置。

8.5.3　标注起重钩零件图圆和圆弧的半径尺寸与角度

圆与圆弧的半径和直径尺寸也是要标注的重要内容，本节来标注起重钩零件图中圆和圆弧的半径和直径尺寸，这些尺寸的标注都非常简单。

（1）分别输入 DIMR 和 DIMD，按 Enter 键激活"半径"和"直径"标注命令，分别单击各圆弧与圆，在合适的位置单击确定尺寸线的位置，以标注圆弧的半径尺寸和圆的直径尺寸。效果如图 8-90 所示。

（2）输入 DIMAN，按 Enter 键激活"角度"命令，分别单击右上角倾斜轮廓线以及右垂直轮廓线，在适当位置单击确定尺寸线的位置，标注其角度。效果如图 8-91 所示。

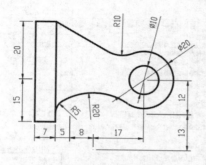

图 8-90　标注半径和直径尺寸

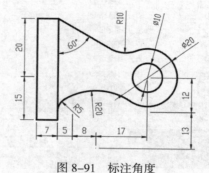

图 8-91　标注角度

至此，起重钩零件图的所有尺寸都标注完毕。

8.6　职场实战——标注锁钩零件图尺寸

打开"素材"/"锁钩零件轮廓图 .dwg"素材文件，这是一个叉架类机械零件，本节就来标注该零件图的尺寸。该零件图看起来结果比较复杂，其实其尺寸标注相对比较简单，只要标注出零件图中各圆和圆弧的圆心之间的位置，然后再标注出其半径和直径尺寸即可，标注时同样需要完整、正确。其标注结果如图 8-92所示。

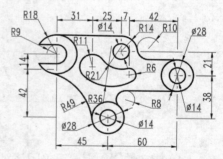

图 8-92　标注锁钩零件轮廓图尺寸

8.6.1　设置当前标注样式和当前图层

在标注尺寸前首先需要设置当前标注样式和图层，同时设置相关的捕捉模式，这是完成零件图尺寸标注的首要条件。如果零件图本身没有标注样式，需要为其新建一个标注样式。由于该零件图本身带有标注样式，因此只需要将相关标注样式设置为当前标注样式，然后设置标注图层为当前图层即可。

（1）输入 SE，按 Enter 键打开"草图设置"对话框，设置"交点""端点"和"圆心"捕捉模式，并在图层控制列表中将"尺寸层"设置为当前图层，如图 8-93 所示。

（2）输入 D，按 Enter 键打开"标注样式管理器"对话框，选择名为"机械标注"的标注样式，单击 修改(M)... 按钮，在打开的"修改标注样式：机械标注"对话框中进入"调整"选项卡，修改其标注比例为 1，其他设置默认，如图 8-94 所示。

（3）单击 确定 按钮返回"标注样式管理器"对话框，单击 置为当前(U) 按钮。将"机械标注"的标注样式设置为当前标注样式，如图 8-95 所示。

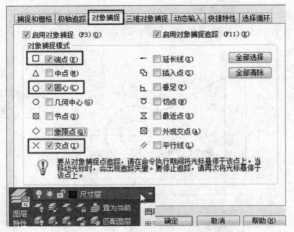

图 8-93　设置捕捉模式与当前图层

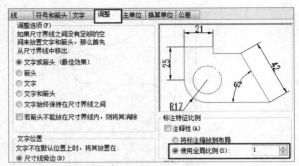

图 8-94　修改标注比例

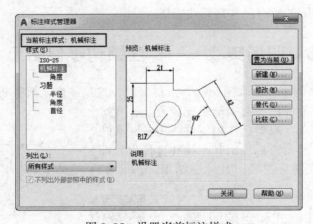

图 8-95　设置当前标注样式

（4）单击 关闭 按钮关闭该对话框，完成标注样式的设置。

8.6.2　标注圆和圆弧的圆心距离尺寸

在该零件图中，主要以圆和圆弧为图形的基本结构，因此标注圆和圆弧的圆心距离就显得尤为重要。本节就来标注该零件图中圆和圆弧的圆心距离尺寸，这些尺寸都以线性尺寸为主。

（1）输入 DIML，按 Enter 键激活"线性"命令，配合"圆心"捕捉功能，依次捕捉左上角同心圆的圆心和下方同心圆的圆心，向下引导光标，在合适位置单击确定尺寸线的位置，标注这两个圆心之间的距离尺寸，如图 8-96 所示。

（2）输入 DIMC，按 Enter 键激活"连续"标注命令，配合"圆心"捕捉功能，捕捉右侧同心圆的圆心，按两次 Enter 键确认，继续标注该同心圆的圆心距离尺寸。效果如图 8-97 所示。

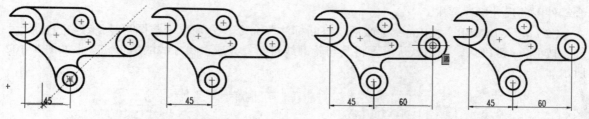

图 8-96 标注圆心距离尺寸 图 8-97 标注圆心距离尺寸

（3）继续输入 DIML，按 Enter 键激活"线性"命令，捕捉左上角同心圆的圆心，然后由中间位置的圆心向左引出矢量线，捕捉矢量线与左边尺寸线的交点，再向左引导光标，在合适位置单击确定尺寸线的位置，标注线性尺寸。效果如图 8-98 所示。

图 8-98 标注线性尺寸

（4）输入 DIMC，按 Enter 键激活"连续"标注命令，配合"圆心"捕捉功能，由下方同心圆的圆心向左引出矢量线，捕捉矢量线与下方尺寸线的交点，向左引导光标，在适当位置单击确定尺寸线的位置，按两次 Enter 键确认，标注连续尺寸。效果如图 8-99 所示。

（5）依照前面的操作方法，使用"线性"和"连续"标注命令，配合"圆心"捕捉功能，在右侧和上方标注圆心的位置，完成该零件图圆心位置尺寸的标注。结果如图 8-100 所示。

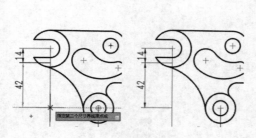

图 8-99 标注连续尺寸

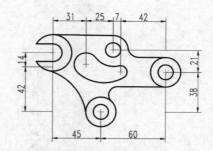

图 8-100 标注圆心位置尺寸

8.6.3 标注圆和圆弧的半径尺寸并编辑尺寸标注

本节继续标注圆和圆弧的半径和直径尺寸，同时对标注的尺寸进行编辑，使其满足机械零件图的标注要求。

（1）分别输入 DIMR 和 DIMD，按 Enter 键激活"半径"和"直径"标注命令，分别单击各圆弧与圆，在合适的位置单击确定尺寸线的位置，以标注圆弧的半径尺寸和圆的直径尺寸。效果如图 8-101 所示。

前面讲过，尺寸标注线不能与轮廓线相交，在该零件图的尺寸标注中，有许多尺寸线与零件图的轮廓线相交，下面就来对尺寸标注进行编辑，将与轮廓线相交的尺寸线打断，使其能符合零件图的尺寸标注要求。

（2）输入 DIMBR，按 Enter 键激活"打断标注"命令，分别单击与图形轮廓线相交的尺寸线，按 Enter 键确认，采用默认设置将其与轮廓线打断，完成对尺寸线的编辑。效果如图 8-102 所示。

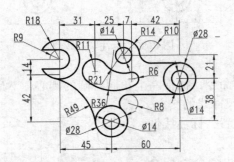 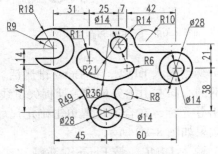

图 8-101　标注半径和直径尺寸　　　　图 8-102　编辑尺寸标注

至此，锁钩零件图的所有尺寸都标注完毕。

第 9 章　机械零件图的文字注释与公差标注

本章导读

一幅完整的机械工程图，不仅要有尺寸标注，而且要有公差、文字注释、表格等内容。本章讲解机械零件图中的文字注释、公差标注以及表格填充等相关知识。

本章主要内容如下：
- ➥ 零件图的文字注释
- ➥ 零件图的引线注释
- ➥ 零件图的公差标注
- ➥ 零件图中的表格及其应用
- ➥ 综合练习——标注连接套二视图尺寸、技术要求并添加图框
- ➥ 职场实战——标注直齿轮零件二视图尺寸、公差与技术要求

9.1　零件图的文字注释

在机械零件工程图中，文字注释就是通过文字说明来表达机械零件图中尺寸标注无法表达的图形信息，例如零件图的技术要求、标题栏等。本节首先讲解文字注释的相关知识。

9.1.1　文字注释中的文本与样式

按照国家机械零件图制图标准和要求，机械零件图中文本的字体、字宽、字高等都有一定的标准，为了达到这一标准，在进行零件图的文本注释前，首先需要设置文本样式，或者调用已经设置好的文本样式。

文本样式就是定义了文本所用字体、字高、字宽比例、倾斜角度等一系列文字特征的样本。用户需要新建一个文本样式，然后才能对文本进行相关设置，新建文本样式是在"文字样式"对话框中完成的，用户可以通过以下方式打开"文字样式"对话框。

- ➥ 快捷键：输入 ST，按 Enter 键确认
- ➥ 工具按钮：在"默认"选项卡的"注释"列表中单击"文字样式"按钮 A
- ➥ 菜单栏：执行"标注（格式）"/"文字样式"命令

本节以新建名为"宋体"的文字样式为例，讲解新建文字样式的方法。

实例——新建"宋体"的文字样式

（1）输入 ST，按 Enter 键打开"文字样式"对话框，单击 新建(N)... 按钮打开"新建文字样式"对话框，在"样式名"文本框中输入"宋体"，如图 9-1 所示。

（2）单击 确定 按钮，新建名为"宋体"的文字样式并返回"文字样式"对话框，在"字

体名"列表中选择"宋体"，如图 9-2 所示。

图 9-1　为文字样式命名　　　　　　　　　　图 9-2　选择字体

（3）单击 应用(A) 按钮应用设置，然后单击 置为当前(C) 按钮将新样式设置为当前样式，最后单击 关闭(C) 按钮关闭该对话框。

小贴士

新建文字样式后，除了为文字样式选择字体外，用户还可以设置文字的高度、宽度因子、倾斜角度等；在"高度"输入框中设置文字字体的高度。一般情况下，建议在此不设置字体的高度，在输入文字时，直接输入文字的高度即可。

在"宽度因子"选项中可以设置文字的宽度，国家标准规定工程图样中的汉字应采用长仿宋体，宽、高比为 0.7，当此比值大于 1 时，文字宽度放大，否则将缩小。

"倾斜角度"文本框用于控制文字的倾斜角度。

勾选"颠倒"选择可设置文字为倒置状态；勾选"反向"选项可设置文字为反向状态；勾选"倾斜"选项可控制文字呈倾斜排列状态，如图 9-3 所示。

图 9-3　设置文字的颠倒、反向和倾斜

除了以上相关设置外，文字样式的其他设置都比较简单，在此不再详述，读者可以自己尝试操作。

练一练

自己尝试新建名为"仿宋体"的文字样式，并对文字样式进行相关设置，如图 9-4 所示。

操作提示

（1）单击 新建(N)... 按钮打开"新建文字样式"对话框，在"样式名"文本框中输入"样式名"为"仿宋体"。

（2）在"字体名"列表中选择"仿宋"，在"宽度因子"选项中设置宽度，在"倾斜角

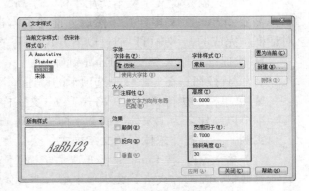

图 9-4　新建文字样式

度"选项中设置倾斜角度。

（3）选择新建的"仿宋体"的文字样式，单击 置为当前(C) 按钮将新样式设置为当前样式。

9.1.2 输入单行文字注释——标注传动轴零件图的图名

新建文字样式后，就可以选择一种文字样式在零件图中输入文字注释了，输入文字注释时有两种文本，一种是"单行文字"，另一种是"多行文字"。"单行文字"是指使用"单行文字"命令创建的文字注释，这种文本的每一行都是一个独立的对象，常用于标注内容简短的文字内容，例如标注零件图中的图名等。

用户可以通过以下方式激活"单行文字"命令。

➥ 快捷键：输入 DT，按 Enter 键确认

➥ 工具按钮：在"默认"选项卡中单击"注释"选项，激活"单行文字"按钮 A

➥ 菜单栏：执行"绘图"/"文字"/"单行文字"命令

打开"素材"/"传动轴 .dwg"素材文件，下面使用单行文字注释来标注该零件图的图名。效果如图 9-5 所示。

实例——标注传动轴零件图的图名

（1）在图层控制列表中将 0 层设置为当前图层。

（2）输入 ST，按 Enter 键打开"文字样式"对话框，依照前面的操作方法，新建名为"宋体"的文字样式，选择字体为"宋体"，然后修改其"宽度因子"为 0.7、"倾斜角度"为 0，单击 置为当前(C) 按钮将该文字样式设置为当前样式，如图 9-6 所示。

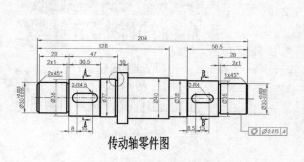

传动轴零件图

图 9-5 单行文字注释效果

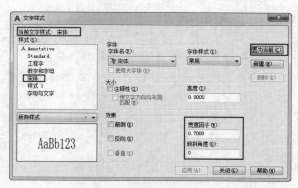

图 9-6 新建文字样式

（3）单击 关闭(C) 按钮关闭该对话框。

（4）输入 DT，按 Enter 键激活"单行文字"命令，在传动轴正下方位置单击，输入文字高度为 10，按两次 Enter 键确认。

（5）输入"传动轴零件图"的文字内容，按两次 Enter 键确认。结果如图 9-5 所示。

📋 **小贴士**

> 由于在"文字样式"对话框并没有设置文字的高度，因此在输入文字时系统要求输入文字高度，如果在"文字样式"对话框设置了文字的高度，则在输入文字时系统不再出现输入文字高度的提示。另外，文字注释的颜色取决于当前图层的颜色。

练一练

新建名为"仿宋体"的文字样式，并使用"单行文字"输入创建注释内容为"AutoCAD 机械设计一本通"、文字"高度"为 50 的文字注释，如图 9-7 所示。

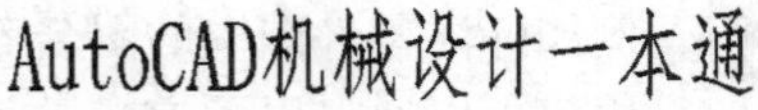

操作提示

（1）新建"仿宋体"的文字样式，并将其设置为当前文字样式。

（2）输入 DT 激活"单行文字"命令，在绘图区单击，输入文字高度为 50，按两次 Enter 键确认。

（3）输入文字内容，再按两次 Enter 键确认并结束操作。

AutoCAD机械设计一本通

图 9-7　单行文字注释

9.1.3　编辑单行文字注释

可以对输入的单行文字注释进行编辑，包括编辑注释内容、文本比例以及对正方式等。继续 9.1.2 节的操作，本节讲解编辑单行文字注释的相关方法。

实例——编辑单行文字注释

1. 编辑文本内容

（1）在没有任何命令发出的情况下双击 9.1.2 节"练一练"中创建的单行文字注释进入编辑状态。

（2）定位光标到"设计"文字后面的位置，按住鼠标左键向右拖曳选择"一本通"文字内容，如图 9-8 所示。

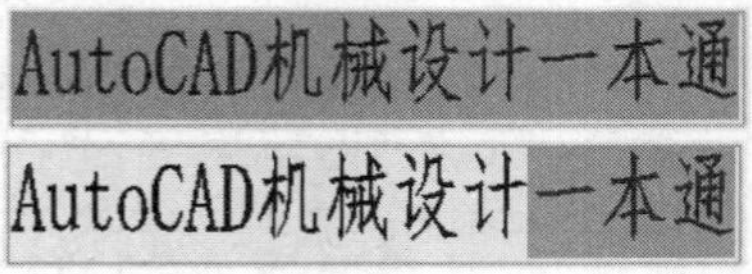

（3）重新输入新的文字注释内容"入门到精通"，然后按两次 Enter 键确认，完成文字内容的编辑。效果如图 9-9 所示。

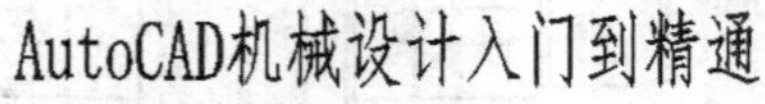

AutoCAD机械设计一本通
AutoCAD机械设计一本通

图 9-8　选择文字内容

AutoCAD机械设计入门到精通

图 9-9　编辑文字内容

📋 **小贴士**

> 除了以上方法外，用户还可以通过以下方式编辑文本内容：
>
> 执行"修改"/"对象"/"文字"/"编辑"命令，然后单击文本内容进入编辑状态进行编辑。
>
> 选择单行文本右击并选择"快捷特性"命令，在打开的"编辑文本"选项板的"内容"列表中修改文本内容，如图 9-10 所示。

图 9-10　"编辑文本"选项板

2. 编辑文本比例

通过编辑单行文本的比例，可以改变文本的大小，继续 9.1.2 节的操作，下面继续编辑单行文本的比例。

（1）在"注释"选项卡的"文字"面板中单击"缩放"按钮 ，单击单行文本内容，按 Enter 键确认，此时命令行显示相关选项，如图 9-11 所示。

SCALETEXT [现有(E) 左对齐(L) 居中(C) 中间(M) 右对齐(R) 左上(TL) 中上(TC) 右上(TR) 左中(ML) 正中(MC) 右中(MR) 左下(BL) 中下(BC) 右下(BR)] <居中>:

图 9-11　命令行显示选项

（2）输入缩放的基点，例如输入 E，按 Enter 键激活"现有"选项，输入 S，按 Enter 键激活"比例因子"选项，然后输入 2，按 Enter 键确认，结果单行文本被放大 2 倍。

小贴士

在输入缩放基点后，命令行显示如图 9-12 所示。

SCALETEXT 指定新模型高度或 [图纸高度(P) 匹配对象(M) 比例因子(S)]

图 9-12　命令行显示

此时用户可以通过选项设置图纸高度、匹配对象以及设置比例因子来缩放文本。

另外，用户也可以执行菜单栏中的"修改"/"对象"/"文字"/"比例"命令，然后选择基点并对文本进行缩放。

3. 编辑文本的对正方式

"对正方式"是指文字在输入时与插入点的对齐方式，它是基于"顶线""中线""基线""底线" 4 条参考线而言的，其中"中线"是大写字符高度的水平中心线，如图 9-13 所示。

可以编辑单行文本的对正方式，具体操作如下：

（1）执行菜单栏中的"修改"/"对象"/"文字"/"对正"命令，单击选择单行文本，此时命令行显示各对正选项，如图 9-14 所示。

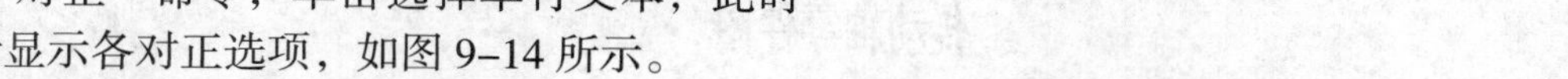

图 9-13　文本的对正方式

JUSTIFYTEXT [左对齐(L) 对齐(A) 布满(F) 居中(C) 中间(M) 右对齐(R) 左上(TL) 中上(TC) 右上(TR) 左中(ML) 正中(MC) 右中(MR) 左下(BL) 中下(BC) 右下(BR)] <左对齐>:

图 9-14　命令行显示对正选项

（2）选择不同的选项，对单行文字对正方式进行编辑，如图 9-15 所示。

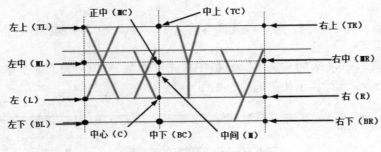

图 9-15　单行文字对正效果

9.1.4　输入多行文字注释——标注传动轴零件图的技术要求

与输入单行文字注释不同，输入多行文字注释时会打开"文字格式编辑器"对话框。在该对话框中，不仅可以输入文本内容，还可以对文本内容进行修改、插入特殊符号等相关的编辑工作。需要说明的是，在输入多行文字注释时同样需要新建一个文字样式，或者选择已有的文字样式。

用户可以通过以下方式打开"文字格式编辑器"对话框。

➥ 快捷键：输入 T，按 Enter 键确认

➥ 工具按钮：在"默认"选项卡中单击"注释"选项，激活"多行文字"按钮**A**

➥ 菜单栏：执行"绘图"/"文字"/"多行文字"命令

在机械零件图中，技术要求是表达机械零件加工制造时的标准。继续 9.1.3 节的操作，本节继续新建名为"仿宋体"的文字样式，并使用多行文字注释输入传动轴零件图的技术要求。效果如图 9-16 所示。

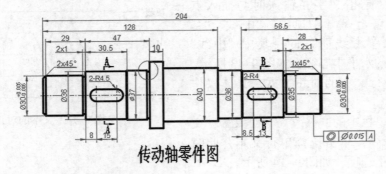

图 9-16　标注传动轴零件图的技术要求

实例——标注传动轴零件图的技术要求

（1）输入 ST，按 Enter 键打开"文字样式"对话框，依照前面的操作方法，新建名为"仿宋体"的文字样式，选择字体为"仿宋体"，然后修改其"宽度因子"为 0.7、"倾斜角度"为 15，单击 置为当前(C) 按钮将该文字样式设置为当前样式，如图 9-17 所示。

（2）单击 关闭(C) 按钮关闭该对话框。

（3）输入 T，按 Enter 键激活"多行文字"命令，在传动轴零件图图名下方位置拖出矩形输入框，打开"文字格式编辑器"，单击"文字样式"按钮选择名为"仿宋体"的文字样式，然后设置文字高度以及颜色等参数，如图 9-18 所示。

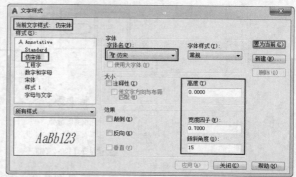

图 9-17　新建文字样式

图 9-18　选择文字样式、颜色与文字高度

（4）按 4 次空格键，然后在下方的文本框中输入"技术要求"的文字内容，如图 9-19 所示。

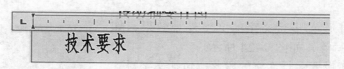

图 9-19　输入文本内容

（5）按 Enter 键换行，继续输入其他文字内容，注意，每输入完一行内容，按 Enter 键换行，如图 9-20 所示。

（6）移动光标到下方位置前拖曳，选择文字，在"文字格式编辑器"中修改文字的高度为 7，如图 9-21 所示。

（7）单击"文字格式编辑器"右上角的 ✔ 按钮确认，完成零件图技术要求的输入。效果如图 9-22 所示。

图 9-20　输入多行文字注释

图 9-21　修改文字高度

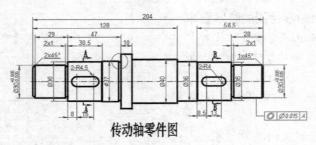

传动轴零件图

技术要求

1. 未注倒角0.5x45.
2. 去毛刺锐边。
3. 调质处理190-230HB.

图9-22　输入技术要求

9.1.5　编辑多行文字注释

　　"文字格式编辑器"不仅是输入多行文字的唯一工具，而且也是编辑多行文字的唯一工具，它包括"样式""格式""段落""插入""拼写检查""工具"以及"选项"几部分。

　　（1）样式：用于设置文字样式以及输入文字高度，如图9-23所示。

图9-23　选择样式并设置文字高度

　　（2）格式：用于设置多行文字的文字外观效果，如字体、颜色、大小写等，如图9-24所示。

　　（3）段落：用于设置多行文字的段落，包括文字对齐方式、对正方式、行距、项目符号等，如图9-25所示。

　　（4）插入：向多行文字中插入特殊符号、字段等，例如双击输入的技术要求文字内容进入编辑状态，将光标定位在"45"后面位置，单击"插入"按钮，再单击"符号"按钮，在弹出的列表中选择"度数"，此时在技术要求的"45"后添加了度数符号，如图9-26所示。

图9-24　设置文字外观效果

图9-25　设置多行文字的段落

图9-26　添加度数符号

（5）"拼写检查""工具""选项"以及"关闭"：分别指检查多行文字内容的语法、查找、其他选项以及退出，如图 9-27 所示。

（6）在"格式"选项中有个"堆叠"按钮▣，用于为输入的文字或选定的文字设置堆叠格式。需要说明的是，要使文字堆叠，文字中需包含插入符（^）、正向斜杠（/）或磅符号（#）。堆叠字符左侧的文字将堆叠在字符右侧的文字上，例如，输入 0.02-0.02^，选择 "-0.02^"，单击"堆叠"按钮▣。堆叠后的效果如图 9-28 所示。

图 9-27　查找、检查以及退出等　　　　　　　图 9-28　堆叠效果

另外，多行文字注释的内容编辑非常简单，双击多行文字注释，进入"文字格式编辑器"，选择多行文字注释，即可编辑文字内容、文字外观以及添加特殊符号等，在此不再赘述，读者可以自行尝试操作。

9.2　零件图的引线注释

与其他标注不同，引线注释是一端带有箭头的引线和多行文字相结合的一种标注，这种标注多用于标注零件的倒角度、编组序号等，标注时箭头指向要标注的对象，标注文字位于引线的另一端，如图 9-29 所示。

本节继续讲解引线注释的相关知识。

图 9-29　引线注释示例

9.2.1　设置引线注释

在标注引线注释前，需要对引线注释进行相关设置，引线的设置是在"引线设置"对话框中完成的。

用户输入 LE，按 Enter 键激活"快速引线"命令，输入 S，按 Enter 键打开"引线设置"对话框，该对话框有"注释""引线和箭头"以及"附着" 3 个选项卡，分别用于设置快速引线的文字内容、引线样式以及文字附着方式，如图 9-30 所示。

下面通过简单操作，讲解引线设置的相关知识。

实例——引线设置

1. "注释"选项卡

该选项卡包括"注释类型""多行文字选

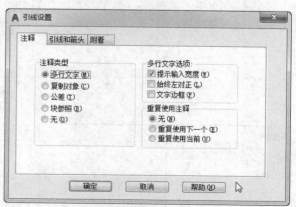

图 9-30　"引线设置"对话框

项""重复使用注释"3 个选项组，用于设置注释的类型、是否提示输入多行文字的宽度、多行文字的对齐方式、是否为多行文字添加边框以及是否重复使用注释等。

（1）选中"多行文字"单选项，在创建引线注释时打开"文字格式编辑器"，用以在引线末端创建多行文字注释。

（2）选中"复制对象"单选项，使用已有的注释进行其他引线注释的内容。

（3）选中"公差"单选项，打开"形位公差"对话框，设置形位公差各参数，对机械零件的公差进行标注。有关机械零件公差标注的相关知识，在后面章节将进行单独讲解。

（4）选中"块参照"单选项，将以内部块作为注释对象。需要说明的是，使用内部块标注时，一定要首先创建内部块。

（5）选中"无"单选项，创建无注释的引线。

2．"引线和箭头"选项卡

进入"引线和箭头"选项卡，设置引线的类型、点数、箭头以及引线段的角度约束等参数，如图 9-31 所示。

（1）选中"直线"单选项，将在指定的引线点之间创建直线段；选中"样条曲线"单选项，将在引线点之间创建样条曲线，即引线为样条曲线。

（2）在"箭头"选项组中可选择引线箭头的形式。

图 9-31　"引线和箭头"选项卡

（3）勾选"无限制"复选框，表示系统不限制引线点的数量，用户可以通过按 Enter 键，手动结束引线点的设置过程。

（4）在"最大值"输入框中设置引线点数的最多数量，一般情况下设置为 3，然后在"角度约束"选项组中设置第一条引线与第二条引线的角度约束，如图 9-32 所示。

3．"附着"选项卡

进入"附着"选项卡，从中可设置引线和多行文字注释之间的附着位置，如图 9-33 所示。

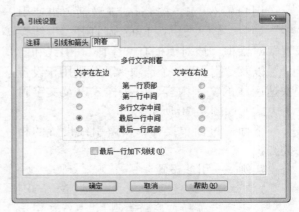

图 9-33　"附着"选项卡

图 9-32　设置角度约束

📝 **小贴士**

只有在"注释"选项卡内选中"多行文字"单选项时,此选项卡才可用。

(1)选中"第一行顶部"单选项,将引线放置在多行文字第一行的顶部。
(2)选中"第一行中间"单选项,将引线放置在多行文字第一行的中间。
(3)选中"多行文字中间"单选项,将引线放置在多行文字的中部。
(4)选中"最后一行中间"单选项,将引线放置在多行文字最后一行的中间。
(5)选中"最后一行底部"单选项,将引线放置在多行文字最后一行的底部。
(6)勾选"最后一行加下划线"复选框,为最后一行文字添加下划线。
(7)设置完成后,单击 确定 按钮回到绘图区,进行快速引线的标注。

9.2.2 标注引线注释——标注半轴壳零件图的倒角与圆角

引线注释常用于标注零件图中的倒角或圆角度。打开"效果"/"第6章"/"实例——标注半轴壳零件俯视图粗糙度符号.dwg"的效果文件,该零件图中标注了尺寸以及粗糙度符号,但是其倒角与圆角没有进行标注,如图9-34所示。

本节就来使用引线注释标注其倒角和圆角度,标注结果如图9-35所示。

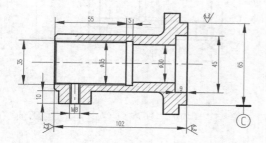

图9-34 半轴壳零件俯视图

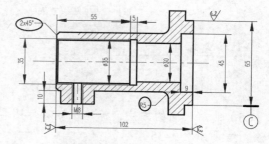

图9-35 标注倒角和圆角度

实例——标注半轴壳零件俯视图的倒角和圆角度

(1)在图层控制列表中将"标注线"层设置为当前图层,输入LE,按Enter键激活"快速引线"命令,输入S,按Enter键打开"引线设置"对话框,在"注释"选项卡中勾选"多行文字"选项,进入"引线和箭头"选项卡,设置相关选项,如图9-36所示。

(2)单击 确定 按钮回到绘图区,在半轴壳零件图左上角倒角位置单击确定第1点,向左上引出矢量线,在合适位置单击确定第2点,水平向左引导光标拾取第3点,按两次Enter键打开"文字格式编辑器",选择"数字与字母"的文字样式,其他设置默认,如图9-37所示。

(3)在文本框中输入"2×45"文本内容,然后单击"插入"按钮,再单击"符号"按钮,在弹出的列表中选择"度数",此时在数字"45"后添加了度数符号,如图9-38所示。

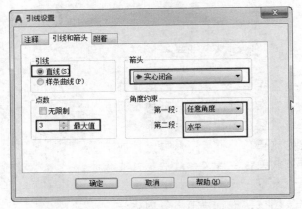

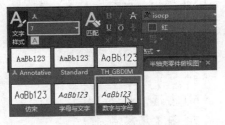

图 9-36　设置"引线和箭头"相关选项　　　　　　图 9-37　设置文字样式等参数

（4）单击"文字格式编辑器"右上角的☑按钮确认并关闭该对话框，完成引线注释的标注。效果如图 9-39 所示。

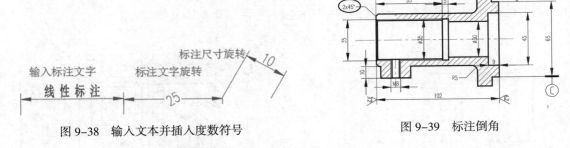

图 9-38　输入文本并插入度数符号　　　　　　　图 9-39　标注倒角

（5）使用相同的方法，标注机械零件图右下方的圆角半径，完成半轴壳零件图引线注释的标注。结果如图 9-35 所示。

9.3　零件图的公差标注

公差是机械零件在极限尺寸内的最大、最小包容量，简单来说就是机械零件在加工制造时的误差范围，因此，公差标注对机械零件图非常重要。

公差包括"尺寸公差"和"形位公差"两部分，本节继续讲解公差标注的相关知识。

9.3.1　尺寸公差——标注半轴壳零件图尺寸公差

机械零件图尺寸公差的标注比较简单，只需要在原尺寸标注的基础上标注公差即可。打开"效果"/"第 9 章"/"实例——标注半轴壳零件图引线注释 .dwg"文件，这是 9.2.2 节中标注了引线注释的半轴壳零件图。下面以标注该零件图的尺寸公差为例，讲解机械零件图尺寸公差的标注方法。结果如图 9-40 所示。

实例——标注半轴壳零件图尺寸公差

（1）在无任何命令发出的情况下双击零件图左边尺寸标注为 35 的尺寸进入编辑状态，将光标定位在尺寸数字的后面位置，然后输入 +0.02^-0.01，如图 9-41 所示。

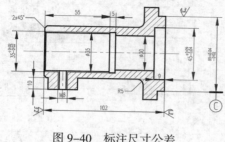

图 9-40　标注尺寸公差

图 9-41　输入公差值

 小贴士

"^" 符号是一个公差值的堆叠符号。在输入 "^" 符号时要在英文输入法下，按 Shift+6 键即可输入。

（2）选择输入的 "+0.02^-0.01"，在 "文字格式编辑器" 单击 "堆叠" 按钮 ，将输入的公差值进行堆叠，如图 9-42 所示。

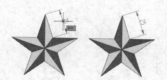

图 9-42　堆叠公差值

（3）单击 "文字格式编辑器" 右侧的 按钮确认，完成该尺寸公差的标注。

（4）使用相同的方法，继续标注零件图右侧的两个尺寸公差，完成该零件图尺寸公差的标注。结果如图 9-40 所示。

9.3.2　形位公差——标注半轴壳零件图形位公差

形位公差其实也是属于引线注释的一种，因此在标注形位公差时同样需要设置引线，然后才能进行标注。

继续 9.3.1 节的操作，本节标注半轴壳零件图的形位公差。结果如图 9-43 所示。

实例——标注半轴壳零件图形位公差

（1）输入 LE，按 Enter 键激活 "引线" 命令，输入 S，按 Enter 键打开 "引线设置" 对话框，在 "注释" 选项卡中勾选 "公差" 选项，如图 9-44 所示。

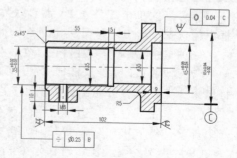

图 9-43　标注半轴壳零件图形位公差

（2）进入"引线和箭头"选项卡，继续设置引线和箭头，如图9-45所示。

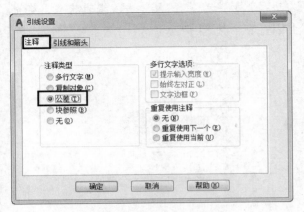

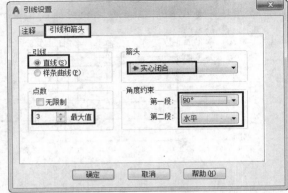

图9-44　勾选"公差"选项　　　　　　　图9-45　设置引线和箭头

（3）单击 确定 按钮返回绘图区，在左侧标注为35的尺寸的下方尺寸界线单击拾取一点，然后向下引导光标到合适位置，单击拾取第2点，水平向右引导光标拾取第3点，此时打开"形位公差"对话框，如图9-46所示。

（4）单击"符号"选项组中的颜色块，打开"特征符号"对话框，单击 ⊕ 符号按钮，添加一个符号，如图9-47所示。

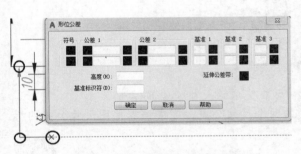

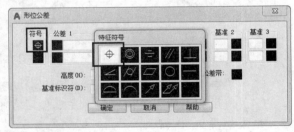

图9-46　打开"形位公差"对话框　　　　　　　图9-47　添加特征符号

（5）继续单击"公差1"颜色块添加"直径"符号，然后输入值为0.25，在"基准1"输入框中输入基准为B，如图9-48所示。

（6）单击 确定 按钮确认，在该位置标注形位公差。效果如图9-49所示。

（7）按Enter键重复执行"引线"命令，在右上角尺寸界线单击拾取一点，向上引导光标并拾取第2点，向右引导光标拾取第3点，打开"形位公差"对话框。

（8）单击"符号"选项组中的颜色块，打开"特征符号"对话框，单击 ◎ 符号按钮，添加一个符号，然后输入"公差1"的值为0.04，输入"基准1"为C，如图9-50所示。

（9）单击 确定 按钮确认，在该位置标注另一个形位公差。效果如图9-51所示。

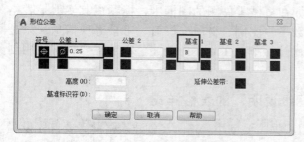

图 9-48 设置形位公差值

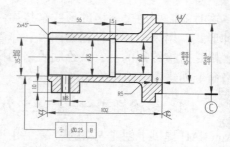

图 9-49 标注形位公差

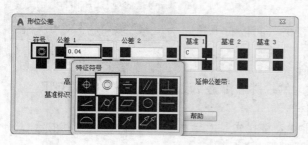

图 9-50 设置公差值

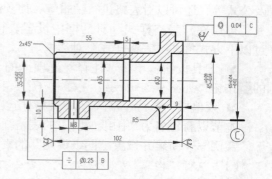

图 9-51 标注另一个形位公差

小贴士

在标注形位公差时，单击"特征符号"对话框中的特征符号，即可添加特征符号，单击"特征符号"对话框中的无符号按钮，则取消添加的特征符号。另外，单击"公差1""公差2"下方的颜色按钮，即可添加一个直径符号，然后在输入框中输入公差值。

继续单击"公差1"或"公差2"选项组中右侧的颜色块，打开"附加符号"对话框，单击附加符号，并输入值，如图9-52所示。

"附加符号"对话框中的各符号含义如下。

图 9-52 "附加符号"对话框

Ⓜ：表示最大包容条件，规定零件在极限尺寸内的最大包容量。

Ⓛ：表示最小包容条件，规定零件在极限尺寸内的最小包容量。

Ⓢ：表示不考虑特征条件，不规定零件在极限尺寸内的任意几何大小。

另外，执行"标注"/"公差"命令可以打开"形位公差"对话框，添加符号并输入形位公差的值。需要说明的是，在标注形位公差时，要首先设置引线样式，然后添加形位符号与值。

9.4 零件图中的表格及其应用

在 AutoCAD 机械设计中，有时通过尺寸标注以及文字注释等并不能完全传递零件图的所有信息，这时就需要通过表格的形式来传递，例如在机械零件图的图框中，标题栏其实就是表格的一种形式，用来填写零件图的图号、作者、数量、比例、材质、校对、审核等项信息，只是这种表格是直接绘制的。有关绘制表格的操作比较简单，在此不再赘述。本节主要讲解使用创建表格命令创建表格的相关知识。

9.4.1 表格样式——新建名为"图纸说明"的表格样式

AutoCAD 提供了创建表格的命令，用户可以根据需要创建表格。在创建表格前，要首先设置表格样式，然后基于表格样式创建表格，创建表格后，用户还可以向表格填充文本、块、字段以及公式等，还可以对表格进行编辑等，使其满足零件图的要求。

可以在"表格样式"对话框中设置表格样式，用户可以通过以下方式打开"表格样式"对话框。

↘ 工具按钮：单击"注释"选项卡的"表格"面板右下角的 ■ 按钮，如图 9-53 所示。

图 9-53　表格面板

↘ 菜单栏：执行"格式"/"表格样式"命令。

本节以新建名为"图纸说明"的表格样式为例，讲解新建并设置表格样式的相关知识。

实例——新建并设置"图纸说明"的表格样式

（1）执行"格式"/"表格样式"命令打开"表格样式"对话框，单击 新建(N)... 按钮打开"创建新的表格样式"对话框，将其命名为"图纸说明"，如图 9-54 所示。

（2）单击 继续 按钮打开"新建表格样式：图纸说明"对话框，在"单元样式"选项组可以选择"标题""表头""数据"选项分别作为设置表格的标题、表头和数据的对应样式，如图 9-55 所示。

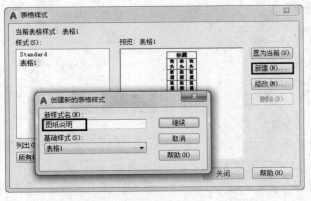

图 9-54　新建"图纸说明"的表格样式

图 9-55　设置单元样式

（3）在"单元样式"选项组中选择"数据"选项，然后进入"常规"选项卡，设置"对齐"方式为"正中"，其他默认，如图 9-56 所示。

（4）进入"文字"选项卡设置表格单元中的文字样式、高度、颜色和角度等特性，如图 9-57 所示。

图 9-56 "常规"选项卡　　　　　　　　　　图 9-57 "文字"选项卡

小贴士

> 设置文字时，如果当前文件中没有合适的文字样式，则可以单击"文字样式"选项右侧的 ▢ 按钮打开"文字样式"对话框，新建一个合适的文字样式。另外，文字高度一般以零件图的具体要求为准，文字颜色一般默认即可。

（5）继续在"单元样式"选项组中选择"表头"选项，然后进入"文字"选项卡，设置"文字高度"为7，其他设置默认，如图 9-58 所示。

（6）设置完成后单击 确定 按钮回到"表格样式"对话框，选择新建的"图纸说明"表格，单击 置为当前(U) 按钮将其设置为当前样式，如图 9-59 所示。

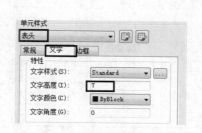

图 9-58 "文字"选项卡

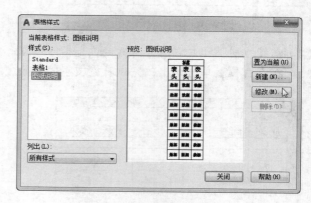

图 9-59 设置当前样式

（7）关闭该对话框，完成表格样式的新建操作。

9.4.2 创建表格——创建名为"图纸说明"的表格

创建表格的操作比较简单，它与其他办公软件中创建表格的方法类似，用户可以根据需要创建任意表格，并对表格进行相关内容的填充。

本节就使用 9.4.1 节中新建的"图纸说明"的表格样式，创建列数为 3、列宽为 30、数据行为 5 的表格的实例，讲解创建表格的相关方法。

实例——创建列数为 3、列宽为 30、数据行为 5 的表格

（1）在"默认"选项卡的"注释"选项中单击"表格"按钮打开"插入表格"对话框，在"表格样式"列表中选择 9.4.1 节新建的"图纸说明"的表格样式，然后在右侧选择"插入方式"为"指定插入点"，并设置"列和行设置"的参数，如图 9-60 所示。

（2）单击 确定 按钮回到绘图区，单击拾取插入点，将表格插入绘图区。结果如图 9-61 所示。

（3）定位光标到表格上方单元格，输入"图纸说明"文字内容，然后按向下的方向键，将光标定位到左上方单元格，输入"序列"，如图 9-62 所示。

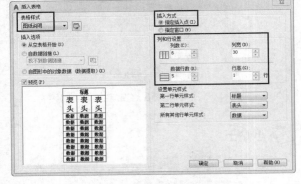

图 9-60　设置表格参数

图 9-61　插入表格

图 9-62　输入表格内容

（4）继续按向下和向右的方向键定位光标的位置，并输入其他相关内容，如图 9-63 所示。

（5）在空白位置单击退出，完成表格文字的输入。结果如图 9-64 所示。

图 9-63　填充表格

图纸说明					
序列	图号	材料	作者	审核	校对
1					
2					
3					
4					
5					

图 9-64　输入表格文字后的效果

小贴士

在输入"序列"内容时，可以在"文字格式编辑器"中设置文字的对齐方式为"正中"，这样序列数字就会位于表格的正中位置。另外，创建表格后可以对表格进行编辑，其操作非常简单，在没有任何命令发出的情况下单击表格进入夹点模式，使用夹点编辑可以实现对表格以及单元格的调整，该操作比较简单，在此不再详述，读者可以自己尝试操作。

9.5 综合练习——标注连接套二视图尺寸、技术要求并添加图框

打开"素材"/"连接套零件二视图 .dwg"素材文件,该零件图没有标注尺寸、公差、粗糙度、技术要求,也没有配置图框,如图 9-65 所示。

本节为该零件二视图标注尺寸、技术要求、粗糙度并配置图框。效果如图 9-66 所示。

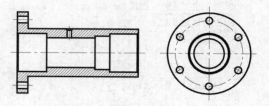

图 9-65 连接套零件二视图

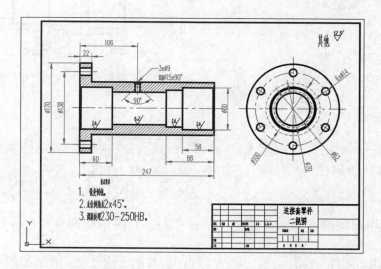

图 9-66 标注尺寸、粗糙度、技术要求并配置图框后的连接套零件二视图

9.5.1 标注连接套零件二视图尺寸

本节首先标注连接套零件图尺寸,标注尺寸前需要设置标注样式,或将零件图原有的标注样式设置为当前样式,然后进行标注。

(1)输入 D,按 Enter 键打开"标注样式管理器"对话框,选择零件图自带的"机械样式"的标注样式,在"主单位"选项卡修改其"精度"为 0,其他设置默认,然后将其设置为当前样式,如图 9-67 所示。

(2)关闭"标注样式管理器"对话框,在图层控制列表中将"标注线"图层设置为当前图层,输入 SE,按 Enter 键打开"草图设置"对话框,设置"端点""交点"和"圆心"捕捉模式,然后关闭该对话框。

(3)标注主视图的线性尺寸。输入 DIML,按 Enter 键激活"线性"命令,分别捕捉零件主

视图左边上下螺孔中心线的端点，输入 T，按 Enter 键激活"文字"选项，输入 %%C138，按 Enter 键，向左引导光标，在合适位置单击确定尺寸线的位置，标注螺孔中心圆的直径尺寸，如图 9-68 所示。

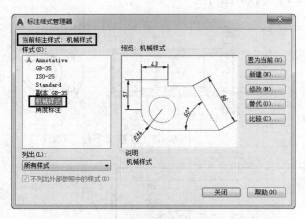

图 9-67　设置当前样式

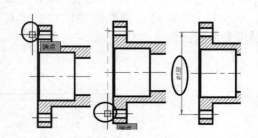

图 9-68　标注螺孔中心圆的直径尺寸

📋 **小贴士**

在 AutoCAD 2020 尺寸标注中，一些特殊符号都有相关代码。例如，直径符号的代码是"%%C"，正负符号的代码是"%%P"，度数符号的代码是"%%D"等，在标注时输入 T 激活"文字"选项，然后输入这些代码，即可转换为相关的符号。

（4）继续使用相同的方法，标注零件主视图左、右两边圆的直径尺寸。效果如图 9-69 所示。

（5）继续使用"线性"标注命令，标注主视图的其他线性尺寸。效果如图 9-70 所示。

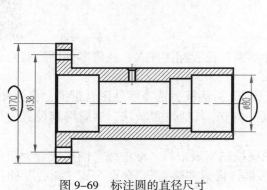

图 9-69　标注圆的直径尺寸

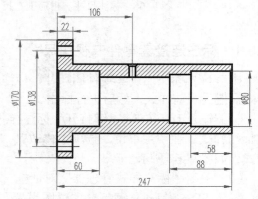

图 9-70　标注其他线性尺寸

（6）输入 DIMD，按 Enter 键激活"直径"标注命令，单击左视图中的隐藏线圆，在合适位置单击确定尺寸线的位置，以标注该圆的直径。效果如图 9-71 所示。

（7）按 Enter 键重复执行"直径"标注命令，分别单击另一个隐藏线圆和最内侧的轮廓圆，标注这两个圆的直径。效果如图 9-72 所示。

（8）继续执行"直径"标注命令，单击右上方的螺孔圆，输入 M，打开"文字格式编辑器"对话框，在除此数字前面输入"6×"内容，然后确认标注该螺孔圆的直径。结果如图 9-73 所示。

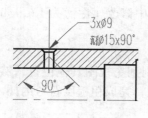

图 9-71　标注直径尺寸

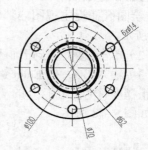

图 9-72　继续标注直径尺寸

图 9-73　标注螺孔圆的直径

（9）输入 DIMAN，按 Enter 键激活"角度"标注命令，分别单击主视图中的锥形孔的轮廓线，向下引导光标，在合适位置单击确定尺寸线的位置，标注锥形孔的角度。效果如图 9-74 所示。

（10）输入 LE，按 Enter 键激活"引线"命令，输入 S，打开"引线设置"对话框，设置引线和箭头参数，如图 9-75 所示。

图 9-74　标注角度

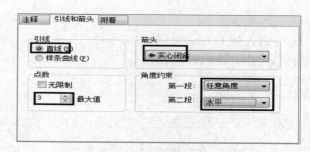

图 9-75　设置引线和箭头参数

（11）单击 确定 按钮回到绘图区，在主视图锥形孔位置拾取 3 个点，然后输入相关内容，以标注该锥形孔。效果如图 9-76 所示。

到此，连接套二视图尺寸标注完毕，将该零件图命名保存。

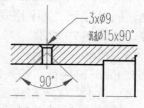

图 9-76　标注锥形孔

9.5.2 标注零件二视图的粗糙度、输入技术要求并配置图框

粗糙度符号、技术要求以及图框都是一幅完整机械零件图必不可少的重要内容。继续 9.5.1 节的操作，本节继续标注连接套零件的粗糙度符号，输入技术要求并为该零件二视图配置图框。

1. 插入粗糙度符号

（1）展开"图层"工具栏中的"图层控制"下拉列表，将"细实线"设置为当前层，输入 I，按 Enter 键激活"插入"命令，选择名为"粗糙度.dwg"的图块文件，设置"统一比例"为 2，在绘图区捕捉主视图内部轮廓线，在打开的"编辑属性"对话框中修改属性值为 1.6，如图 9-77 所示。

（2）单击 确定 按钮确认，插入粗糙度符号。

（3）输入 CO，按 Enter 键激活"复制"命令，将粗糙度符号复制到主视图其他位置，然后双击粗糙度符号，在打开的"增强属性编辑器"对话框中修改属性值，完成粗糙度符号的插入。效果如图 9-78 所示。

图 9-77 修改属性值

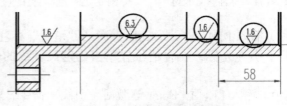

图 9-78 复制粗糙度符号

2. 输入技术要求

（1）输入 ST，按 Enter 键打开"文字样式"对话框，将"字母与文字"的文字样式设置为当前文字样式，然后关闭该对话框。

📋 **小贴士**

> 如果该机械零件图没有合适的文字样式，那么用户需要重新新建并设置一种文字样式，用于标注技术要求。

（2）输入 T，按 Enter 键激活"多行文字"命令，在连接套主视图下方位置拖曳鼠标创建文本框，同时打开"文字格式编辑器"对话框，设置文字高度为 14，再输入"技术要求"的文字内容，如图 9-79 所示。

（3）按 Enter 键换行，修改文字高度为 12，继续输入其他技术要求内容，注意，每输入一行，按 Enter 键换行。输入效果如图 9-80 所示。

（4）单击"文字格式编辑器"右上角的✔按钮确认，完成技术要求的输入。结果如图 9-81 所示。

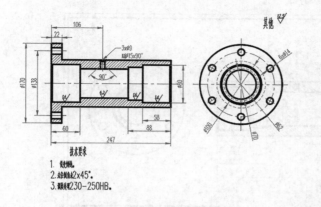

图 9-79　输入"技术要求"文字内容

图 9-80　输入技术要求

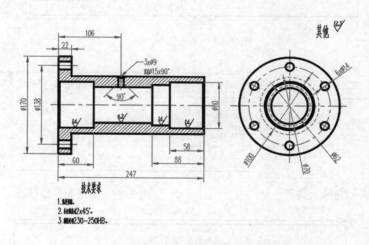

图 9-81　输入技术要求

3. 配置图框

（1）继续执行"插入"命令，选择"图块"目录下的 A3-H.dwg 图框文件，设置其比例为 1.5，将其插入零件图中。效果如图 9-82 所示。

（2）再次执行"多行文字"命令，设置文字高度为 14，在左视图右上方位置输入"其他"字样，并在该位置再次插入"粗糙度"符号，并设置其值为 12.5。效果如图 9-83 所示。

（3）继续执行"多行文字"命令，选择"仿宋体"为当前文字样式，设置文字高度为 10，在右下方标题栏输入零件图名"连接套零件二视图"，完成对标题栏中的图框的填充。效果如图 9-84 所示。

（4）这样，连接套零件二视图的尺寸标注、粗糙度符号的插入以及技术要求的输入和图框的插入等操作就完成了，调整视图大小查看效果。结果如图 9-85 所示。

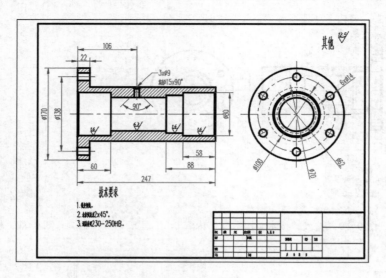

图 9-82　插入图框

图 9-83　插入粗糙度符号并输入文字

图 9-84　填充图框标题栏

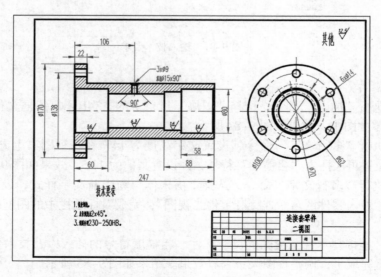

图 9-85　连接套零件二视图最终效果

9.6　职场实战——标注直齿轮零件
二视图尺寸、公差与技术要求

　　打开"素材"/"直齿轮零件二视图 .dwg"素材文件，该
零件二视图既没有标注尺寸也没有标注技术要求等，如图9-86
所示。

　　本节就来标注该零件图的尺寸、公差、粗糙度、技术要
求，添加图框，创建表格，并对图框和表格进行填充等。其结
果如图9-87所示。

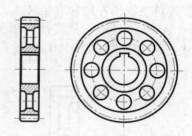

图 9-86　直齿轮零件二视图

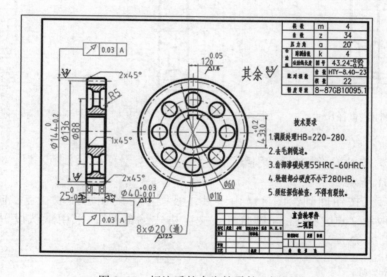

图 9-87　标注后的直齿轮零件二视图

9.6.1　标注直齿轮零件二视图尺寸与公差

　　本节首先标注直齿轮零件二视图的尺寸与公差，由于该零件图本身有标注样式，在此只需
要将其设置为当前标注样式，然后设置"标注线"层为当前图层即可。

　　1. 标注尺寸

　　（1）输入 SE，按 Enter 键打开"草图设置"对话框，设置"交点""端点"和"圆心"捕捉
模式，并在图层控制列表中将"标注线"层设置为当前图层。

　　（2）输入 D，按 Enter 键打开"标注样式管理器"对话框，选择名为"机械标注"的标注样
式，单击 置为当前(U) 按钮，将其设置为当前标注样式，最后关闭该对话框。

（3）输入 DIML，按 Enter 键激活"线性"命令，分别捕捉主视图左边上下螺孔中心线的端点，输入 T，按 Enter 键激活"文字"选项，输入 %%C88，按 Enter 键，向左引导光标，在合适位置单击确定尺寸线的位置，标注螺孔中心圆的直径尺寸，如图 9-88 所示。

（4）按 Enter 键重复"线性"标注命令，使用相同的方法，配合"端点"捕捉功能，继续捕捉零件主视图左边的直径尺寸。效果如图 9-89 所示。

（5）继续执行"线性"命令，配合"端点"捕捉功能，标注零件主视图其他位置的线性尺寸。标注效果如图 9-90 所示。

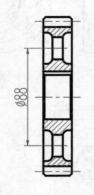 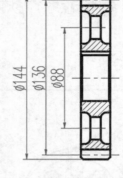 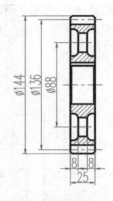

图 9-88　标注直径尺寸　　　图 9-89　标注其他直径尺寸　　　图 9-90　标注线性尺寸

（6）输入 LE，按 Enter 键激活"引线"命令，输入 S，打开"引线设置"对话框，设置引线参数，如图 9-91 所示。

（7）单击 ▭确定 按钮回到绘图区，由零件主视图上方的倒角拾取一点，向右上拾取第 2 点，水平向右拾取第 3 点，按 Enter 键打开"文字格式编辑器"，采用默认设置输入倒角度为 $2 \times 45°$。效果如图 9-92 所示。

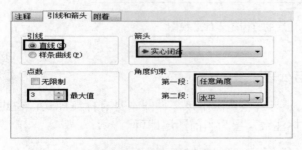 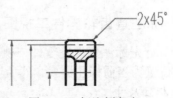

图 9-91　设置引线参数　　　　　　　图 9-92　标注倒角度

（8）继续使用引线标注命令标注主视图中其他倒角度，结果如图 9-93 所示。

（9）输入 D，按 Enter 键打开"标注样式管理器"对话框，将名为"角度标注"的标注样式设置为当前标注样式。

（10）分别输入 DIMR 和 DIMD，按 Enter 键激活"半径"和"直径"标注命令，分别单击左视图中的圆以及主视图中的圆弧，标注圆弧的半径尺寸和圆的直径尺寸。效果如图 9-94 所示。

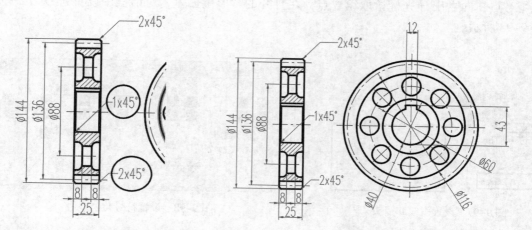

图 9-93　标注其他倒角度　　　　　　　　　图 9-94　标注直径和半径尺寸

2. 标注公差

（1）双击主视图左边的尺寸标注进入编辑状态，在尺寸数字后输入 0^-0.2，然后选择输入的"0^-0.2"，单击"文字格式编辑器"中的"堆叠"按钮，将输入的公差值进行堆叠，如图 9-95 所示。

（2）使用相同的方法，继续输入其他尺寸公差。结果如图 9-96 所示。

图 9-95　标注尺寸公差

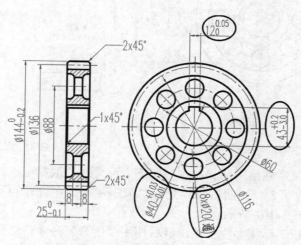

图 9-96　标注其他尺寸公差

（3）输入 LE，按 Enter 键激活"引线"命令，输入 S，打开"引线设置"对话框，在"注释"选项卡中勾选"公差"选项，然后在"引线和箭头"选项卡中设置参数，如图 9-97 所示。

（4）单击 确定 按钮回到绘图区，在左侧直径尺寸线的上方单击拾取一点，向上引导光标拾取第 2 点，向右引导光标拾取第 3 点，在打开的"形位公差"对话框中设置符号与公差值，如图 9-98 所示。

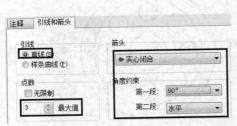

图 9-97　设置引线和箭头

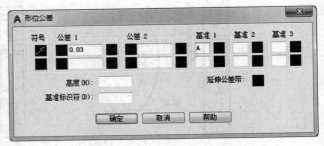

图 9-98　设置符号与公差值

（5）单击 确定 按钮标注形位公差，效果如图 9-99 所示。

（6）重新在"引线设置"对话框中设置"引线和箭头"中"点数"的"最大值"为 4，其他设置默认，如图 9-100 所示。

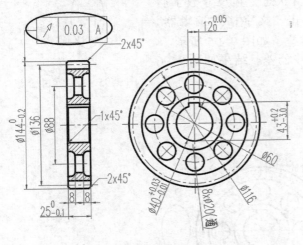

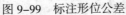

图 9-99　标注形位公差

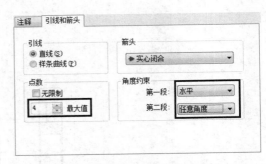

图 9-100　设置引线和箭头参数

（7）单击 确定 按钮回到绘图区，在主视图下方尺寸线拾取第 1 点，向左引导光标拾取第 2 点，向下引导光标拾取第 3 点，向右引导光标拾取第 4 点，在打开的"形位公差"对话框中设置符号与公差值，如图 9-101 所示。

（8）单击 确定 按钮，标注形位公差，最后使用"镜像"命令将形位公差左侧的引线镜像到右侧位置，完成形位公差的标注。结果如图 9-102 所示。

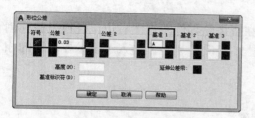

图 9-101　形位公差设置

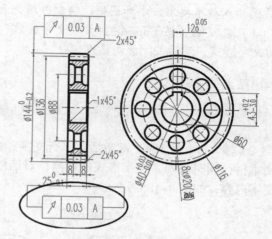

图 9-102　标注形位公差

9.6.2　标注直齿轮零件二视图粗糙度符号、添加图框并标注技术要求

本节继续标注直齿轮零件二视图的粗糙度符号、添加图框并标注技术要求。

1. 插入粗糙度符号

（1）展开"图层"工具栏中的"图层控制"下拉列表，将"细实线"设置为当前层，输入 I，按 Enter 键激活"插入"命令，选择名为"粗糙度 .dwg"的图块文件，设置"统一比例"为 2，在绘图区捕捉主视图左上方的尺寸线，将其插入该位置，如图 9-103 所示。

（2）输入 CO，按 Enter 键激活"复制"命令，将粗糙度符号复制到主视图和左视图的其他位置，然后双击粗糙度符号，在打开的"增强属性编辑器"对话框中修改属性值，完成粗糙度符号的插入。效果如图 9-104 所示。

图 9-103　插入粗糙度符号

图 9-104　复制粗糙度符号

2. 输入技术要求、添加图框、绘制并填充表格

（1）输入 ST，按 Enter 键打开"文字样式"对话框，将"字母与文字"的文字样式设置为当前文字样式，然后关闭该对话框。

📋 小贴士

如果该机械零件图没有合适的文字样式，那么用户需要重新新建并设置一种文字样式，用于标注技术要求。

（2）输入 T，按 Enter 键激活"多行文字"命令，在直齿轮零件左视图右边位置拖曳鼠标创建文本框，同时打开"文字格式编辑器"对话框，设置文字高度为 14，输入"技术要求"的相关文字内容，如图 9-105 所示。

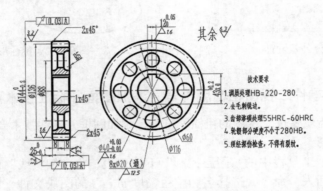

图 9-105　输入"技术要求"的相关文字内容

（3）执行"插入"命令，选择"图块"目录下的 A3-H.dwg 图框文件，设置其比例为 1.2，将其插入零件图中。效果如图 9-106 所示。

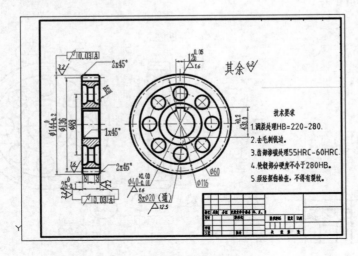

图 9-106　插入图框

（4）输入 REC，按 Enter 键激活"矩形"命令，在图框右上角位置绘制 113×100 的矩形，如图 9-107 所示。

（5）输入 X，按 Enter 键激活"分解"命令，选择绘制的矩形，按 Enter 键将其分解，然后输入 O，按 Enter 键激活"偏移"命令，将矩形的各边进行偏移。效果如图 9-108 所示。

（6）输入 TR，按 Enter 键激活"修剪"命令，对偏移后的图线进行修剪，可以创建一个表格。结果如图 9-109 所示。

（7）输入 L，按 Enter 键激活"直线"命令，配合"端点"捕捉功能，在表格的各单元格绘制辅助线。结果如图 9-110 所示。

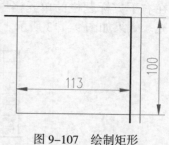

图 9-107　绘制矩形

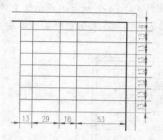

图 9-108　分解矩形并偏移图线

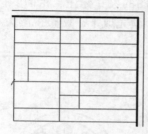

图 9-109　修剪图线

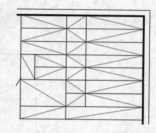

图 9-110　绘制辅助线

（8）输入 T，按 Enter 键激活"多行文字"命令，捕捉表格左上方的第 1 个单元格的对角点创建文本框，同时打开"文字格式编辑器"对话框，选择"字母与文字"文字样式，并设置文字高度为 7，对正方式为"正中"，然后输入"模数"文字内容。

（9）输入 CO，按 Enter 键激活"复制"命令，将输入的文字内容复制到其他单元格中。效果如图 9-111 所示。

（10）将各单元格中的辅助线删除，然后双击文字进入编辑模式，修改各单元格的文字内容。结果如图 9-112 所示。

图 9-111　输入文字并复制

图 9-112　修改各单元格的文字内容

（11）继续执行"多行文字"命令，选择"仿宋体"为当前文字样式，设置文字高度为 7，在右下方标题栏的单元格中输入零件图名"直齿轮零件二视图"，完成对标题栏中的图框的填充。效果如图 9-113 所示。

图 9-113　填充图框标题栏

（12）这样，直齿轮零件二视图的尺寸标注、粗糙度符号的插入、技术要求的输入、图框的插入以及表格的创建与填充等操作就完成了，调整视图大小查看效果。结果如图 9-114 所示。

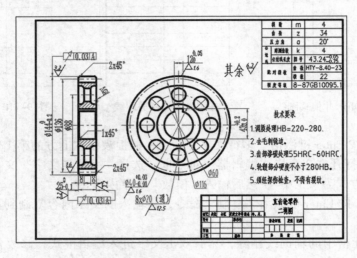

图 9-114　直齿轮零件二视图最终效果

第 4 篇　AutoCAD 机械设计提高

在 AutoCAD 机械设计中，机械零件轴测图和机械零件三维模型图是非常重要的图纸。这类图纸可以很直观地体现机械零件的内、外观结构，是机械工程中进行机械测试、检修以及零件加工不可缺少的重要图纸。作为一名真正的机械设计工程师，掌握机械零件轴测图和三维模型图的创建是必备技能。

本篇通过第 10~13 章共 23 个机械零件轴测图和三维模型的设计实例。详细讲解 AutoCAD 机械设计中轴测图和三维模型创建的知识。具体内容如下：

➥ **第 10 章　绘制机械零件轴测图**

本章主要讲解机械零件轴测图的类型、画法以及尺寸标注和文字注释等相关知识。

➥ **第 11 章　创建机械零件三维模型**

本章主要讲解创建机械零件三维模型的相关知识。

➥ **第 12 章　机械零件三维模型的编辑**

本章主要讲解编辑、修改机械零件三维模型的相关知识。

➥ **第 13 章　机械零件图的打印输出**

本章主要讲解打印、输出机械零件图的相关知识。

本篇部分绘图实例如下：

法兰盘轴测图　　直齿轮轴测图与轴测剖视图　　螺母三维实体模型

联轴部件三维装配图　　连接套三维实体模型与实体剖视图　　联轴部件三维装配剖视图

飞轮三维实体模型　　球轴承三维曲面模型　　低速轴三维实体模型与实体剖视图

第 10 章　绘制机械零件轴测图

本章导读

　　在 AutoCAD 机械设计中，轴测图是一种介于二维图形与三维模型之间的另一种类型的机械零件图，这类机械零件图常用于在二维绘图空间快速表达机械零件的三维效果，以快速获取机械零件的外形基本信息，是机械设计中不可缺少的一种零件图。本章讲解绘制机械零件轴测图的相关知识。

　　本章主要内容如下：
- ➡ 轴测图基础知识
- ➡ 绘制轴测直线
- ➡ 绘制轴测圆
- ➡ 书写轴测文本
- ➡ 标注轴测图尺寸
- ➡ 职场实战——绘制直齿轮零件正等轴测图与轴测剖视图

10.1　轴测图基础知识

　　本节首先讲解轴测图的基础知识，具体包括轴测图与其他视图的区别、作用、类型、轴夹角和轴向伸缩系数等基础知识，这对后面学习绘制机械零件轴测图非常有帮助。

10.1.1　轴测图和其他视图的区别与用途

　　从投影面上来说，轴测图与平面图（正投影图）有些相似，轴测图也是一种单面投影图，但与平面图（正投影图）不同的是，轴测图是在一个投影面上同时反映物体三个坐标面的形状，作图比较复杂，但立体感较强，且形象、逼真，人们很容易识别。另外，轴测图通常不画不可见轮廓的投影。

　　平面图（正投影图）也是单面投影图，但是，平面图（正投影图）是在一个投影面上反映物体一个坐标面的形状，一般通过三个投影面反映物体三个坐标面的形状。

　　平面图（正投影图）作图比较简单，但立体感不强，只有具备一定识图能力的人才能看懂。另外，平面图（正投影图）有时则需要画上不可见轮廓的投影。

　　与平面图（正投影图）相同，轴测图具有平行投影的所有特性。
- ➤ 平行性：物体上相互平行的线段，在轴测图上仍然相互平行。
- ➤ 定比性：物体上两平行线段或同一直线上的两线段长度之比，在轴测图上保持不变。
- ➤ 实形性：物体上平行轴侧投影面的直线和平面，在轴测图上反映实长和实形。

图 10-1 所示是平面图（正投影图）与轴测图的比较。

表面看起来轴测图与三维模型有些相似，都具有很强的立体感，但实际上二者有很大的不同。首先轴测图一般只能反映三个坐标面的形状，而不能反映出物体各表面的实形，因而度量性差，而三维模型则可以同时反映物体各个面的实形。另外，轴测图归根结底还只是二维平面图，无法获得物体的质量等相关信息，而三维模型则是实实在在的实体，可以获得物体的质量，同时可以对其进行切割、布尔运算等操作。图 10-2 所示为轴测图的形成原理以及与其他视图的比较。

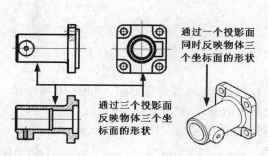

图 10-1 平面图（正投影图）与轴测图比较

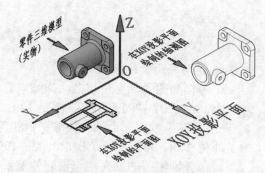

图 10-2 轴测图的形成原理以及与其他视图的比较

在机械工程上，常把轴测图作为辅助图样来说明机器的结构、安装、使用等情况，在设计中，用轴测图帮助构思、想象物体的形状，以弥补正投影图的不足。

10.1.2 轴测图的类型、轴夹角与轴向伸缩系数

1. 轴测图的类型

前面讲过，轴测图是单面投影图，是采用平行投影法将物体连同其直角坐标体系一起，沿不平行于任一坐标平面的方向投射到一个投影面上所得到的图形。因此，轴测图根据投射线方向以及投影面的位置不同可分为"正轴测图"和"斜轴测图"两大类，每类按轴向变形系数又分为 6 种，即"正等轴测图""正二等轴测图""正三等轴测图""斜等轴测图""斜二等轴测图""斜三等轴测图"。

（1）正投影图：投射线方向垂直于轴测投影面。其中：

➤ 正等轴测图：p1=q1=r1。

➤ 正二轴测图（简称正二测）：p1=r1 ≠ q1。

➤ 正三轴测图（简称正三测）：p1 ≠ q1 ≠ r1。

（2）斜轴测图：投射线方向倾斜于轴测投影面。其中：

➤ 斜等轴测图（简称斜等测）：p1=q1=r1。

➤ 斜二轴测图（简称斜二测）：p1=r1 ≠ q1。

➤ 斜三轴测图（简称斜三测）：p1 ≠ q1 ≠ r1。

📋 **小贴士**

直角坐标轴的轴测投影的单位长度与相应直角坐标轴上的单位长度的比值，称为轴向伸缩系数。其中，用 p 表示 OX 轴轴向伸缩系数，q 表示 OY 轴轴向伸缩系数，r 表示 OZ 轴轴向伸缩系数，用轴向伸缩系数控制轴测投影的大小变化，如图 10-3 所示。

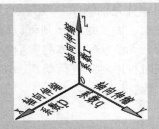

图 10-3　轴向伸缩系数示例

2. 轴夹角与轴向伸缩系数

（1）正等轴测图的轴夹角与轴向伸缩系数

➢ 轴夹角：三个轴间角相等，都是 120°，其中 OZ 轴规定画成垂直方向，如图 10-4 所示。

➢ 轴向伸缩系数：三个轴向伸缩系数相等，即 $p_1 = q_1 = r_1 = 0.82$。

为了简化作图，可以根据 GB/T14692—1993 采用简化伸缩系数，即 $p_1 = q_1 = r_1 = 1$。

（2）斜二等轴测图的轴夹角与轴向伸缩系数

➢ 三个轴夹角依次为：XOZ=90°、XOY= YOZ =135°。其中 OZ 轴规定画成铅垂方向，如图 10-5 所示。

➢ 三个轴向伸缩系数分别为：$p_1 = r_1 = 0.82$、$q_1 = 0.5$。为了简化作图，取 $p_1 = r_1 = q_1$。

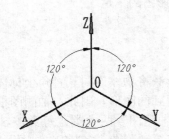

图 10-4　正等轴测图的轴夹角

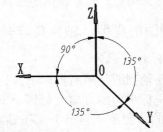

图 10-5　斜二等轴测图的轴夹角

　　由于计算机绘图给轴测图的绘制带来了极大的方便，轴测图的分类已不像以前那样重要，因此，国家标准规定，机械零件图轴测图一般采用"正等轴测图""正二等轴测图""斜二等轴测图"3 种类型，必要时允许使用其他类型的轴测图。

10.1.3　轴测图的绘图方法

"轴测图"的绘制方法一般有"坐标法""切割法""组合法"。

1. 坐标法

坐标法用于绘制完整的三维形体，一般可以使用沿坐标轴方向测量，然后按照坐标轴画出顶点位置，最后连线绘图。

如图 10-6 所示，已知底座零件二视图，来画该零件的正等轴测图。具体操作步骤如下：

（1）确定投影面与坐标轴，例如确定"等轴测左视"为投影面，然后按照坐标输入法作出底座的底面投影图。

（2）绘制底面投影图，并在右侧量出圆柱的高度，得出另一个投影圆。

（3）创建两个投影圆的公切线，即完成了底座零件的轴测图。

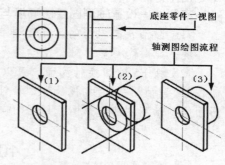

图 10-6 坐标法绘制轴测图

2. 切割法

切割法首先将物体看成是一个整体，绘制出整体轴测图，然后再按照形体的形成过程逐一切割，并画出切割后的形状。这种方法常用于绘制形体的剖面图。

如图 10-7 所示，绘制底座零件的轴测剖视图，具体操作如下。

（1）绘制底座零件的整体轴测图。

（2）绘制底座的剖切线以形成剖面。

（3）创建剖切效果的轴测图。

3. 组合法

组合法常用于较复杂的三维形体的组合，一般是将物体分成若干个基本形状，在相应的位置将其画出，然后将各部分组合起来。

图 10-8 所示为使用组合法绘制的零件轴测图。

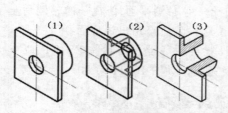

图 10-7 切割法绘制轴测图

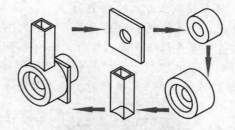

图 10-8 组合法绘制轴测图

10.1.4 设置轴测图的绘图环境与切换轴测面

随着计算机软件技术的不断发展和广泛应用，使用 AutoCAD 软件技术绘制机械零件轴测图已经完全颠覆了传统手工绘制轴测图的方法，使绘制轴测图更为方便和简单。

在 AutoCAD 软件中，轴测图有三个轴测平面，用于表现物体三个坐标面上的形状，这三个轴测平面分别是"等轴测平面 俯视""等轴测平面 左视""等轴测平面 右视"。在使用 AutoCAD 软件绘制轴测图前，首先需要设置轴测图的绘图环境，并在绘制的过程中随时切换轴测平面，以表现物体三个坐标面上的形状，这是在 AutoCAD 软件中绘制轴测图的关键。本节就来讲解设置轴测图绘图环境和切换轴测面的相关方法和技巧。

实例——设置轴测图绘图环境与切换轴测面

（1）激活状态栏上的"等轴测草图"按钮，即可切换到轴测图绘图环境，此时光标显示轴测图绘图光标。

（2）按 F5 键切换轴测面，可以将轴测面分别切换为"等轴测平面 俯视""等轴测平面 右视"和"等轴测平面 左视"，以方便在不同的投影面绘制轴测图的投影图，如图 10-9 所示。

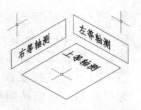

图 10-9　切换轴测面

10.2　绘制轴测直线

直线是绘制图形不可缺少的基本图元，其绘制方法比较简单，但使用直线绘制轴测图时，与传统意义上使用直线绘制图形的方法有所不同。本节就来讲解绘制轴测直线的相关方法和技巧。

10.2.1　绘制轴测直线的方法

与在二维绘图环境绘制直线不同，在轴测图绘图环境绘制直线时需要配合"正交"功能，同时需要根据物体的造型，随时切换不同的轴测面，以绘制物体不同坐标面的形状。

本节就通过绘制图 10-10 所示的边长为 100 的轴测立方体对象的具体实例，讲解绘制轴测直线的方法。

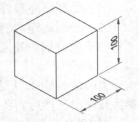

实例——绘制边长为 100 的轴测立方体

1. 绘制轴测立方体的底平面

图 10-10　轴测立方体对象

轴测立方体的底平面是一个正方形，该正方形位于"等轴测平面 俯视"的轴测面上，因此在绘制前需要将轴测平面切换到"等轴测平面 俯视"，这样才能绘制出该底面。

（1）激活状态栏上的"等轴测草图"按钮以设置绘图环境，然后按 F5 键，命令行显示"< 等轴测平面 俯视 >"提示时，表示轴测平面已切换完成，如图 10-11 所示。

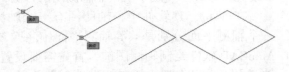

输入选项 [正交(O)/左等轴测平面(L)/顶部等轴测平面(T)/右等轴测平面(R)] <正交(O)>:_Left
命令：　<等轴测平面 俯视>

图 10-11　命令行显示

（2）按 F8 键激活"正交"功能，然后输入 L，按 Enter 键激活"直线"命令，在绘图区单击拾取一点，向右上引导光标，输入 100，按 Enter 键。

（3）继续向左上引导光标，输入 100，按 Enter 键，向左下引导光标，输入 100，按 Enter 键，输入 C，按 Enter 键闭合图形。结果如图 10-12 所示。

2. 绘制立方体左平面

轴测立方体的左平面也是一个正方形，该正

图 10-12　绘制立方体底面

方形位于"等轴测平面 左视"的轴测面上，因此在绘制前需要将轴测平面切换到"等轴测平面 左视"，这样才能绘制出该平面。

（1）再次按 F5 键切换到"< 等轴测平面 左视 >"，按 Enter 键重复"直线"命令，捕捉立方体顶平面的左端点，向下引导光标，输入 100，按 Enter 键确认。

（2）向右下引导光标，输入 100，按 Enter 键确认，垂直向上引导光标，捕捉顶平面的端点，按两次 Enter 键确认。结果如图 10-13 所示。

3. 绘制立方体右平面

轴测立方体的右平面也是一个正方形，该正方形位于"等轴测平面 右视"的轴测面上，因此在绘制前需要将轴测平面切换到"等轴测平面 右视"，这样才能绘制出该平面。

（1）按 F5 键切换到"< 等轴测平面 右视 >"，按 Enter 键重复"直线"命令，捕捉左平面右下端点，向右上引导光标，输入 100，按 Enter 键确认。

（2）向上引导光标，捕捉顶平面右端点，按两次 Enter 键结束操作。结果如图 10-14 所示。

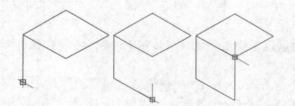

图 10-13　绘制立方体左平面

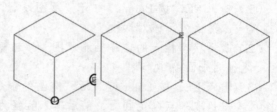

图 10-14　绘制立方体右平面

小贴士

立方体底面的两条边分别与立方体左轴测平面和立方体右轴测平面共线，而另外两条边则被左轴测面和右轴测面挡住，成为不可见的轮廓线，如图 10-15 所示。

因此，根据轴测图绘图原则，底面的这两条轮廓边不需要绘制。

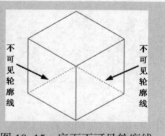

图 10-15　底面不可见轮廓线

10.2.2　实例——绘制键零件正等轴测图

　　打开"效果"/"第 4 章"/"实例——绘制键零件俯视图 .dwg"效果文件，这是键零件的主视图和俯视图，如图 10-16 所示。

　　本节就来根据该二视图绘制键零件的正等轴测图，效果如图 10-17 所示。

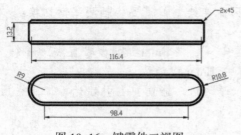

图 10-16　键零件二视图

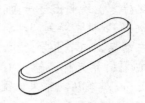

图 10-17　键零件正等轴测图

实例——绘制键零件正等轴测图

　　键槽零件是一个两头为圆弧形，并有一定倒角的立方体对象，在绘制轴测图时，要注意其圆弧形轴测效果的表现。需要说明的是，在轴测图绘图环境下的圆是由椭圆转换而来，也就是说，绘制圆时其实执行的是椭圆命令，然后激活"轴测圆"选项，以绘制圆。

　　（1）输入 SE，按 Enter 键打开"草图设置"对话框，设置"端点""圆心""交点""切点"捕捉模式，然后关闭该对话框。

　　（2）激活状态栏上的"等轴测草图"按钮以设置绘图环境，然后按 F5 键，将轴测面切换到"< 等轴测平面 俯视 >"。

　　（3）输入 EL，按 Enter 键激活"椭圆"命令，输入 I，按 Enter 键激活"轴测圆"选项，在绘图区单击拾取一点确定圆心，然后输入直径为 18，按 Enter 键确认，如图 10-18 所示。

　　（4）输入 CO，按 Enter 键激活"复制"命令，选择绘制的轴测圆并捕捉圆心，向右上角引导光标并输入 98.4，按 Enter 键确认，对该轴测圆进行复制。效果如图 10-19 所示。

　　（5）输入 XL，按 Enter 键激活"构造线"命令，配合"切点"捕捉功能，绘制两个轴测圆的公切线，然后输入 TR 激活"修剪"命令，对轴测圆和切线进行修剪。效果如图 10-20 所示。

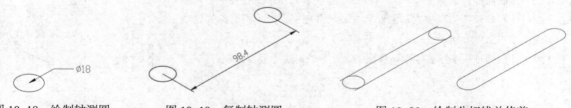

图 10-18　绘制轴测圆　　　　　　图 10-19　复制轴测圆　　　　　　图 10-20　绘制公切线并修剪

　　（6）继续输入 EL，按 Enter 键激活"椭圆"命令，输入 I，按 Enter 键激活"轴测圆"选项，配合"圆心"捕捉功能捕捉左侧轴测圆的圆心，绘制直径为 21.6 的轴测圆，如图 10-21 所示。

　　（7）依照前面的操作方法，将该轴测圆继续向右上角复制 98.4 个绘图单位，然后创建这两个轴测圆的公切线并进行修剪。效果如图 10-22 所示。

　　（8）按 F5 键将轴测面切换到"等轴测平面 左视"，然后输入 M，按 Enter 键激活"移动"命令，选择修剪后的外侧轴测圆与切线，捕捉圆

图 10-21　绘制轴测圆

心，向下引导光标，输入 2，按 Enter 键确认，将其向下移动 2 个绘图
单位。结果如图 10-23 所示。

（9）继续输入 CO，按 Enter 键激活"复制"命令，选择向下移动
后的轴测圆和切线，捕捉圆心，向下引导光标并输入 13.2，按 Enter 键
确认，将该轴测圆和切线向下进行复制。效果如图 10-24 所示。

图 10-22　复制轴测圆、
绘制公切线并修剪

（10）再次输入 XL，按 Enter 键激活"构造线"命令，配合"切点"
捕捉功能，继续绘制上、下两个轴测圆的公切线。效果如图 10-25 所示。

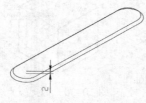

图 10-23　向下移动

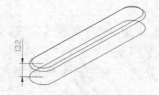

图 10-24　复制轴测圆和切线

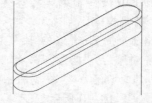

图 10-25　绘制轴测圆的公切线

（11）输入 TR 激活"修剪"命令，对轴测圆和切线进行修剪，然后根据轴测图的绘图原
则，将键零件轴测图中其他不可见轮廓线进行修剪与删除。效果如图 10-26 所示。

（12）输入 CO 激活"复制"命令，选择键零件上方的倒角轮廓线，将其向下复制 17.2 个绘
图单位，创建出键零件底面的倒角轮廓线。结果如图 10-27 所示。

（13）输入 TR 激活"修剪"命令，对复制的倒角轮廓线进行修剪，并根据轴测图的绘图原
则，再次将键零件轴测图中其他不可见轮廓线删除，然后显示线宽，完成键零件轴测图的绘制。
效果如图 10-28 所示。

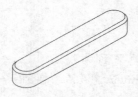

图 10-26　键零件正等轴测图

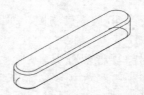

图 10-27　复制底面倒角轮廓线

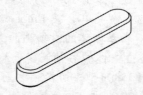

图 10-28　修剪完善后的键零件轴测图

10.3　绘制轴测圆

绘制轴测圆的方法与绘制传统意义上的圆的方法大不相同，绘制轴测圆时不能使用"圆"
命令，而要使用"椭圆"命令，并配合"等轴测圆"功能。本节讲解绘制轴测圆的相关方法和
技巧。

10.3.1　绘制轴测圆的方法

本节在 10.2.1 节绘制的立方体的左平面、右平面和上平面内绘制半径为 40 的等轴测圆，讲

解在不同的轴测面内绘制轴测圆的方法和技巧。绘制结果如图 10-29
所示。

实例——绘制半径为 40 的轴测圆

1. 在立方体的顶面绘制轴测圆

在立方体的顶面绘制轴测圆时需要将轴测平面切换到"等轴测平面
俯视"。

（1）激活状态栏中的"等轴测草图"按钮，进入轴测绘图环境，按
F3 和 F10 键启用极轴追踪和对象捕捉追踪功能，并设置"中点"和"交
点"捕捉模式。

（2）按 F5 键切换轴测面为"<等轴测平面 俯视>"，输入 EL，按
Enter 键激活"椭圆"命令，输入 I，按 Enter 键激活"等轴测圆"选项，
由上等轴测面的两条边的中点引出矢量线，捕捉矢量线的交点，确定圆
心，如图 10-30 所示。

（3）输入 40，按 Enter 键，绘制半径为 40 的轴测圆，如图 10-31
所示。

2. 在立方体的左轴测面上绘制轴测圆

在立方体的左轴测面上绘制轴测圆时需要将轴测平面切换到"等轴
测平面 左视"。

（1）按 F5 键切换轴测面为"<等轴测平面 左视>"，输入 EL，按
Enter 键激活"椭圆"命令，输入 I，按 Enter 键激活"等轴测圆"选项。

（2）由左等轴测面的两条边的中点引出矢量线，捕捉矢量线的交点，
确定圆心，如图 10-32 所示。

（3）输入 40，按 Enter 键，绘制半径为 40 的等轴测圆，如图 10-33 所示。

3. 在立方体的右轴测面上绘制轴测圆

在立方体的右轴测面上绘制轴测圆时需要将轴测平面切换到"等轴测平面 右视"。

（1）按 F5 键切换轴测面为"<等轴测平面 右视>"，输入 EL，按 Enter 键激活"椭圆"命
令，输入 I，按 Enter 键激活"等轴测圆"选项。

（2）由右等轴测面的两条边的中点引出矢量线，捕捉矢量线的交点，确定圆心，如图
10-34 所示。

（3）输入 40，按 Enter 键，绘制半径为 40 的等轴测圆，如图 10-35 所示。

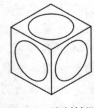

图 10-29　绘制轴测圆

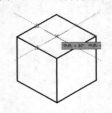

图 10-30　捕捉交点

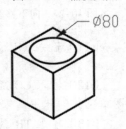

图 10-31　绘制轴测圆

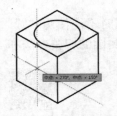

图 10-32　捕捉交点

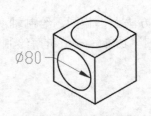

图 10-33　绘制轴测圆

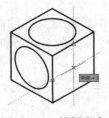

图 10-34　捕捉交点

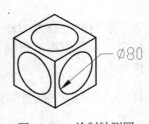

图 10-35　绘制轴测圆

10.3.2 实例——绘制法兰盘零件正等轴测图

打开"效果"/"第 4 章"/"实例——绘制法兰盘零件二视图 .dwg"效果文件，这是一个法兰盘零件的二视图，如图 10-36 所示。

本节就根据该二视图绘制其正等轴测图，效果如图 10-37 所示。

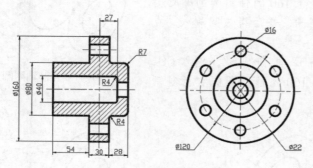

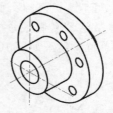

图 10-36 法兰盘零件二视图　　图 10-37 法兰盘零件正等轴测图

实例——绘制法兰盘零件正等轴测图

（1）激活状态栏中的"等轴测草图"按钮，进入轴测绘图环境，按 F3 和 F10 键启用极轴追踪和对象捕捉追踪功能，并设置"圆心"和"交点"捕捉模式。

（2）在图层控制列表中将"点画线"层设置为当前图层，按 F5 键切换轴测面为"< 等轴测平面 俯视 >"，输入 L，按 Enter 键激活"直线"命令，绘制 3 条相互垂直并相交的线作为轴测图的定位线，如图 10-38 所示。

（3）在图层控制列表中将"轮廓线"层设置为当前图层，按 F5 键切换轴测面为"< 等轴测平面 左视 >"。

（4）输入 EL，按 Enter 键激活"椭圆"命令，输入 I，按 Enter 键激活"等轴测圆"选项，捕捉定位线的交点作为圆心，输入 80，按 Enter 键确认，绘制直径为 80 的轴测圆，如图 10-39 所示。

（5）按 Enter 键重复执行"椭圆"命令，继续以辅助线的交点为圆心，绘制直径为 40 的轴测圆。结果如图 10-40 所示。

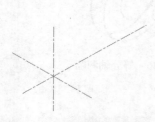

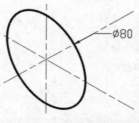

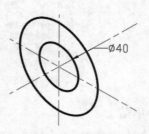

图 10-38 轴测图定位轴线　　图 10-39 绘制轴测圆　　图 10-40 绘制轴测圆

（6）按 F5 键切换轴测面为"<等轴测平面 俯视 >"，输入 CO，按 Enter 键激活"复制"命令，将直径为 80 的轴测圆向右上复制 54 个绘图单位。结果如图 10-41 所示。

（7）按 F5 键切换轴测面为"<等轴测平面 左视 >"，再次执行"椭圆"命令，以复制的直径为 80 的轴测圆的圆心为圆心，绘制直径为 160 的另一个轴测圆。结果如图 10-42 所示。

（8）再次执行"椭圆"命令，以直径为 160 的轴测圆的圆心为圆心，再次绘制直径为 120 的另一个轴测圆，最后将该圆放入"点画线"层。结果如图 10-43 所示。

（9）按 F5 键切换轴测面为"<等轴测平面 俯视 >"，输入 CO，按 Enter 键激活"复制"命令，将直径为 160 的轴测圆向右上复制 30 个绘图单位。结果如图 10-44 所示。

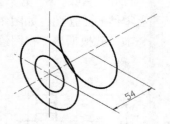

图 10-41　复制轴测圆

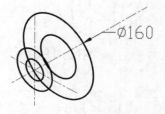

图 10-42　绘制轴测圆

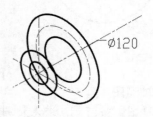

图 10-43　绘制轴测圆

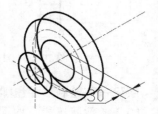

图 10-44　复制轴测图

（10）执行"格式"/"点样式"命令，选择一个点样式，如图 10-45 所示。

（11）执行"绘图"/"点"/"定数等分"命令，选择直径为 120 的轴测圆，输入 6，按 Enter 键确认，将该圆等分为 6 段，如图 10-46 所示。

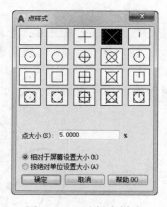

图 10-45　选择点样式

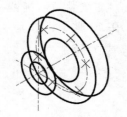

图 10-46　等分轴测圆

 小贴士

"定数等分"命令是使用点将对象等分为均匀的段数，无论等分多少段，每段的距离都是相等的。

（12）设置"节点"捕捉模式，然后按 F5 键切换轴测面为"<等轴测平面 左视>"，再次执行"椭圆"命令，分别捕捉等分点作为圆心，绘制直径为 16 的 6 个轴测圆，如图 10-47 所示。

（13）在无任何命令发出的情况下单击所有等分点和直径为 120 的轴测圆，按 Delete 键将其删除，然后输入 XL，按 Enter 键激活"构造线"命令，配合"切点"捕捉功能，绘制直径为 160 和直径为 80 的轴测圆的公切线。结果如图 10-48 所示。

（14）输入 TR，按 Enter 键激活"修剪"命令，分别对轴测圆和公切线进行修剪，并删除修剪后多余的图线以及不可见的轮廓线，完成法兰盘零件轴测图的绘制。结果如图 10-49 所示。

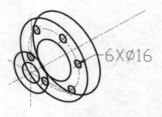 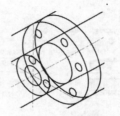 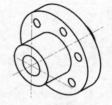

图 10-47　绘制 6 个轴测圆　　　　图 10-48　绘制公切线　　　　图 10-49　法兰盘零件轴测图

📋 **小贴士**

根据法兰盘零件二视图发现，该法兰盘零件右侧也有圆柱形的凸起，在轴测图中的表现如图 10-50 所示。

在轴测图环境中，这一部分结构被法兰盘另一个圆盘结构遮挡，属于不可见结构，因此这一部分的轮廓线可以不用画出，但是，如果要画法兰盘零件的轴测剖视图，则需要绘制完整的轴测图，然后根据剖视面进行剖切以创建轴测剖视图。

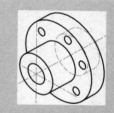

图 10-50　法兰盘零件
另一部分凸起结构

10.4　书写等轴测文本

在 AutoCAD 机械零件轴测图中，文本同样有非常重要的作用，但需要说明的是，在轴测图中书写文本与在正投影图中书写文本有所不同。本书讲解在轴测图中书写文本的相关知识。

10.4.1　在轴测图中书写文本

在轴测图中书写文本时除了需要设置文字样式外，在输入文本时还要根据轴测面设置文字的旋转角度，以便在轴测图中输入文本时能与轴测面匹配。

继续 10.3.1 节的操作，本节就在该立方体各轴测面的圆内书写不同的文本。结果如图 10-51 所示。

实例——在轴测图中输入文本

首先新建轴测图所需的文字样式。

输入 ST 打开"文字样式"对话框，新建名为"左等文本""右等文本""上等文本"3 种文字样式，并设置 3 种文本的"字体"均为"仿宋体"，其中"左等文本"的"倾斜角度"为 –30，"右等文本"和"上等文本"的"倾斜角度"均为 30，如图 10-52 所示。

图 10-51 在轴测图中输入文本

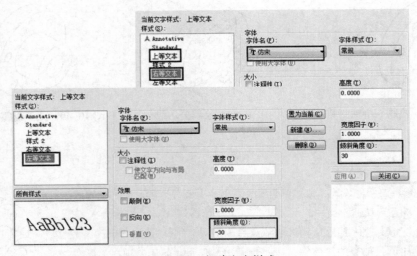

图 10-52 新建文字样式

在上等轴测面输入文本。

（1）在"文字样式"对话框中将"上等文本"文字样式设置为当前样式，按 F5 键，将当前绘图平面切换为"< 等轴测平面 俯视 >"。

（2）输入 TEXT，按 Enter 键激活"单行文字"命令，捕捉立方体上表面圆的圆心，输入 10，按 Enter 键设置文字高度。

（3）输入 –30，按 Enter 键，设置文字旋转角度，然后输入"上等轴测文本"字样。

（4）按两次 Enter 键退出单行文字样式，结果如图 10-53 所示。

在左等轴测面输入文本。

（1）在"文字样式"对话框中将"左等文本"文字样式设置为当前样式，按 F5 键，将当前绘图平面切换为"< 等轴测平面 左视 >"。

图 10-53 输入上等轴测文本

（2）输入 TEXT，按 Enter 键激活"单行文字"命令，捕捉立方体左表面圆的圆心，输入 10，按 Enter 键设置文字高度。

（3）输入 –30，按 Enter 键，设置文字旋转角度，然后输入"左等轴测文本"字样。

（4）按两次 Enter 键退出单行文字样式，结果如图 10–54 所示。

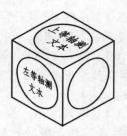

图 10–54　输入左等轴测文本

在右等轴测面输入文本。

（1）在"文字样式"对话框中将"右等文本"文字样式设置为当前样式，按 F5 键，将当前绘图平面切换为"< 等轴测平面右视 >"。

（2）输入 TEXT，按 Enter 键激活"单行文字"命令，捕捉立方体左表面圆的圆心，输入 10，按 Enter 键设置文字高度。

（3）输入 30，按 Enter 键，设置文字旋转角度，然后输入"右等轴测文本"字样。

（4）按两次 Enter 键退出单行文字样式，结果如图 10–55 所示。

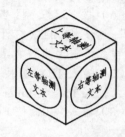

图 10–55　输入右等轴测文本

10.4.2　实例——标注法兰盘零件轴测图的图名与技术要求

打开"效果"/"第 10 章"/"实例——绘制法兰盘零件正等轴测图 .dwg"效果文件，这是 10.3.2 节绘制的法兰盘零件正等轴测图。本节讲解为该轴测图标注零件图的图名以及技术要求，结果如图 10–56 所示。

实例——标注法兰盘零件正等轴测图的图名与技术要求

（1）输入 ST 打开"文字样式"对话框，新建名为"图名"与"技术要求"的两个文字样式，并设置这两种文字样式的字体均为"仿宋体"，设置"图名"文本的"倾斜角度"为 30，"技术要求"文字样式的"倾斜角度"为 –30，然后将"图名"文字样式设置为当前样式，如图 10–57 所示。

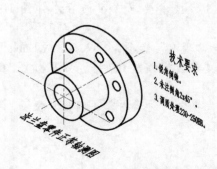

图 10–56　标注法兰盘零件轴测图的图名与技术要求

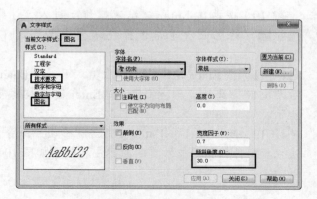

图 10–57　设置文字样式

（2）在图层控制列表中将"其他层"设置为当前图层，按 F5 键，将当前绘图平面切换为"< 等轴测平面 俯视 >"。

（3）输入 TEXT，按 Enter 键激活"单行文字"命令，在法兰盘零件轴测图的下方位置拾取一点，输入 15，按 Enter 键设置文字高度。

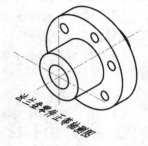

（4）输入 −30，按 Enter 键，设置文字旋转角度，然后输入"法兰盘零件正等轴测图"字样。

（5）按两次 Enter 键退出单行文字样式，结果如图 10-58 所示。

（6）按 F5 键，将当前绘图平面切换为"< 等轴测平面 左视 >"，输入 ST 再次打开"文字样式"对话框，将"技术要求"的文字样式设置为当前文字样式。

图 10-58　输入零件图的图名

（7）输入 TEXT，按 Enter 键激活"单行文字"命令，在法兰盘零件轴测图的右侧位置拾取一点，输入 15，按 Enter 键设置文字高度。

（8）输入 −30，按 Enter 键，设置文字旋转角度，然后输入"技术要求"字样，如图 10-59 所示。

（9）按 Enter 键换行，继续输入"1. 锐角倒钝"等其他技术要求内容，如图 10-60 所示。

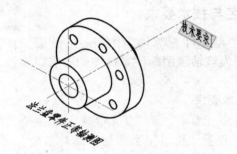

图 10-59　输入"技术要求"

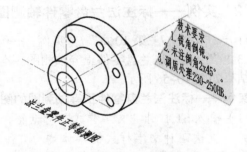

图 10-60　输入其他技术要求内容

（10）按两次 Enter 键结束操作，进入"注释"选项卡，单击"文本"选项中的"缩放"按钮，然后依次单击选择技术要求文字的 1、2 和 3 行技术要求文字内容，如图 10-61 所示。

（11）按 Enter 键确认，然后输入 E，按 Enter 键激活"现有"选项，输入 S，按 Enter 键激活"比例"选项，输入 0.7，按 Enter 键将技术要求的文字内容缩放 0.7 倍。效果如图 10-62 所示。

（12）输入 M，按 Enter 键激活"移动"命令，分别选择各行文字内容并调整其位置，完成法兰盘零件轴测图技术要求的标注。效果如图 10-63 所示。

图 10-61　选择文字

图 10-62　缩放文字

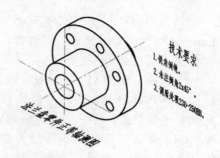

图 10-63　标注技术要求

10.5　标注等轴测图尺寸

在轴测图中标注尺寸与一般的尺寸标注也有所不同，除了需要设置标注样式外，对于所有长度尺寸，都必须使用"对齐"命令进行标注，而对于直径或半径尺寸，则需要使用引线进行标注，最后还需要对标注的尺寸进行编辑，使其能与轴测面平行。本节讲解标注轴测图尺寸的相关知识。

10.5.1　标注轴测图长度尺寸

标注长度尺寸前首先需要设置标注样式以及与各轴测面相匹配的文字样式，然后进行标注，最后还需要对标注的尺寸进行旋转，并对尺寸标注的内容选择合适的文字样式，这样才能完成对轴测图尺寸的标注。

继续 10.4.1 节的操作，本节标注立方体轴测图的长度尺寸，讲解标注轴测图长度尺寸的相关知识。标注结果如图 10-64 所示。

实例——标注立方体轴测图长度尺寸

（1）输入 D，按 Enter 键打开"标注样式管理器"对话框，新建名为"轴测标注"的标注样式，并设置"比例"为 90，其他所有设置默认，然后将其设置为当前标注样式，如图 10-65 所示。

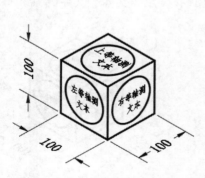

图 10-64　标注立方体轴测图尺寸

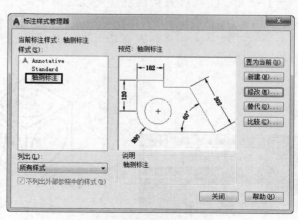

图 10-65　设置标注样式

（2）关闭"标注样式管理器"对话框，然后输入 SE，按 Enter 键打开"草图设置"对话框，设置"端点"和"圆心"捕捉模式，然后关闭该对话框。

（3）输入 DIMAL，按 Enter 键激活"对齐"命令，分别捕捉立方体各边的端点，然后向外引导光标，在合适位置单击确定尺寸线的位置，标注立方体的长度尺寸，如图 10-66 所示。

（4）单击"标注"工具栏上的"编辑标注"按钮 ，输入 O，按 Enter 键，激活"倾斜"选项，选择左下方的水平尺寸，如图 10-67 所示。

（5）按 Enter 键确认，输入倾斜角度为 30，按 Enter 键，对该尺寸线进行旋转。结果如图 10-68 所示。

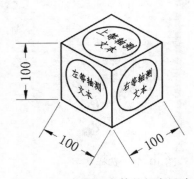

图 10-66　标注立方体的长度尺寸

（6）使用相同的方法分别编辑其他两个尺寸，其旋转角度均为 -30°。结果如图 10-69 所示。

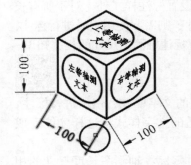

图 10-67　选择长度尺寸

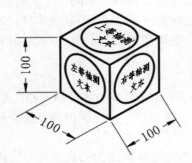

图 10-68　旋转尺寸线

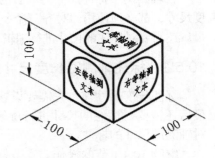

图 10-69　旋转其他尺寸线

（7）在没有任何命令发出的情况下选择左边和下方的尺寸使其夹点显示，在"注释"选项卡的"文字样式控制"下拉列表中选择"上等文本"的文字样式，如图 10-70 所示。

（8）按 Esc 键取消夹点显示，发现这两个尺寸标注的文字已经与相关轴测面相匹配，如图 10-71 所示。

（9）使用相同的方法夹点显示右下方的尺寸标注，为其选择"左等文本"文字样式。结果如图 10-72 所示。

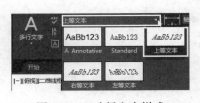

图 10-70　选择文字样式

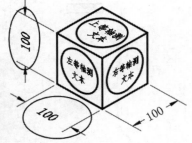

图 10-71　设置文字样式

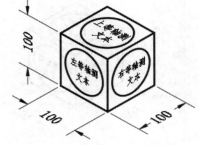

图 10-72　设置文字样式

（10）这样就完成了立方体轴测图长度尺寸的标注。

10.5.2　标注轴测图的直径尺寸

轴测图的直径尺寸一般使用引线标注，首先可以设置引线样式，然后进行标注。本节继续 10.5.1 节的操作，标注立方体各轴测面上的轴测圆的直径尺寸，讲解轴测圆直径尺寸的标注方法。结果如图 10-73 所示。

实例——标注轴测圆的直径尺寸

（1）按 F5 键，将当前绘图平面切换为 <等轴测平面 俯视>，输入 LE 激活"引线"命令，输入 S，按 Enter 键打开"引线注释"对话框，分别设置"注释"选项卡和"引线和箭头"选项卡的参数，如图 10-74 所示。

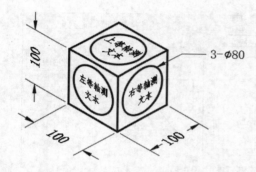

图 10-73　标注轴测圆的直径尺寸

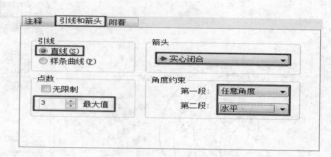

图 10-74　设置引线参数

（2）单击　确定　按钮关闭对话框，然后在右等轴测平面内的圆上单击，拾取第 1 个引线点，向右上引导光标到适当位置，单击指定第 2 个引线点，向右水平引导光标，在合适位置单击拾取第 3 点，然后按两次 Enter 键打开"文字格式编辑器"，在文本框中输入 3-∅80，如图 10-75 所示。

（3）单击"文字格式编辑器"右侧的 ✓ 按钮确认并关闭该对话框，完成轴测圆直径的标注。结果如图 10-76 所示。

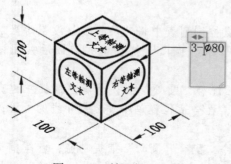

图 10-75　输入标注文字

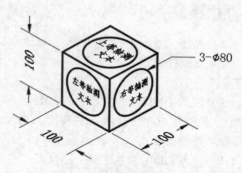

图 10-76　标注轴测圆的直径尺寸

（4）这样就完成了轴测圆直径尺寸的标注。

10.5.3　实例——标注法兰盘零件轴测图的尺寸

打开"实例"/"第 10 章"/"实例——标注法兰盘零件轴测图的图名与技术要求 .dwg"实例文件，这是 10.4.2 节绘制的法兰盘零件轴测图，已经为该轴测图标注了文字注释，本节为该零件轴测图标注尺寸，其尺寸主要有长度尺寸和直径尺寸两种。标注结果如图 10-77 所示。

实例——标注法兰盘零件轴测图尺寸

1. 标注长度尺寸

（1）输入 D，按 Enter 键打开"标注样式管理器"对话框，将名为"机械样式"的标注样式设置为当前标注样式，如图 10-78 所示。

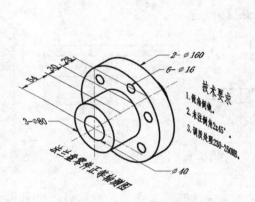

图 10-77　标注法兰盘零件轴测图尺寸

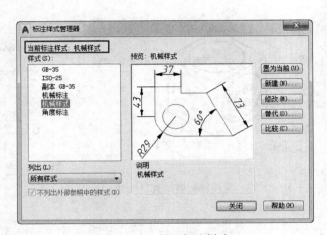

图 10-78　设置标注样式

📋 **小贴士**

由于该法兰盘零件轴测图是在其三视图中绘制的，而其三视图本身已有标注样式，因此只需将已有的标注样式设置为当前样式即可，而不必再新建标注样式。

（2）关闭"标注样式管理器"对话框，然后在图层控制列表中将"尺寸层"设置为当前图层，输入 SE 打开"草图设置"对话框，设置"交点"和"圆心"捕捉模式，最后关闭该对话框。

（3）输入 DIMAL，按 Enter 键激活"对齐"命令，配合"圆心"捕捉功能，捕捉左边直径为 80 和直径为 160 的轴测圆的圆心，向左上引导光标，在合适位置单击确定尺寸线的位置，标注该轴测圆柱的长度尺寸，如图 10-79 所示。

（4）输入 DIMC，按 Enter 键执行"连续"标注命令，配合"圆心"捕捉功能，继续捕捉右侧直径为 160 的另一个轴测圆的圆心和直径为 80 的轴测圆的圆心，按两次 Enter 键确认，标注该轴测图右侧圆柱的长度尺寸，如图 10-80 所示。

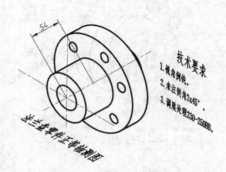

图 10-79　标注轴测圆柱的长度尺寸

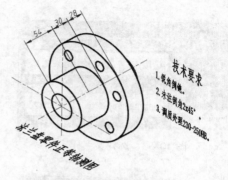

图 10-80　标注轴测圆柱长度尺寸

（5）打开"标注"工具栏，单击该工具栏上的"编辑标注"按钮，输入 O，按 Enter 键激活"倾斜"选项，选择标注的 3 个长度尺寸，按 Enter 键确认，输入 –30，再按 Enter 键确认，以调整尺寸线的倾斜角度。结果如图 10-81 所示。

下面还需要调整尺寸标注文字，调整时需要新建一个文字样式。

（6）输入 ST 打开"文字样式"对话框，新建名为"尺寸文本"的文字样式，并设置文本的"字体"为"仿宋体"，"倾斜角度"为 –30，如图 10-82 所示。

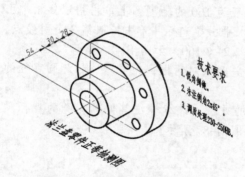

图 10-81　调整尺寸线的倾斜角度

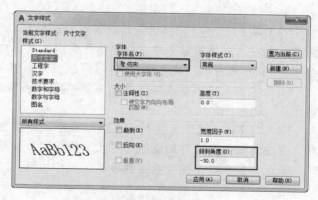

图 10-82　新建文字样式

（7）在没有任何命令发出的情况下选择左边 3 个尺寸使其夹点显示，在"注释"选项卡的"文字样式控制"下拉列表中选择"尺寸文本"的文字样式，如图 10-83 所示。

（8）按 Esc 键取消夹点显示，完成对尺寸文字的调整。结果如图 10-84 所示。

2. 标注直径尺寸

（1）按 F5 键，将当前绘图平面切换为 < 等轴测平面 俯视 >，输入 LE 激活"引线"命令，输入 S，按 Enter 键打开"引线注释"对话框，分别设置"注释"选项卡和"引线和箭头"选项卡的参数，如图 10-85 所示。

图 10-83　选择文字样式

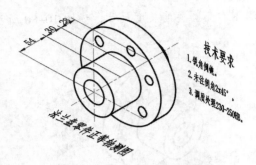

图 10-84　设置尺寸文字样式

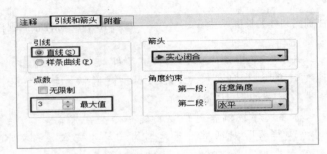

图 10-85　设置引线参数

（2）单击 **确定** 按钮关闭对话框，然后在右侧直径为 160 的轴测圆上单击拾取第 1 个引线点，向右上引导光标并单击指定第 2 个引线点，向右水平引导光标并单击拾取第 3 个引线点，按两次 Enter 键打开"文字格式编辑器"，在文本框中输入 2-Φ160，如图 10-86 所示。

（3）单击"文字格式编辑器"右侧的✔按钮确认并关闭该对话框，完成对该轴测圆直径的标注。

（4）按 Enter 键重复执行"引线"命令，使用相同的方法，继续标注其他轴测圆的直径尺寸，完成对法兰盘零件轴测图直径尺寸的标注。结果如图 10-87 所示。

至此，就完成了法兰盘零件轴测图尺寸的标注。

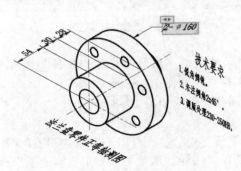

图 10-86　输入标注文字

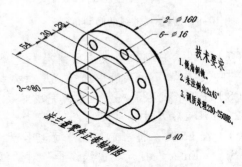

图 10-87　标注轴测圆的直径尺寸

10.6 职场实战——绘制直齿轮零件 正等轴测图与轴测剖视图

打开"效果"/"第9章"/"职场实战——标注直齿轮零件二视图尺寸与公差.dwg"效果文件，这是在前面章节中标注了尺寸的直齿轮零件二视图，如图 10-88 所示。

本节根据该零件二视图及其尺寸标注，绘制该零件的正等轴测图与轴测剖视图。结果如图 10-89 所示。

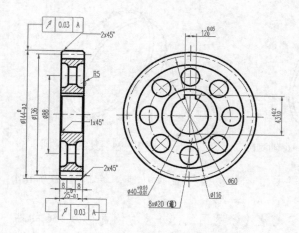

图 10-88 直齿轮零件二视图

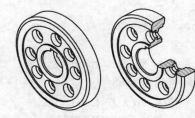

图 10-89 直齿轮零件正等轴测图与轴测剖视图

10.6.1 绘制直齿轮零件正等轴测图

本节首先绘制直齿轮零件的正等轴测图，结果如图 10-90 所示。

实例——绘制直齿轮零件正等轴测图

1. 绘制直齿轮的外轮廓轴测图

（1）激活状态栏中的"等轴测草图"按钮，进入轴测绘图环境，按 F3 和 F10 键启用极轴追踪和对象捕捉追踪功能，并设置"圆心"和"交点"捕捉模式。

（2）在图层控制列表中将"中心线"层设置为当前图层，按 F5 键切换轴测面为"<等轴测平面 俯视>"，输入 L，按 Enter 键激活"直线"命令，绘制 3 条相互垂直并相交的线作为轴测图的定位线，如图 10-91 所示。

（3）在图层控制列表中将"轮廓线"层设置为当前图层，按 F5 键切换轴测面为"<等轴测平面 左视>"。

图 10-90 直齿轮零件正等轴测图

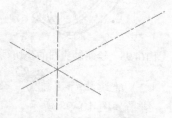

图 10-91 轴测图定位轴线

（4）输入 EL，按 Enter 键激活"椭圆"命令，输入 I，按 Enter 键激活"等轴测圆"选项，捕捉定位线的交点作为圆心，输入 68，按 Enter 键确认，绘制直径为 136 的轴测圆，如图 10-92 所示。

（5）按 Enter 键重复执行"椭圆"命令，继续以辅助线的交点为圆心，绘制直径为 144 的另一个轴测圆，然后按 F5 键切换轴测面为"<等轴测平面 俯视>"，输入 M 激活"移动"命令，将该轴测图向右上移动 2 个绘图单位。结果如图 10-93 所示。

（6）输入 CO，按 Enter 键激活"复制"命令，将直径为 136 的轴测圆向右上复制 25 个绘图单位，将直径为 140 的轴测圆向右上复制 21 个绘图单位。结果如图 10-94 所示。

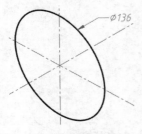
图 10-92 绘制轴测圆

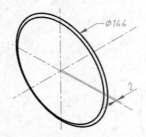
图 10-93 绘制另一个轴测圆

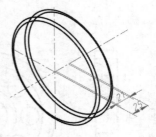
图 10-94 复制轴测圆

（7）输入 XL，按 Enter 键激活"构造线"命令，配合"切点"捕捉功能，绘制直径为 144 的两个轴测圆的公切线。结果如图 10-95 所示。

（8）输入 TR，按 Enter 键激活"修剪"命令，剪去多余的图线，并将右侧直径为 136 的轴测圆放入 0 图层，并将该图层隐藏，以备后用。结果如图 10-96 所示。

2. 完善直齿轮零件轴测图轮廓线

（1）按 F5 键切换轴测面为"<等轴测平面 左视>"，再次执行"椭圆"命令，以左侧直径为 144 的轴测圆的圆心为圆心，绘制直径为 116、88、60 和 40 的轴测圆，并将直径为 88 的轴测圆放入"点画线"层。结果如图 10-97 所示。

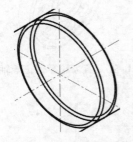
图 10-95 绘制轴测圆的公切线

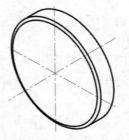
图 10-96 修剪图线

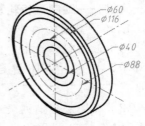
图 10-97 绘制轴测圆

（2）继续执行"椭圆"命令，以中心线的交点为圆心，绘制直径为 116 和 60 的 2 个轴测圆。结果如图 10-98 所示。

（3）执行"格式"/"点样式"命令打开"点样式"对话框并选择一个点样式，如图 10-99 所示。

（4）执行"绘图"/"点"/"定数等分"命令，选择直径为 88 的轴测圆，输入 8，按 Enter 键确认，将该圆等分为 8 段，如图 10-100 所示。

（5）设置"节点"捕捉模式，然后按 F5 键切换轴测面为"<等轴测平面 左视>"，再次执行"椭圆"命令，分别捕捉等分点作为圆心，绘制直径为 20 的 8 个轴测圆，如图 10-101 所示。

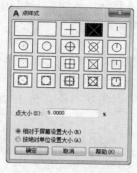

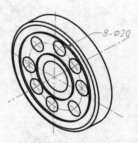

图 10-98　绘制轴测圆　　　图 10-99　设置点样式　　　图 10-100　等分轴测圆　　　图 10-101　绘制轴测圆

（6）在无任何命令发出的情况下单击所有等分点，按 Delete 键将其删除，然后输入 CO 激活"复制"命令，在直径为 20 的 8 个轴测圆内复制 8 个绘图单位，然后以复制的轴测圆的圆心为圆心，再次绘制 8 个直径为 10 的轴测圆。结果如图 10-102 所示。

（7）输入 RO，按 Enter 键激活"旋转"命令，将垂直中心线旋转 -7°，将水平中心线旋转 7°，然后以中心线的交点为圆心，绘制直径为 42 的轴测圆。结果如图 10-103 所示。

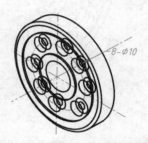

（8）输入 CO 激活"复制"命令，将垂直中心线对称复制 6 个绘图单位，将水平中心线向上复制 23 个绘图单位，将直径为 40 的轴测圆向内复制 21 个绘图单位。结果如图 10-104 所示。

图 10-102　复制并绘制轴测圆

（9）再次输入 CO 激活"复制"命令，将直齿轮轴测图的所有对象选择，并将其复制到其他位置以备后面使用，然后输入 TR，按 Enter 键激活"修剪"命令，对复制的轴测圆、中心线等进行修剪，并将修剪后的中心线放入"轮廓线"层，创建内孔键槽形状，完成直齿轮零件轴测图的绘制。结果如图 10-105 所示。

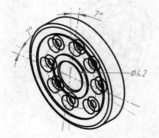
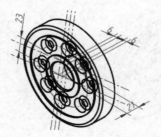

图 10-103　旋转中心线并绘制轴测圆　　　图 10-104　复制中心线　　　图 10-105　修剪图线以完善轴测图

10.6.2　绘制直齿轮零件正等轴测剖视图

　　机械零件轴测剖视图主要用于表现零件内部的结构特征，轴测剖视图需要在轴测图的基础上画出剖切部分，并表现机械零件内部的结构特征。

　　选择 10.6.1 节第（9）步中复制备用的轴测图，本节在复制的直齿轮零件轴测图的基础上绘制直齿轮零件的轴测剖视图。结果如图 10-106 所示。

　　实例——绘制直齿轮零件正等轴测剖视图

　　（1）按 F5 键切换轴测面为"＜等轴测平面 俯视＞"，输入 CO 激活"复制"命令，选择右边两个直径为 20 的轴测圆，将其向右上复制 13 和 21 个绘图单位。效果如图 10-107 所示。

　　（2）继续将右侧 2 个直径为 10 的轴测圆复制到右侧复制距离为 13 的两个直径为 20 的轴测圆上。结果如图 10-108 所示。

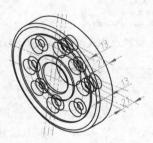
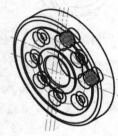

图 10-106　直齿轮机械零件
正等轴测剖视图
　　　　　　　图 10-107　复制轴测圆　　　　　　图 10-108　复制轴测圆

　　（3）输入 TR，按 Enter 键激活"修剪"命令，对轴测图中的图线进行修剪。效果如图 10-109 所示。

　　（4）使用"复制"命令，将垂直中心线向右上复制 2、10、15、23 和 25 个绘图单位，将中间键槽螺孔圆向右上复制 25 个绘图单位。结果如图 10-110 所示。

　　（5）继续使用"复制"命令，将水平中心线向右上复制 2、10、15、23 和 25 个绘图单位，将直径为 60 和 116 的轴测圆分别向右上复制 23 和 25 个绘图单位。结果如图 10-111 所示。

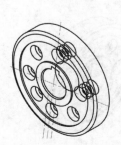
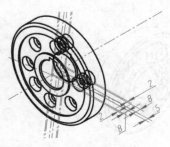
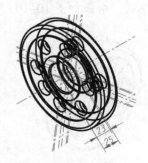

图 10-109　修剪图线　　　　　图 10-110　复制中心线　　　　图 10-111　复制轴测圆和水平中心线

下面开始绘制剖切线。

（6）在图层控制列表中将"剖面线"层设置为当前图层，按 F5 键切换轴测面为"< 等轴测平面 右视 >"，输入 PL，按 Enter 键激活"构造线"命令，配合"交点"捕捉功能捕捉中心线与轮廓线的交点，绘制右等轴测面上的第 1 个剖面线，如图 10-112 所示。

（7）使用相同的方法，继续配合"交点"捕捉功能，绘制上等轴测面上的两个剖面线。结果如图 10-113 所示。

图 10-112 绘制第 1 个剖面线

图 10-113 绘制另外两条剖面线

📋 小贴士

是不是看起来有些眼花？其实，剖视图最重要的是剖面线的绘制，而绘制剖面线的基础就是根据正投影图中所标注的尺寸，创建辅助线，再根据辅助线与轮廓线的交点，精确绘制剖面线，具体操作请大家一定注意详细观看视频讲解中的具体操作过程。

（8）输入 TR，按 Enter 键激活"修剪"命令，选择绘制的 4 条剖面线作为修剪边界，对要剖切的轮廓线进行修剪。效果如图 10-114 所示。

（9）选择 4 条剖面线，在图层控制列表中将其放入"轮廓线"层，输入 H，按 Enter 键激活"图案填充"对话框，选择名为 ANS131 的图案，并设置填充"比例"为 0.5，其他设置默认，如图 10-115 所示。

图 10-114 修剪图线的效果

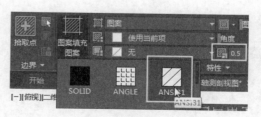

图 10-115 选择并设置填充图案

（10）在轴测图上方位置的剖切面内单击选取填充区域，按 Enter 键进行填充。结果如图 10-116 所示。

（11）按 Enter 键重复执行"图案填充"命令，使用相同的图案，设置图案的旋转角度为 90°，其他设置默认，再次对轴测图下面的剖切面进行填充，最后将"中心线"层隐藏，完成该零件轴测剖视图的绘制。结果如图 10-117 所示。

图 10-116　填充上部分剖面

图 10-117　填充下部分剖面

第 11 章　创建机械零件三维模型

在 AutoCAD 机械设计中，机械零件三维模型也是非常重要的一种图纸。与正投影图以及轴测图不同，机械零件三维模型可以从不同角度反映机械零件的结构特征，同时还可以获取机械零件的其他相关信息。本章讲解创建机械零件三维模型的相关知识。

本章主要内容如下：
- ➥　三维模型及其基本操作
- ➥　三维建模中的坐标系
- ➥　创建三维实体模型
- ➥　创建三维曲面模型
- ➥　创建三维网格模型
- ➥　职场实战——创建连接套零件三维实体模型与实体剖视图

11.1　三维模型及其基本操作

本节讲解三维模型的类型与查看三维模型的方法，这对后面创建、编辑三维模型非常重要。

11.1.1　三维模型的类型

在 AutoCAD 2020 中，有三种类型的三维模型，分别是实体模型、曲面模型和网格模型。尽管这三种类型的模型都可以直观地反映机械零件的内、外部结构特征，使一些在正投影图中无法表达的机械零件的结构特征和信息清晰而形象地显示在图纸上，但是这三种类型的三维模型却有本质的区别。本节讲解这三种类型的三维模型各自的特点以及查看方法。

➤　实体模型：实体模型是实实在在的物体，实体模型不仅包含物体的边、面信息，还具备实物的一切特性。这种模型不仅可以进行着色和渲染，同时还可以对其进行打孔、切槽、倒角等布尔运算，另外也可以检测和分析实体内部的质心、体积和惯性矩等。图 11-1 所示是电机零件的三维实体模型。

➤　曲面模型：曲面的概念比较抽象，用户可以将其理解为实体的面，简单来说，就是面片，由面片组成物体的基本结构。此种面模型不仅能着色、渲染，还可以对其进行修剪、延伸、圆角、偏移等编辑，但是不能进行打孔、开槽等操作。图 11-2 所示是齿轮零件的三维曲面模型。

➤　网格模型：网格模型是指由一系列规则的格子线围绕而成的网状表面，然后由网状表面的集合来定义三维物体的基本结构。网格模型仅含有边面信息，能着色和渲染，但是不能表达出真实实物的属性。图 11-3 所示是基座零件的三维网格模型。

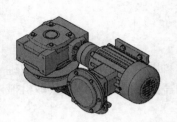

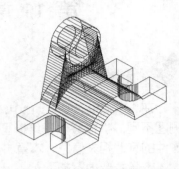

图 11-1　机电零件的实体模型　　　　图 11-2　齿轮零件的三维曲面模型　　　　图 11-3　基座零件的三维网格模型

11.1.2　查看三维模型对象

针对三种不同类型的三维模型，用户都可以在 AutoCAD 2020 中采用多种方式来查看。打开"素材"/"减速器箱盖三维实体模型 .dwg"素材文件，这是一个减速器箱盖的三维实体模型，如图 11-4 所示。

本节讲解查看该三维实体模型的相关方法。

1. 通过视口查看

在 AutoCAD 2020 中，视口也叫视图，其实就是 AutoCAD 2020 的绘图区，是用户绘制和查看图形对象的区域，AutoCAD 2020 一共有 6 个正交视图和 4 个等轴测视图。

图 11-4　减速器箱盖的三维实体模型

移动光标到绘图区左上角"视图控件"位置单击，在弹出的下拉列表中显示这 6 个正交视图和 4 个等轴测视图，如图 11-5 所示。

用户也可以执行"视图"/"三维视图"命令，在其子菜单下同样会显示这 6 个正交视图和 4 个等轴测视图，如图 11-6 所示。

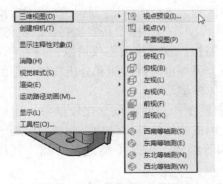

图 11-5　"视图控件"下拉列表　　　　　图 11-6　"三维视图"子菜单

这 6 个正交视图和 4 个等轴测视图都可以分别显示三维模型对象的 6 个投影面或者 3 个投影面上的结构特征，用户只需切换视图即可。下面通过具体实例操作讲解通过视图查看三维模型对象的相关方法。

实例——通过视图查看减速器箱盖三维实体模型

（1）移动光标到绘图区左上角"视图控件"位置单击，在弹出的下拉列表中选择"俯视"命令，此时显示模型的顶部，用户可以查看模型俯视投影面上的结构，如图 11-7 所示。

（2）继续选择"仰视"、"左视"、"右视"、"前视"和"后视"命令，分别查看几个投影面上的对象的结构特征，如图 11-8 所示。

（3）继续选择"西南等轴测"命令，将视图切换到西南等轴测视图，此时可以从西南方向查看模型对象西南等轴测投影面上的结构特征，如图 11-9 所示。

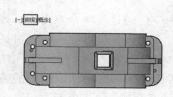

图 11-7 查看俯视图投影面的结构

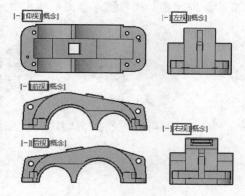

图 11-8 查看模型对象不同投影面的结构特征

图 11-9 西南等轴测视图效果

（4）继续选择"西北等轴测""东北等轴测"和"东南等轴测"命令，将视图切换到西南等轴测视图，此时可以从西南方向查看模型对象西南等轴测投影面上的结构特征，如图 11-10 所示。

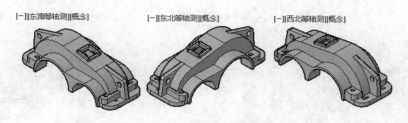

图 11-10 三个等轴测视图效果

📋 **小贴士**

用户也可以打开"视图"工具栏，单击相关工具按钮，以切换视图查看三维模型对象，如图 11-11 所示。

图 11-11 "视图"工具栏

2. 通过菜单命令查看三维模型对象

除了前面所讲解的通过切换视图以及使用"视图"工具栏的方法查看三维模型对象外，用户也可以通过执行菜单栏中的"视图"/"动态观察"命令或者打开"动态观察"工具栏，激活相关工具按钮，以动态的方式查看三维模型对象，这两种方法的操作完全一致，下面以激活"动态观察"工具按钮为例，讲解动态观察三维模型对象的方法。

实例——通过"动态观察"工具按钮查看减速器箱盖三维实体模型

（1）打开"动态观察"工具栏，激活"受约束的动态观察"按钮，拖曳鼠标手动调整观察点，以查看减速器箱盖模型，如图 11-12 所示。

（2）激活"自由动态观察"按钮，绘图区会出现圆形辅助框架，拖曳鼠标手动调整观察点，以观察模型，如图 11-13 所示。

（3）激活"连续动态观察"按钮，沿观察方向拖曳鼠标，此时会连续旋转视图，以便观察模型，单击即可停止旋转，如图 11-14 所示。

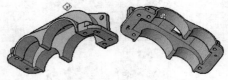

图 11-12 "受约束的动态观察"三维模型

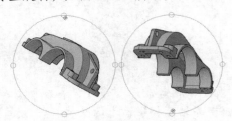

图 11-13 自由查看三维模型

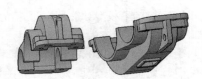

图 11-14 动态查看三维模型

📋 **小贴士**

在绘图区右上角位置有一个"导航立方体"，单击该立方体不同投影面，视图即可随时同步，这样就可以查看三维模型不同投影面的结构，如图 11-15 所示。

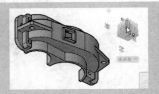

图 11-15 通过"导航立方体"查看三维模型

11.1.3　设置三维模型的视觉样式

视觉样式其实就是三维模型对象在视图中的外观效果显示状态，用户可以根据具体需要设置三维模型对象的外观效果。

单击绘图区左上角"视觉样式控件"按钮，弹出视觉样式列表，或者执行"视图"/"视觉样式"菜单命令，在其子菜单显示视觉样式菜单，执行这些菜单命令，即可设置三维模型的视觉样式，如图11-16所示。

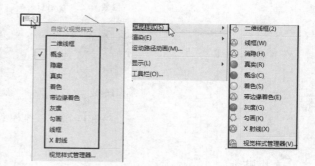

图11-16　视觉样式菜单命令

➢　二维线框模式：直线和曲线显示模型的边缘，此对象的线型和线宽都是可见的。

➢　线框：用直线和曲线显示模型的边缘轮廓，与"二维线框"显示方式不同的是，表示坐标系的按钮会显示成三维着色形式，并且对象的线型及线宽都是不可见的。

➢　消隐：将三维模型中观察不到的线隐藏起来，而只显示那些位于前面无遮挡的对象。

➢　真实：使模型实现平面着色，它只对各多边形的面着色，不对面边界作光滑处理。

➢　概念：使模型实现平面着色，它不仅可以对各多边形的面着色，还可以对面边界作光滑处理。

➢　着色：使模型进行平滑着色。

➢　带边缘着色：使模型进行带有可见边的平滑着色。

➢　灰度：使模型以单色面颜色模式着色，从而产生灰色效果。

➢　勾画：使对象使用外伸和抖动方式产生手绘效果。

➢　X射线：更改面的不透明度，以使整个场景变成部分透明。

打开"素材"/"法兰盘零件三维模型.dwg"素材文件，这是法兰盘零件的三维实体模型。默认设置下该模型是以"概念"视觉样式来显示的，如图11-17所示。下面来设置该模型不同的视觉样式效果。

实例——设置三维模型的视觉样式

（1）执行"二维线框"命令，此时三维模型以二维线框的形式显示模型对象的结构，如图11-18所示。

图11-17　"概念"视觉样式

图11-18　"二维线框"视觉样式

（2）继续执行其他相关命令，设置三维模型对象的其他视觉样式效果，如图11-19所示。

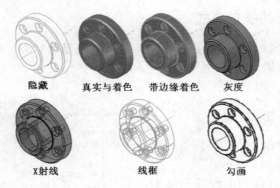

隐藏　　　真实与着色　带边缘着色　　灰度

X射线　　　　　　　线框　　　　　　勾画

图 11-19　三维模型的其他视觉样式

📋 **小贴士**

除了以上方法外，进入"三维基础"绘图空间的"可视化"选项卡单击"视觉样式"列表，弹出视觉样式预览图，单击各预览图即可设置三维模型的视觉样式，如图 11-20 所示。

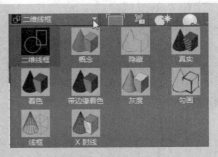

图 11-20　视觉样式预览效果

11.1.4　多视口显示三维模型

在创建三维模型的实际操作中，有时需要从多个视口表现三维模型不同投影面的结构，此时就需要多个视口。系统默认情况下，AutoCAD 2020 将整个绘图区域作为一个视口，此时可以创建多个视口，或者对默认视口进行分割，以获得多个视口显示三维模型不同投影面的结构。

继续 11.1.3 节的操作，本节将法兰盘三维模型默认的一个视口创建为 4 个相等的视口，并在不同的视口以不同的视觉样式显示该零件不同投影面的结构，通过该实例讲解创建视口的方法。效果如图 11-21 所示。

实例——创建与分割视口

（1）执行"视图"/"视口"/"新建视口"命令打开"视口"对话框，进入"新建视口"选项卡，选择系统默认的几个标准视口，例如选择"四个：相等"选项，如图

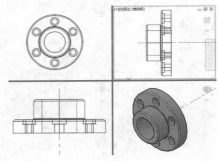

图 11-21　多视口显示效果

11-22 所示。

（2）单击 确定 按钮，此时法兰盘三维模型默认的一个视口被分割为 4 个标准视口，如图 11-23 所示。

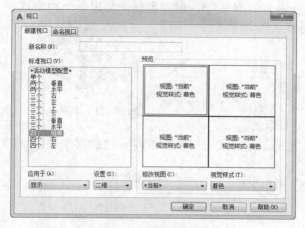

图 11-22 选择标准视口

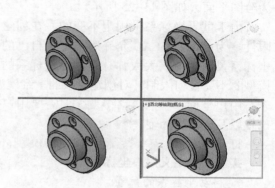

图 11-23 创建的视口

（3）单击选择法兰盘三维模型对象，设置其颜色特性为黑色，然后单击左上角的视口将其激活，单击左上角的视图控件按钮，选择"前视图"，并设置视觉样式为"二维线框"。

（4）使用相同的方法，即设置左下角的视口为"俯视图"，并设置视觉样式也为"二维线框"；设置右上角的视口为"左视图"，并设置视觉样式也为"二维线框"。此时效果如图 11-21 所示。

📋 小贴士

除了以上方法外，用户可以执行"视图"/"视口"子菜单命令，将当前视口分割为 1~4 个视口。另外，对于分割后的视口，用户还可以将其中两个视口合并为一个视口，方法是：执行"视图"/"视口"/"合并"命令，单击选择一个视口作为主视口，例如单击右下方的视口作为主视口，然后单击右上角的视口作为要合并的视口，此时原来的 4 个相等的视口变成了 3 个视口，如图 11-24 所示。

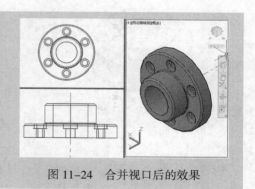

图 11-24 合并视口后的效果

11.2 三维建模中的坐标系

在 AutoCAD 机械设计中，无论是绘制机械零件正投影图还是创建机械零件三维模型，坐标系都是不可或缺的重要工具，本节讲解三维建模中坐标系的相关知识。

11.2.1　世界坐标系与用户坐标系

AutoCAD 系统默认情况下使用的是世界坐标系，简称 WCS。世界坐标系是由 3 个相交且相互垂直的 X、Y 和 Z 轴组成，且 Z 轴始终为垂直状态，其 X、Y 平面为绘图平面，如图 11-25 所示。

由于世界坐标系是固定不变的，在创建三维模型时会有一定的局限性。为此，AutoCAD 允许用户定义自己的坐标系，简称 UCS。用户坐标系灵活多变，大大弥补了世界坐标系的不足，使用户在创建三维模型时不受任何限制，对创建复杂的三维模型很有帮助。

图 11-25　世界坐标系

用户坐标系虽然灵活多变，但需要用户自定义，自定义用户坐标系时，包括移动坐标系的位置以及旋转坐标轴。

打开"素材"/"弯管模零件三维模型 .dwg"素材文件，下面定义用户坐标系。

实例——定义用户坐标系

1. 移动坐标系的位置

默认设置下，坐标系位于模型的左下方位置，如图 11-26 所示。

在实际的工作中，用户可以根据需要调整坐标系的位置，下面将坐标系调整到弯管模上表面圆心位置。

（1）设置"圆心"和"端点"捕捉模式，输入 UCS，按 Enter 键，配合"圆心"捕捉功能，捕捉弯管模上顶面圆心，如图 11-27 所示。

（2）按 Enter 键确认，结果坐标系被移动到弯管模零件的上表面圆心位置，如图 11-28 所示。

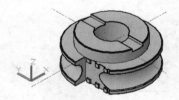

图 11-26　弯管模零件三维模型及其世界坐标系

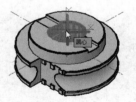

图 11-27　捕捉圆心

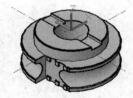

图 11-28　移动坐标系的位置

（3）执行"绘图"/"建模"/"圆柱体"命令，输入 0，0，0，按 Enter 键确定圆柱体的圆心为坐标系的圆心，然后输入圆柱体的半径和高度，在该位置创建一个圆柱体。效果如图 11-29 所示。

2. 旋转坐标轴以确定绘图平面。

AutoCAD 始终是以 XY 平面为绘图平面，而世界坐标系又是固定不变的，这给创建三维模型带来了极大的不便，如图 11-29 所示。在世界坐标系中，XY 平面为弯管模的上表面，此时只能在该平面创建一个圆柱体模型，如果需要在弯管模左侧平面上创建圆柱体，就需要定义 XY 平面与弯管模左侧平面一致。下面定义坐标系的 XY 平面与弯管模左侧平面一致。

（1）再次输入 UCS，按 Enter 键确认，在弯管模左侧的平面上单击拾取一点，确定坐标轴的原点，如图 11-30 所示。

（2）向右下方引出矢量线并拾取一点，确定 X 轴的方向，如图 11-31 所示。

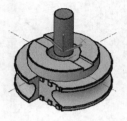 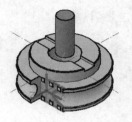 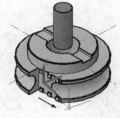

图 11-29　在上表面创建的圆柱体　　　图 11-30　在左侧平面上拾取一点　　　图 11-31　确定 X 轴的方向

（3）继续垂直向上引导光标并拾取一点，确定 Y 轴的方向，如图 11-32 所示。

（4）此时 XY 平面与弯管模的左平面一致，执行"绘图" / "建模" / "圆柱体"命令，在该平面拾取一点确定圆心，然后输入圆柱体的半径和高度，创建一个圆柱体。结果如图 11-33 所示。

（5）读者自己尝试重新定义坐标系，并在弯管模右侧平面创建一个圆柱体。效果如图 11-34 所示。

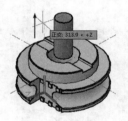 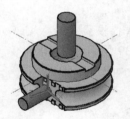 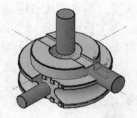

图 11-32　确定 Y 轴的方向　　　图 11-33　在左平面创建圆柱体　　　图 11-34　在右平面创建圆柱体

📋 小贴士

除了以上方法自定义用户坐标系外，用户也可以输入 UCS，按 Enter 键激活 UCS 命令，然后根据具体需要，分别输入 X、Y 和 Z 激活相关坐标轴，然后输入旋转角度对坐标轴进行旋转，以定义用户坐标系，例如将如图 11-34 所示的坐标系沿 X 轴旋转 -45° 以定义用户坐标系，然后以坐标系原点为圆心创建圆柱体，具体操作如下：

（1）输入 UCS，按 Enter 键激活 UCS 命令，输入 X，按 Enter 键确认，输入 -45，按 Enter 键确认，将 X 轴旋转 -45° 以定义坐标系。效果如图 11-35 所示。

（2）执行"绘图" / "建模" / "圆柱体"命令，输入 0, 0, 0，按 Enter 键确定圆柱体的圆心，然后输入圆柱体的半径和高度，以创建一个圆柱体。结果如图 11-36 所示。

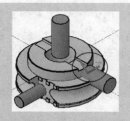 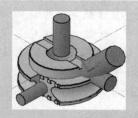

图 11-35　定义坐标系　　　　　图 11-36　创建圆柱体

另外，要想将当前用户坐标系恢复为 WCS（世界坐标系），操作过程为：输入 UCS，按 Enter 键；再输入 W，按 Enter 键，即可将坐标系恢复为 WCS（世界坐标系）。

11.2.2　管理坐标系

用户可以对坐标系进行管理，例如保存、命名用户坐标系，调用、显示和设置坐标系等一系列操作，本节讲解相关知识。

实例——管理用户坐标系

1. 保存与命名用户坐标系

自定义的坐标系可以进行保存，以方便后面继续调用该坐标系，操作非常简单。打开"素材"/"阀管三维模型 .dwg"素材文件，这是一个阀管零件的三维模型，其坐标轴位于零件的上表面圆心位置，如图 11-37 所示。下面将其移动到右侧圆管圆心位置，并以该圆管平面作为绘图平面。结果如图 11-38 所示。

（1）设置"圆心"和"象限点"捕捉模式，输入 UCS，按 Enter 键，捕捉右侧圆管的右平面圆心，确定坐标系的原点，如图 11-39 所示。

（2）捕捉圆管右象限点确定 X 轴，如图 11-40 所示。

 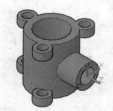  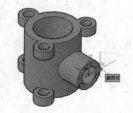

图 11-37　素材文件　　　图 11-38　自定义坐标系　　　图 11-39　捕捉圆心　　　图 11-40　捕捉右象限点

（3）继续捕捉圆管上象限点确定 Y 轴，并完成坐标系的自定义，如图 11-41 所示。

下面将该坐标系进行命名和保存。

（4）输入 UCS，按 Enter 键激活 UCS 命令，输入 S，按 Enter 键激活"保存"命令。

（5）此时需要输入坐标系的名称为其命名，例如输入 UCS1，按 Enter 键，这样就可以将该坐标系进行保存。

2. 调用、切换与删除 UCS 坐标系

可以调用保存的 UCS 坐标系，也可以将其删除或替换为其他坐标系。执行"工具"/"命名 UCS"命令，打开 UCS 对话框，如图 11-42 所示。

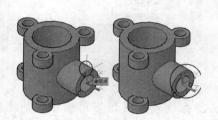

图 11-41 捕捉上象限点确定 Y 轴

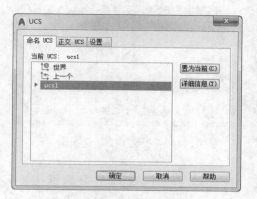

图 11-42 UCS 对话框

该对话框包括 3 个选项卡，分别是"命名 UCS"选项卡、"正交 UCS"选项卡以及"设置"选项卡。

➷ "命名 UCS"选项卡

该选项卡用于显示当前文件中的所有坐标系，包括上一节定义并保存的 UCS1 的坐标系。

➤ "当前 UCS"：显示当前 UCS 名称。如果当前 UCS 没有保存和命名，那么当前 UCS 读取"未命名"。在"当前 UCS"下的空白栏中有 UCS 名称的列表，列出当前视口中已定义的坐标系。

➤ 单击 置为当前(C) 按钮设置当前坐标系。

➤ 单击 详细信息(T) 按钮，可打开图 11-43 所示的"UCS 详细信息"对话框，用来查看坐标系的详细信息。

➷ "正交 UCS"选项卡

此选项卡用于显示和设置 AutoCAD 预设的 6 个标准坐标系作为当前坐标系，正交坐标系是相对"相对于"列表框中指定的 UCS 进行定义的，如图 11-44 所示。

图 11-43 "UCS 详细信息"对话框

用户可以选择一个标准坐标系，单击 置为当前(C) 按钮，即可将其设置为当前坐标系。

➷ "设置"选项卡

此选项卡用于设置 UCS 图标的显示及其他的一些操作设置，如图 11-45 所示。

➤ "开"复选框：显示或隐藏当前视口中的 UCS 图标，取消该选项的勾选，则坐标系不显示在视口中。

➤ "显示于 UCS 原点"复选框：用于在当前视口中当前坐标系的原点显示 UCS 图标。

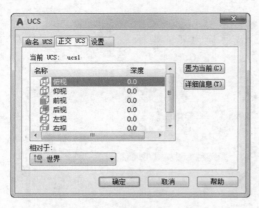

图 11-44 "正交 UCS" 选项卡

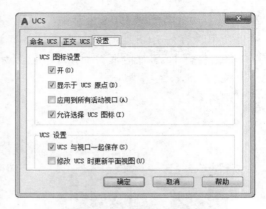

图 11-45 "设置" 选项卡

➤ "应用到所有活动视口"复选框：用于将 UCS 图标设置应用到当前图形中的所有活动视口。

➤ "UCS 与视口一起保存"复选框：用于将坐标系设置与视口一起保存。如果清除此选项，视口将反映当前视口的 UCS。

➤ "修改 UCS 时更新平面视图"复选框：用于在修改视口中的坐标系时恢复平面视图，当对话框关闭时，平面视图和选定的 UCS 设置被恢复。

11.3 创建三维实体模型

在 AutoCAD 2020 中，三维实体模型是一种较常用的三维对象，除了执行三维实体模型的创建命令创建三维实体模型外，还可以通过二维图形的转换来创建三维实体模型，本节讲解创建三维实体模型的相关知识。

11.3.1 创建三维实体模型的方法

三维实体模型包括长方体，圆柱体、球体等常见的三维基本模型对象。切换工作空间到"三维基础"或者"三维建模"工作空间，在"默认"选项卡的"创建"选项单击"长方体"按钮▣，在弹出的下拉列表中将显示所有三维实体模型的创建按钮，或者执行"绘图"/"建模"命令，在其子菜单也会显示三维模型的创建命令，如图 11-46 所示。

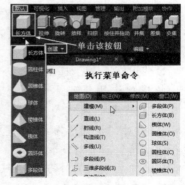

图 11-46 三维实体模型的创建命令

✎ 小贴士

用户也可以打开"建模"工具栏，在该工具栏上有三维实体模型的创建按钮，激活相关按钮即可创建三维实体模型，如图 11-47 所示。

另外，用户也可以直接输入三维实体模型的快捷方式以激活这些命令，其快捷方式就是其英文名称的缩写，用户可以将光标移动到相关按钮上，系统会自动显示该按钮的英文名称及其使用方法，如图 11-48 所示。

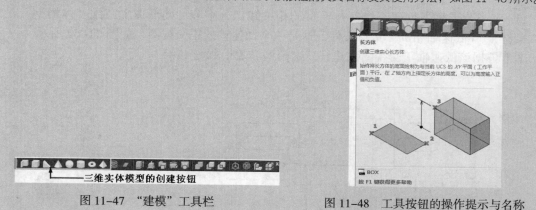

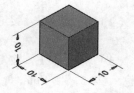

图 11-47 "建模"工具栏　　　　　　图 11-48 工具按钮的操作提示与名称

三维实体模型的创建方法都大同小异。下面以创建 10×10×10 的三维立方体实体模型与半径为 10，高度为 10 的圆柱体三维实体模型为例，讲解创建三维实体模型的方法，其他三维模型的创建依据基本相同，在此不再讲解，大家可以自己尝试操作。

实例——创建三维实体模型

（1）输入 BOX，按 Enter 键激活"长方体"命令，在绘图区单击拾取一点，然后输入 @10，10，10，按 Enter 键确认。

（2）将视图切换到"西南等轴测"视图，并设置视觉样式为"概念"。此时立方体模型效果如图 11-49 所示。

（3）输入 CYL，按 Enter 键激活"圆柱体"命令，在绘图区单击确定圆柱体的底面圆心，输入 10，按 Enter 键绘制底面圆。

（4）继续输入 10，按 Enter 键确定高度。绘制结果如图 11-50 所示的模型。

图 11-49 创建立方体三维模型

下面大家自己尝试创建其他三维模型。效果如图 11-51 所示。

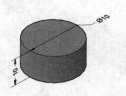

图 11-50 创建圆柱体三维模型

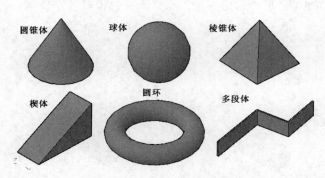

图 11-51 其他三维视图模型

11.3.2　实例——创建低速轴三维实体模型

11.3.1 小节讲解了创建三维实体模型的相关知识，本节创建低速轴三维实体模型。首先打开"素材"/"低速轴 .dwg"素材文件，这是一个低速轴的正交视图，如图 11-52 所示。

本节根据该低速轴正交视图创建其三维模型。效果如图 11-53 所示。

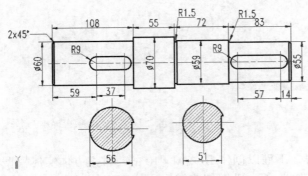

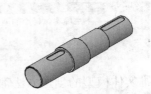

图 11-52　低速轴的正交视图　　　　　　　　图 11-53　低速轴三维实体模型

实例——创建低速轴零件三维模型

（1）进入"三维建模"工作空间，切换视图到"西南等轴测"视图，并设置视觉样式为"概念"。

（2）输入 UCS，按 Enter 键，输入 Y，按 Enter 键激活 Y 轴，输入 –90，按 Enter 键将其旋转 –90°，以定义用户坐标系。

（3）输入 CYL，按 Enter 键激活"圆柱体"命令，拾取一点，确定圆柱体的底面圆心，然后输入 27.5，按 Enter 键确定半径，再输入 83，按 Enter 键确定高度，绘制圆柱体，如图 11-54 所示。

（4）按 Enter 键重复执行"圆柱体"命令，捕捉已有圆柱体的顶面圆心，输入 29.5，按 Enter 键确定半径，再输入 72，按 Enter 键确定高度，绘制圆柱体，如图 11-55 所示。

（5）使用相同的方法，根据正交视图的尺寸标注，机械绘制其他圆柱体，如图 11-56 所示。

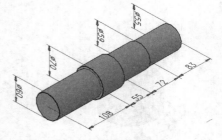

图 11-54　创建圆柱体　　　　图 11-55　创建圆柱体　　　　图 11-56　创建其他圆柱体

下面创建键槽。键槽是由长方体和圆柱体共同组合而成，其深度为4个绘图单位，键槽的创建需要使用布尔运算来完成。

（6）输入 UCS，按 Enter 键，再输入 W，按 Enter 键，将坐标系恢复为世界坐标系。

（7）输入 BOX，按 Enter 键激活"长方体"命令，拾取一点，输入 @37，18，10，按 Enter 键确认创建一个长方体，如图 11-57 所示。

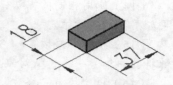

图 11-57 创建长方体

（8）输入 CYL，按 Enter 键激活"圆柱体"命令，捕捉长方体左宽度边的中点作为圆心，创建半径为9，高度为10的圆柱体，并将该圆柱体复制到长方体的另一边中点位置，如图 11-58 所示。

（9）执行"修改"/"实体编辑"/"并集"命令，依次选择长方体和两个圆柱体，按 Enter 键确认，将其并集为一个模型对象，如图 11-59 所示。

（10）使用相同的方法，根据正交视图的参数，再次使用长方体和圆柱体创建另一个键槽模型，并将其并集，如图 11-60 所示。

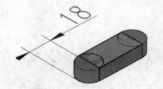 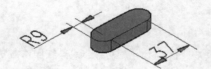 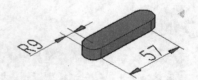

图 11-58 创建圆柱体　　图 11-59 创建键槽对象　　图 11-60 创建另一个键槽对象

📋 小贴士

根据图示尺寸可以算出键槽的深度为4，作为键槽的运算对象，其高度值只要大于4即可，因此设置两个键槽运算对象的高度为10。

（11）为了便于调整键槽模型的位置，将视觉样式设置为"二维线框"模式，然后输入 M，按 Enter 键激活"移动"命令，单击左边键槽模型，捕捉左侧圆弧的下表面圆心，如图 11-61 所示。

（12）按住 Shift 键右击并选择"自"选项，然后捕捉低速轴左边圆柱体的圆心，如图 11-62 所示。

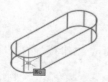 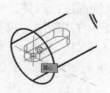

图 11-61 捕捉底面圆心　　图 11-62 捕捉左端面圆心

（13）输入 @59，0，26，按 Enter 键确认，移动键槽模型到低速轴模型上。效果如图 11-63 所示。

（14）使用相同的方法，根据图示尺寸，将另一个键槽模型调整到低速轴右侧合适位置。效果如图 11-64 所示。

（15）执行"修改"/"实体编辑"/"并集"命令，选择低速轴的 4 个圆柱体对象，按 Enter 键将其并集为一个模型对象。

（16）再次执行"修改"/"实体编辑"/"差集"命令，单击选择并集后的低速轴模型对象，按 Enter 键确认。然后分别单击选择两个键槽模型，按 Enter 键，在低速轴模型上创建两个键槽模型，完成低速轴零件三维模型的创建。效果如图 11-65 所示。

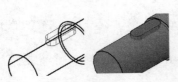

图 11-63　调整键槽模型的位置

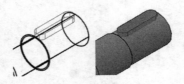
图 11-64　调整键槽模型的位置

图 11-65　创建键槽后的低速轴效果

📋 小贴士

"交集""差集"等布尔运算操作以及"倒角边"修改命令的详细操作方法，将在后面章节中详细讲解。另外，该低速轴三维模型编辑效果并不是很完整和精细，鉴于相关编辑命令还没有学到，因此这些编辑也将在后面章节中讲解。

11.4　创建三维曲面模型

与三维实体模型不同，三维曲面模型其实是实体的表面，因此这类模型基本都是由二维图形转换而来，本节讲解创建三维曲面模型的相关知识。

11.4.1　创建三维曲面模型的方法

曲面模型基本上是通过对二维图形进行拉伸、旋转、扫掠和放样转换而来，在对二维图形转换时，也可以创建三维曲面模型。本节讲解学习相关知识。

1. 拉伸创建三维曲面模型

拉伸是指将二维截面进行延伸，生成三维曲面模型或实体模型。

用户可以通过以下方式激活"拉伸"命令。

➥ 快捷键：输入 EXT，按 Enter 键确认

➥ 工具按钮：单击"默认"选项卡中的"创建"选项或"建模"工具栏中的"拉伸"按钮▣

➥ 菜单栏：执行"绘图"/"建模"/"拉伸"命令

下面通过简单实例讲解拉伸创建曲面模型的方法。

实例——拉伸创建曲面模型

（1）切换视图到西南等轴测视图，并设置视觉样式为"概念"。

（2）绘制半径为 10 的圆，输入 EXT，按 Enter 键激活"拉伸"命令，输入 MO，按 Enter 键激活"模式"选项，输入 SU，按 Enter 键激活"曲面"选项。

（3）单击圆，输入 10，按 Enter 键设置拉伸高度。拉伸结果如图 11-66 所示。

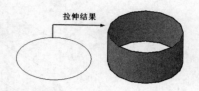

图 11-66　拉伸创建曲面模型

小贴士

输入 EXT，按 Enter 键激活"拉伸"命令，输入 MO，按 Enter 键激活"模式"选项，如果输入 SO 激活"实体"选项，则拉伸创建实体模型，如图 11-67 所示。

另外，进入拉伸模式后，在命令行选择拉伸的方法，有"方向""倾斜角"以及"路径"，可以沿某一方向或者路径以及设置倾斜角进行拉伸。方向拉伸与倾斜角拉伸结果如图 11-68 所示。

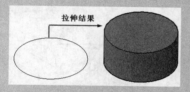

图 11-67　拉伸创建实体模型

图 11-68　方向拉伸与倾斜角拉伸结果

拉伸时，对于闭合的二维图形，可以将其拉伸为三维实体模型和三维曲面模型，而对于非闭合的二维图形，只能将其拉伸为曲面模型。

2. 旋转创建三维曲面模型

旋转是指将二维截面沿某一轴旋转，生成曲面模型或实体模型。

用户可以通过以下方式激活"旋转"命令。

➥ 快捷键：输入 REV，按 Enter 键确认

➥ 工具按钮：单击"默认"选项卡中的"创建"选项或"建模"工具栏中的"旋转"按钮

➥ 菜单栏：执行"绘图"/"建模"/"旋转"命令

下面通过简单实例讲解旋转创建曲面模型的方法。

实例——旋转创建曲面模型

（1）继续上面的操作，在西南等轴测视图创建一个矩形，在矩形旁边绘制一条直线，如图 11-69 所示。

（2）输入 REV，按 Enter 键激活"旋转"命令，输入 MO，按 Enter 键激活"模式"选项，输入 SU，按 Enter 键激活"曲面"选项。

（3）单击矩形，按 Enter 键确认，捕捉直线的两个端点，按 Enter 键确认，则矩形沿直线进

行旋转，创建一个曲面模型。效果如图 11-70 所示。

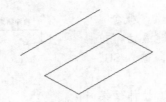

图 11-69 创建矩形和直线　　　　　　图 11-70 旋转创建曲面模型

📋 小贴士

与"拉伸"命令相同，输入 MO，按 Enter 键激活"模式"选项，如果输入 SO 激活"实体"选项，则可以通过旋转创建实体模型，在"概念"视觉样式下，曲面模型与实体模型似乎没有任何区别，如图 11-71 所示。

但在"二维线框"视觉样式下，可以显示这两个模型的区别，如图 11-72 所示。

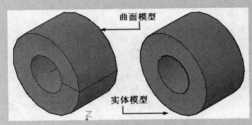

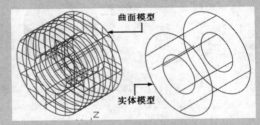

图 11-71 曲面模型和实体模型　　　　图 11-72 曲面模型和实体模型

3. 扫掠创建三维曲面模型

扫掠时需要截面和路径，截面和路径不能共面。所谓"共面"是指截面和路径不在一个平面上。

用户可以通过以下方式激活"扫掠"命令。

➥ 快捷键：输入 SW，按 Enter 键确认

➥ 工具按钮：单击"默认"选项卡中的"创建"选项或"建模"工具栏中的"扫掠"按钮 📦

➥ 菜单栏：执行"绘图"/"建模"/"扫掠"命令

下面通过简单实例讲解扫掠创建曲面模型的方法。

实例——扫掠创建曲面模型

（1）继续上面的操作，在西南等轴测视图输入 HELI，激活"螺旋线"命令，绘制一条螺旋线，然后输入 UCS，按 Enter 键，输入 Y，按 Enter 键，输入 -90，按 Enter 键，将 Y 轴旋转 -90° 以定义用户坐标系。

（2）输入 C，按 Enter 键激活"圆"命令，以螺旋线的端点为圆心，绘制一个圆，如图

11-73 所示。

（3）输入 SW，按 Enter 键激活"扫掠"命令，输入 MO，按 Enter 键激活"模式"选项，输入 SU，按 Enter 键激活"曲面"选项。

（4）单击圆，按 Enter 键确认，再单击螺旋线进行扫掠，如图 11-74 所示。

图 11-73　绘制螺旋线与圆

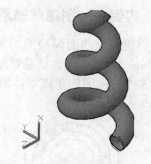

图 11-74　扫掠创建曲面模型

📋 小贴士

> "扫掠"时既可以创建曲面模型也可以创建实体模型，这取决于"模式"的设置。另外，"扫掠"时路径与截面不能共面，因此当创建螺旋线路径后，定义用户坐标系，然后再创建截面，这样路径与截面就不能共面了。

4. 放样创建三维曲面模型

放样时至少需要 2 个截面，另外也可以沿路径放样，其操作与扫掠有些相似。

用户可以通过以下方式激活"放样"命令。

↘ 快捷键：输入 LOFT，按 Enter 键确认

↘ 工具按钮：单击"默认"选项卡中的"创建"选项或"建模"工具栏中的"放样"按钮 🔲

↘ 菜单栏：执行"绘图"/"建模"/"放样"命令

下面通过简单实例讲解放样创建曲面模型的方法。

实例——放样创建曲面模型

（1）继续上面的操作，输入 UCS，按 Enter 键，输入 W，按 Enter 键，将坐标系恢复为世界坐标系，然后在西南等轴测视图绘制一个圆和一个矩形，并使这两个对象保持一定的高度，如图 11-75 所示。

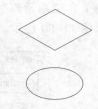

图 11-75　创建圆和矩形

（2）输入 LOFT，按 Enter 键激活"放样"命令，输入 MO，按 Enter 键激活"模式"选项，输入 SU，按 Enter 键激活"曲面"选项。

（3）依次单击圆和矩形，按两次 Enter 键确认进行放样。放样创建的曲面模型如图 11-76 所示。

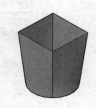

图 11-76　放样创建的曲面模型

📋 **小贴士**

"放样"时既可以创建曲面模型也可以创建实体模型，这取决于"模式"的设置。

11.4.2 实例——创建球轴承三维曲面模型

前面讲解了创建三维曲面模型的相关知识，下面创建机械零件的三维曲面模型。打开"素材"/"球轴承 .dwg"素材文件，这是球轴承零件二视图，如图 11-77 所示。

本节根据该零件二视图创建该零件的三维曲面模型，创建结果如图 11-78 所示。

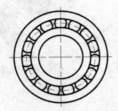

图 11-77　球轴承零件二视图

图 11-78　球轴承零件三维曲面模型

实例——创建球轴承零件三维曲面模型

在创建球轴承零件的曲面模型前，首先需要对球轴承的二维图形进行编辑，使其满足创建曲面模型的要求。

（1）在图层控制列表中将"剖面线"层和"点画线"层隐藏。

（2）执行"绘图"/"边界"命令打开"边界创建"对话框，在"对象类型"列表中选择"多段线"，然后激活 🖼 "拾取点"按钮返回到绘图区，如图 11-79 所示。

（3）在球轴承零件主视图上方的两个区域内单击，然后按 Enter 键确认，创建两个闭合边界，如图 11-80 所示。

图 11-79　"边界创建"对话框设置

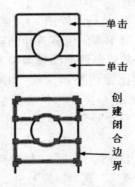

图 11-80　创建闭合边界

（4）显示"点画线"层，然后将主视图中的垂直中心线选择并删除，再次依照第（2）步和第（3）步的操作，在主视图上方的半圆内创建一个闭合边界，如图 11-81 所示。

　　这样所有创建曲面对象的二维图形都已经编辑完成，下面就可以创建曲面模型了。

　　（5）将视图切换为西南等轴测视图，并设置视觉样式为"概念"。

　　（6）输入 REV，按 Enter 键激活"旋转"命令，输入 MO，按 Enter 键激活"模式"选项，输入 SU，按 Enter 键激活"曲面"选项。

　　（7）单击创建的半圆形闭合边界，按 Enter 键确认，捕捉中心线的两个端点，按 Enter 键确认，则半圆形边界沿中心线进行旋转，创建一个曲面模型。效果如图 11-82 所示。

　　（8）按 Enter 键重复执行"旋转"命令，输入 MO，按 Enter 键激活"模式"选项，输入 SU，按 Enter 键激活"曲面"选项。

　　（9）分别单击主视图上方创建的两个闭合边界，按 Enter 键确认，然后捕捉球轴承主视图的水平中心线的两个端点，如图 11-83 所示。

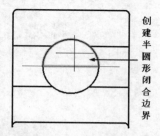

图 11-81　创建闭合边界

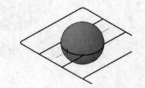

图 11-82　旋转创建曲面模型

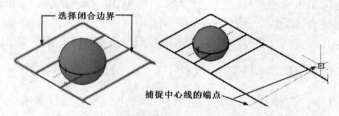

图 11-83　旋转边界与捕捉端点

　　（10）按 Enter 键确认，则这两个边界沿中心线进行旋转，创建两个曲面模型。效果如图 11-84 所示。

　　下面需要对球轴承的滚子球体进行旋转复制。

　　（11）将视图切换到左视图，选择创建的三个曲面模型对象将其放入"0 图层"，然后输入 AR，按 Enter 键激活"阵列"命令，单击选择球轴承内部的球体曲面模型，如图 11-85 所示。

　　（12）按 Enter 键确认，输入 PO，按 Enter 键激活"极轴"选项，配合"圆心"捕捉功能，捕捉球轴承曲面模型的圆心作为极轴阵列的中心，如图 11-86 所示。

图 11-84　旋转创建两个曲面模型

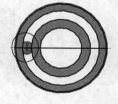

图 11-85　选择球体曲面模型

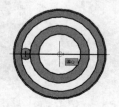

图 11-86　捕捉圆心

（13）输入 I，按 Enter 键激活"项目"选项，输入 15，按两次 Enter 键确认并退出操作，对球体曲面对象进行极轴阵列。效果如图 11-87 所示。

（14）在图层控制列表中将"轮廓线"层隐藏，设置其他视觉样式并执行"视图"/"动态观察"/"受约束的动态观察"命令，拖曳鼠标调整视角观察球轴承零件三维曲面模型。效果如图 11-88 所示。

 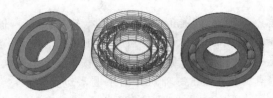

图 11-87　极轴阵列效果　　　　图 11-88　球轴承零件三维曲面模型

11.5　创建三维网格模型

严格来讲，网格模型并不属于三维模型对象，它是由一系列规则的格子线围绕而成的网状表面，由网状表面的集合来定义三维物体的基本结构，因此它只包含模型边面信息，能着色和渲染，但是不能表达出真实实物的属性。本节讲解创建网格模型的相关知识。

11.5.1　创建三维网格模型的方法

在 AutoCAD 2020 中，三维网格模型包括两种类型，一种类型是标准网格模型。标准网格模型不仅从外形上看与标准实体模型非常相似，都是一些常见的几何体，例如长方体、圆柱、圆球、圆环等，同时这些标准网格模型的创建方法也与标准实体模型的创建方法完全相同。因此，很容易让人将这两种类型的三维模型混淆，但实际上这些标准网格模型的内部结构与标准实体模型的内部结构是完全不同的，如图 11-89 所示。

在创建这些标准网格模型时，用户可以执行"网格"/"图元"子菜单命令，即可创建标准网格模型，如图 11-90 所示。

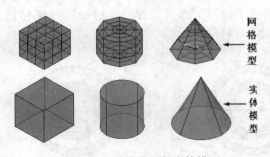 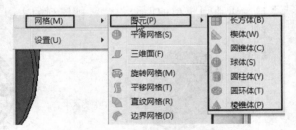

图 11-89　网格模型与实体模型　　　　图 11-90　网格模型子菜单

📋 **小贴士**

> 用户也可以在"三维建模"工作空间进入"网格"选项卡，在"图元"选项按住"网格长方体"按钮□
> 即可显示其他网格模型的创建按钮，激活这些按钮即可创建网格模型。

三维网格模型的另一种类型是通过二维图形转换而来，这与通过二维图形创建曲面模型有些相似，它包括"边界网格模型""直纹网格模型""平移网格模型"三种，本节重点讲解这 3 种类型的网格模型的创建方法。标准网格模型的创建方法与标准实体模型的创建方法完全相同，在此不再赘述，读者可以自己尝试操作。

1. 创建边界网格模型

边界网格是在 4 条彼此相连的边或曲线之间创建网格模型，用户可以通过以下方式激活"边界网格"命令。

➷ 快捷键：输入 EDG，按 Enter 键确认

➷ 菜单栏：执行"绘图"/"建模"/"网格"/"边界网格"命令

下面通过创建边界网格模型的方法，创建一个 50×50×50 的网格立方体模型。

实例——创建网格立方体模型

（1）将视图切换到西南等轴测视图，启用"正交"功能，使用直线绘制边长为 50 的四边形，如图 11-91 所示。

（2）再次激活"直线"命令，配合"端点"捕捉功能，捕捉四边形各边的端点，继续绘制首尾相连、边长为 50 的四边形，如图 11-92 所示。

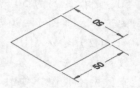

图 11-91 绘制四边形

下面通过四边形创建边界网格模型。

（3）打开"图特性管理器"对话框，新建"图层 1"，并将其关闭。然后输入 EDG，按 Enter 键激活"边界网格"命令，依次分别单击底面四边形的 4 条边，创建一个边界网格模型，如图 11-93 所示。

（4）选择创建的边界网格，将其放入"图层 1"，然后再次激活"边界网格"命令，依照相同的方法，分别依次单击各侧面四边形的 4 条边以创建边界网格模型，并将其放入"图层 1"。效果如图 11-94 所示。

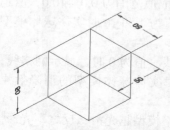
图 11-92 绘制首尾相连的四边形

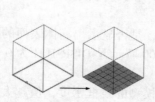
图 11-93 创建底面边界网格模型

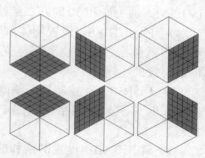
图 11-94 创建各平面上的边界网格

📋 **小贴士**

在创建边界网格时，要按照顺序依次单击 4 条边，这样才能创建边界网格。

（5）在图层控制列表中显示被隐藏的"图层 1"，并设置"图层 1"的颜色为一种天蓝色，设置视觉样式为"带边缘着色"样式。此时创建的网格立方体效果如图 11-95 所示。

2．创建直纹网格模型

直纹网格是在两条直线或曲线之间创建表示曲面的网格，用户可以通过以下方式激活"直纹网格"命令。

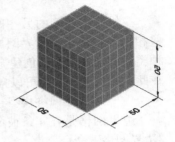

图 11-95　网格立方体

➷ 快捷键：输入 RUL，按 Enter 键确认

➷ 菜单栏：执行"绘图"/"建模"/"网格"/"直纹网格"命令

下面通过创建直纹网格，创建一个直径为 50、高度为 50 的网格圆柱体模型，讲解创建直纹网格模型的方法。

实例——创建网格圆柱体模型

（1）激活"圆"命令，绘制直径为 50、高度距离为 50 的两个圆作为直纹网格的边界，如图 11-96 所示。

（2）输入 RUL，按 Enter 键激活"直纹网格"命令，分别单击两个圆，以创建直纹网格模型，如图 11-97 所示。

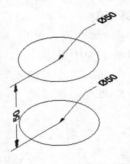
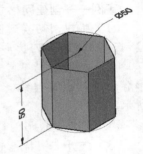

图 11-96　绘制两个圆　　图 11-97　创建直纹网格模型

📖 **疑问解答**

疑问：以圆作为边界创建的直纹网格圆柱体为什么看起来是一个六面体？

解答：在 AutoCAD 中有一些系统变量设置，用于控制模型的线框密度以及表面网格线的数量，从而决定模型的显示光滑度，其中：

➢ ISOLINES：设置实体表面网格线的数量，值越大网格线越密。图 11-98 所示是 ISOLINES 值为 4 和 30 时在二维线框视觉样式下实体球体模型的显示效果比较。

➢ FACETRES：设置实体渲染或消隐后的表面网格密度，变量取值范围为 0.01~10.0，值越大网格就越密，表面也就是越光滑。图 11-99 所示是 FACETRES 值为 1 和 10 时实体球体模型的消隐效果比较。

➢ DISPSILH：控制视图消隐时，是否显示出实体表面的网格线。值为 0 时，显示网格线；值为 1 时，不显示网格线。图 11-100 所示是 DISPSILH 为 0 和 1 时实体球体模型的消隐效果比较。

➢ SURFTAB：设置网格和曲面模型的线框密度，值越大，网格模型越光滑；反之不光滑。图 11-101 所示是 SURFTAB1 和 SURFTAB2 均为 6 和 30 时通过直纹网格创建的网格圆柱体模型

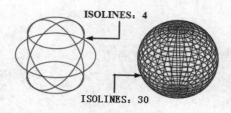

图 11-98 实体球体模型的显示效果比较

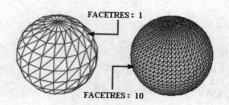

图 11-99 实体球体模型的消隐效果比较

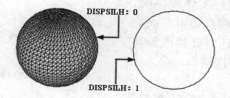

图 11-100 实体球体模型的消隐效果比较

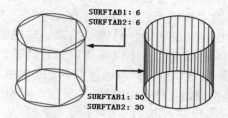

图 11-101 直纹网格圆柱体效果比较

的效果比较。

默认设置下，控制网格和曲面模型的线框密度的变量 SURFTAB 的值为 6，因此在创建网格模型时才会出现如图 11-97 所示的模型效果，用户只需要在创建网格模型前在命令行分别输入 SURFTAB1 和 SURFTAB2，并将这两个值设置大一些，例如设置为 30，这样创建的直纹网格模型就会很光滑了。

3. 创建平移网格模型

平移网格是沿直线路径扫掠直线或曲线以创建网格模型，用户可以通过以下方式激活"平移网格"命令。

➥ 快捷键：输入 TAB，按 Enter 键确认

➥ 菜单栏：执行"绘图" / "建模" / "网格" / "平移网格"命令

下面通过创建平移网格，创建一个直径为 50、高度为 50 的网格圆柱体模型，讲解创建平移网格模型的方法。

实例——创建网格圆柱体模型

（1）激活"圆"命令，绘制直径为 50 的圆。然后以圆心为起点，绘制高度为 50 的直线作为创建平移网格的路径，如图 11-102 所示。

（2）输入 TAB，按 Enter 键激活"平移网格"命令，单击圆，然后在直线下方单击，创建平移曲面网格模型，如图 11-103 所示。

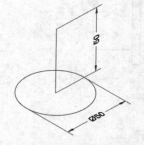

图 11-102 创建圆和直线

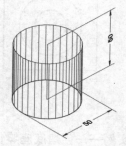

图 11-103 创建平移曲面网格模型

> 📋 **小贴士**
>
> 在创建平移网格前，切记设置 SURFTAB1 和 SURFTAB2 的值，以确保创建的网格模型足够平滑。另外，单击路径的位置不同，扫掠的方向也会不同：如果在直线路径的下端单击，则会由下往上进行扫掠；如果在直线路径的上端单击，则会由上往下进行扫掠。

4. 创建旋转网格模型

旋转网格是沿旋转轴对图形进行旋转以创建网格模型，这与旋转创建实体模型比较相似。区别在于，旋转创建实体模型时，并不需要旋转旋转轴，只需要拾取旋转轴的两个端点即可；而旋转创建网格模型时，不仅需要旋转旋转轴，而且还需要拾取旋转轴的两个端点。用户可以通过以下方式激活"旋转网格"命令。

➥ 快捷键：输入 REVSURF，按 Enter 键确认

➥ 菜单栏：执行"绘图"/"建模"/"网格"/"旋转网格"命令

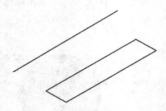

图 11-104　绘制矩形和直线

实例——创建旋转网格模型

（1）激活"矩形"命令，绘制一个矩形，然后在矩形一侧绘制一条直线，如图 11-104 所示。

（2）输入 REVSURF，按 Enter 键激活"旋转网格"命令，单击矩形，再单击直线。然后分别捕捉直线的两个端点，按 Enter 键确认，以创建旋转网格模型，如图 11-105 所示。

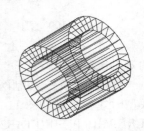

图 11-105　创建旋转网格模型

11.5.2　实例——创建底座零件三维网格模型

打开"实例"/"第 4 章"/"实例——绘制底座零件主视图 .dwg"实例文件，这是在前面章节中绘制的底座零件的二视图，如图 11-106 所示。本节就根据该零件二视图创建其零件的网格模型。效果如图 11-107 所示。

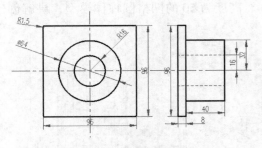

图 11-106　底座零件二视图

图 11-107　底座零件网格模型

实例——创建底座零件网格模型

（1）将视图切换到西南等轴测视图，将"轮廓线"层设置为当前图层，然后输入

SURFTAB1，按 Enter 键，输入 30，按两次 Enter 键，再次输入 SURFTAB2，按 Enter 键，输入 30，按 Enter 键确认，以设置线框密度。

（2）输入 L 激活"直线"命令，绘制 96×96 的矩形，输入 EDG，按 Enter 键激活"边界网格"命令，依次分别单击四边形的 4 条边，创建一个边界网格模型，如图 11-108 所示。

（3）选择创建的边界网格对象，将其放入"0 图层"，然后将"0 图层"关闭。

（4）执行"修改"/"对象"/"多段线"命令，输入 M，按 Enter 键，依次选择四边形的 4 条边，按两次 Enter 键确认，继续输入 J，按 3 次 Enter 键，将 4 条边合并为一个闭合边界。

（5）输入 L 激活"直线"命令，捕捉闭合边界的角点，输入 @0，0，8，按两次 Enter 键，绘制高度为 8 的直线，如图 11-109 所示。

（6）输入 TAB 激活"平移网格"命令，单击四边形，在直线的下端单击，创建一个平移网格，如图 11-110 所示

 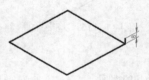

图 11-108 创建边界网格　　图 11-109 绘制直线

（7）选择创建的平移网格对象将其放入"0 图层"，然后输入 M 激活"移动"命令，将四边形对象向上移动到直线的上端点位置，然后输入 X 激活"分解"命令，选择四边形边界，按 Enter 键将其分解为 4 条独立的线段。

（8）再次输入 EDG，按 Enter 键激活"边界网格"命令，依次分别单击分解后的四边形的 4 条边，创建一个边界网格模型，如图 11-111 所示。

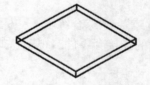 

图 11-110 创建平移网格　　图 11-111 创建边界网格

（9）设置"中点"和"交点"标注模式，激活"圆"命令，捕捉四边形 4 条边中线的交点为圆心，绘制直径为 64 和 32 的两个同心圆，如图 11-112 所示。

（10）输入 CO 激活"复制"命令，将两个同心圆沿 Z 轴正方向复制 40 个绘图单位，然后依照前面的操作，创建两个直纹网格对象。效果如图 11-113 所示。

（11）将创建的两个直纹网格对象放入"0 图层"，执行"绘图"/"面域"命令，单击上方两个圆，按 Enter 键确认，创建两个圆形面域，如图 11-114 所示。

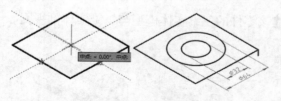 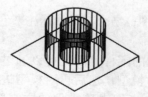 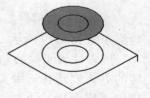

图 11-112 绘制同心圆　　图 11-113 创建直纹网格　　图 11-114 创建面域

（12）执行"修改"/"实体编辑"/"差集"命令，单击大圆形面域，按 Enter 键确认，再单击小圆形面域，按 Enter 键确认，对两个圆形面域进行差集运算。效果如图 11-115 所示。

（13）显示隐藏的"0 图层"，查看底座零件网格模型效果，如图 11-116 所示。

（14）选择底座零件的所有对象，在特性面板为其设置一种颜色，并设置"带边着色"视觉样式，然后执行"视图"/"动态观察"/"受约束的动态观察"命令，调整视图，观察底座零件的网格模型，如图 11-117 所示。

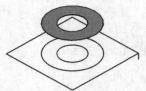

图 11-115 差集运算　　　图 11-116 底座零件网格模型效果　　　图 11-117 底座零件网格模型

11.6 职场实战——创建连接套零件
三维实体模型与实体剖视图

打开"效果"/"第 9 章"/"综合练习——标注连接套零件二视图尺寸 .dwg"效果文件，这是前面章节中标注了尺寸的连接套零件二视图，如图 11-118 所示。

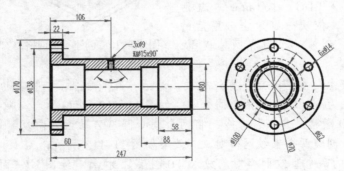

图 11-118 连接套零件二视图

本节根据该零件二视图，结合其尺寸标注来创建该零件的三维实体模型与三维实体剖视图。效果如图 11-119 所示。

该零件属于聚心结构的零件，因此可以通过旋转的方式创建其三维实体模型，然后再对模型进行精细编辑即可。下面首先来编辑该零件的主视图，以方便进行旋转。

（1）在图层控制列表中将"标注线"和"剖面线"层隐藏，将"0 图层"设置为当前图层，然后使

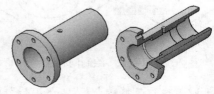

图 11-119 连接套零件实体模型与实体剖视图

用"修剪"命令，结合"删除"功能，对主视图进行编辑。效果如图 11-120 所示。

图线编辑完成后，可以使用"旋转"命令，以中心线为旋转轴，对编辑后的边进行旋转，以创建实体模型。

（2）执行"修改"/"对象"/"多段线"命令，输入 M，按 Enter 键，依次选择编辑后的所有边，按两次 Enter 键确认，继续输入 J，按 3 次 Enter 键，将这些边合并为一个闭合边界。

（3）执行"绘图"/"建模"/"旋转"命令，输入 MO，按 Enter 键，输入 SO，按 Enter 键，单击合并后的闭合边界，按 Enter 键，捕捉中心线的两个端点，按 Enter 键。效果如图 11-121 所示。

这样就完成了连接套的主体模型，主体模型创建完成后，下面创建主体模型上的 6 个螺孔，首先创建 6 个圆柱体，然后将其与连接套主体模型进行差集运算就可以了。

（4）将视图设置为"西南等轴测"视图，设置"概念"视觉样式，然后输入 UCS，按 Enter 键，输入 Y，按 Enter 键，输入 -90，按 Enter 键定义用户坐标系。效果如图 11-122 所示。

（5）输入 CYL，按 Enter 键激活"圆柱体"命令，按住 Shift 键右击选择"自"选项，捕捉连接套左端圆盘的圆心，如图 11-123 所示。

（6）输入 @69，0，0，按 Enter 键确定圆心，然后输入 7，按 Enter 键设置半径，输入 -25，按 Enter 键确定高度，绘制圆柱体。效果如图 11-124 所示。

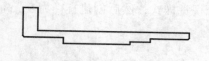

图 11-120　编辑后的连接套主视图

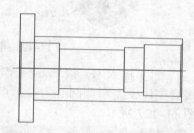

图 11-121　旋转创建的实体模型

图 11-122　定义用户坐标系

图 11-123　捕捉圆心

图 11-124　绘制圆柱体

（7）执行"修改"/"三维操作"/"三维阵列"命令，单击圆柱体，按 Enter 键确认，输入 P，按 Enter 键选择"环形阵列"，输入 6，按 3 次 Enter 键设置数目并确认，然后分别捕捉连接套主体模型左、右两端的圆心作为阵列轴的两个点，如图 11-125 所示。

（8）按 Enter 键确认，将圆柱体阵列复制到连接套左端圆盘上。效果如图 11-126 所示。

（9）执行"修改"/"实体编辑"/"差集"命令，单击选择连接套主体模型，按 Enter 键确认，然后依次单击选择 6 个圆柱体，按 Enter 键确认进行差集运算，创建 6 个螺孔。

下面再创建注油孔。

（10）输入 UCS，按 Enter 键，输入 W，按 Enter 键设置世界坐标系，并设置"二维线框"

视觉样式，然后创建直径为 9、高度为 20 的圆柱体。

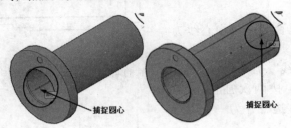

图 11-125　捕捉圆心

图 11-126　阵列复制结果

（11）输入 M，按 Enter 键激活"移动"命令，选择圆柱体，捕捉上顶面圆心为基点，以连接套主体模型右侧圆心为参照点，以 @-141，0，50 为目标点移动圆柱体到连接套对象上，如图 11-127 所示。

（12）执行"修改"/"实体编辑"/"差集"命令，单击选择连接套主体模型，按 Enter 键确认，然后单击选择圆柱体，按 Enter 键确认进行差集运算，然后设置"概念"着色模型。效果如图 11-128 所示。

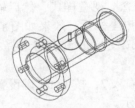

图 11-127　调整圆柱体的位置

图 11-128　创建注油孔

（13）执行"修改"/"实体编辑"/"倒角边"命令，单击选择圆孔的边，输入 D 激活"距离"选项，设置距离为 3，按 3 次 Enter 键进行倒边。效果如图 11-129 所示。

（14）选择连接套三维模型，为其重新设置一种黄色颜色，然后设置其视觉样式为"X 射线"，观察连接套三维模型的内外部结构以及创建的螺孔效果，如图 11-130 所示。

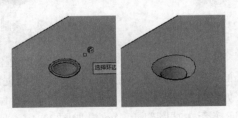

图 11-129　倒边效果

图 11-130　设置颜色和视觉样式

下面创建剖视图。

（15）将连接套三维模型复制一个，输入 BOX 激活"长方体"命令，捕捉另一个连接套中心线的端点，创建一个用于布尔运算的长方体对象，如图 11-131 所示。

（16）再次执行"修改"/"实体编辑"/"差集"命令，单击选择连接套主体模型，按 Enter 键确认，然后单击选择长方体，按 Enter 键确认进行差集运算，最后设置视觉样式为"概念"。效果如图 11-132 所示。

图 11-131 复制连接套并创建长方体对象

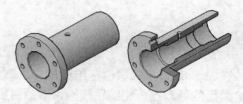
图 11-132 连接套三维实体模型与实体剖视图

至此，就完成了连接套零件三维实体模型与实体剖视图的创建。

 小贴士

在创建连接套三维实体模型的过程中，用到了编辑三维模型的相关命令，例如三维旋转、三维布尔运算、三维阵列、倒角边等，这些命令将在后面章节详细讲解。

第 12 章 机械零件三维模型的编辑

本章导读

在 AutoCAD 机械零件三维建模中，掌握三维基本模型的创建还远远不够，用户还需要掌握三维模型的基本操作和编辑技能。本章讲解操作与编辑三维模型的相关知识。

本章主要内容如下：

- ➥ 三维模型的移动、旋转、对齐与镜像
- ➥ 三维实体模型的剖切、抽壳与布尔运算
- ➥ 三维实体模型的倒角边、圆角边、压印边与拉伸面
- ➥ 三维曲面模型的修剪、圆角、修补与偏移
- ➥ 综合练习——创建螺母零件三维实体模型
- ➥ 职场实战——创建飞轮零件三维实体模型

12.1 三维模型的移动、旋转、对齐与镜像

移动、旋转、对齐与镜像三维模型的操作与二维图形的操作基本相似，本节讲解操作移动三维模型、旋转三维模型、对齐三维模型以及镜像三维模型的操作知识。

12.1.1 三维移动

移动三维模型与移动二维图形有些区别，移动二维图形时，用户只需考虑 X 轴和 Y 轴的坐标即可，而移动三维模型对象时，则需要考虑 X、Y、Z 三个轴向的坐标。

用户可以通过以下方式激活"三维移动"命令。

- ➥ 快捷键：输入 3DM，按 Enter 键确认
- ➥ 工具按钮：在三维建模工作空间的"常用"选项卡的"修改"列表中单击"三维移动"按钮⬚
- ➥ 菜单栏：执行"修改"/"实体编辑"/"三维移动"命令

新建绘图文件并进入"三维建模"工作空间，设置"概念"视觉样式，然后在"西南等轴测"视图绘制底面半径为 10、高度为 5 的圆柱体和底面半径为 10、高度为 5 的圆锥，并通过三维移动命令，以圆锥体下底面圆心为基点，以圆柱体的上顶面圆心为目标点进行移动。效果如图 12-1 所示。

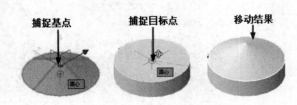

图 12-1 三维移动效果

实例——将圆柱体移动搭配圆柱体的顶面位置

（1）输入 3DM，按 Enter 键激活"三维移动"命令，单击圆锥体，按 Enter 键确认，捕捉圆锥体的底面圆心作为基点。

（2）捕捉圆柱体的上顶面圆心作为目标点，将圆锥体移动到圆柱体的顶面位置。效果如图 12-1 所示。

练一练

继续本节的操作，再次绘制底面半径为 10、高度为 20 的下圆锥体，以圆锥体的顶点作为基点，以另一个圆锥体的上顶点作为目标点，将两个圆锥体以顶点进行对齐。效果如图 12-2 所示。

操作提示：

输入 3DM 激活"三维移动"命令，捕捉圆锥体的顶点作为基点，捕捉另一个圆锥体的顶点为目标点进行移动。

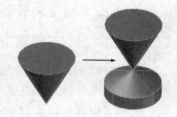

图 12-2　圆锥体顶点对齐效果

12.1.2　三维旋转

与旋转二维对象不同，旋转三维对象时，要确定旋转轴和基点，再输入旋转角度进行旋转。用户可以通过以下方式激活"三维旋转"命令。

↳ 快捷键：输入 3DR，按 Enter 键确认

↳ 工具按钮：在三维建模工作空间的"常用"选项卡的"修改"列表中单击"三维旋转"按钮

↳ 菜单栏：执行"修改"/"实体编辑"/"三维旋转"命令

打开"效果"/"第 11 章"/"职场实战——创建连接套零件三维实体模型与三维实体剖视图 .dwg"效果文件，这是前面创建的连接套零件的三维实体模型，如图 12-3 所示。

下面将其沿 Y 轴旋转 90°，使其沿 Z 轴垂直直立。效果如图 12-4 所示。

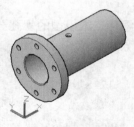

图 12-3　连接套零件三维模型

图 12-4　旋转连接套零件三维模型

实例——将连接套三维实体模型沿 Y 轴旋转 90°

（1）输入 3DR，按 Enter 键激活"三维旋转"命令，单击连接套三维实体模型，按 Enter 键确认，此时出现红、绿、蓝 3 种颜色的圆环，分别代表 X 轴、Y 轴和 Z 轴。

（2）捕捉连接套零件左侧圆柱形结构的圆心作为基点，然后单击黄色圆环以确定 Y 轴为旋转轴，如图 12-5 所示。

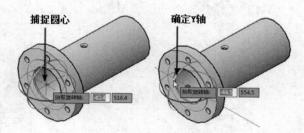

图 12-5　确定基点和旋转轴

（3）输入 90，按 Enter 键确认，连接套零件三维模型沿 Y 轴旋转 90°。效果如图 12-2 所示。

练一练

继续本节的操作，再次将连接套零件三维模型沿 X 轴旋转 90°。效果如图 12-6 所示。

操作提示

输入 3DR 激活"三维旋转"命令，以连接套零件底面圆心为基点，选择 X 轴为旋转轴，将其旋转 90°。

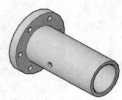

图 12-6 沿 X 轴旋转
连接套零件三维模型

12.1.3 三维对齐

对齐三维对象时，首先需要在源对象上拾取 3 个点，然后在目标对象上拾取 3 个点，这样就可以将两个三维对象在某一平面上对齐。

用户可以通过以下方式激活"三维对齐"命令。

➥ 快捷键：输入 3AL，按 Enter 键确认

➥ 工具按钮：在三维建模工作空间的"常用"选项卡的"修改"列表中单击"三维对齐"按钮

➥ 菜单栏：执行"修改"/"实体编辑"/"三维对齐"命令

重新打开"效果"/"第 11 章"/"职场实战——创建连接套零件三维实体模型与三维实体剖视图.dwg"效果文件，下面将连接套三维实体模型与三维实体剖视图模型的 6 个螺孔对齐。效果如图 12-7 所示。

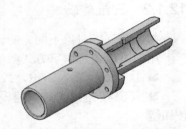

图 12-7 连接套零件的对齐效果

实例——对齐连接套零件三维模型的螺孔

（1）为了便于捕捉基点和目标点，设置"二维线框"视觉样式，然后使用"三维旋转"命令将连接套零件三维实体模型沿 Z 轴旋转 180°。效果如图 12-8 所示。

（2）输入 3AL，按 Enter 键激活"三维对齐"命令，选择连接套三维实体模型，按 Enter 键确认，依次捕捉 3 个螺孔的圆心作为基点，如图 12-9 所示。

（3）依次捕捉连接套零件实体剖视图上对应的 3 个螺孔的圆心，如图 12-10 所示。

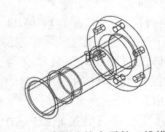

图 12-8 旋转连接套零件三维模型

（4）这样，两个三维模型的 6 个螺孔就对齐了。效果如图 12-11 所示。

图 12-9 捕捉基点圆心

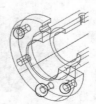

图 12-10 捕捉目标点圆心

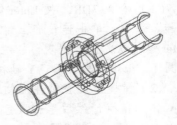

图 12-11 对齐螺孔

（5）选择连接套零件的两个模型，重新为其设置颜色为黄色，并设置"概念"视觉样式。效果如图 12-7 所示。

练一练

继续本节的操作，再次将连接套零件的两个三维模型的另一端进行对齐。效果如图 12-12 所示。

操作提示

输入 3AL 激活"三维对齐"命令，以连接套零件另一端底面圆心和两个象限点为基点，以连接套零件三维剖视图的另一端的圆心和两个象限点为目标点进行对齐。

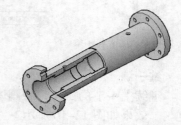

图 12-12 对齐连接套零件三维模型

12.1.4 三维镜像

与二维镜像不同，三维镜像时需要选择镜像平面以及平面上的点，另外，镜像时可以删除也可以保留源对象。

用户可以通过以下方式激活"三维镜像"命令。

➥ 快捷键：输入 3DMI，按 Enter 键确认

➥ 工具按钮：在三维建模工作空间的"常用"选项卡的"修改"列表中单击"三维镜像"按钮 📖

➥ 菜单栏：执行"修改" / "实体编辑" / "三维镜像"命令

打开"素材" / "阀管三维模型 .dwg"素材文件，下面将其以 YZ 平面为镜像轴进行镜像复制。

实例——镜像复制阀管三维模型

（1）输入 3DMI，按 Enter 键激活"三维镜像"命令，单击阀管三维模型，按 Enter 键确认。

（2）输入 YZ，按 Enter 键指定镜像平面，捕捉阀管上圆管的象限点，按 Enter 键确认，完成对阀管零件三维模型的镜像复制。效果如图 12-13 所示。

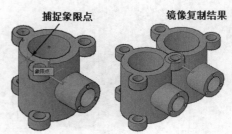

图 12-13 镜像复制阀管零件

📖 **疑问解答**

疑问：什么是平面？三维镜像时为什么要选择平面？

解答：平面是指在世界坐标系中由两个坐标系与坐标原点组成的平面，包括 XY 平面、YZ 平面以及 ZX 平面，如图 12-14 所示。

镜像其实就是沿镜像轴对称复制或者镜像对象，在三维镜像时，选择平面其实就相当于选择一个镜像轴，可以根据镜像方向选择一个平面作为镜像平面，也可以选择对象、三点、视图等作为镜像平面，如图 12-15 所示。

当选择"对象"为镜像平面后，可以以圆、圆弧或二维多段线作为镜像平面进行镜像，如果选择"三点"，则需要拾取平面上的 3 点作为镜像平面。这些操作都比较简单，在此不再详细讲解，读者可以自己尝试操作。

图 12-14　世界坐标系

图 12-15　镜像平面

练一练

继续上一节的操作，将阀体三维模型沿 XY 平面进行镜像复制。效果如图 12-16 所示。

操作提示

输入 3DMI 激活"三维镜像"命令，输入 XY 确定镜像平面，捕捉左上方圆环的左象限点为镜像平面上的一点进行镜像复制阀体三维模型。

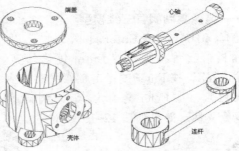

图 12-16　沿 XY 平面镜像复制对象

12.1.5　实例——创建联轴部件三维装配图

AutoCAD 机械设计中，机械零件三维装配图主要用于机械零件的检修和测试等工作，本节创建联轴部件的三维装配图。效果如图 12-17 所示。

实例——创建联轴部件三维装配图

（1）使用"打开"命令打开"素材"目录下的"端盖 .dwg""心轴 .dwg""壳体 .dwg""连杆 .dwg"4 个图形文件。效果如图 12-18 所示。

图 12-17　联轴部件三维装配图

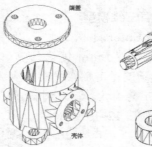

图 12-18　打开图形文件

（2）执行"窗口"/"垂直平铺"命令，将当前所有打开的图形文件垂直平铺，然后单击"端盖 .dwg"对象将其选择，按住左键将其拖至"联轴部件装配图 .dwg"文件中，如图 12-19 所示。

（3）使用相同的方法，分别将"壳体""心轴"和"连杆"图形拖到"联轴部件装配图 .dwg"文件中。效果如图 12-20 所示。

（4）将其他文件全部关闭，将该文件最大化显示，并设置"二维线框"视觉样式，然后输入 3AL 激活"三维对齐"命令，选择心轴模型，分别捕捉如图 12-21 所示的 3 个点作为基点。

（5）继续捕捉壳体零件中的 A、B、C 三个点作为目标点，将心轴模型与其对齐。效果如图 12-22 所示。

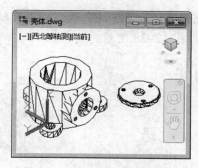

图 12-19 拖入端盖对象

图 12-20 拖入其他对象

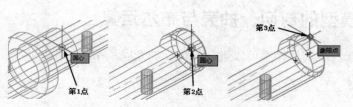

图 12-21 捕捉 3 个基点

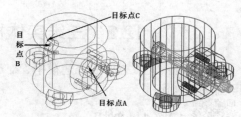

图 12-22 对齐心轴模型

（6）重复执行"对齐"命令，以端盖模型的三个点作为基点，如图 12-23 所示。以壳体零件的三个点为目标点进行对齐，如图 12-24 所示。

（7）设置"概念"视觉样式，然后为端盖模型设置一种颜色。此时对齐效果如图 12-25 所示。

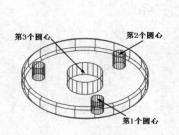

图 12-23 捕捉 3 个基点

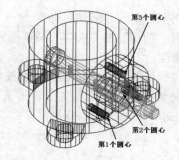

图 12-24 捕捉 3 个目标点

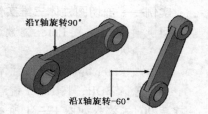

图 12-25 旋转连杆对象

（8）输入 3DR 激活"三维旋转"命令，选择连杆模型，将其以 Y 轴为旋转轴旋转 90°，再沿 X 轴旋转 -60°。效果如图 12-25 所示。

（9）输入 M 激活"移动"命令，选择旋转后的连杆模型，捕捉如图 12-26 所示的圆心为基点，捕捉如图 12-27 所示的圆心为目标点，对连杆进行移动。

（10）为移动后的连杆零件设置一种黄色，为壳体零件设置一种天蓝色，为心轴零件设置一种绿色，完成该联轴部件三维装配图的制作。效果如图 12-28 所示。

图 12-26　捕捉基点　　　　图 12-27　捕捉目标点　　　　图 12-28　联轴部件三维装配图

12.2　三维实体模型的剖切、抽壳与布尔运算

在 AutoCAD 2020 三维建模中，对于三维实体模型可以进行剖切、抽壳以及布尔运算，本节讲解相关知识。

12.2.1　剖切

剖切是将三维实体模型沿剖切线剖切为两部分，剖切时既可以保留剖切部分，也可以将该部分删除。该命令主要用于创建三维剖视图。

用户可以通过以下方式激活"剖切"命令。

➥ 快捷键：输入 SL，按 Enter 键确认

➥ 工具按钮：在三维建模工作空间的"常用"选项卡的"实体编辑"选项中单击"剖切"按钮

➥ 菜单栏：执行"修改"/"实体编辑"/"剖切"命令

创建一个圆柱体实体模型，使用"剖切"命令将其沿 YZ 平面进行剖切。

实例——剖切圆柱体三维实体模型

（1）输入 SL，按 Enter 键激活"剖切"命令，单击选择圆柱体实体模型，按 Enter 键确认。

（2）输入 YZ，按 Enter 键确定剖切面，捕捉圆柱体上顶面圆心，如图 12-29 所示。

（3）按 Enter 键确认，圆柱体被剖开，如图 12-30 所示。

（4）输入 3DR，按 Enter 键激活"三维旋转"命令，选择剖切后的一半模型对象，将其沿 Y 轴旋转 90°。效果如图 12-31 所示。

图 12-29　捕捉圆心　　　　图 12-30　剖切结果　　　　图 12-31　旋转剖切后的模型对象

小贴士

剖切时可以保留剖切对象，也可以将其删除，如果要删除剖切后的对象，在指定了剖切平面上的点后，单击要保留的对象，则该对象会被保留，而另外一半对象会被删除，如图 12-32 所示。

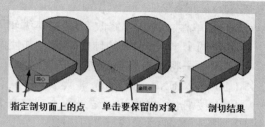

指定剖切面上的点　单击要保留的对象　剖切结果

图 12-32　剖切对象的操作流程

12.2.2　抽壳

抽壳是指将三维实体模型按照指定的厚度去除内部，以创建一个空心的薄壳体，或将实体的某些面删除，以形成薄壳体的开口。

用户可以通过以下方式激活"抽壳"命令。

➥ 工具按钮：在三维建模工作空间的"常用"选项卡的"实体编辑"选项中单击"抽壳"按钮◪。

➥ 菜单栏：执行"修改"/"实体编辑"/"抽壳"命令

创建一个半径为 25 的球体对象，下面将其抽壳，创建厚度为 5 的壳体模型。

实例——创建厚度为 5 的球体壳体模型

（1）执行"修改"/"实体编辑"/"抽壳"命令，单击球体，按 Enter 键确认。

（2）输入 5，按 3 次 Enter 键确认，结果球体被抽壳，设置视觉样式为"X 射线"并查看效果，如图 12-33 所示。

（3）输入 SL 激活"剖切"命令，将球体进行剖切，然后将剖切后的一半球体进行旋转，最后设置视觉样式为"概念"以查看抽壳效果。效果如图 12-34 所示。

 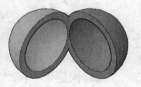

图 12-33　抽壳效果　　图 12-34　剖切效果

12.2.3　布尔运算

布尔运算是指将两个或两个以上相交的三维实体模型进行并集、差集和交集运算，以创建新的三维实体模型，本节讲解相关知识。

1. 并集

并集是指将两个或两个以上相交的三维实体、面域等模型通过相加，以组合成一个新的实体、面域或曲面模型。

用户可以通过以下方式激活"并集"命令。

↳ 快捷键：输入 UNI，按 Enter 键

↳ 工具按钮：在三维建模工作空间的"常用"选项卡的"实体编辑"选项中单击"并集"按钮🔲

↳ 菜单栏：执行"修改"/"实体编辑"/"并集"命令

创建两个半径为 25 的球体对象，并使两个对象相交，然后将这两个对象进行并集。

实例——将长方体与球体做并集运算

（1）输入 UNI，按 Enter 键激活"并集"命令，单击选择两个球体。

（2）按 Enter 键确认，结果两个球体并集生成新的三维模型，如图 12-35 所示。

📖 疑问解答

疑问：并集时是否所有对象都需要相交？

解答：并集时所有对象并不一定都要相交，也可以将不相交的多个对象并集为一个对象，例如绘制 4 个不相交的球体，输入 UNI 激活"并集"命令，分别选择 4 个球体，按 Enter 键确认，结果 4 个球体被并集为一个对象，如图 12-36 所示。

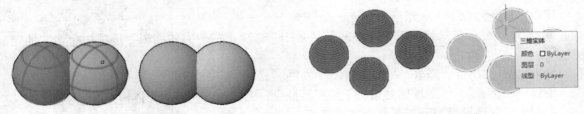

图 12-35 并集　　　　　　　　　　　　　　图 12-36 并集

2. 差集

与并集相反，差集是指从一个实体（或面域）中移去与其相交的实体（或面域），从而生成新的实体（或面域、曲面），为对象进行"差集"操作时，对象必须相交。

用户可以通过以下方式激活"差集"命令。

↳ 快捷键：输入 SUB，按 Enter 键

↳ 工具按钮：在三维建模工作空间的"常用"选项卡的"实体编辑"选项中单击"差集"按钮🔲

↳ 菜单栏：执行"修改"/"实体编辑"/"差集"命令

创建两个半径为 25 的球体对象，并使两个对象相交，然后将这两个对象进行差集。

实例——将两个球体做差集运算

（1）输入 SUB，按 Enter 键激活"差集"命令，单击选择左边球体。

（2）按 Enter 键确认，然后单击右边球体，结果从左边球体中减去了右边的球体，生成新的球体对象，如图 12-37 所示。

3. 交集

交集是指将多个实体（或面域、曲面）的公有部分提取出来，形成一个新的实体（或面域、

曲面），同时删除公共部分以外的部分，交集运算时对象必须相交。

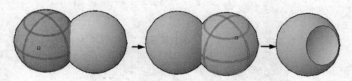

图 12-37　差集

用户可以通过以下方式激活"交集"命令。

➥ 快捷键：输入 INT，按 Enter 键

➥ 工具按钮：在三维建模工作空间的"常用"选项卡的"实体编辑"选项中单击"交集"
按钮 🔲

➥ 菜单栏：执行"修改"/"实体编辑"/"交集"命令

创建两个半径为 25 的球体对象，并使两个对象相交，然后将这两个对象进行交集。

实例——交集提取两个球体的公共部分

（1）输入 INT，按 Enter 键激活"交集"命令，窗交方式选择两个球体。

（2）按 Enter 键确认，使两个相交对象进行交集运算。效果如图 12-38 所示。

12.2.4　实例——创建联轴部件三维装配剖视图

打开"实例"/"第 12 章"/"实例——创建联轴部件三维装配图 .dwg"效果文件，这是前
面章节中创建的一个三维装配图，如图 12-39 所示。

本节创建该联轴部件零件的三维装配剖视图。效果如图 12-40 所示。

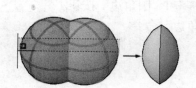

图 12-38　交集

图 12-39　联轴部件三维装配图

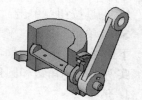

图 12-40　联轴部件装配剖视图

实例——创建联轴部件三维装配剖视图

（1）输入 UNI，按 Enter 键激活"并集"命令，分别单击"壳
体"和"端盖"模型将其选择，按 Enter 键将这两个模型并集，如图
12-41 所示。

（2）按 Enter 键重复执行"并集"命令，再次单击选择"心轴"
和"连杆"模型，按 Enter 键将其并集，如图 12-42 所示。

（3）输入 SL，按 Enter 键激活"剖切"命令，单击选择并集后的
壳体和端盖模型，按 Enter 键确认，然后输入 ZX，按 Enter 键确定剖

图 12-41　并集壳体和端盖

切面，分别捕捉壳体上顶面圆心和右上象限点，如图 12-43 所示。

（4）结果壳体模型被剖切，这样就完成了联轴部件装配剖视图的创建。效果如图 12-44 所示。

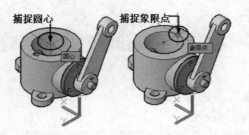
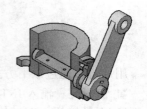

图 12-42　并集连杆和心轴　　　　图 12-43　捕捉圆心和象限点　　　　图 12-44　联轴部件装配剖视图

12.3　三维实体模型的倒角边、圆角边、压印边与拉伸面

可以对三维模型的边进行倒角、圆角，类似于二维图形中的倒角与圆角效果，另外还可以将二维图形压印到三维面上，使其成为三维模型的边，本节讲解相关知识。

12.3.1　倒角边与圆角边

"倒角边"与"圆角边"命令类似于二维绘图中的"倒角"和"圆角"命令，二者的区别在于，"倒角边"与"圆角边"命令用于对三维实体模型进行倒角边和圆角边，使其形成倒边和圆边效果。

用户可以通过以下方式激活"倒角边"和"圆角边"命令。

➥ 工具按钮：单击"实体编辑"工具栏中的"倒角边"按钮和"圆角边"按钮

➥ 菜单栏：执行"修改"/"实体编辑"/"倒角边"或"圆角边"命令

下面通过简单实例学习相关知识。

实例——倒角边和圆角边

1. 倒角边

（1）创建 10×10×10 的立方体三维实体模型。

（2）单击"实体编辑"工具栏中的"倒角边"按钮，输入 D，按 Enter 键激活"距离"选项，输入 3，按两次 Enter 键确定距离。

（3）单击立方体的一条边，按两次 Enter 键确认。倒角边效果如图 12-45 所示。

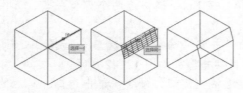

图 12-45　倒角边效果

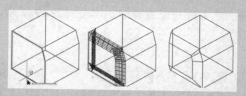

小贴士

倒角边时，输入 L 激活"环形"选项，可以选择环形边进行倒角，如图 12-46 所示。

图 12-46　倒角环形边

2. 圆角边

（1）单击"实体编辑"工具栏中的"圆角边"按钮
，输入 R，按 Enter 键激活"半径"选项，输入 3，
按 Enter 键确定。

（2）单击立方体的一条边，按两次 Enter 键确认。
圆角边效果如图 12-47 所示。

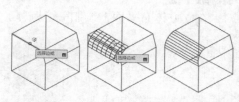

图 12-47　圆角边效果

小贴士

除了倒角边和圆角边外，用户还可以对边进行提取、着色和复制等操作，这些操作都比较简单，在此不
再讲解，读者可以自己尝试操作。

12.3.2　压印边与拉伸面

可以将圆、圆弧、直线、多段线、样条曲线或实体等对象压印到三维实体上，使其成为实
体的一部分。另外，可以对实体的面进行拉伸。

用户可以通过以下方式激活"压印边"和"拉伸面"命令。

↘ 快捷键：输入 IMPR，按 Enter 键

↘ 工具按钮：单击"实体编辑"工具栏中的"压印边"按钮 或"拉伸面"按钮

↘ 菜单栏：执行"修改" / "实体编辑" / "压印边"或"拉伸面"命令

下面通过简单实例操作讲解相关知识。

实例——压印边与拉伸面

1. 压印边

（1）继续 12.3.1 的操作，在立方体的面
上绘制一个圆，输入 IMPR 激活"压印边"
命令，分别单击立方体和圆。

（2）输入 Y，按两次 Enter 键删除源对象
并确认，完成操作，如图 12-48 所示。

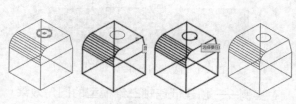

图 12-48　压印边

2. 拉伸面

（1）单击"实体编辑"工具栏中的"拉伸面"按钮，单击压印边圆形面，按 Enter 键确认。

（2）输入 2，按 4 次 Enter 键确认并完成操作，如图 12-49 所示。

小贴士

除了拉伸面外，用户还可以对面进行倾斜、复制、偏移、旋转、移动、删除以及着色等操作，这些操作都比较简单，在此不再讲解，读者可以自己尝试操作。

练一练

在立方体右平面上绘制一个圆弧，压印边并拉伸面，拉伸高度为 3，如图 12-50 所示。

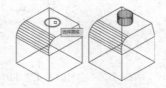

图 12-49　拉伸面

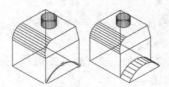

图 12-50　压印边并拉伸面

操作提示

（1）将 X 轴旋转 90°，在右平面上绘制圆弧，并压印边。

（2）激活"拉伸面"命令，对压印边形成的面进行拉伸。

12.3.3　实例——完善低速轴零件三维实体模型

打开"效果"/"第 11 章"/"实例——创建低速轴零件三维实体模型 .dwg"效果文件，这是在前面章节中创建的低速轴的三维模型。根据该零件二视图，该低速轴的阶梯轴之间有圆角效果，而创建的三维实体模型并没有进行圆角处理，如图 12-51 所示。

本书就对该低速轴三维模型的阶梯轴部分进行圆角处理。效果如图 12-52 所示。

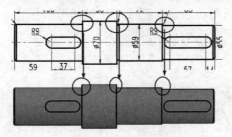

图 12-51　低速轴三维模型与二维图

图 12-52　编辑后的低速轴三维实体模型

实例——创建低速轴三维模型的圆角效果

（1）设置"二维线框"视觉样式，然后单击"实体编辑"工具栏中的"圆角边"按钮，单击图 12-53 所示低速轴的边，按 Enter 键确认。

（2）输入 R，按 Enter 键激活"半径"选项，输入 1.5，按 Enter 键设置圆角半径，按两次 Enter 键确认对其进行圆角边处理。效果如图 12-54 所示。

（3）按 Enter 键重复执行"圆角边"命令，再次选择低速轴另一端的边，设置圆角半径为 1.5，对齐进行圆角处理，如图 12-55 所示。

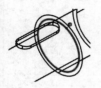

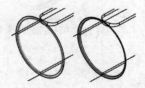

图 12-53　选择边　　　图 12-54　圆角后的效果　　　图 12-55　圆角处理另一端的边

下面创建低速轴上的另一个半圆形凹槽，该凹槽比较特殊，它是在轴上形成了一个半径为 1.5 的凹槽，而并不是边的圆角，如图 12-56 所示。

对于这样的凹槽，可以使用布尔运算进行处理。

（4）将视图切换到俯视图，将"尺寸层"暂时隐藏，然后将除中心线以及凹槽的圆弧外的其他对象全部删除。效果如图 12-57 所示。

（5）使用直线命令，连接圆弧的两个端点，使其形成半圆形闭合图形，然后执行"绘图" / "边界"命令打开"边界创建"对话框，激活"拾取点"按钮 返回绘图区，在半圆形闭合图形内单击确定边界，如图 12-58 所示。

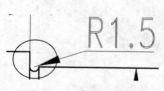

图 12-56　轴上的凹槽　　　图 12-57　圆弧和中心线　　　图 12-58　创建边界

（6）输入 REV，按 Enter 键激活"旋转"命令，单击创建的半圆形边界图形，捕捉中心线的两个端点，按 Enter 键确认已创建一个半圆圆环模型。效果如图 12-59 所示。

（7）输入 M，按 Enter 键确认，捕捉该圆环左边圆心为基点，继续捕捉低速轴中阶梯轴的圆心作为目标点，将其移动到低速轴中，如图 12-60 所示。

图 12-59 创建的圆环

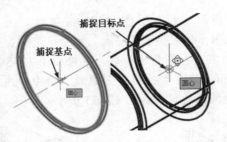

图 12-60 调整圆环的位置

🗒 **小贴士**

创建的圆环模型会有 3 个圆心，分别是圆弧两个端点形成的圆的圆心和圆弧象限点形成的圆的圆心，因此，在捕捉圆环上的基点时。一定要捕捉左边圆弧端点形成的圆的圆心作为基点，然后再捕捉低速轴中阶梯轴的圆心作为目标点，这样才能将该圆环模型调整到低速轴合适的位置。

（8）输入 SUB，按 Enter 键激活"差集"命令，单击低速轴对象作为差集对象，按 Enter 键确认，然后单击圆环对象作为差集对象，按 Enter 键确认，如图 12-61 所示。

（9）为低速轴模型重新设置一种绿色颜色，然后设置"概念"视觉样式，将视图设置为俯视图，观察低速轴上处理的圆角和凹槽效果，如图 12-62 所示。

（10）设置"西南等轴测"视图，将低速轴模型复制一个，然后将其沿 ZX 平面进行剖切，完成对低速轴三维模型的编辑。效果如图 12-63 所示。

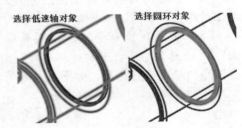

图 12-61 差集布尔运算

图 12-62 处理后的低速轴圆角和凹槽效果

图 12-63 剖切低速轴三维模型

12.4 三维曲面模型的修剪、圆角、修补与偏移

除了对三维实体模型进行各种编辑操作外，用户也可以对曲面模型进行编辑，例如修剪曲面、修补曲面、偏移曲面、圆角曲面等，本节讲解相关知识。

12.4.1 修剪曲面

修剪曲面类似于二维绘图中的修剪线段，可以沿一个边界将多余曲面修剪掉，以达到编辑曲面的目的。

用户可以通过以下方式激活"修剪曲面"命令。

➘ 快捷键：输入 SUR，按 Enter 键

➘ 工具按钮：在"曲面"选项卡单击"编辑"选项中的"修剪曲面"按钮

➘ 菜单栏：执行"修改"/"曲面编辑"/"修剪"命令

下面通过简单实例操作讲解相关知识。

实例——修剪曲面

（1）在"曲面"选项卡的"创建"选项中单击"平面曲面"按钮，绘制一个平面曲面模型，然后将 X 轴旋转 90°，再次绘制一个平面曲面模型，使两个模型相交。

（2）输入 SUR，按 Enter 键激活"修剪曲面"命令，选择垂直曲面，按 Enter 键，单击水平曲面作为边界，单击垂直曲面作为要修剪的曲面。

（3）在垂直曲面上半部分单击，按 Enter 键确认。效果如图 12-64 所示。

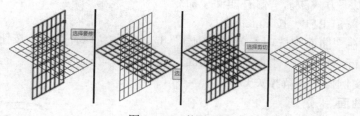

图 12-64 修剪曲面

（4）下面自己尝试再次执行"修剪曲面"命令，对水平曲面进行修剪。

小贴士

修剪曲面后，单击"取消曲面修剪"按钮，单击曲面，即可取消对曲面的修剪。

12.4.2 圆角曲面

圆角曲面与三维模型的"圆角边"命令以及二维图形的"圆角"命令都有些相似，使用该命令可以对曲面进行圆角处理。

用户可以通过以下方式激活"圆角曲面"命令。

➘ 快捷键：输入 SURFF，按 Enter 键

➘ 工具按钮：在"曲面"选项卡单击"创建"选项中的"圆角曲面"按钮

➘ 菜单栏：执行"绘图"/"建模"/"曲面"/"圆角"命令

依照 12.4.1 节的操作，创建两个相交的曲面对象，然后对这两个曲面对象的角进行圆角

处理。

实例——圆角曲面

（1）输入 SURFF，按 Enter 键激活"圆角曲面"命令，单击水平曲面，单击垂直曲面。

（2）输入 2，按两次 Enter 键结束操作。效果如图 12-65 所示。

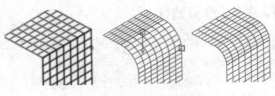

图 12-65　圆角曲面

 小贴士

"圆角曲面"与二维绘图中的"圆角"命令非常相似，在圆角时可以设置"修剪"或"不修剪"模式，具体操作在此不再赘述，读者可以自己尝试操作。

12.4.3　修补曲面

可以对曲面形成的洞进行修补。例如，将圆柱形曲面的顶面进行修补，类似于为其添加一个顶盖。

用户可以通过以下方式激活"修补曲面"命令。

➦ 快捷键：输入 SURFP，按 Enter 键

➦ 工具按钮：在"曲面"选项卡单击"创建"选项中的"修补曲面"按钮▊

➦ 菜单栏：执行"绘图"/"建模"/"曲面"/"修补"命令

下面通过简单实例操作讲解相关知识。

实例——修补曲面

（1）绘制一个圆，将其拉伸为曲面。

（2）输入 SURFP，按 Enter 键激活"修补曲面"命令，单击圆柱曲面的边，按两次 Enter 键确认并结束操作，结果圆柱曲面的上表面被修补，如图 12-66 所示。

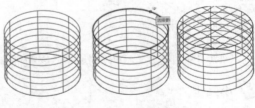

图 12-66　修补曲面

12.4.4　偏移曲面

偏移曲面与偏移二维图形有些相似，区别在于，偏移曲面时，不仅可以向一边进行偏移，还可以同时向两边进行偏移。

用户可以通过以下方式激活"偏移曲面"命令。

➦ 快捷键：输入 SURFO，按 Enter 键

➦ 工具按钮：在"曲面"选项卡单击"创建"选项中的"偏移曲面"按钮▊

➦ 菜单栏：执行"绘图"/"建模"/"曲面"/"偏移"命令

继续 12.4.3 节的操作，下面将 12.4.3 节拉伸形成的曲面模型进行偏移。

实例——偏移曲面

（1）继续 12.4.3 节的操作，按 Ctrl+Z 键取消对圆柱曲面的修补。

（2）输入 SURFO，按 Enter 键激活"偏移曲面"命令，单击圆柱曲面，输入 2，按 Enter 键结束操作。效果如图 12-67 所示。

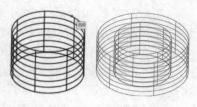

图 12-67　偏移曲面

📋 **小贴士**

系统默认情况下，曲面向外偏移，如图 12-68 所示。

输入 B，按 Enter 键激活"两侧"选项，再输入 1，按 Enter 键确认，则曲面向内外两侧偏移。效果如图 12-69 所示。

另外，在命令行选择其他选项，可以使曲面向内或向内外同时偏移，如图 12-70 所示。

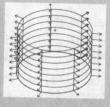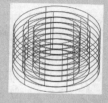

图 12-68　向外偏移　　图 12-69　向内外偏移

SURFOFFSET 指定偏移距离或 [翻转方向(F) 两侧(B) 实体(S) 连接(C) 表达式(E)] <2.0000>:

图 12-70　命令行提示

这些操作都比较简单，在此不再对其进行讲解，读者可以自己尝试操作。

以上主要讲解了编辑曲面的相关知识，除了以上操作外，用户还可以对曲面进行过渡、延伸、曲面造型、将曲面转换为 NURBS 或者网格对象等操作，这些操作都非常简单，在此不再讲解，读者可以自己尝试操作。

12.5　综合练习——创建螺母零件三维实体模型

打开"效果"/"第 4 章"/"实例——绘制六角螺母左视图 .dwg"效果文件，这是在前面章节中绘制的六角螺母三视图，如图 12-71 所示。

本节就来创建该六角螺母的三维模型。效果如图 12-72 所示。

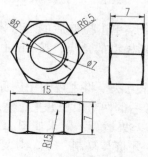

图 12-71　六角螺母三视图

图 12-72　六角螺母三维模型

（1）将视图切换到"西南等轴测"视图，然后在图层控制列表中关闭"标注线"层。

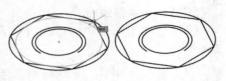

图 12-73　偏移圆对象

（2）输入 O，按 Enter 键激活"偏移"命令，输入 E，按 Enter 键激活"删除"选项，输入 Y，按 Enter 键确认。

（3）继续输入 T，按 Enter 键激活"通过"选项，单击主视图中的外侧圆，捕捉多边形的角点，将该圆通过多边形的角点进行偏移。效果如图 12-73 所示。

（4）输入 EXT，按 Enter 键激活"拉伸"命令，输入 MO，按 Enter 键激活"模式"选项，输入 SO，按 Enter 键激活"实体"选项，选择多边形，按 Enter 键确认，输入 –3.5，按 Enter 键确认，将其拉伸 –3.5 个绘图单位。效果如图 12-74 所示。

（5）按 Enter 键重复执行"拉伸"命令，输入 MO，按 Enter 键激活"模式"选项，输入 SO，按 Enter 键激活"实体"选项，选择圆，输入 T，按 Enter 键激活"倾斜"选项，输入 45，按 Enter 键设置倾斜角度，输入 –120，按 Enter 键设置拉伸高度，将其拉伸 –1 个绘图单位。效果如图 12-75 所示。

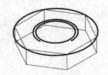 

图 12-74　拉伸多边形　　图 12-75　拉伸圆

（6）输入 INT，按 Enter 键激活"交集"命令，单击拉伸的圆柱体和多面体模型，按 Enter 键确认进行交集运算，最后设置"概念"视觉样式，并调整视觉查看效果。效果如图 12-76 所示。

（7）单击"实体编辑"工具栏中的"拉伸面"按钮，单击选择交集后的模型的上表面，按 Enter 键确认，输入 2.5，按 Enter 键确认，输入 0，按两次 Enter 键确认，对该表面进行拉伸。效果如图 12-77 所示。

图 12-76　交集后的模型效果　　　　　图 12-77　拉伸面的效果

（8）输入 3DMI，按 Enter 键激活"三维镜像"命令，单击拉伸后的三维模型，按 Enter 键确认，输入 XY，按 Enter 键指定镜像平面，捕捉多边形模型的角点，按 Enter 键确认，完成对螺母零件三维模型的镜像复制。效果如图 12-78 所示。

（9）设置"二维线框"视觉样式，依照前面的操作方法，将主视图中内侧的圆对象拉伸 8 个绘图单位，然后输入 UNI 激活"并集"命令，将镜像后的两个模型并集，然后输入 SUB 激活"差集"命令，将并集后的模型与拉伸的圆柱模型进行差集运算。效果如图 12-79 所示。

（10）为创建完成的螺母模型重新设置一种黄色，并将其复制一个，对复制的模型进行剖切，完成螺母模型的创建。效果如图 12-80 所示。

图 12-78　镜像模型

图 12-79　并集和差集结果

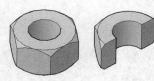
图 12-80　螺母三维模型

12.6　职场实战——创建飞轮零件三维实体模型

打开"效果"/"第 7 章"/"实例——绘制飞轮零件图 .dwg"效果文件，这是前面章节中绘制的飞轮零件图，如图 12-81 所示。

本节就来创建该六角螺母的三维模型。效果如图 12-82 所示。

（1）将视图切换到"西南等轴测"视图，然后在图层控制列表关闭"标注线""中心线""隐藏线"，将"轮廓线"层设置为当前图层。

（2）执行"修改"/"对象"/"多段线"命令，输入 M，按 Enter 键激活"多个"选项，将除中间圆外的其他所有线段全部选择，按两次 Enter 键，输入 J，按 Enter 键激活"合并"选项，按 3 次 Enter 键将其合并为闭合边界，如图 12-83 所示。

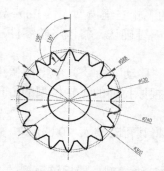
图 12-81　飞轮零件图

图 12-82　飞轮零件三维模型

图 12-83　创建闭合边界

（3）将视图切换到"西南等轴测"视图，输入 EXT，按 Enter 键激活"拉伸"命令，输入 MO，按 Enter 键激活"模式"选项，输入 SO，按 Enter 键激活"实体"选项，选择合并后的边界对象，按 Enter 键确认，输入 10，按 Enter 键确认，将其拉伸 10 个绘图单位。效果如图 12-84 所示。

（4）输入 CO，按 Enter 键激活"复制"选项，选择拉伸后的模型对象将其复制一个，然后输入 CONE，按 Enter 键激活"圆锥体"命令，捕捉复制的模型对象的下底面圆心，绘制底面半径为 150、高度为 30 的圆锥体。效果如图 12-85 所示。

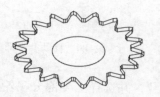
图 12-84　拉伸结果

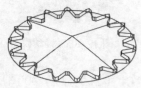
图 12-85　创建圆锥体

📋 **小贴士**

拉伸后的飞轮模型会有上、下两个底面圆心，在此一定要选择飞轮模型的底面圆心，这样创建的圆柱体才能符合模型的创建要求。

（5）输入 INT，按 Enter 键激活"交集"命令，单击圆锥体和复制的飞轮模型，按 Enter 键确认进行交集运算，最后设置"概念"视觉样式查看效果。效果如图 12-86 所示。

（6）输入 3DMI，按 Enter 键激活"三维镜像"命令，单击交集后的飞轮三维模型，按 Enter 键确认，输入 XY，按 Enter 键指定镜像平面，捕捉飞轮模型的底面圆心，按 Enter 键确认，完成对飞轮零件三维模型的镜像复制。效果如图 12-87 所示。

图 12-86　交集运算结果　　图 12-87　镜像复制

📋 **小贴士**

在此镜像操作中，同样要选择飞轮模型的底面圆心，这样镜像后的飞轮模型才能符合模型的创建要求。

（7）输入 M，按 Enter 键激活"移动"命令，单击镜像生成的飞轮三维模型，按 Enter 键确认，捕捉飞轮模型的底面圆心为基点，输入 @0，0，-10，按 Enter 键确认，将该飞轮零件三维模型沿 Z 轴负方向移动 10 个绘图单位。效果如图 12-88 所示。

（8）设置"二维线框"视觉样式，输入 M，按 Enter 键激活"移动"命令，单击镜像生成的上半部分飞轮三维模型，捕捉该模型的下底面圆心为基点，捕捉原拉伸的飞轮模型的上顶面圆心为目标点，将其移动到拉伸的飞轮模型上，如图 12-89 所示。

（9）为了便于操作，可以选择移动后的上半部分飞轮模型，将其暂时放入"0 图层"，并将该图层隐藏。

（10）再次激活"移动"命令，单击镜像生成的下半部分飞轮三维模型，捕捉该模型的上顶面圆心为基点，捕捉原拉伸的飞轮模型的下底面圆心为目标点，将其移动到拉伸的飞轮模型上，如图 12-90 所示。

 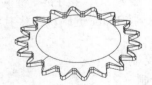 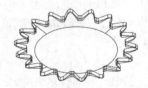

图 12-88　移动模型　　　　图 12-89　移动上半部分飞轮模型　　　图 12-90　移动下半部分飞轮模型

（11）显示"0 图层"，并选择上半部分飞轮模型，将其放入"轮廓线"层，然后设置"概念"视觉样式。飞轮效果如图 12-91 所示。

（12）输入 CYL 激活"圆柱体"命令，以顶部飞轮模型的上顶面圆心为圆心，创建底面半径为 60、高度为 50 的圆柱体，如图 12-92 所示。

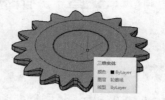

图 12-91　调整后的飞轮模型　　　　图 12-92　创建圆柱体

（13）将 3 个飞轮模型进行并集操作，再将其与创建的圆柱体进行差集操作，最后为其重新设置一种天蓝色颜色，并将其复制一个，再沿 ZX 平面进行剖切，完成飞轮三维模型的创建。效果如图 12-93 所示。

图 12-93　创建完成的飞轮三维模型

第 13 章　机械零件图的打印输出

本章导读

在 AutoCAD 机械设计中，机械零件图的打印输出也是不可忽略的重要内容。本章讲解打印输出机械零件图的相关知识。

本章主要内容如下：

↪ 打印前的相关设置
↪ 打印机械零件图

13.1　打印前的相关设置

在打印输出机械零件图前，首先要了解 AutoCAD 的打印前的相关设置，这对打印输出机械零件图非常重要。

13.1.1　打印环境与方式

1. 打印环境

在 AutoCAD 2020 绘图区的下方有 3 个绘图空间控制按钮，分别是"模型""布局 1""布局 2"，这 3 个按钮用于切换绘图空间，如图 13-1 所示。

单击"模型"控制按钮进入模型空间，这是用户绘图的空间，一般情况下，用户的所有绘图工作都是在该空间进行的，如图 13-2 所示。

单击"布局 1"或"布局 2"按钮，进入布局空间，该空间是图形的打印空间，当用户在模型空间绘制好图形后，单击"布局 1"或"布局 2"按钮切换到布局空间进行图形的打印输出，

图 13-1　绘图空间控制按钮

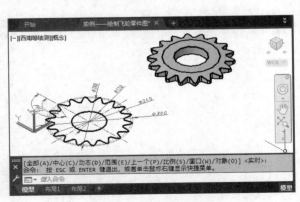

图 13-2　模型空间

如图 13-3 所示。

2. 打印方式

在 AutoCAD 2020 中，图形的打印方式有
"快速打印""精确打印""多视口打印"三种。

➤ "快速打印"：一种最简单的打印方式，
常用于快速打印简单的图形文件。

➤ "精确打印"：一种常用的打印方式，常
用于打印大型、更为复杂、要求比较高的图形
文件。

➤ "多视口打印"：采用多个视口打印对
象，例如可以将一个对象以"二维线框"和
"概念"等其他不同视觉样式在不同的视口中打印出来。

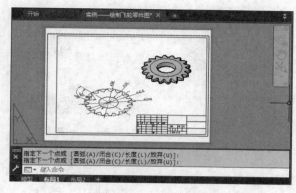

图 13-3　布局空间

13.1.2　添加绘图仪

绘图仪其实就是打印机，在打印前首先需要向计算机中添加打印机，这是设置打印环境的
第一步。下面以添加名为"光栅文件格式"的绘图仪为例，讲解添加绘图仪的方法。

实例——添加"光栅文件格式"绘图仪

（1）执行"文件"/"绘图仪管理器"命令，在打开的对话框双击"添加绘图仪向导"按钮，
如图 13-4 所示。

（2）此时打开"添加绘图仪 – 简介"对话框，单击 下一步(N) > 按钮，进入"添加绘图仪 – 开
始"对话框，选择"我的电脑"选项，如图 13-5 所示。

图 13-4　双击"添加绘图仪向导"按钮

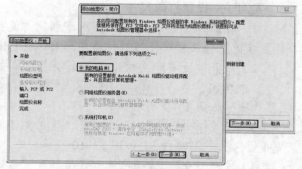

图 13-5　"添加绘图仪 – 开始"对话框

（3）单击 下一步(N) > 按钮，打开"添加绘图仪 – 绘图仪型号"对话框，在该对话框中设置绘
图仪的型号及其生产商，如图 13-6 所示。

（4）继续单击 下一步(N) 按钮，直到打开"添加绘图仪 – 绘图仪名称"对话框，该对话框用于
为添加的绘图仪命名，在此采用默认设置，如图 13-7 所示。

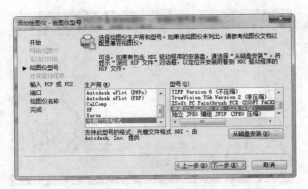

图 13-6 "添加绘图仪 – 绘图仪型号"对话框

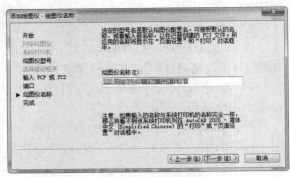

图 13-7 "添加绘图仪 – 绘图仪名称"对话框

（5）单击"下一步"按钮，打开"添加绘图仪 – 完成"对话框，单击 完成(F) 按钮，添加的绘图仪会自动出现在添加绘图仪窗口，如图 13-8 所示。

13.1.3 设置打印尺寸

设置打印尺寸是保证正确打印图形的关键，尽管不同型号的绘图仪都有适合该绘图仪规格的图纸尺寸，但有时这些图纸尺寸与打印图形很难匹配，这时需要重新定义图纸尺寸，下面讲解设置打印尺寸的知识。

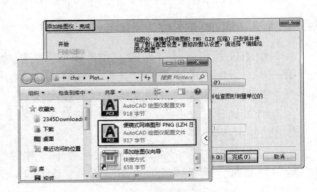

图 13-8 添加的绘图仪

实例——设置打印尺寸

（1）在添加绘图仪窗口双击刚添加的"便携式网格图形 PNG（LZH 压缩）"绘图仪，打开"绘图仪配置编辑器—便携式网格图形 PNG（LZH 压缩）"对话框。

（2）展开"设备和文档设置"选项卡，单击"自定义图纸尺寸"选项，打开"自定义图纸尺寸"选项组，单击 添加(A)… 按钮，打开"自定义图纸尺寸 – 开始"对话框，勾选"创建新图纸"选项，如图 13-9 所示。

（3）单击 下一步(N) > 按钮，打开"自定义图纸尺寸 – 介质边界"对话框，分别设置图纸的"宽度""高度""单位"，如图 13-10 所示。

（4）依次单击 下一步(N) > 按钮，直至打开"自定义图纸尺寸 – 完成"对话框，完成图纸尺寸的自定义过程，如图 13-11 所示。

（5）单击 完成(F) 按钮，新定义的图纸尺寸将自动出现在图纸尺寸选项组中，如图 13-12 所示。

（6）单击 另存为(S)… 按钮，将该图纸尺寸保存，如果用户仅在当前使用一次，单击 确定 按钮即可。

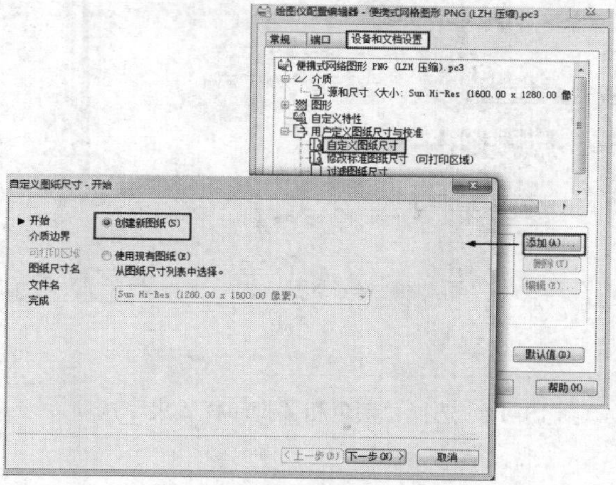

图 13-9　“自定义图纸尺寸 – 开始”对话框

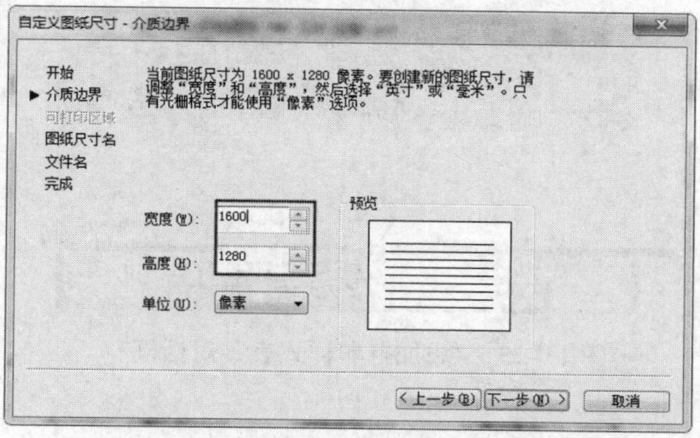

图 13-10　设置图纸尺寸

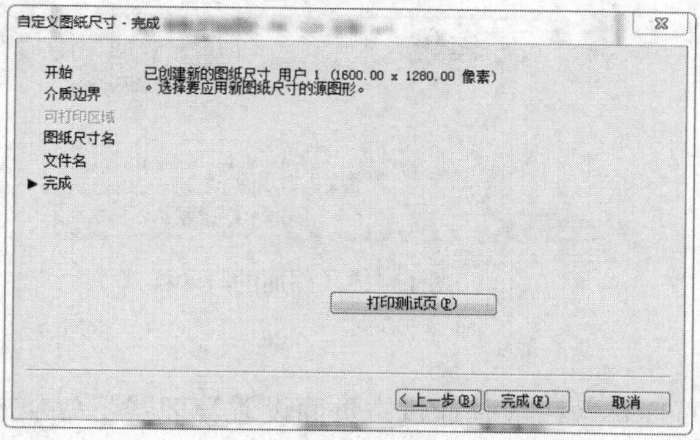

图 13-11　“自定义图纸尺寸 – 完成”对话框

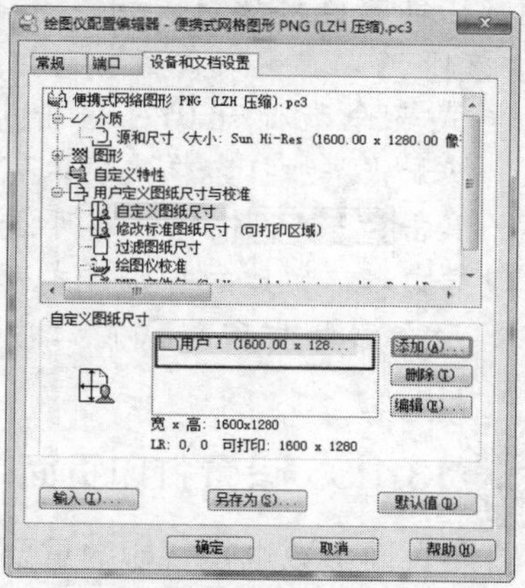

图 13-12　定义的图纸尺寸

13.1.4　添加样式表

使用“打印样式管理器”命令可以创建和管理打印样式表。样式表其实就是一组打印样式的集合，而打印样式则用于控制图形的打印效果，修改打印图形的外观。下面添加名为 stb01 的颜色相关打印样式表。

实例——添加打印样式表

（1）执行“文件”/“打印样式管理器”命令，打开一个窗口，双击窗口中的“添加打印样式表向导”图标，打开“添加打印样式表”对话框，如图 13–13 所示。

（2）单击下一步(N) >按钮，在打开的“添加打印样式表 – 开始”对话框中勾选“创建新打印样式表”选项，单击下一步(N) >按钮。在打开的“添加打印样式表 – 选择打印样式表”对话框中勾选

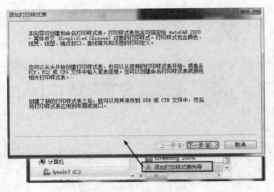

图 13-13 "添加打印样式表"对话框

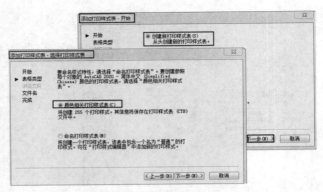

图 13-14 选择"颜色相关打印样式表"选项

"颜色相关打印样式表"选项，如图 13-14 所示。

（3）单击 下一步(N) 按钮，在打开的"添加打印样式表 – 文件名"对话框中为打印样式表命名为 stb01，单击 下一步(N) 按钮，打开"添加打印样式表 – 完成"对话框，单击 完成 按钮，即可添加设置的打印样式表，新建的打印样式表文件图标将显示在添加打印样式窗口中，如图 13-15 所示。

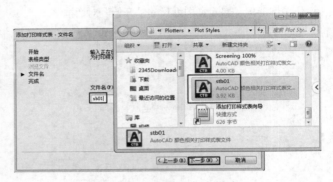

图 13-15 添加的打印样式

13.1.5 设置打印页面

打印页面参数也是打印的重要设置，页面参数一般是通过"页面设置管理器"命令来设置的，下面讲解页面的设置。

实例——设置打印页面

（1）执行"文件"/"页面设置管理器"命令，打开"页面设置管理器"对话框，单击 新建(N)... 按钮，在打开的"新建页面设置"对话框中为新页面命名，如图 13-16 所示。

（2）单击 确定(O) 按钮，打开"页面设置 – 模型"对话框，在此对话框内可以进行打印设备的配置、图纸尺寸的匹配、打印区域的选择以及打印比例的调整等操作，如图 13-17 所示。

↳ 选择打印设备

在"打印机 / 绘图仪"选项组中配置绘图仪设备。单击"名称"下拉列表，从中可以选择 Windows 系统打印机或 AutoCAD 内部打印机（.pc3 文件）作为输出设备。

↳ 配置图纸幅面

在"图纸尺寸"下拉列表中配置图纸幅面。展开"图纸尺寸"下拉列表，其中包含了选定打印设备可用的标准图纸尺寸。当选择了某种幅面的图纸时，该列表右上角则出现所选图纸及

图 13-16　设置页面名称

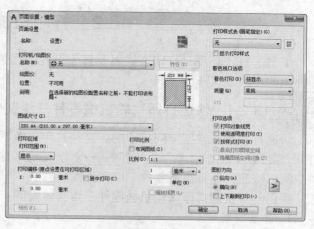

图 13-17　"页面设置 - 模型"对话框

实际打印范围的预览图像，将光标移到预览区中，光标位置处会显示精确的图纸尺寸以及图纸的可打印区域的尺寸。

➥ 指定打印区域

在"打印区域"选项组中设置需要输出的图形范围。展开"打印范围"下拉列表框，其中包含 4 种打印区域的设置方式，具体有"显示""窗口""范围""图形界限"等。

➥ 设置打印比例

在"打印比例"选项组中设置图形的打印比例，其中，"布满图纸"复选框仅适用于模型空间中的打印，当勾选该选项后，AutoCAD 将缩放自动调整图形，与打印区域和选定的图纸等相匹配，使图形取得最佳位置和比例。

➥ "着色视口选项"选项组

在"着色视口选项"选项组中，可以将需要打印的三维模型设置为着色、线框或以渲染图的方式进行输出。

➥ 调整打印方向

在"图形方向"选项组中调整图形在图纸上的打印方向。在右侧的图纸图标中，图标代表图纸的放置方向，图标中的字母 A 代表图形在图纸上的打印方向，共有"纵向""横向"两种方式。

在"打印偏移"选项组中设置图形在图纸上的打印位置。默认设置下，AutoCAD 从图纸左下角打印图形。打印原点处在图纸左下角，坐标是（0，0），用户可以在此选项组中重新设定新的打印原点，这样图形在图纸上将沿 X 轴和 Y 轴移动。

➥ 预览与打印图形

当打印环境设置完毕即可进行图形的打印，执行菜单栏中的"文件"／"打印"命令，可打开"打印"对话框，此对话框具备"页面设置"对话框中的参数设置功能，不仅可以按照已设置好的打印页面进行预览和打印图形，还可以在对话框中重新设置、修改图形的页面参数。

设置完成后，单击 预览(P)... 按钮，可以提前预览图形的打印结果，单击 确定 按钮，即可对当前的页面设置进行打印。

13.2　打印机械零件图

了解了打印环境、打印方式以及打印设置等相关知识，本节通过具体实例，讲解打印机械零件图的相关方式。

13.2.1　快速打印飞轮机械零件三维实体模型

快速打印是在模型空间打印的，这种打印一般不需要太多的设置，即可快速打印输出图形。打开"实例"/"第 12 章"/"实例——创建飞轮零件三维实体模型 .dwg"图形文件，下面在模型空间内快速打印该机械零件三维实体图。

实例——快速打印飞轮机械零件三维实体模型

1. 配置绘图仪

（1）执行"文件"/"绘图仪管理器"命令，双击"DWF6 ePlot"图标打开"绘图仪配置编辑器 – DWF6 ePlot.pc3"对话框，进入"设备和文档设置"选项卡，选择"修改标准图纸尺寸（可打印区域）"选项，在"修改标准图纸尺寸"组合框内选择"ISO A3（420.00×297.00 毫米）"的图纸尺寸，如图 13–18 所示。

（2）单击 修改(M)... 按钮，在打开的"自定义图纸尺寸 – 可打印区域"对话框中设置参数，如图 13–19 所示。

图 13–18　选择图纸尺寸

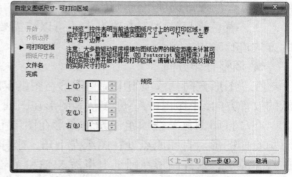

图 13–19　自定义图纸尺寸

（3）单击 下一步(N) > 按钮，打开"自定义图纸尺寸 – 完成"对话框，单击 完成 按钮，系统返回"绘图仪配置编辑器 – DWF6 ePlot.pc3"对话框，单击 另存为(S)... 按钮，将当前配置进行命名并保存。

（4）返回"绘图仪配置编辑器 – DWF6 ePlot.pc3"对话框，单击 确定 按钮，结束命令。

2. 设置打印页面

（1）执行"文件"/"页面设置管理器"命令，在打开的对话框中单击 新建(N)... 按钮，新建名为"模型打印"的打印样式并进入"页面设置–模型"对话框，在该对话框中配置打印设备，设置图纸尺寸、打印偏移、打印比例和图形方向等参数，如图13-20所示。

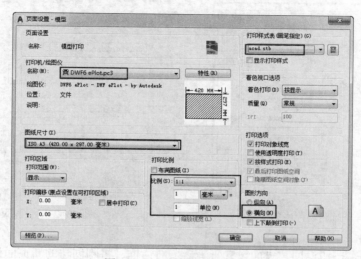

图 13-20　设置打印页面参数

（2）单击"打印范围"下拉列表框，选择"窗口"选项，返回绘图区，拖曳鼠标以包围壳体零件二视图以确定打印区域，如图13-21所示。

（3）系统自动返回"页面设置–模型"对话框，单击 确定 按钮返回"页面设置管理器"对话框，将刚创建的新页面设置为当前页面，然后关闭该对话框。

（4）执行"文件"/"打印预览"命令，对图形进行打印预览，右击，选择"打印"选项，此时系统打开"浏览打印文件"对话框，设置打印文件的保存路径及文件名，单击 保存... 按钮，系统弹出"打印作业进度"对话框，等此对话框关闭后，打印过程即可结束。

图 13-21　确定打印区域

13.2.2　精确打印直齿轮零件二视图

精确打印图形需要在布局空间来完成。打开"实例"/"第9章"/"职场实战——标注直齿轮零件二视图粗糙度符号、图框与技术要求.dwg"图形文件，这是在前面章节中绘制并标注了粗糙度以及技术要求等内容的机械零件二视图，本节就来精确打印该机械零件二视图。

（1）单击绘图区下方的 布局2 标签，进入"布局2"空间，单击选择系统自动产生的视口，并按 Delete 键将其删除，如图13-22所示。

（2）执行"文件"/"页面设置管理器"命令，在打开的"页面设置管理器"对话框中单击 新建(N)... 按钮，新建名为"精确打印"的页面，单击 确定 按钮打开"页面设置 – 布局2"对话框，配置打印设备，设置图纸尺寸、打印偏移、打印比例和图形方向等参数，如图13-23所示。

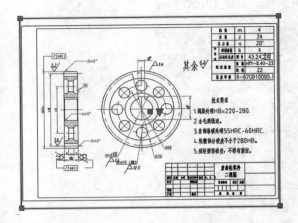

图 13-22　选择系统自动产生的视口

图 13-23　设置页面

（3）单击 确定 按钮返回"页面设置管理器"对话框，将刚创建的新页面设置为当前页面。

（4）执行"插入块"命令，选择"图块"目录下的 A2-H.dwg 内部块，在布局空间左下角拾取一点，插入图框，如图13-24所示。

（5）执行"视图"/"视口"/"多边形视口"命令，分别捕捉图框内边框的角点，创建多边形视口，将平面图从模型空间添加到布局空间，如图13-25所示。

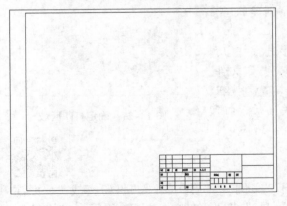

图 13-24　插入图框

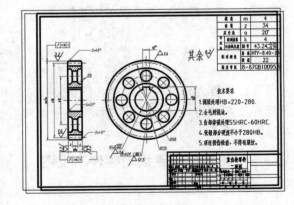

图 13-25　添加模型

（6）单击状态栏上的 图纸 按钮激活刚创建的视口，单击选择内部图框将其删除，右击选择"缩放"命令，然后调整图形大小。效果如图13-26所示。

（7）单击 模型 按钮返回图纸空间，设置"文本层"为当前层，设置"仿宋体"为当前文字样式，并使用"窗口缩放"工具将图框放大显示。

（8）输入 T 激活"多行文字"命令，设置字高为 6，对正方式为"正中"，为标题栏填充图名，如图 13-27 所示。

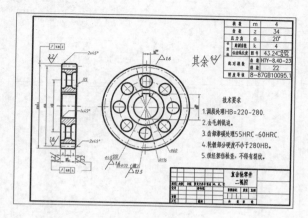

图 13-26 调整图形大小

图 13-27 输入图名

（9）使用"全部缩放"工具调整图形的位置，使其全部显示，执行"打印"命令，在打开的"打印 – 布局 1"对话框中单击"预览"按钮，预览打印效果，如图 13-28 所示。

（10）右击并执行"打印"命令，开始打印输出，最后执行"另存为"命令，将图形命名并保存。

13.2.3　多视口打印连接套零件二视图与三维模型

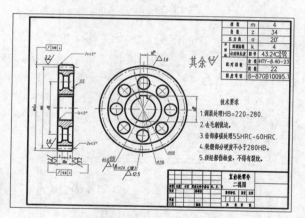

图 13-28 打印预览

打开"实例"/"第 11 章"/"职场实战——创建连接套零件三维实体模型与三维剖视图 .dwg"和"实例"/"第 9 章"/"综合练习——标注连接套零件二视图尺寸 .dwg"两个文件，将连接套零件的三维模型复制并粘贴到零件二视图中，然后关闭三维模型，本节采用多视口方式打印该零件图。

实例——多视口打印连接套零件二视图与三维模型

（1）单击 布局1 标签，进入"布局 2"空间，删除系统自动产生的矩形视口。

（2）执行"文件"/"页面设置管理器"命令，单击 新建(N)... 按钮，新建名为"多视口打印"的页面，单击 确定 按钮，打开"页面设置 – 布局 2"对话框，设置打印机名称、图纸尺寸、打印比例和图形方向等页面参数，如图 13-29 所示。

（3）单击 确定 按钮返回"页面设置管理器"对话框，将创建的新页面设置为当前页面，执行"插入块"命令，选择"图块"目录下的 A4.dwg 内部块，输入 X，按 Enter 键确认，输入其比例为 28541/29700，按 Enter 键。

（4）继续输入 Y，按 Enter 键确认，输入其比例为 17441/21000，按 Enter 键，在布局空间左下角拾取一点插入图框，如图 13-30 所示。

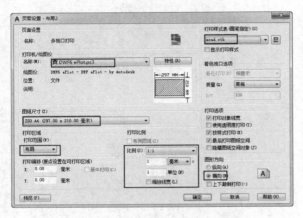

图 13-29　设置页面

图 13-30　插入图框

（5）执行"视图" /"视口" /"新建视口"命令，在打开的"视口"对话框中选择"四个：相等"选项，单击 确定 按钮，返回绘图区，根据命令行的提示，捕捉内框的两个对角点，将内框区域分割为 4 个视口。效果如图 13-31 所示。

（6）单击状态栏中的 图纸 按钮，进入浮动式的模型空间，分别激活每个视口，调整每个视口内的视图及着色方式。效果如图 13-32 所示。

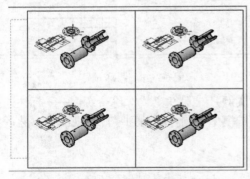

图 13-31　创建视口

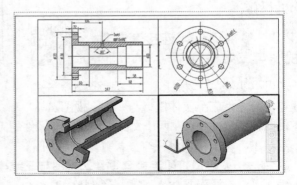

图 13-32　调整视口

（7）返回到图纸空间，执行"文件" /"打印预览"命令，对图形进行打印预览，然后右击并选择"打印"选项，在打开的"浏览打印文件"对话框内设置打印文件的保存路径及文件名，单击 保存... 按钮，将其保存，即可打印图形。

第 5 篇 AutoCAD 机械设计实战

学习 AutoCAD 机械设计的最终目的是要进行实际工作，本篇通过第 14~16 章共 37 个机械零件图绘图实例详细讲解轴、套、筒、盘、盖、座、箱、壳、泵类机械零件的正投影图、三维模型和轴测图的绘制方法与技巧。具体内容如下：

➥ **第 14 章 绘制轴、套、筒类机械零件图**

本章通过 11 个机械零件绘图实例，详细讲解了轴、套、筒类机械零件正投影图、三维模型和轴测图的绘制方法与技巧。

➥ **第 15 章 绘制盘、盖、座类机械零件图**

本章通过 12 个机械零件绘图实例，详细讲解了盘、盖、座类机械零件正投影图、三维模型和轴测图的绘制方法与技巧。

➥ **第 16 章 绘制箱、壳、泵类机械零件图**

本章通过 14 个机械零件绘图实例，详细讲解了箱、壳、泵类机械零件正投影图、三维模型和轴测图的绘制方法与技巧。

本篇部分绘图实例如下：

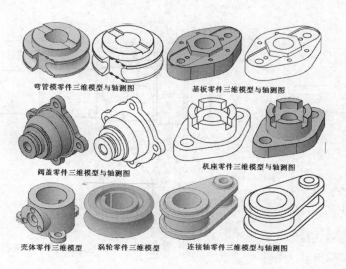

弯管模零件三维模型与轴测图   基板零件三维模型与轴测图

阀盖零件三维模型与轴测图   机座零件三维模型与轴测图

壳体零件三维模型   涡轮零件三维模型   连接轴零件三维模型与轴测图

第 14 章　绘制轴、套、筒类机械零件图

本章导读

　　轴、套、筒类零件主要用来支撑传动零部件，传递扭矩和承受载荷。常见的轴、套、筒类零件主要有各种轴、丝杠、套筒、衬套等，这类零件大多由位于同一轴线上的数段直径不同的回转体组成，轴向尺寸一般比径向尺寸大，常见的有螺纹、销孔、键槽、退刀槽、越程槽、中心孔、油槽、倒角、圆角、锥度等结构。本章绘制轴、套、筒类机械零件。

　　本章主要内容如下：

➡ 绘制阶梯轴机械零件图
➡ 绘制涡轮机械零件图
➡ 绘制连接轴机械零件图

14.1　绘制阶梯轴机械零件图

　　阶梯轴是一种常见的轴类零件，本节就来绘制阶梯轴机械零件的正投影图、三维模型和正等轴测图。效果如图 14-1 所示。

14.1.1　实例——绘制阶梯轴机械零件正投影图

　　正投影图其实就是我们说的二维平面图，本节就来绘制该阶梯轴机械零件的二维平面图。效果如图 14-2 所示。

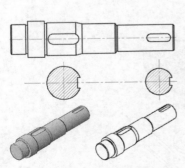

图 14-1　阶梯轴机械零件正投影
图、三维模型和正等轴测图

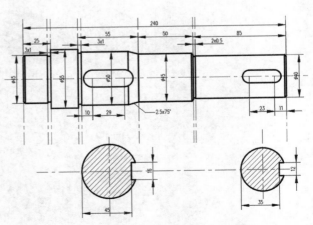

图 14-2　阶梯轴机械零件正投影图

1. 绘制阶梯轴主视图

（1）执行"新建"命令，选择"样板"/"机械样板.dwt"文件，并在图层控制列表中将"中心线"层设置为当前图层。

（2）输入SE打开"草图设置"对话框，设置"端点""中点""交点""延伸"捕捉模式。

（3）输入L激活"直线"命令，绘制水平和垂直相交线作为作图辅助线，然后输入O激活"偏移"命令，将垂直辅助线向右偏移22、3、25、3、52、50、2和83个绘图单位，如图14-3所示。

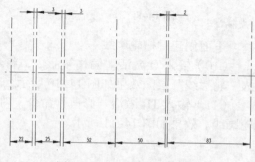

图14-3 绘制并偏移辅助线

（4）在图层控制列表中将"轮廓线"层设置为当前图层，显示"线宽"并启用"正交"功能，然后再次激活"直线"命令，配合"端点"和"交点"捕捉功能，以水平辅助线与左侧垂直辅助线的交点为起点，绘制图14-4所示的图形。

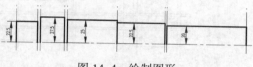

图14-4 绘制图形

（5）继续执行"直线"命令，配合"延伸"和"交点"捕捉功能，分别以A、B和C点为端点，分别向下延伸1和0.58个绘图单位，以补画图形中的水平轮廓线。效果如图14-5所示。

（6）输入CHA激活"倒角"命令，输入A激活"角度"选项，输入2.5设置倒角长度，输入75设置倒角角度，然后单击图14-5所示的"D角"的垂直边，再单击该角的水平边进行倒角处理。效果如图14-6所示。

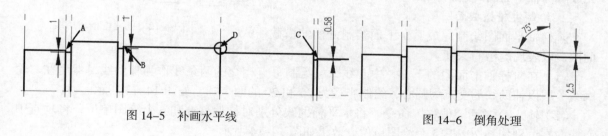

图14-5 补画水平线　　　　　　　　图14-6 倒角处理

（7）继续执行"倒角"命令，设置倒角长度为1.5、倒角角度为45°，分别对图形的其他角进行倒角处理。效果如图14-7所示。

（8）输入L激活"直线"命令，配合"端点"和"交点"捕捉功能补画垂直轮廓线。效果如图14-8所示。

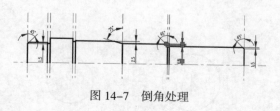

图14-7 倒角处理

（9）输入MI激活"镜像"命令，以水平辅助线为镜像轴，将所有轮廓线垂直镜像，创建出阶梯轴的另一半轮廓线。效果如图14-9所示。

图 14-8　补画垂直轮廓线　　　　　　图 14-9　镜像创建另一半轮廓线

下面创建键槽轮廓线。

（10）输入 O 激活"偏移"命令，将水平辅助线和垂直辅助线偏移，然后将偏移的图线放入"轮廓线"层。效果如图 14-10 所示。

（11）输入 TR 激活"修剪"命令，对偏移的水平辅助线和垂直辅助线进行修剪，创建键槽轮廓线。效果如图 14-11 所示。

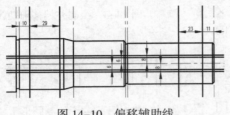

图 14-10　偏移辅助线

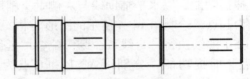

图 14-11　修剪后的键槽轮廓线

（12）输入 F 激活"圆角"命令，分别单击键槽水平轮廓线的两端进行圆角处理，创建出键槽轮廓线，完成阶梯轴平面图的绘制。效果如图 14-12 所示。

2. 绘制键槽横截面图

阶梯轴平面图绘制完成后，下面绘制键槽的横截面图，以表现键槽的深度。

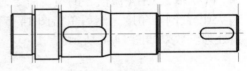

图 14-12　创建键槽轮廓线

（1）在阶梯轴平面图的下方"中心线"层绘制垂直相交的两条线作为辅助线，然后在"轮廓线"层以辅助线的交点为圆心，绘制半径为 25 和 20 的两个圆，如图 14-13 所示。

（2）输入 O 激活"偏移"命令，将水平辅助线分别对称偏移 8 和 6 个绘图单位，将垂直中心线向右分别偏移 20 和 15 个绘图单位。效果如图 14-14 所示。

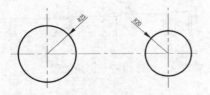

图 14-13　绘制圆

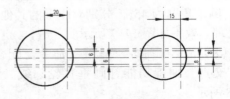

图 14-14　偏移辅助线

（3）输入 TR 激活"修剪"命令，对辅助线以及圆进行修剪，修剪出键槽断面效果，然后将修剪后的辅助线放入"轮廓线"层。效果如图 14-15 所示。

（4）将"剖面线"层设置为当前图层，输入 H 激活"图案填充"命令，选择名为 ANS131 的图案，采用默认设置，对阶梯轴的键槽断面图进行填充，完成阶梯轴零件正投影图的绘制。效果如图 14-16 所示。

图 14-15　修剪后的键槽断面图

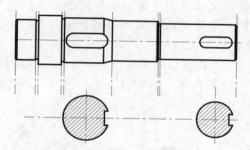
图 14-16　绘制完成的阶梯轴正投影图

14.1.2　实例——创建阶梯轴机械零件三维模型

本节绘制阶梯轴机械零件的三维模型。效果如图 14-17 所示。

（1）继续 14.1.1 节的操作，将阶梯轴的正投影图复制一个，将复制的图形中的所有垂直辅助线以及多余的轮廓线选择并删除。效果如图 14-18 所示。

（2）输入 TR 激活"修剪"命令，以水平轮廓线为边界，继续对垂直轮廓线进行修剪。效果如图 14-19 所示。

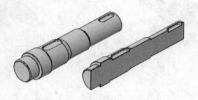
图 14-17　阶梯轴三维模型

图 14-18　删除多余辅助线与轮廓线

图 14-19　编辑轮廓线

（3）执行"绘图"/"边界"命令打开"边界创建"对话框，单击"拾取点"按钮 返回绘图区，在编辑后的轮廓线内部单击拾取一点以确定边界，如图 14-20 所示。

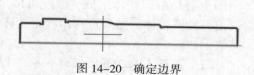
图 14-20　确定边界

（4）按 Enter 键确认创建闭合边界，然后将视图切换到"西南等轴测"视图，并设置"概念"视觉样式，然后输入 REV 激活"旋转"命令，单击创建的边界，并捕捉水平中心线的两个端点进行旋转创建阶梯轴的三维模型。效果如图 14-21 所示。

下面创建键槽。

（5）在图层控制列表中关闭"中心线"层，依照第（3）步的操作，在阶梯轴原正投影图的两个键槽轮廓内单击创建两个闭合边界，然后输入 EXT 激活"拉伸"命令，选择两个键槽的闭合边界，将其拉伸 6 个绘图单位。效果如图 14-22 所示。

（6）设置"二维线框"视觉样式，输入 M 激活"移动"命令，单击选择左边拉伸的键槽模型，捕捉左端圆弧的底面圆心作为基点，按住 Shift 键右击选择"自"选项，捕捉阶梯轴三维模型的左端面圆心，输入 @63，0，20，按 Enter 键确认，移动键槽模型的位置，如图 14-23 所示。

（7）继续激活"移动"命令，以右侧建模模型右圆弧底面圆心为基点，以阶梯轴模型右端面圆心为参照点，以 @-11，0，15 为目标点，将另一个键槽模型移动到阶梯轴上。效果如图 14-24 所示。

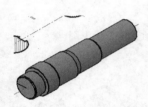

图 14-21　旋转创建
三维模型

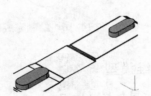

图 14-22　拉伸创建
三维模型

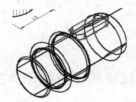

图 14-23　移动键槽
模型的位置

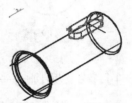

图 14-24　移动另一
个键槽模型的位置

（8）输入 SUB，按 Enter 键激活"差集"命令，单击阶梯轴三维模型，按 Enter 键确认，然后分别单击两个键槽模型，再按 Enter 键进行差集运算以创建键槽。

（9）设置"概念"视觉样式，并为阶梯轴重新设置黄色，然后将其复制一个，输入 SL 激活"剖切"命令，将复制的阶梯轴三维模型沿 ZX 平面进行剖切，完成阶梯轴三维模型的创建。效果如图 14-17 所示。

14.1.3　实例——创建阶梯轴机械零件正等轴测图

本节创建阶梯轴机械零件正等轴测图，该阶梯轴的轴测图主要是由圆柱体组成，因此可以采用分割法，分别绘制出每段圆柱体，然后进行组合，这样绘制就比较简单了。其效果如图 14-25 所示。

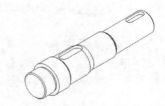

图 14-25　阶梯轴机械零件正等轴测图

（1）继续 14.1.2 节的操作，将视图切换到俯视图，并设置视觉样式为"二维线框"，激活状态栏上的"等轴测草图"按钮■进入等轴测图绘图环境。

（2）在图层控制列表中将"轮廓线"层设置为当前图层，按 F5 键将轴测面切换为"<等轴测平面 左视>"，按 F8 键启用"正交"功能。

（3）输入 EL 激活"椭圆"命令，输入 I 激活"轴测圆"选项，拾取一点，绘制半径为 21

和 22.5 的轴测圆，如图 14-26 所示。

（4）按 F5 键将轴测面切换为"＜等轴测平面 俯视＞"，输入 M 激活"移动"命令，将半径为 22.5 的轴测圆向右上移动 1.5 个绘图单位，然后输入 CO 激活"复制"命令，将其继续向右上复制 20.5 个绘图单位。效果如图 14-27 所示。

（5）设置"切点"捕捉功能，输入 XL 激活"构造线"命令，绘制半径为 22.5 的两个轴测圆的公切线，然后输入 TR 激活"修剪"命令，对公切线以及轴测圆进行修剪。效果如图 14-28 所示。

  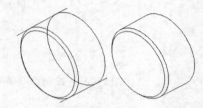

图 14-26 绘制轴测圆　　　图 14-27 移动与复制轴测圆　　　图 14-28 绘制公切线并修剪

（6）按 F5 键将轴测面切换为"＜等轴测平面 左视＞"，再次激活"椭圆"命令，输入 I 激活"轴测圆"选项，以右侧圆弧的圆心为圆心，绘制半径为 21.5 的轴测圆，然后将该轴测圆向右移动 3 个绘图单位。效果如图 14-29 所示。

（7）输入 TR 激活"修剪"命令，以右侧半径为 22.5 的轴测圆弧为修剪边，对该轴测圆进行修剪。效果如图 14-30 所示。

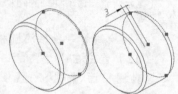

图 14-29 绘制并移动轴测圆

（8）依照相同的方法，绘制长度为 25、半径为 27.5 的轴测圆柱体，然后将其移动到阶梯轴轴测图右侧圆心位置，如图 14-31 所示。

（9）输入 TR 激活"修剪"命令，将不可见的图线修剪掉。效果如图 14-32 所示。

 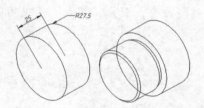 

图 14-30 修剪轴测圆　　　图 14-31 绘制并移动轴测圆柱体　　　图 14-32 修剪图线

（10）依照前面的操作方法，继续在"＜等轴测平面 左视＞"轴测面以右侧轴测圆的圆心为圆心，绘制半径为 24 的轴测圆，然后在"＜等轴测平面 俯视＞"将其向右上移动 3 个绘图单位，以创建阶梯轴上的退刀槽效果，如图 14-33 所示。

（11）再次输入 TR 激活"修剪"命令，以阶梯轴轴测图右侧的轴测圆弧为修剪边，对退刀槽的轴测圆进行修剪。效果如图 14-34 所示。

图 14-33　绘制退刀槽的轴测圆　　　　　　图 14-34　修剪退刀槽轴测圆

📋 **小贴士**

> 退刀槽是一个半径为 24，高度为 3 的轴测圆柱体，在此只绘制了大圆柱体的右平面轴测圆，而左平面的轴测圆属于不可见图线，根据轴测图"不可见图线不画"的绘图原则，该轴测圆就不需要绘制。另外，在后面绘制该阶梯轴的轴测图中，所有不可见的图线都不需要绘制。

下面绘制另一段轴测圆柱体，该轴测圆柱体带有键槽，绘制时注意键槽的轴测画法。

（12）首先在"< 等轴测平面 俯视 >"视图中绘制水平、垂直相交的线作为辅助线，然后在"< 等轴测平面 俯视 >"视图中以辅助线的交点为圆心，绘制半径为 25 和 22.5 的两个轴测圆，如图 14-35 所示。

（13）继续在"< 等轴测平面 俯视 >"视图中将半径为 25 的轴测圆向右上复制 42 个绘图单位，然后将半径为 22.5 的轴测圆向右上移动 52 个绘图单位，再将其向右上复制 48.5 个绘图单位。效果如图 14-36 所示。

（14）输入 XL 激活"构造线"命令，配合"切点"捕捉功能，绘制轴测圆的公切线，然后对公切线以及轴测圆进行修剪。效果如图 14-37 所示。

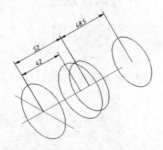
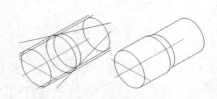

图 14-35　绘制同心轴测圆　　　　图 14-36　移动与复制轴测圆　　　　图 14-37　绘制公切线并修剪

下面创建该轴测圆柱体上的键槽轮廓。

（15）输入 M 激活"移动"命令，在"＜等轴测平面 左视＞"视图中将两条辅助线向上移动 20 个绘图单位，在"＜等轴测平面 俯视＞"视图中将 Y 轴的辅助线向右上复制 10 和 39 个绘图单位。效果如图 14-38 所示。

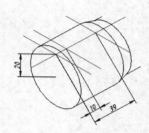

图 14-38　复制辅助线

（16）输入 EL 激活"椭圆"命令，输入 I 激活"轴测圆"选项，捕捉辅助线的交点为圆心，绘制两个半径为 8 的轴测圆，如图 14-39 所示。

（17）输入 XL 激活"构造线"命令，绘制两个轴测圆的公切线，并对公切线和轴测圆进行修剪，然后切换到"＜等轴测平面 左视＞"视图中，将修剪后的图线向上复制 5 个绘图单位。效果如图 14-40 所示。

（18）输入 TR 激活"修剪"命令，对复制的键槽轮廓线以及阶梯轴轮廓线进行修剪，修剪掉不可见的图线，完成键槽轴测效果的绘制。效果如图 14-41 所示。

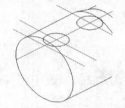
图 14-39　绘制轴测圆

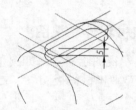
图 14-40　绘制、修剪并复制公切线

图 14-41　修剪完善键槽轮廓线

（19）输入 M 激活"移动"命令，将绘制完成的这一段轴测圆柱体移动到阶梯轴轴测图右侧位置，再次激活"修剪"命令，修剪掉不可见的图线。效果如图 14-42 所示。

（20）下面读者可以依照前面的操作方法，参照阶梯轴正投影图中的尺寸标注，自己尝试绘制出阶梯轴其他部分的轴测图效果，完成该阶梯轴正等轴测图的绘制。效果如图 14-43 所示。

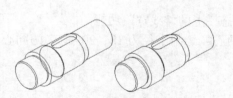
图 14-42　移动并修剪阶梯轴轴测图

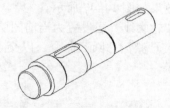
图 14-43　绘制完成的阶梯轴正等轴测图

14.2　绘制涡轮机械零件图

涡轮机械零件是一种典型的轮类零件，该涡轮机械零件的正投影图主要有两个，一个是主视图，另一个是左视图。本节绘制涡轮机械零件的正投影图、三维模型以及轴测图。效果如图 14-44 所示。

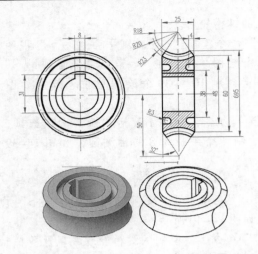

图 14-44　涡轮机械零件正投影图、三维模型以及轴测图

14.2.1　实例——绘制涡轮机械零件左视图

本节绘制涡轮机械零件的左视图，其左视图绘制效果如图 14-45 所示。

（1）执行"新建"命令，选择"样板"/"机械样板 .dwt"文件，并在图层控制列表中将"中心线"层设置为当前图层。

（2）输入 SE 打开"草图设置"对话框，设置"端点""中点""交点"捕捉模式。

（3）输入 L 激活"直线"命令，绘制水平和垂直相交线作为作图辅助线，然后输入 O 激活"偏移"命令，将垂直辅助线对称偏移 12.5 个绘图单位，将水平辅助线向下偏移 14 和 50 个绘图单位。效果如图 14-46 所示。

（4）在无任何命令发现的情况下单击选择中间位置的垂直辅助线使其夹点显示，右击选择"旋转"命令，捕捉下方的交点 A 为基点，输入 CO 激活"复制"选项，将该辅助线旋转复制 32 和 -32。效果如图 14-47 所示。

（5）将"轮廓线"层设置为当前图层，打开状态栏上的"线宽"功能。

（6）输入 C 激活"圆"命令，以交点 A 作为圆心，绘制半径为 18、20 和 23 的同心圆，如图 14-48 所示。

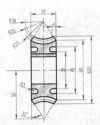

图 14-45　涡轮零件左视图

图 14-46　偏移辅助线

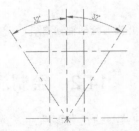

图 14-47　旋转复制辅助线

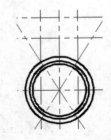

图 14-48　绘制同心圆

（7）激活"修剪"命令，对同心圆以及辅助线进行修剪，然后设置各线的图层，将其转换为图形的轮廓线。效果如图 14-49 所示。

（8）激活"偏移"命令，将垂直辅助线对称偏移 8.5 个绘图单位，将水平轮廓线向下偏移 5 和 10 个绘图单位。效果如图 14-50 所示。

（9）继续执行"修剪"命令，以偏移的垂直辅助线为修剪边，对偏移的水平轮廓线进行修剪。效果如图 14-51 所示。

（10）输入 F 激活"圆角"命令，分别单击修剪后的两条水平图线进行圆角处理。效果如图 14-52 所示。

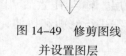

图 14-49 修剪图线
并设置图层

（11）输入 MI 激活"镜像"命令，以水平辅助线为镜像轴，将所有轮廓线垂直镜像，创建出涡轮的另一半轮廓线。效果如图 14-53 所示。

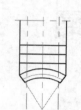 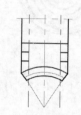 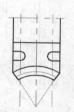 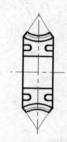

图 14-50 偏移图线　　　图 14-51 修剪图线　　　图 14-52 圆角处理水平图线　　　图 14-53 镜像创建
另一半轮廓线

这样，涡轮机械零件的左视图绘制完毕。下面绘制涡轮零件的主视图。

14.2.2 实例——绘制涡轮机械零件主视图

本节绘制涡轮机械零件的主视图，绘制主视图时可以根据视图间的对正关系绘制。其主视图绘制效果如图 14-54 所示。

（1）在左视图左边合适位置绘制一条垂直辅助线，然后激活"构造线"命令，根据视图间的对正关系，通过左视图轮廓线的特征点绘制 7 条水平构造线，如图 14-55 所示。

（2）将"轮廓线"层设置为当前图层，输入 C 激活"圆"命令，以下方水平线与垂直线的交点为圆心，以其他水平线与垂直构造线的交点为圆上一点绘制同心圆。效果如图 14-56 所示。

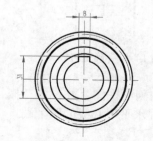 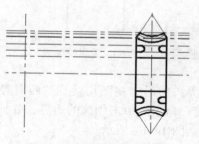 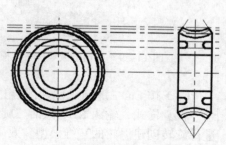

图 14-54 涡轮连接主视图　　　图 14-55 绘制水平构造线　　　图 14-56 绘制同心圆

（3）激活"偏移"命令，将最下侧的水平辅助线向上偏移 17 个绘图单位，将垂直辅助线对称偏移 4 个绘图单位，然后对偏移的辅助线以及圆进行修剪，创建键槽轮廓线。效果如图 14-57 所示。

（4）删除多余的辅助线，将第 2 个圆放入"点画线"层，然后设置"剖面线"层为当前图层，输入 H 激活"图案填充"命令，选择名为 ANS131 的图案对左视图进行填充，最后对中心线进行修剪和拉伸，完成涡轮零件正投影图的绘制。效果如图 14-58 所示。

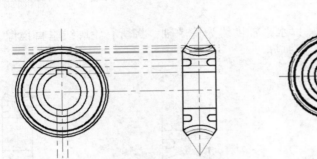

图 14-57　修剪键槽轮廓线

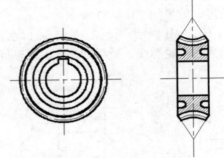

图 14-58　涡轮正投影图

14.2.3　实例——创建涡轮机械零件三维模型

继续 14.2.2 节的操作，本节创建涡轮机械零件的三维模型，该零件属于聚心结构的零件，因此其三维模型可以通过旋转来创建。效果如图 14-59 所示。

（1）继续 14.2.2 节的操作，将绘制的机械涡轮零件的左视图复制一个，然后将图形中的垂直辅助线以及多余的轮廓线选择并删除。效果如图 14-60 所示。

（2）执行"绘图"/"边界"命令打开"边界创建"对话框，单击"拾取点"按钮 返回绘图区，在编辑后的轮廓线内部单击拾取一点以确定边界，如图 14-61 所示。

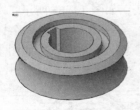
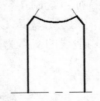
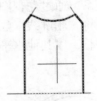

图 14-59　涡轮机械零件三维模型　　图 14-60　编辑轮廓线　　图 14-61　确定边界

（3）按 Enter 键确认创建闭合边界，然后将视图切换到"西南等轴测"视图，并设置"概念"视觉样式，输入 REV 激活"旋转"命令，单击创建的边界，并捕捉水平中心线的两个端点进行旋转创建涡轮的三维模型。效果如图 14-62 所示。

下面创建内部结构。

（4）将创建的涡轮模型放入"0 图层"，激活将该层暂时隐藏，继续执行"绘图" / "边界"命令打开"边界创建"对话框，单击"拾取点"按钮 返回绘图区，在涡轮左视图下方的两个轮廓线内单击拾取一点以确定边界，如图 14-63 所示。

（5）按 Enter 键确认创建两个闭合边界，然后输入 REV 激活"旋转"命令，单击创建的这两个边界，并捕捉水平中心线的两个端点，旋转创建三维模型。效果如图 14-64 所示。

图 14-62　旋转创建三维模型

（6）显示被隐藏的"0 图层"，然后设置"二维线框"视觉样式，输入 SUB 激活"差集"命令，单击涡轮模型，按 Enter 键确认，再单击另外两个模型，按 Enter 键进行差集运算，如图 14-65 所示。

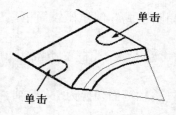
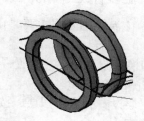
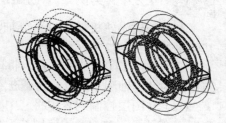

图 14-63　单击确定边界　　　　图 14-64　旋转创建三维模型　　　　图 14-65　差集布尔运算

（7）设置"概念"视觉样式，输入 3DR 激活"三维旋转"命令，将布尔运算后的三维模型沿 YZ 轴旋转 90°。效果如图 14-66 所示。

（8）在图层控制列表中将"中心线"层隐藏，再次执行"绘图" / "边界"命令打开"边界创建"对话框，单击"拾取点"按钮 返回绘图区，在涡轮主视图的内部区域单击拾取一点以确定边界，如图 14-67 所示。

（9）输入 EXT 激活"拉伸"命令，单击主视图中创建的边界，输入 25，按 Enter 键将其拉伸 25 个绘图单位，如图 14-68 所示。

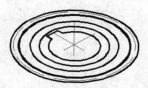

图 14-66　布尔运算结果　　　　图 14-67　拾取边界　　　　图 14-68　拉伸三维模型

（10）输入 M 激活"移动"命令，捕捉该拉伸体的上表面圆心作为基点，捕捉涡轮三维模型上表面圆心作为目标点，将其移动到涡轮模型位置，如图 14-69 所示。

（11）输入 SUB 激活"差集"命令，单击涡轮模型，按 Enter 键确认，再单击中间位置的三维模型，按 Enter 键进行差集运算，如图 14-70 所示。

（12）删除其他无用的二维线，然后为布尔运算后的涡轮三维模型重新设置一种颜色，完成涡轮零件三维模型的创建。效果如图 14-71 所示。

图 14-69　移动三维模型的位置　　　图 14-70　布尔运算结果　　　图 14-71　设置颜色后的效果

14.2.4　实例——创建涡轮机械零件正等轴测图

本节创建涡轮机械零件正等轴测图，该涡轮轴测图主要是由轴测圆组成，创建比较简单。其效果如图 14-72 所示。

（1）继续 14.2.3 节的操作，将视图切换到俯视图，并设置视觉样式为"二维线框"，激活状态栏上的"等轴测草图"按钮 进入等轴测图绘图环境。

（2）在图层控制列表中将"中心线"层设置为当前图层，按 F5 键将轴测面切换为"< 等轴测平面 俯视 >"，按 F8 键启用"正交"功能。

（3）输入 L 激活"直线"命令，绘制相交的两条线作为辅助线，然后将"轮廓线"层设置为当前图层，输入 EL，按 Enter 键激活"椭圆"命令，输入 I 激活"轴测圆"选项，捕捉辅助线的交点，绘制半径分别为 30 和 34.75 的轴测圆，如图 14-73 所示。

（4）将视图切换到"< 等轴测平面 左视 >"，输入 M 激活"移动"命令，将半径为 30 的轴测圆向上移动 12.5 个绘图单位，将半径为 34.75 的轴测圆向上移动 10.5 个绘图单位。效果如图 14-74 所示。

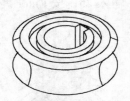 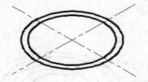 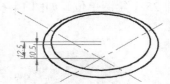

图 14-72　涡轮机械零件正等轴测图　　　图 14-73　绘制轴测圆　　　图 14-74　移动轴测圆

（5）输入 CO 激活"复制"命令，将半径为 34.75 的轴测圆向下复制 21 个绘图单位，然后输入 TR 激活"修剪"命令，将不可见的图线修剪掉。效果如图 14-75 所示。

（6）按 F5 键将轴测面切换为"< 等轴测平面 左视 >"，输入 EL 激活"椭圆"命令，输入 I 激活"轴测圆"选项，以辅助线的交点为圆心，绘制半径为 18 的轴测圆，如图 14-76 所示。

（7）输入 M 激活"移动"命令，将绘制的半径为 18 的轴测圆向右下移动 50 个绘图单位。效果如图 14-77 所示。

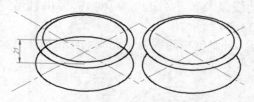
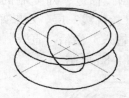
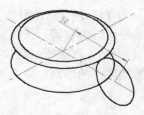

图 14-75　复制并修剪轴测圆　　　图 14-76　绘制轴测圆　　　图 14-77　移动轴测图

（8）输入 TR 激活"修剪"命令，以半径为 34.75 的两个轴测圆为修剪边，对半径为 18 的轴测圆进行修剪。效果如图 14-78 所示。

（9）依照第（6）～（8）步的操作方法，在"< 等轴测平面 右视 >"视图中再次以辅助线的交点为圆心，绘制半径为 18 的轴测圆，并将其向左下角移动 50 个绘图单位，最后进行修剪。效果如图 14-79 所示。

（10）按 F5 键将视图切换为"< 等轴测平面 俯视 >"，输入 EL 激活"椭圆"命令，输入 I 激活"轴测圆"选项，以最上方半径为 30 的轴测圆的圆心为圆心，绘制半径为 18 和 24 的两个轴测圆。效果如图 14-80 所示。

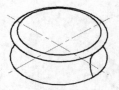
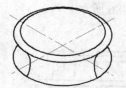
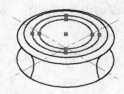

图 14-78　绘制轴测圆并修剪　　　图 14-79　绘制轴测圆并修剪　　　图 14-80　绘制轴测圆

（11）将视图切换到"< 等轴测平面 左视 >"，输入 CO 激活"复制"命令，将绘制的这两个轴测圆向下复制 4 个绘图单位，然后输入 TR 激活"修剪"命令，将不可见图线修剪掉。效果如图 14-81 所示。

（12）激活"移动"命令，将辅助线向上移动到顶面轴测圆的圆心位置，然后在"< 等轴测平面 俯视 >"视图以辅助线的交点为圆心，绘制半径为 14 的轴测圆，如图 14-82 所示。

（13）输入 CO 激活"复制"命令，将 X 轴上的辅助线对称复制 4 个绘图单位，将 Y 轴上的辅助线向上复制 18 个绘图单位。效果如图 14-83 所示。

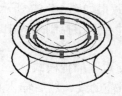
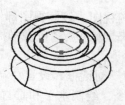
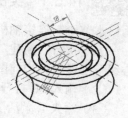

图 14-81　向下复制并修剪轴测圆　　　图 14-82　绘制轴测圆　　　图 14-83　复制辅助线

（14）输入 TR 激活"修剪"命令，对复制的辅助线以及轴测圆进行修剪，修剪出键槽效果，然后将修剪后的线放入"轮廓线"层。效果如图 14-84 所示。

（15）删除所有辅助线，输入 L 激活"直线"命令，补画键槽轮廓线，完成涡轮机械零件正等轴测图的绘制。效果如图 14-85 所示。

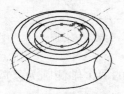
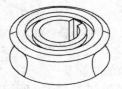

图 14-84　修剪创建键槽轮廓　　　　　　图 14-85　补画键槽轮廓线

14.3　绘制连接轴机械零件图

连接轴机械零件是一种典型的轴类零件，该零件主要用于连接其他零部件，该零件的正投影图主要有两个，一个是主视图，另一个是俯视图。本节绘制连接轴机械零件的正投影图、三维模型以及轴测图。效果如图 14-86 所示。

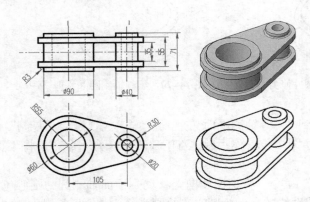

图 14-86　连接轴机械零件正投影图、三维模型以及轴测图

14.3.1　实例——绘制连接轴机械零件俯视图

本节绘制连接轴机械零件的俯视图，该俯视图部件简单。其绘制效果如图 14-87 所示。

（1）执行"新建"命令，选择"样板"/"机械样板 .dwt"文件，并在图层控制列表中将"中心线"层设置为当前图层。

（2）输入 SE 打开"草图设置"对话框，设置"端点""中点""交点"捕捉模式。

（3）输入 L 激活"直线"命令，绘制水平和垂直相交线作为作图辅助线，然后输入 O 激活"偏移"命令，将垂直辅助线偏移 105 个绘图单位。

（4）在图层控制列表中将"轮廓线"层设置为当前图层，输入 C 激活"圆"命令，以辅助线的交点为圆心，绘制半径为 30、45、55、20 和 10 的圆。效果如图 14-88 所示。

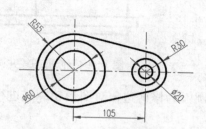

图 14-87 连接轴零件俯视图

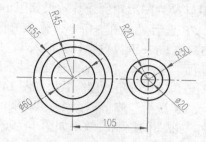

图 14-88 绘制辅助线和圆

（5）输入 L 激活"直线"命令，配合"切点"捕捉功能，绘制左侧半径为 55 和右侧半径为 30 的圆的公切线，如图 14-89 所示。

（6）输入 TR 激活"修剪"命令，以公切线为修剪边，对半径为 55 和 30 的圆进行修剪，完成连接轴俯视图的绘制。效果如图 14-90 所示。

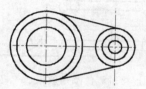

图 14-89 绘制公切线

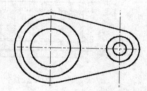

图 14-90 修剪图线

14.3.2 实例——绘制连接轴机械零件主视图

本节绘制连接轴机械零件的主视图，该主视图也比较简单，绘制时通常可以采用视图间的对正关系进行绘制。其绘制效果如图 14-91 所示。

（1）输入 XL 激活"构造线"命令，根据视图间的对正关系，通过俯视图轮廓线的特征点绘制 10 条垂直构造线，如图 14-92 所示。

（2）继续在俯视图上方合适位置绘制一条水平构造线，然后将该构造线放入"中心线"层，并将其对称偏移 17.5、27.5 和 35.5 个绘图单位。效果如图 14-93 所示。

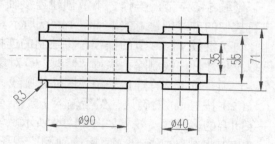

图 14-91 连接轴机械零件主视图

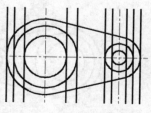

图 14-92 绘制垂直构造线

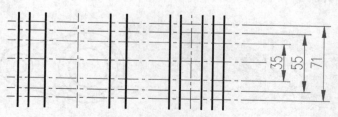

图 14-93 绘制并偏移水平中心线

357

（3）输入 TR 激活"修剪"命令，对偏移的图线进行修剪，然后将修剪后的图线放入"轮廓线"层和"隐藏线"层，将其转换为图形轮廓线。效果如图 14-94 所示。

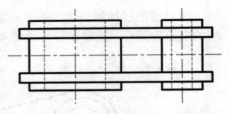

图 14-94　修剪图线并调整图层

（4）输入 F 激活"圆角"命令，输入 R 激活"半径"选项，输入 3，按 Enter 键设置半径，输入 T，按 Enter 键激活"修剪"选项，输入 N，按 Enter 键设置"不修剪"模式，然后对主视图各角进行圆角处理。效果如图 14-95 所示。

（5）输入 TR 激活"修剪"命令，以圆角后的圆弧为修剪边，对图形轮廓线进行修剪，完成连接轴零件主视图的绘制。效果如图 14-96 所示。

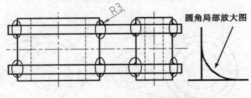

图 14-95　连接轴零件圆角效果

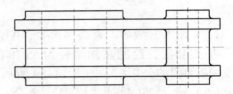

图 14-96　连接轴零件主视图

（6）使用"修剪"和"夹点拉伸"等功能，对连接轴零件二视图的中心线进行修剪和拉伸，完成该零件二视图的绘制。最终效果如图 14-91 所示。

14.3.3　实例——创建连接轴机械零件三维模型

继续 14.3.2 节的操作，本节创建连接轴零件的三维模型，该零件可以通过对二维图形轮廓进行拉伸的方式创建。效果如图 14-97 所示。

（1）继续 14.3.2 节的操作，将绘制的连接轴零件的俯视图复制一个，然后将图形中的辅助线以及尺寸标注线删除，执行"修改"/"对象"/"多段线"命令，输入 M，按 Enter 键激活"多个"选项，单击选择连接轴俯视图外轮廓线，如图 14-98 所示。

（2）按 Enter 键确认，然后输入 J 激活"合并"命令，按 3 次 Enter 键，将该轮廓线编辑为一条闭合的多段线。效果如图 14-99 所示。

（3）将视图切换到"西南等轴测"视图，并设置"概念"视觉样式，输入 EXT 激活"拉伸"命令，单击选择 4 个圆，将其拉伸 71 个绘图单位，以创建连接轴的三维模型。效果如图 14-100 所示。

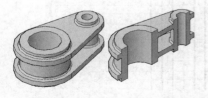

图 14-97　连接轴零件三维模型

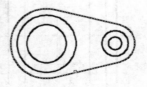

图 14-98　选择外轮廓线

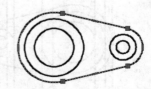

图 14-99　编辑后的闭合多段线

（4）输入 M 激活"移动"命令，将编辑后的外轮廓多段线沿 Z 轴正方向移动 8 个绘图单位，然后依照相同的方法，将其拉伸 10 个绘图单位。效果如图 14-101 所示。

（5）输入 CO 激活"复制"命令，单击选择拉伸后的外轮廓模型，将其向上复制 45 个绘图单位。效果如图 14-102 所示。

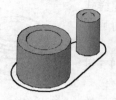
图 14-100 拉伸效果

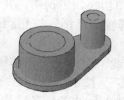
图 14-101 移动并拉伸

图 14-102 复制模型

（6）输入 UNI 激活"并集"命令，单击选择两个外轮廓拉伸对象以及半径为 45 和 20 的拉伸圆柱体，按 Enter 键将其并集。

（7）输入 SUB 激活"差集"命令，单击并集后的模型对象，按 Enter 键确认，再单击左右两边半径为 30 和 10 的两个圆柱体，按 Enter 键进行差集运算，如图 14-103 所示。

（8）执行"修改"/"实体编辑"/"圆角边"命令，输入 R 激活"半径"选项，输入 3，按 Enter 键，然后单击圆柱与模型平面之间的边，按两次 Enter 键确认进行圆角处理。效果如图 14-104 所示。

图 14-103 并集和差集布尔运算

图 14-104 圆角处理

（9）执行"视图"/"动态观察"/"受约束的动态观察"命令，调整模型的视觉，对模型另一边的边也进行圆角处理。效果如图 14-105 所示。

（10）将视图恢复为"西南等轴测"视图，为模型重新设置一种黄色颜色，并将其复制一个，输入 SL 激活"剖切"命令，将该零件沿 ZX 平面进行剖切，完成连接轴机械零件三维模型的创建。效果如图 14-106 所示。

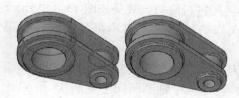
图 14-105 圆角处理

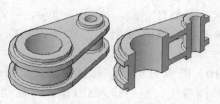
图 14-106 连接轴机械零件三维模型

14.3.4 实例——创建连接轴机械零件正等轴测图

本节创建连接轴机械零件正等轴测图，该连接轴结构主要由圆组成，创建比较简单。其效果如图 14-107 所示。

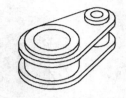

（1）继续 14.3.3 节的操作，将视图切换到俯视图，并设置视觉样式为"二维线框"，激活状态栏上的"等轴测草图"按钮 进入等轴测图绘图环境。

（2）在图层控制列表中将"中心线"层设置为当前图层，按 F5 键将轴测面切换为"＜等轴测平面 俯视＞"，按 F8 键启用"正交"功能。

图 14-107　连接轴机械零件正等轴测图

（3）输入 L 激活"直线"命令，绘制相交的两条线作为辅助线，输入 CO 激活"复制"命令，将 Y 轴上的辅助线向右上角复制 105 个绘图单位。

（4）将"轮廓线"层设置为当前图层，输入 EL 激活"椭圆"命令，输入 I 激活"轴测圆"选项，捕捉辅助线的交点，绘制半径分别为 30、45、55、20 和 10 的轴测圆。效果如图 14-108 所示。

（5）按 F5 键将轴测面切换为"＜等轴测平面 左视＞"，输入 M 激活"移动"命令，将左右两侧半径为 55 和 30 的两个轴测圆向上移动 8 个绘图单位。效果如图 14-109 所示。

（6）输入 CO 激活"复制"命令，选择移动后的两个轴测圆，将其继续向上复制 10、45 和 55 个绘图单位。效果如图 14-110 所示。

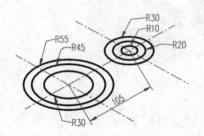

图 14-108　绘制辅助线和轴测圆

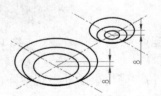

图 14-109　移动轴测圆

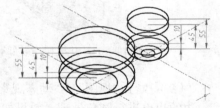

图 14-110　复制轴测圆

（7）输入 XL 激活"构造线"命令，配合"切点"捕捉功能绘制轴测圆的垂直公切线。效果如图 14-111 所示。

（8）输入 TR 激活"修剪"命令，对公切线与轴测圆进行修剪。效果如图 14-112 所示。

（9）继续绘制轴测圆的水平公切线，然后再次修剪掉不需要和不可见图线。效果如图 14-113 所示。

（10）输入 M 激活"移动"命令，将两侧半径为 10、20、30 和 45 的 4 个轴测圆向上移动 18 个绘图单位，然后输入 CO 激活"复制"命令，再将这 4 个轴测圆向上复制 45 和 53 个绘图单位。效果如图 14-114 所示。

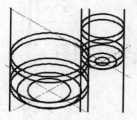

图 14-111　绘制公切线

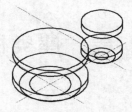

图 14-112　修剪图形

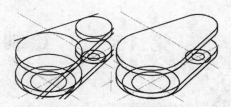

图 14-113　绘制公切线并修剪图形

（11）输入 XL 激活"构造线"命令，绘制轴测圆的垂直公切线，然后输入 TR 激活"修剪"命令，对公切线以及轴测圆进行修剪，并删除多余图线和中心线，完成连接轴机械零件轴测图的绘制。效果如图 14-115 所示。

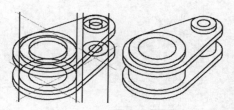

图 14-114　移动并复制轴测圆

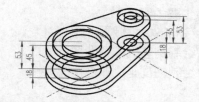

图 14-115　连接轴机械零件轴测图

第 15 章 绘制盘、盖、座类机械零件图

本章导读

盘、盖、座类机械零件的结构一般是沿着轴线方向长度较短的回转体，或几何形状比较简单的板状体，如齿轮、端盖、皮带轮、手轮、法兰盘、阀盖、压盖等。盘、盖、座类机械零件的特点是，轴向尺寸较小而径向尺寸较大，据此类零件在设备中的功能和作用，零件上常有键槽、凸台、退刀槽、销孔、螺纹以及均匀分布的小孔、肋和轮辐等结构。本章绘制盘、盖、座类机械零件图。

本章主要内容如下：

➥ 绘制基板机械零件图
➥ 绘制阀盖机械零件图
➥ 绘制轴瓦座机械零件图

15.1 绘制基板机械零件图

椭圆形基板机械零件也属于盘类零件，其结构相对比较复杂，因此其正投影图需要主视图和俯视图两个视图来表达，在绘制时可以先绘制其俯视图，然后再根据视图间的对正关系，绘制主视图，本节绘制椭圆形基板机械零件的正投影图、三维模型和正等轴测图。效果如图 15-1 所示。

15.1.1 实例——绘制椭圆形基板机械零件俯视图

椭圆形基板机械零件结构相对比较复杂，本节就来绘制椭圆形基板机械零件的俯视图，然后再根据视图间的对正关系绘制主视图。其俯视图绘制效果如图 15-2 所示。

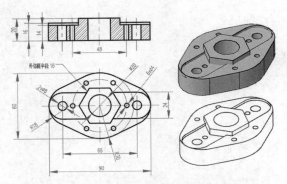

图 15-1 椭圆形基板机械零件正投影图、三维模型以及正等轴测图

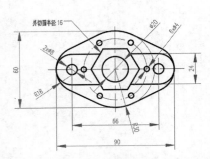

图 15-2 椭圆形基板机械零件俯视图

（1）执行"新建"命令，选择"样板"/"机械样板 .dwt"文件，并在图层控制列表中将"中心线"层设置为当前图层。

（2）输入 XL 激活"构造线"命令，绘制水平和垂直相交的构造线，然后将垂直构造线对称偏移 33 个绘图单位。效果如图 15-3 所示。

图 15-3　绘制构造线

（3）将"轮廓线"设置为当前图层，并打开状态栏上的"线宽"功能。

（4）输入 C 激活"圆"命令，分别以辅助线左、右两边的交点为圆心，绘制半径为 4 和 12 的同心圆，然后输入 L 激活"直线"命令，分别连接两个大圆的象限点。绘制公切线效果如图 15-4 所示。

（5）输入 C 激活"圆"命令，以辅助线中间的交点为圆心，分别绘制半径为 30、24 和 10 的同心圆。效果如图 15-5 所示。

（6）重复执行"圆"命令，以半径为 24 的圆的左象限点为圆心，绘制半径为 2 的圆，然后输入 AR 激活"阵列"命令，以辅助线中间的交点为阵列中心，将该圆阵列复制 6 个，如图 15-6 所示。

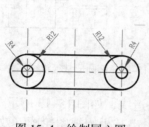

图 15-4　绘制同心圆

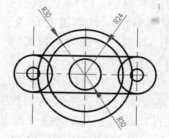

图 15-5　绘制同心圆

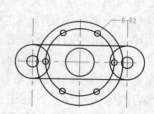

图 15-6　绘制与阵列圆

（7）输入 POL 激活"多边形"命令，以辅助线中间的交点为中心点，绘制外切于圆半径为 16 的六边形。效果如图 15-7 所示。

（8）输入 C 激活"圆"命令，以左、右两边两个圆的左和右象限点为圆心，绘制半径为 18 的两个圆作为辅助圆，如图 15-8 所示。

（9）输入 M 激活"移动"命令，将左边辅助圆向右移动 18 个绘图单位，将右侧辅助圆向左移动 18 个绘图单位。效果如图 15-9 所示。

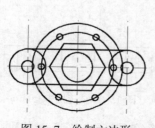

图 15-7　绘制六边形

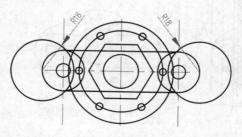

图 15-8　绘制圆

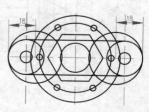

图 15-9　移动圆的位置

（10）输入 XL 激活"构造线"命令，配合"切点"捕捉功能绘制这两个圆与中间大圆的公切线。效果如图 15-10 所示。

（11）输入 TR 激活"修剪"命令，对公切线以及圆进行修剪，最后将半径为 24 的圆放入"点画线"层，完成该椭圆形基板机械零件俯视图的绘制。效果如图 15-11 所示。

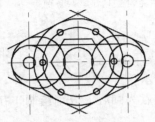

图 15-10　绘制圆的外公切线

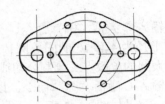

图 15-11　椭圆形基板机械零件俯视图

15.1.2　实例——绘制椭圆形基板机械零件主视图

下面绘制椭圆形基板机械零件的主视图，绘制主视图时可以根据视图间的对正关系，由俯视图特征点创建垂直线，然后对垂直线进行编辑作为主视图的轮廓线，完成主视图的绘制。其主视图绘图效果如图 15-12 所示。

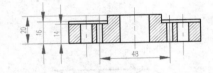

图 15-12　椭圆形基板机械零件主视图

（1）输入 XL 激活"构造线"命令，分别通过俯视图中各定位圆及正多边形特征点绘制创建垂直构造线作为辅助线，然后根据图示尺寸，在俯视图的上方合适位置绘制三条水平构造线，如图 15-13 所示。

（2）输入 TR 激活"修剪"命令，对各构造线进行修剪，编辑出基板俯视图轮廓。效果如图 15-14 所示。

（3）在无任何命令发出的情况下单击选择主视图中的两条垂直轮廓线，将其放入"中心线"层，然后通过夹点拉伸进行拉伸，将其转换为图形的中心线。效果如图 15-15 所示。

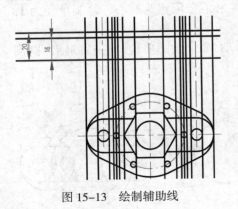

图 15-13　绘制辅助线　　　　图 15-14　修剪辅助线

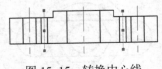

图 15-15　转换中心线

（4）输入 O 激活"偏移"命令，将最下方的水平线向上偏移 14 个绘图单位，然后对其进行修剪，创建另一条轮廓线。效果如图 15-16 所示。

（5）在图层控制列表中将"剖面线"层设置为当前图层，输入 H 激活"图案填充"命令，选择名为 ANS131 的图案，对基板主视图进行填充。效果如图 15-17 所示。

（6）使用"修剪"命令对俯视图和主视图之间的中心线进行修剪，然后使用夹点拉伸命令对中心线进行夹点拉伸，完成椭圆形基板机械零件正投影图的绘制。效果如图 15-18 所示。

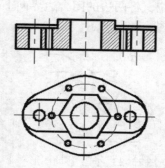

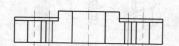

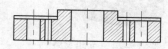

图 15-16　对偏移图线进行修剪　　　图 15-17　填充主视图　　　图 15-18　椭圆形机械基板零件正投影图

15.1.3　实例——创建椭圆形基板机械零件三维模型

本节创建椭圆形基板机械零件的三维模型。效果如图 15-19 所示。

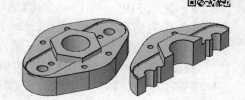

图 15-19　椭圆形基板机械零件三维模型

（1）继续 15.1.2 节的操作，将基板俯视图复制一个，将复制的图形中的所有垂直辅助线以及尺寸标注选择并删除，然后执行"绘图"/"边界"命令打开"边界创建"对话框，单击"拾取点"按钮返回绘图区，在图 15-20 所示的两个区域内单击拾取一点以确定边界。

（2）按 Enter 键确认创建闭合边界，然后执行"修改"/"对象"/"多段线"命令，输入 M 激活"多个"选项，单击选择基板机械零件外轮廓线，如图 15-21 所示。

（3）按两次 Enter 键，然后输入 J，按 3 次 Enter 键确认，将外轮廓线编辑为一个闭合多段线，如图 15-22 所示。

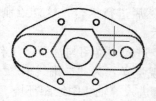

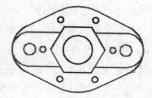

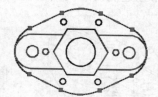

图 15-20　拾取边界　　　图 15-21　选择外轮廓线　　　图 15-22　创建闭合多段线

（4）进入"三维建模"工作空间，将视图切换到"西南等轴测"视图，并设置"概念"视觉样式，然后输入 M 激活"移动"命令，单击选择六边形以及创建的两个边界图形，将其沿 Z 轴向上移动 14 个绘图单位，如图 15-23 所示。

（5）输入 EXT 激活"拉伸"命令，单击最外侧的闭合多段线以及除中间位置的圆以外的所有圆对象，输入 16，按 Enter 键确认，拉伸创建三维模型。效果如图 15-24 所示。

（6）设置"二维线框"视觉样式，继续执行"拉伸"命令，将六边形对象向上拉伸 6 个绘图单位，将两边的闭合边界向上拉伸 2 个绘图单位，将最中间的圆向上拉伸 20 个绘图单位。效果如图 15-25 所示。

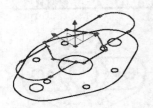

图 15-23 向上移动图形

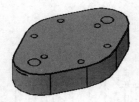

图 15-24 拉伸效果

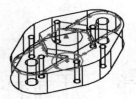

图 15-25 拉伸效果

（7）输入 UNI，按 Enter 键激活"并集"命令，将基板主体模型与中间的六边形模型并集，然后将其他剩下的所有模型再次并集。

（8）输入 SUB，按 Enter 键激活"差集"命令，单击并集后的基板主体模型，按 Enter 键确认，再单击并集后的其他模型，再按 Enter 键确认进行差集运算，以创建椭圆形基板机械零件的最终模型，最后分别设置"概念"和"X 射线"视觉样式查看模型效果。效果如图 15-26 所示。

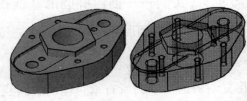

图 15-26 椭圆形基板机械零件三维模型效果

（9）为创建完成的基板模型重新设置一种颜色（如天蓝色），然后将其复制一个，输入 SL 激活"剖切"命令，将复制的阶梯轴三维模型沿 ZX 平面进行剖切，完成椭圆形基板机械零件三维模型的创建。效果如图 15-19 所示。

15.1.4 实例——创建椭圆形基板机械零件正等轴测图

本节创建椭圆形机械基板机械零件正等轴测图，该轴测图比较复杂，因此可以采用分割法，分别绘制出各部分的轴测图，然后进行组合，这样绘制就比较简单了。其效果如图 15-27 所示。

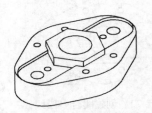

图 15-27 椭圆形基板机械零件正等轴测图

（1）继续 15.1.3 节的操作，进入"草图与注释"工作空间，将视图切换到俯视图，并设置视觉样式为"二维线框"，激活状态栏上的"等轴测草图"按钮 进入等轴测图绘图环境。

（2）在图层控制列表中将"中心线"层设置为当前图层，按 F5 键将轴测面切换为"< 等轴测平面 俯视 >"，按 F8 键启用"正交"功能。

（3）输入 L 激活"直线"命令，根据图示尺寸绘制相交的直线作为定位线，如图 15-28 所示。

（4）将"轮廓线"层设置为当前图层，输入 EL 激活"椭圆"命令，输入 I 激活"轴测圆"选项，捕捉辅助线的交点，绘制半径为 30 和 18 的轴测圆，如图 15-29 所示。

（5）输入 XL 激活"构造线"命令，配合"切点"捕捉功能绘制轴测圆的公切线。效果如图 15-30 所示。

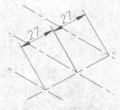

图 15-28 绘制辅助线

（6）输入 TR 激活"修剪"命令，对公切线以及轴测圆进行修剪。效果如图 15-31 所示。

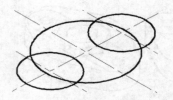
图 15-29 绘制轴测圆

图 15-30 绘制公切线

图 15-31 修剪图形

（7）按 F5 键将轴测面切换为"＜等轴测平面 左视＞"，输入 CO 激活"复制"命令，将修剪后的图形向上复制 16 个绘图单位，然后依照前面的操作方法继续创建图形的垂直公切线，然后输入 TR 激活"修剪"命令，对公切线以及轴测圆进行修剪，并删除不可见图线。效果如图 15-32 所示。

（8）输入 M 激活"移动"命令，将辅助线向上移动 14 个绘图单位，将两边两条垂直辅助线删除，重新将垂直辅助线对称复制 33 个绘图单位。效果如图 15-33 所示。

（9）输入 EL 激活"椭圆"命令，以两端辅助线的交点为圆心，绘制半径为 12 和 4 的轴测圆，如图 15-34 所示。

（10）输入 CO 激活"复制"命令，将垂直辅助线对称复制 9.25 和 18.5 个绘图单位，将水平辅助线对称复制 16 个绘图单位，然后输入 L 激活"直线"命令，配合"交点"标注功能绘制六边形，如图 15-35 所示。

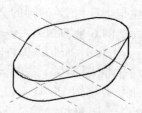

图 15-32 复制图形、创建垂直公切线并修剪

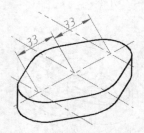
图 15-33 复制辅助线

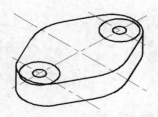
图 15-34 绘制轴测圆

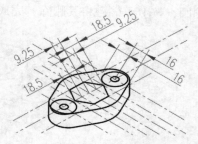
图 15-35 偏移辅助线

（11）将偏移的辅助线删除，然后以辅助线中间的交点为圆心，绘制半径为 10 的轴测圆，然后将该圆和六边形向上复制 6 个绘图单位。效果如图 15-36 所示。

（12）输入 L 激活"直线"命令，配合"端点"捕捉功能捕捉六边形的各顶点以补画图线，然后将其他不可见图线和下方轴测圆删除。效果如图 15-37 所示。

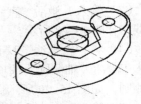

图 15-36　绘制轴测圆并复制图形

（13）依照前面的操作，继续使用"构造线"绘制两端半径为 12 的两个轴测圆的公切线，然后使用"修剪"命令对图线进行修剪。效果如图 15-38 所示。

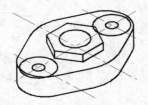

图 15-37　补画图线并删除不可见图线

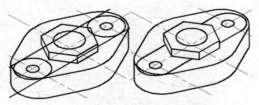

图 15-38　绘制公切线并修剪

（14）依照前面的操作方法，以辅助线中间交点为圆心，绘制半径为 24 的轴测圆，然后将垂直辅助线对称复制 12 和 24 个绘图单位，将水平辅助线对称复制 20.8 个绘图单位。效果如图 15-39 所示。

（15）继续依照前面的操作方法，以辅助线与半径为 24 的圆的交点为圆心，绘制半径为 2 的 6 个轴测圆。效果如图 15-40 所示。

（16）将辅助线暂时隐藏，将半径为 24 的轴测圆删除，然后输入 CO 激活"复制"命令，将图 15-41（a）所示的图线向上复制 2 个绘图单位，输入 TR 激活"修剪"命令，对复制的图线进行修剪，并补画其他图线和延伸图线等编辑。效果如图 15-41（b）所示。

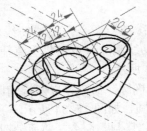

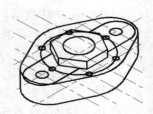

图 15-39　复制辅助线　　　图 15-40　绘制轴测圆

（17）在无任何命令发出的情况下单击选择左、右两边上方的轴测圆和上、下两端下方的轴测圆，按 Delete 键将其删除，完成该零件轴测图的绘制。效果如图 15-42 所示。

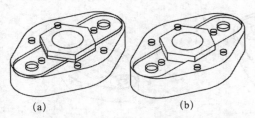

（a）　　　　　　（b）

图 15-41　复制图线并修剪图线

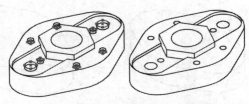

图 15-42　删除多余轴测圆后的轴测图效果

15.2　绘制阀盖机械零件图

　　阀盖机械零件是一种典型的盖类零件，其结构为聚心回转体结构，该正投影图主要有两个，一个是主视图，另一个是左视图，本节绘制阀盖零件的正投影图、三维模型以及轴测图。效果如图 15-43 所示。

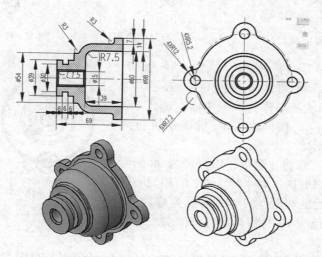

图 15-43　阀盖机械零件正投影图、三维模型以及轴测图

15.2.1　实例——绘制阀盖机械零件左视图

　　本节绘制阀盖机械零件的左视图，其左视图绘制效果如图 15-44 所示。

　　（1）执行"新建"命令，选择"样板"/"机械样板 .dwt"文件，并在图层控制列表中将"轮廓线"层设置为当前图层，并启用"线宽"功能。

　　（2）输入 SE 打开"草图设置"对话框，设置"端点""中点""交点""圆心""象限点"捕捉模式。

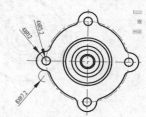

图 15-44　阀盖机械零件左视图

　　（3）输入 C 激活"圆"命令，绘制直径为 15 的圆，然后在无任何命令发出的情况下单击该圆使其夹点显示，选择圆心位置的夹点并右击选择"缩放"命令，输入 CO 激活"复制"选项，然后分别输入 18/15、30/15、39/15、54/15、60/15、98/15 和 102/15，对该圆进行缩放复制。效果如图 15-45 所示。

　　（4）重复执行"圆"命令，以直径为 102 的圆的下象限点为圆心，绘制半径为 5.2 和 12 的同心圆。效果如图 15-46 所示。

　　（5）再次输入 C 激活"圆"命令，输入 T 激活"相切，相切，半径"命令，以半径为 12 和直径为 98 的圆为相切对象，绘制两个半径为 7.2 的相切圆。效果如图 15-47 所示。

图 15-45　缩放复制圆

图 15-46　绘制同心圆

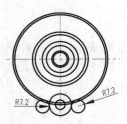

图 15-47　绘制相切圆

（6）输入 AR 激活"阵列"命令，选择半径为 7.2、5.2 和 12 的圆，按 Enter 键确认，输入 PO，激活"极轴"选项，捕捉内部圆的圆心作为阵列中心，输入 I 激活"项目"选项，输入 4，按两次 Enter 键确认进行阵列。效果如图 15-48 所示。

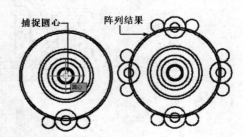

图 15-48　阵列圆

（7）输入 TR 激活"修剪"命令，以直径为 98 的圆和半径为 12 的圆作为修剪边，对半径为 7.2 的相切圆进行修剪，然后以修剪后的半径为 7.2 的圆弧为修剪边，对直径为 98 的圆和半径为 12 的圆再次进行修剪。修剪结果如图 15-49 所示。

（8）在无任何命令发出的情况下选择最外侧直径为 102 的圆，在图层控制列表中选择"中心线"层，完成阀盖机械零件左视图的绘制。效果如图 15-50 所示。

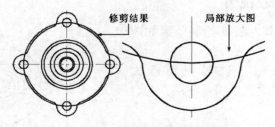

图 15-49　修剪图线的效果

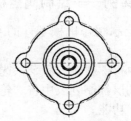

图 15-50　阀盖机械零件左视图

15.2.2　实例——绘制阀盖机械零件主视图

本节绘制阀盖机械零件的主视图，绘制主视图时可以参照左视图的尺寸进行绘制。效果如图 15-51 所示。

（1）将"中心线"层设置为当前图层，通过左视图中间圆心绘制水平和垂直构造线作为左视图的中心线，然后将垂直构造线向左复制到左视图左边合适位置，再将其复制 69 个绘图单位作为主视图的中心线。效果如图 15-52 所示。

（2）将"轮廓线"设置为当前图层，输入 PL 激活"多段线"命令，捕捉主视图辅助线右侧的交点输入 @0，30，按 Enter 键确认，继续输入 @-31.5，0，按 Enter 键确认，然后输入 A，按 Enter 键转入画弧模式，输入 @-7.5，-7.5，按 Enter 键确认，继续输入 L，按 Enter 键转入"直线"模式，输入 @0，-22.5，按两次 Enter 键指定下一点并结束操作。绘制结果如图 15-53 所示。

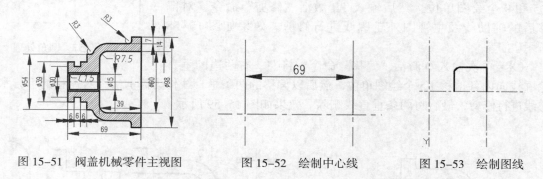

图 15-51　阀盖机械零件主视图　　图 15-52　绘制中心线　　图 15-53　绘制图线

（3）启用"正交"功能，重复执行"多段线"命令，捕捉主视图辅助线左边的交点，向上引导光标，输入 19.5，按 Enter 键确认，向右引导光标，输入 6，按 Enter 键确认，向下引导光标，输入 4.5，按 Enter 键确认，向右引导光标，输入 6，按 Enter 键确认，向上引导光标，输入 4.5，按 Enter 键确认，向右引导光标，输入 6，按 Enter 键确认，向上引导光标，输入 7.5，按 Enter 键确认，向右引导光标，输入 15，按两次 Enter 键确认结束命令。绘制图线结果如图 15-54 所示。

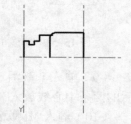

图 15-54　绘制图线结果

（4）重复执行"多段线"命令，捕捉主视图右侧水平图线与右侧垂直辅助线的交点，输入 @0，14，按 Enter 键确认，继续输入 @-9，0，按 Enter 键确认，继续输入 @0，-3.5，按 Enter 键确认，输入 A 转入画弧模式，输入 @-3，-3，按 Enter 键确认，输入 L，转入画线模式，输入 @-15，0，按两次 Enter 键结束命令。绘制结果如图 15-55 所示。

（5）输入 X 激活"分解"命令，选择左、右两边的多段线，按 Enter 键将其分解为各个独立的对象，然后输入 O 激活"偏移"命令，选择分解后的弧形轮廓线，将其向外偏移 7.5 个绘图单位。效果如图 15-56 所示。

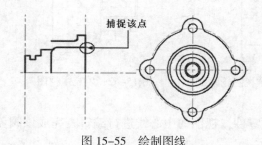

图 15-55　绘制图线

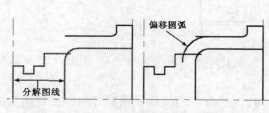

图 15-56　分解图线并偏移圆弧

（6）输入 F 激活"圆角"命令，输入 R 激活"半径"选项，输入 3，按 Enter 键确认，对偏移圆弧与左边线段进行圆角处理。效果如图 15-57 所示。

（7）输入 O 激活"偏移"命令，将水平中心线向上偏移7.5 和 9 个绘图单位，然后输入 TR 激活"修剪"命令，对偏移后的辅助线及主视图外轮廓线进行修剪。效果如图 15-58 所示。

（8）再次输入 O 激活"偏移"命令，将左、右两边的垂直轮廓线向内各偏移 1.5 个绘图单位，然后以偏移的两条垂直线作为修剪边，对偏移的下方水平中心线进行修剪，最后将两条垂直线删除。效果如图 15-59 所示。

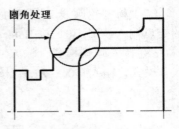

图 15-57　圆角处理

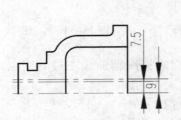

图 15-58　偏移并修剪图线

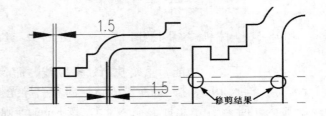

图 15-59　偏移并修剪、删除图线

（9）输入 L 激活"直线"命令，配合"端点"和"交点"捕捉功能补画图线，然后将修剪后的两条中心线放入"轮廓线"层，将其转换为图形轮廓线。效果如图 15-60 所示。

（10）输入 MI 激活"镜像"命令，以水平辅助线为镜像轴，将主视图所有轮廓线进行复制。效果如图 15-61 所示。

（11）在图层控制列表中将"剖面线"层设置为当前图层，输入 H 激活"图案填充"命令，选择名为 ANS131 的图案，对主视图进行填充，完成阀盖零件主视图的绘制。效果如图 15-62 所示。

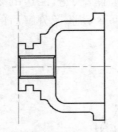
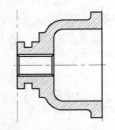

图 15-60　补画图线　　　图 15-61　复制镜像主视图轮廓线　　　图 15-62　填充主视图

（12）综合应用偏移、修剪等命令，对阀盖机械零件二视图的中心线进行编辑，完成该阀盖机械零件正投影图的绘制。最终效果如图 15-51 所示。

15.2.3 实例——创建阀盖机械零件三维模型

继续 15.2.2 节的操作，本节创建阀盖机械零件的三维模型，该零件属于聚心结构的零件，因此其三维模型可以通过旋转来创建。效果如图 15-63 所示。

（1）继续 15.2.2 节的操作，进入"三维建模"工作空间，将绘制的阀盖零件的主视图复制一个，然后将图形中的尺寸标注线以及多余的轮廓线选择并删除。效果如图 15-64 所示。

（2）执行"绘图"/"边界"命令打开"边界创建"对话框，单击"拾取点"按钮 返回绘图区，在编辑后的轮廓线内部单击拾取一点以确定边界，如图 15-65 所示。

（3）按 Enter 键确认创建闭合边界，然后将视图切换到"西南等轴测"视图，并设置"概念"视觉样式，输入 REV 激活"旋转"命令，单击创建的边界，并捕捉水平中心线的两个端点进行旋转创建涡轮的三维模型。效果如图 15-66 所示。

图 15-63 阀盖机械零件三维模型

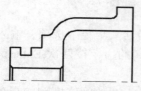

图 15-64 编辑轮廓线

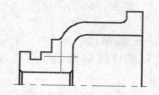

图 15-65 确定边界

图 15-66 旋转创建三维模型

下面创建外部其他结构。

（4）设置"二维线框"视觉模式，输入 UCS，按 Enter 键，输入 Y，按 Enter 键，输入 -90，按 Enter 键将 Y 轴选择 -90° 以定义用户坐标系，如图 15-67 所示。

（5）输入 CYL 激活"圆柱体"命令，按住 Shift 键右击选择"自"选项，捕捉阀盖零件右底面圆心，输入 @51, 0, 0，按 Enter 键确定圆柱体的底面圆心，绘制半径为 12、高度为 9 的圆柱体，如图 15-68 所示。

（6）继续执行"圆柱体"命令，以创建的该圆柱体的底面圆心为圆心，再次创建底面半径为 5.2、高度为 9 的另一个圆柱体。效果如图 15-69 所示。

图 15-67 定义用户坐标系

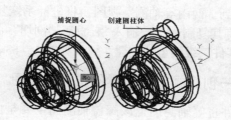

图 15-68 创建圆柱体

图 15-69 创建圆柱体

（7）输入 3DAR 激活"三维阵列"命令，单击选择创建的这两个圆柱体，按 Enter 键确认，输入 P，按 Enter 键激活"极轴"选项，输入 4，按 3 次 Enter 键确认，分别捕捉中心线的两个端点进行阵列。效果如图 15-70 所示。

（8）输入 UNI 激活"并集"命令，单击阀体主体模型和半径为 12 的 4 个圆柱体模型，按 Enter 键将其并集，如图 15-71 所示。

（9）继续输入 SUB 激活"差集"命令，再次单击并集后的阀体主体模型，按 Enter 键确认，然后分别单击半径为 5.2 的 4 个圆柱体模型，按 Enter 键进行差集运算，最后设置视觉样式为"概念"。效果如图 15-72 所示。

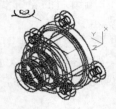

图 15-70　三维阵列　　　　图 15-71　并集运算　　　　图 15-72　差集运算

（10）执行"修改"/"实体编辑"/"圆角边"命令，输入 R 激活"半径"选项，输入半径为 7.2，按 Enter 键确认，然后单击选择圆柱体与阀盖主体模型之间的边，按两次 Enter 键确认进行圆角处理。效果如图 15-73 所示。

（11）执行"视图"/"动态观察"/"受约束的动态观察"命令，调整阀体模型的视角，对圆柱体与阀体模型之间的其他边进行圆角处理，最后设置视图为"左视图"，以观察圆角后的模型效果。效果如图 15-74 所示。

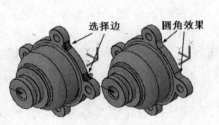
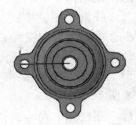

图 15-73　圆角处理效果　　　　　图 15-74　圆角处理效果

（12）将视图重新切换到"西南等轴测"视图，将坐标系恢复为世界坐标系，并为模型重新设置一种绿色颜色，然后将其复制一个，输入 SL 激活"剖切"命令，将复制的模型沿 ZX 平面进行剖切，完成阀盖机械零件三维模型的创建。效果如图 15-63 所示。

15.2.4　实例——创建阀盖机械零件正等轴测图

本节创建阀盖机械零件正等轴测图，该阀盖轴测图主要是由轴测圆组成，创建比较简单。其效果如图 15-75 所示。

（1）继续 15.2.3 节的操作，进入"草图与注释"工作空间，将视图切换到俯视图，并设置视觉样式为"二维线框"，激活状态栏上的"等轴测草图"按钮进入等轴测图绘图环境。

图 15-75　阀盖机械零件正等轴测图

（2）在图层控制列表中将"中心线"层设置为当前图层，按 F5 键将轴测面切换为"< 等轴测平面 俯视 >"，按 F8 键启用"正交"功能。

（3）输入 L 激活"直线"命令，绘制相交的两条线作为辅助线，然后将"轮廓线"层设置为当前图层，按 F5 键将轴测面切换为"< 等轴测平面 左视 >"。

（4）输入 EL，按 Enter 键激活"椭圆"命令，输入 I 激活"轴测圆"选项，捕捉辅助线的交点，绘制直径分别为 39、18 和 15 的轴测圆，如图 15-76 所示。

（5）将视图切换到"< 等轴测平面 俯视 >"，输入 M 激活"移动"命令，将直径为 15 的轴测圆向右上移动 1.5 个绘图单位，激活"复制"命令，将直径为 39 的轴测圆向右上复制 6 个绘图单位。效果如图 15-77 所示。

（6）输入 XL 激活"构造线"命令，绘制直径为 39 的两个轴测圆的公切线，然后输入 TR 激活"修剪"命令，将不可见的图线修剪掉。效果如图 15-78 所示。

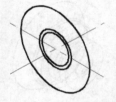

图 15-76　绘制轴测圆

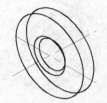

图 15-77　移动与复制轴测圆

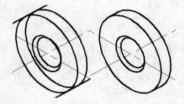

图 15-78　绘制切线并修剪图形

（7）按 F5 键将轴测面切换为"< 等轴测平面 左视 >"，输入 EL 激活"椭圆"命令，输入 I 激活"轴测圆"选项，以右侧直径为 39 的轴测圆的圆心为圆心，绘制直径为 30 的轴测圆，然后将这两个轴测圆向右上复制 6 个绘图单位。效果如图 15-79 所示。

（8）将绘制的直径为 30 的轴测圆删除，然后对复制的直径为 30 的轴测圆进行修剪。效果如图 15-80 所示。

（9）继续将右侧直径为 39 的轴测圆弧向右上复制 6 个绘图单位，然后以该圆弧的圆心为圆心，绘制直径为 54 的轴测圆。效果如图 15-81 所示。

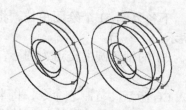

图 15-79　绘制并复制轴测圆

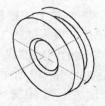

图 15-80　修剪轴测圆

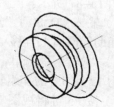

图 15-81　复制与绘制轴测圆

（10）执行"修改"/"延伸"命令，单击第 2 个直径为 39 的轴测圆作为延伸边，分别单击第 3 个直径为 39 的轴测圆弧的两端进行延伸，如图 15-82 所示。

（11）输入 XL 激活"构造线"命令，绘制第 2 和第 3 个直径为 39 的轴测圆的公切线，然后输入 TR 激活"修剪"命令，对轴测圆和公切线进行修剪。效果如图 15-83 所示。

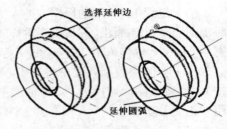

图 15-82　延伸圆弧

（12）再次输入 EL 激活"椭圆"命令，输入 I 激活"轴测圆"选项，以直径为 54 的轴测圆的圆心为圆心，绘制直径为 57 的轴测圆，然后将直径为 54 的轴测圆沿 X 轴复制 6 个绘图单位，将直径为 57 的轴测圆沿 X 轴移动 7.5 个绘图单位。效果如图 15-84 所示。

（13）继续以直径为 57 的轴测圆的圆心为圆心，绘制直径为 74 的轴测圆，然后将该轴测圆沿 X 轴移动 12 个绘图单位。效果如图 15-85 所示。

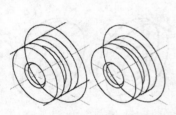

图 15-83　绘制公切线并修剪图线

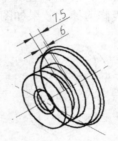

图 15-84　复制与绘制轴测圆

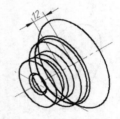

图 15-85　绘制、移动轴测圆

（14）输入 CO 激活"复制"命令，将直径为 74 的轴测圆沿 X 轴复制 22.5 和 31.5 个绘图单位，然后输入 XL 激活"构造线"命令，绘制直径为 54 和 74 的轴测圆的公切线，然后输入 TR 激活"修剪"命令，对图形进行修剪。效果如图 15-86 所示。

（15）按 F5 键将视图切换到"< 等轴测平面 左视 >"，输入 EL 激活"椭圆"命令，输入 I 激活"轴测圆"选项，以右侧直径为 74 的轴测圆的圆心为圆心，绘制半径为 49 和 51 的轴测圆，如图 15-87 所示。

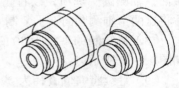

图 15-86　创建公切线并修剪图线

（16）输入 CO 激活"复制"命令，将 X 轴上的辅助线上、下各复制 51 个绘图单位，将 Y 轴上的辅助线向右上方移动 69 个绘图单位。效果如图 15-88 所示。

（17）再次激活"椭圆"命令，以 X 轴上的辅助线与直径为 51 的轴测圆的交点为圆心，绘制半径为 12 和 5.2 的 4 组轴测圆。效果如图 15-89 所示。

（18）按 F5 键将视图切换到"< 等轴测平面 俯视 >"，输入 CO 激活"复制"命令，将半径为 12 和 5.2 的 4 组轴测圆以及半径为 49 的轴测圆沿 X 轴负方向复制 9 个绘图单位。效果如

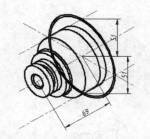
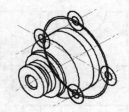

图 15-87　绘制轴测圆　　　　图 15-88　复制与移动辅助线　　　　图 15-89　绘制轴测圆

图 15-90 所示。

（19）将辅助线暂时隐藏，将半径为 51 的轴测圆删除，输入 XL 激活"构造线"命令，绘制 4 组轴测圆以及半径为 49 的轴测圆的公切线，然后输入 TR 激活"修剪"命令，对图形进行修剪。效果如图 15-91 所示。

（20）输入 F 激活"圆角"命令，输入 R 激活"半径"选项，输入 7.2，按 Enter 键，以"不修剪"模式对半径为 12 的轴测圆和半径为 49 的轴测圆进行圆角处理。效果如图 15-92 所示。

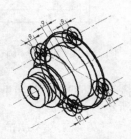

图 15-90　复制轴测圆

（21）输入 TR 激活"修剪"命令，对圆角后的图线再次进行修剪，完成阀盖机械零件正等轴测图的绘制。效果如图 15-93 所示。

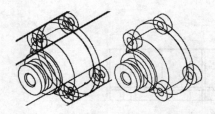
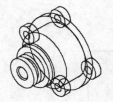

图 15-91　绘制公切线并修剪图线　　　　图 15-92　圆角处理　　　　图 15-93　修剪图线

15.3　绘制轴瓦座机械零件图

轴瓦座机械零件是轴类零件的基座，通常与轴类零件配合使用，该类零件相对来说比较复杂，通常要绘制其剖视图，以表现零件内部结构特征。本节就来绘制轴瓦座机械零件的正投影图、三维模型以及轴测图，该正投影图主要有主视图和俯视图两个视图。效果如图 15-94 所示。

15.3.1　实例——绘制轴瓦座机械零件主视图

本书绘制轴瓦座机械零件的主视图，其绘制效果如图 15-95 所示。

（1）执行"新建"命令，选择"样板"/"机械样板 .dwt"文件，并在图层控制列表中将"轮

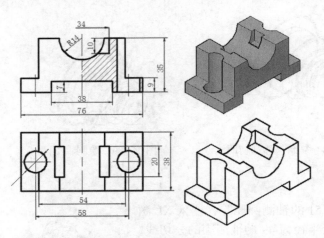

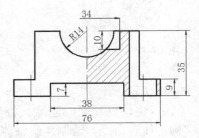

图 15-94　轴瓦座机械零件正投影图、三维模型以及轴测图

图 15-95　轴瓦座零件主视图

廓线"层设置为当前图层，输入 REC 激活"矩形"命令，绘制 75×35 的矩形，如图 15-96 所示。

（2）输入 X 激活"分解"命令，单击矩形，按 Enter 键将矩形分解，然后输入 O 激活"偏移"命令，将矩形左垂直边向右偏移 9、11、19 和 38 个绘图单位，将右垂直边向左偏移 2、9、11、16 和 19 个绘图单位；将下水平边向上偏移 7 和 9 个绘图单位。效果如图 15-97 所示。

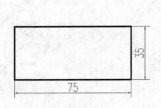

图 15-96　绘制矩形

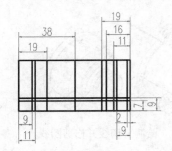

图 15-97　偏移图线

（3）输入 C 激活"圆"命令，以中间垂直线与上方水平线的交点为圆心，绘制半径为 14 的圆，然后输入 TR 激活"修剪"命令，对图形进行修剪。效果如图 15-98 所示。

（4）在无任何命令发出的情况下选择 3 条垂直线将其放入"中心线"层，然后再次激活"偏移"命令，将下方第 2 条水平线向上偏移 18 个绘图单位，将右侧垂直线向左偏移 5 个绘图单位，然后再次使用"修剪"命令对图线进行修剪。效果如图 15-99 所示。

（5）在图层控制列表中将"剖面线"层设

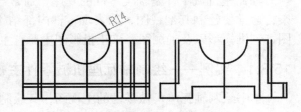

图 15-98　绘制圆并修剪图形

置为当前图层，输入 H 激活"图案填充"命令，选择名为 ANS131 的图案，对主视图的剖面部分进行填充，完成该零件主视图的绘制。效果如图 15-100 所示。

至此，轴瓦座零件的主视图绘制完毕。

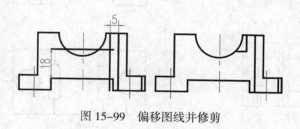

图 15-99　偏移图线并修剪

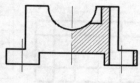

图 15-100　填充主视图

15.3.2　实例——绘制轴瓦座机械零件俯视图

本节绘制轴瓦座机械零件的俯视图，其效果如图 15-101 所示。

（1）继续 15.3.1 节的操作，将"中心线"层设置为当前图层，输入 XL 激活"构造线"命令，在主视图的下方合适位置绘制一条水平构造线，然后根据视图间的对正关系，通过主视图各特征点绘制垂直构造线。效果如图 15-102 所示。

（2）将"轮廓线"层设置为当前图层，将除中间一条垂直构造线外的其他垂直构造线放入"轮廓线"层，然后输入 O 激活"偏移"命令，将水平构造线对称偏移 10 和 19 个绘图单位，并将其放入"轮廓线"层，如图 15-103 所示。

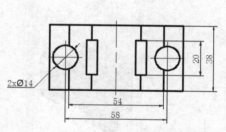

图 15-101　轴瓦座机械零件俯视图

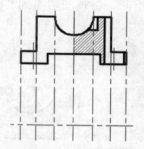

图 15-102　创建构造线

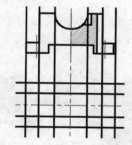

图 15-103　调整图层并偏移图线

（3）输入 TR 激活"修剪"命令，对图线进行修剪，然后再次激活"偏移"命令，将两边的垂直轮廓线向内偏移 9、21 和 27 个绘图单位，再以水平中心线与偏移距离为 9 的垂直线的交点为圆心，绘制直径为 14 的两个圆，如图 15-104 所示。

（4）再次输入 TR 激活"修剪"命令，对图线进行修剪，并将其他图形放入"中心线"层，使用夹点拉伸功能编辑中心线，完成该轴瓦座零件俯视图的绘制。效果如图 15-105 所示。

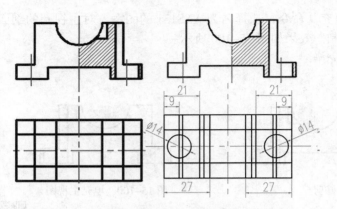

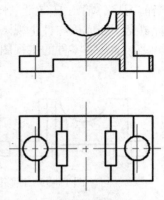

图 15-104　修剪图线、偏移图线并绘制圆　　　　　图 15-105　轴瓦座机械零件二视图

15.3.3　实例——创建轴瓦座机械零件三维模型

继续 15.3.2 节的操作，本节创建轴瓦座机械零件的三维模型。效果如图 15-106 所示。

（1）继续 15.3.2 节的操作，将绘制的套筒零件的俯视图复制一个，将图形中的尺寸标注以及多余图线删除，然后执行"绘图"/"边界"命令打开"边界创建"对话框，单击"拾取点"按钮返回绘图区，在编辑后的三个吊耳轮廓线内部单击拾取一点以确定边界，按 Enter 键确认创建闭合边界，如图 15-107 所示。

（2）输入 EXT 激活"拉伸"命令，单击创建的边界图形，输入 38，按 Enter 键确认进行拉伸，然后进入"三维建模"工作空间，将视图切换到"西南等轴测"视图，并设置"概念"视觉样式。拉伸结果如图 15-108 所示。

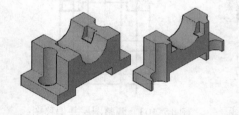

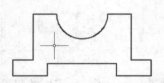

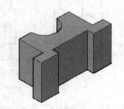

图 15-106　轴瓦座机械零件三维模型　　　图 15-107　创建闭合边界　　　图 15-108　拉伸创建三维模型

（3）输入 3DR 激活"三维旋转"命令，将拉伸模型沿 ZX 平面旋转 90°，然后输入 CYL 激活"圆柱体"命令，按住 Shift 键右击选择"自"选项，捕捉轴瓦座模型的左侧底边的中点，输入 @9，0，0，按 Enter 键确定圆柱体的底面圆心，输入 7，按 Enter 键设置半径，输入 35，按 Enter 键绘制圆柱体，如图 15-109 所示。

（4）输入 BOX 激活"长方体"命令，按住 Shift 键右击选择"自"选项，捕捉轴瓦座圆弧左侧边的中点，输入 @-3，5，0，按 Enter 键确定长方体的交点，输入 @6，10，-35，按 Enter 键创建一个长方体，如图 15-110 所示。

（5）输入 3DMI 激活"三维镜像"命令，将创建的圆柱体和长方体沿 YZ 平面进行到轴瓦座零件的右侧位置。效果如图 15-111 所示。

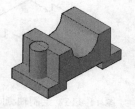

图 15-109　创建圆柱体　　　图 15-110　创建长方体　　　图 15-111　镜像复制圆柱体和长方体

（6）输入 SUB 激活"差集"命令，单击选择轴瓦座模型，按 Enter 键确认，然后单击选择两个圆柱体和两个长方体对象，按 Enter 键确认进行差集运算。效果如图 15-112 所示。

（7）将差集运算后的轴瓦座模型复制一个，输入 SL 激活"剖切"命令，将该模型沿 ZX 平面进行剖切，完成轴瓦座机械零件三维模型的创建。效果如图 15-113 所示。

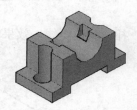

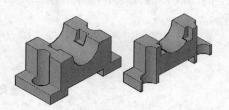

图 15-112　差集运算　　　　　　　图 15-113　轴瓦座机械零件三维模型

15.3.4　实例——创建轴瓦座机械零件正等轴测图

本节创建轴瓦座机械零件正等轴测图，该零件的轴测图相对来说比较简单。其效果如图 15-114 所示。

（1）继续 15.3.3 节的操作，进入"草图与注释"工作空间，将视图切换到俯视图，设置视觉样式为"二维线框"，并激活状态栏上的"等轴测草图"按钮 进入等轴测图绘图环境。

（2）在图层控制列表中将"中心线"层设置为当前图层，按 F5 键将轴测面切换为"< 等轴测平面 俯视 >"，按 F8 键启用"正交"功能。

（3）输入 L 激活"直线"命令，绘制相交的两条线作为辅助线，然后将"轮廓线"层设置为当前图层，输入 L，按 Enter 键激活"直线"命令，捕捉辅助线的交点，向右下引导光标输入 19，按 Enter 键确认，向右上角引导光标，输入 19，按 Enter 键确认。

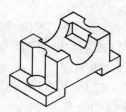

图 15-114　轴瓦座机械零件正等轴测图

（4）按 F5 键将轴测面切换为"< 等轴测平面 右视 >"，向上引导光标，输入 7，按 Enter 键确认，继续向右上引导光标，输入 38，按 Enter 键确认，向下引导光标，输入 7，按 Enter 键确认，向右上引导光标，输入 19，按 Enter 键确认。

（5）按 F5 键将轴测面切换为"<等轴测平面 俯视 >"，向左上引导光标，输入 38，按 Enter 键确认，向左下引导光标，输入 19，按 Enter 键确认。

（6）按 F5 键将轴测面切换为"<等轴测平面 右视 >"，向上引导光标，输入 7，按 Enter 键确认，向左下引导光标，输入 38，按 Enter 键确认，向下引导光标，输入 7，按 Enter 键确认，向左下引导光标，输入 19，按 Enter 键确认，输入 C，按 Enter 键闭合图形。效果如图 15-115 所示。

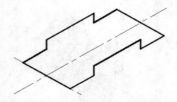

图 15-115　绘制轴测图

（7）再次激活"直线"命令，捕捉左下角的端点，向上引导光标，输入 9，按 Enter 键确认，向右上引导光标，输入 11，按 Enter 键确认，向上引导光标，输入 26，按 Enter 键，向右上引导光标，输入 54，按 Enter 键，向下引导光标输入 26，按 Enter 键确认，向右上引导光标，输入 11，按 Enter 键确认，向下引导光标，捕捉右上角的角点，按 Enter 键结束绘制。效果如图 15-116 所示。

（8）按 F5 键将轴测面切换为"<等轴测平面 俯视 >"，输入 CO 激活"复制"命令，单击选择右平面上的图线，捕捉左下角点为基点，捕捉左上角点为目标点，对该图形进行复制，如图 15-117 所示。

（9）输入 L 激活"直线"命令，配合"端点"捕捉功能，补画其他图线。效果如图 15-118 所示。

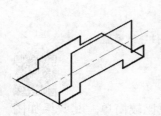
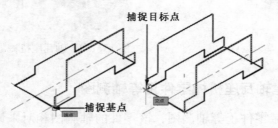
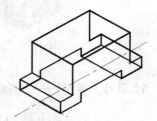

图 15-116　绘制轴测面　　　　图 15-117　复制图线　　　　图 15-118　补画其他图线

（10）按 F5 键将轴测面切换为"<等轴测平面 右视 >"，输入 EL 激活"椭圆"命令，输入 I 激活"轴测圆"选项，捕捉右平面上方的水平线的中点，绘制半径为 14 的轴测圆，如图 15-119 所示。

（11）再次输入 CO 激活"复制"命令，选择绘制的轴测圆，捕捉圆心为基点，捕捉右侧水平线的中点为目标点，对其进行复制。效果如图 15-120 所示。

（12）输入 TR 激活"修剪"命令，图线进行修剪，删除不可见图线，并补画其他图线。效果如图 15-121 所示。

（13）输入 M 激活"移动"命令，将辅助线向上移动 9 个绘图单位，然后将 Y 轴方向的辅助线沿 X 轴移动 9 个绘图单位。效果如图 15-122 所示。

（14）按 F5 键将轴测面切换为"<等轴测平面 俯视 >"，输入 EL 激活"椭圆"命令，输入 I 激活"轴测圆"选项，捕捉辅助线的交点，绘制半径为 7 的轴测圆，如图 15-123 所示。

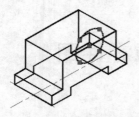
图 15-119 绘制轴测圆

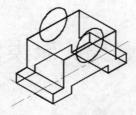
图 15-120 复制轴测圆

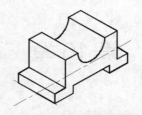
图 15-121 修剪图线并补画其他图线

（15）按 F5 键将视图切换到"<等轴测平面 左视>"视图，将绘制的轴测圆向上复制 26 个绘图单位，再按 F5 键将视图切换到"<等轴测平面 俯视>"，将右上方水平线向右复制 2 个绘图单位，然后以该线的中点为目标点，继续将半径为 7 的轴测圆复制到该位置。效果如图 15-124 所示。

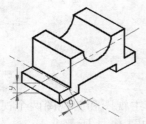
图 15-122 移动辅助线

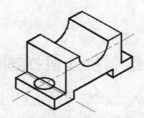
图 15-123 绘制轴测圆

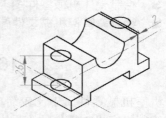
图 15-124 复制轴测圆

（16）将辅助线删除，输入 CO 激活"复制"命令，根据图示尺寸，对轴测图上方的图线进行复制，然后输入 TR 激活"修剪"命令，对复制的图线进行修剪。效果如图 15-125 所示。

（17）将视图切换到"<等轴测平面 左视>"视图，继续对右上方的修剪后的图线进行复制，并补画其他图线，然后进行修剪、延伸等编辑，完成该轴瓦座机械零件轴测图的绘制。效果如图 15-126 所示。

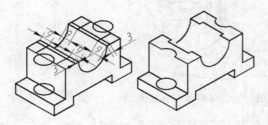
图 15-125 复制图线并修剪图形

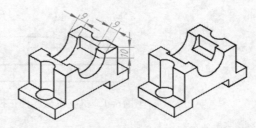
图 15-126 编辑完成的轴瓦座机械零件正等轴测图

第 16 章 绘制箱、壳、泵类机械零件图

**本章导读**

箱、壳、泵类零件用来支撑轴类零件和容纳安装其他零件，此类零件是机器或部件中的主要零件，其结构形状千变万化，是一类较为复杂的零件。常见的零件有减速器箱体、阀体、泵体、腔体、机座以及壳体等。本章绘制箱、壳、泵类机械零件图。

本章主要内容如下：
* ↳ 绘制机座机械零件图
* ↳ 绘制壳体机械零件图
* ↳ 绘制弯管模机械零件图

16.1 绘制机座机械零件图

机座机械零件属于比较简单的箱壳类零件，其正投影图主要有主视图和俯视图两个视图，本节绘制机座机械零件的正投影图、三维模型和正等轴测图。效果如图 16-1 所示。

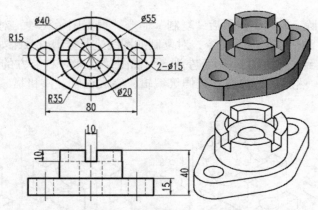

图 16-1 机座机械零件正投影图、三维模型和正等轴测图

16.1.1 实例——绘制机座机械零件主视图

该机座机械零件结构相对比较简单，因此其正投影图只有主视图和俯视图两个视图，在绘制时可以先绘制其主视图，然后再根据视图间的对正关系，来绘制俯视图。本节绘制机座机械零件的主视图。效果如图 16-2 所示。

（1）执行"新建"命令，选择"样板"/"机械样板 .dwt"文件，并在图层控制列表中将"中心线"层设置为当前图层。

（2）输入 L 激活"直线"命令，绘制水平和垂直相交的构造线，然后将垂直构造线对称偏移 40 个绘图单位，然后将"轮廓线"设置为当前图层，并打开状态栏上的"线宽"功能。

（3）输入 C 激活"圆"命令，分别以辅助线的交点为圆心，绘制半径为 15、7.5、35、27.5、20 和 10 的同心圆。效果如图 16-3 所示。

（4）输入 XL 激活"构造线"命令，配合"切点"捕捉功能，绘制半径为 35 的圆与半径为 15 的圆的公切线。效果如图 16-4 所示。

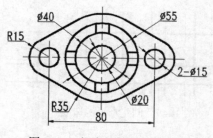
图 16-2　机座机械零件主视图

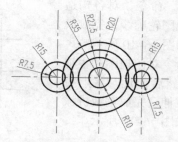
图 16-3　绘制同心圆

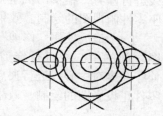
图 16-4　绘制公切线

（5）输入 TR 激活"修剪"命令，对公切线以及圆进行修剪。效果如图 16-5 所示。

（6）输入 O 激活"偏移"命令，将水平和垂直中心线各对称偏移 5 个绘图单位，然后再次激活"修剪"命令对图线进行修剪，最后将修剪后的图线放入"轮廓线"层，完成机座机械零件主视图的绘制。效果如图 16-6 所示。

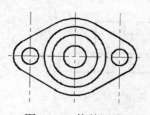
图 16-5　修剪图线

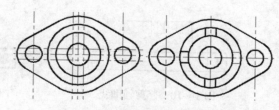
图 16-6　偏移图线并修剪图线

16.1.2　实例——绘制机座机械零件俯视图

下面绘制机座零件的俯视图，绘制俯视图时可以根据视图间的对正关系，由主视图特征点创建垂直线，然后对垂直线进行编辑作为俯视图的轮廓线，完成俯视图的绘制。效果如图 16-7 所示。

（1）继续 16.1.1 节的操作。输入 XL 激活"构造线"命令，在"轮廓线"层分别通过主视图各特征点绘制垂直构造线，然后选择部分图线将其放入"隐藏线"层，如图 16-8 所示。

（2）继续在主视图下方合适位置绘制水平构造线，然后将该构造线向上偏移 15、30 和 40

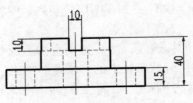

图 16-7　机座零件俯视图

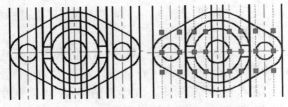

图 16-8　绘制垂直构造线并设置图层

个绘图单位，将偏移距离为 30 的构造线放入"隐藏线"层。效果如图 16-9 所示。

（3）输入 TR 激活"修剪"命令，对各构造线进行修剪，编辑出机座俯视图轮廓线，完成机座零件俯视图的绘制。效果如图 16-10 所示。

（4）最后使用"修剪"命令对俯视图和主视图之间的中心线进行修剪，然后使用"夹点拉伸"命令对中心线进行夹点拉伸，完成基板机械零件正投影图的绘制。效果如图 16-11 所示。

图 16-9　创建水平构造线

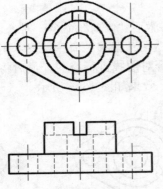

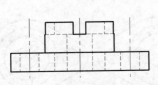

图 16-10　修剪辅助线

图 16-11　机座零件正投影图

16.1.3　实例——创建机座机械零件三维模型

本节创建机座机械零件的三维模型，该零件的三维模型的创建非常简单，可以对正投影图中的轮廓线进行拉伸，然后进行差集运算即可。效果如图 16-12 所示。

（1）继续 16.1.2 节的操作，将机座正投影图复制一个，将复制的图形中的所有尺寸标注线以及中心线选择并删除，然后执行"修改"/"对象"/"多段线"命令，输入 M 激活"多个"选项，单击选择机座外侧的外轮廓线，如图 16-13 所示。

（2）按两次 Enter 键，然后输入 J，按 3 次 Enter 键确认，将外轮廓线编辑为一个闭合多段线，如图 16-14 所示。

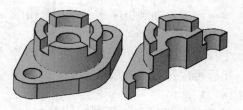
图 16-12　机座零件三维模型

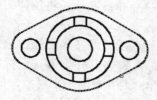
图 16-13　选择外轮廓线

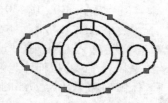
图 16-14　编辑闭合多段线

（3）进入"三维建模"工作空间，将视图切换到"西南等轴测"视图，并设置"概念"视觉样式，输入 EXT 激活"拉伸"命令，单击最外侧的闭合多段线和两端的两个圆，输入 15，按 Enter 键确认，拉伸创建三维模型。效果如图 16-15 所示。

（4）设置"二维线框"视觉样式，继续执行"拉伸"命令，将内部半径为 27.5 和 10 的两个圆向上拉伸 40 个绘图单位。效果如图 16-16 所示。

（5）将"中心线"层暂时隐藏，执行"绘图"/"边界"命令打开"边界创建"对话框，单击"拾取点"按钮返回绘图区，在图 16-17 所示主视图的 4 个区域内单击拾取一点以确定边界。

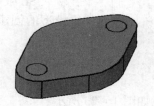
图 16-15　拉伸效果

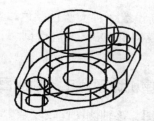
图 16-16　拉伸效果

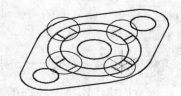
图 16-17　拾取边界

（6）按 Enter 键确认创建闭合边界，然后输入 EXT 激活"拉伸"命令，单击创建的 4 个边界和中间半径为 20 的圆，输入 10，按 Enter 键确认，拉伸创建三维模型。效果如图 16-18 所示。

（7）输入 M 激活"移动"命令，选择 4 个拉伸模型，捕捉主视图中间圆的圆心为基点，按 Shift 键右击选择"自"选项，然后捕捉机座三维模型下底面圆心作为参照点，如图 16-19 所示。

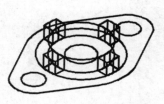
图 16-18　拉伸创建三维模型

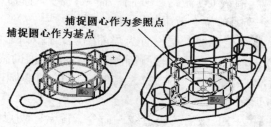
图 16-19　确定基点与参照点

（8）输入 @0，0，30，按 Enter 键确认，将拉伸的 4 个三维模型移动到机座零件的三维模型上。效果如图 16-20 所示。

（9）输入 UNI，按 Enter 键激活"并集"命令，选择 4 个拉伸立方体、半径为 20 与 10 和两端半径为 7.5 的拉伸体，按 Enter 键将其并集为一个对象，然后再次执行"并集"命令，将机座主体模型和半径为 27.5 的拉伸模型并集为一个对象，如图 16-21 所示。

（10）输入 SUB，按 Enter 键激活"差集"命令，单击并集后的机座主体模型，按 Enter 键确认，再单击并集后的其他模型，按 Enter 键确认进行差集运算，最后设置"概念"视觉样式查看机座模型的最终效果。效果如图 16-22 所示。

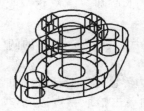
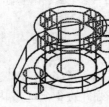
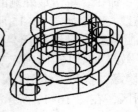

图 16-20　移动模型位置　　　　图 16-21　并集模型　　　　图 16-22　机座零件三维模型效果

（11）为创建完成的机座模型重新设置一种天蓝色颜色，然后将其复制一个，输入 SL 激活"剖切"命令，将复制的阶梯轴三维模型沿 ZX 平面进行剖切，完成机座零件三维模型的创建。效果如图 16-12 所示。

16.1.4　实例——创建机座机械零件正等轴测图

本节创建机座机械零件正等轴测图，该轴测图比较复杂。其效果如图 16-23 所示。

（1）继续 16.1.3 节的操作，进入"草图与注释"工作空间，将视图切换到俯视图，并设置视觉样式为"二维线框"，激活状态栏上的"等轴测草图"按钮进入等轴测图绘图环境。

（2）在图层控制列表中将"中心线"层设置为当前图层，按 F5 键将轴测面切换为"< 等轴测平面 俯视 >"，按 F8 键启用"正交"功能。

（3）输入 L 激活"直线"命令，绘制相交的直线作为定位线，然后输入 CO 激活"复制"命令，将 Y 轴辅助线对称复制 40 个绘图单位。效果如图 16-24 所示。

（4）将"轮廓线"层设置为当前图层，输入 EL 激活"椭圆"命令，输入 I 激活"轴测圆"选项，捕捉辅助线的交点，绘制半径为 15、7.5、35、27.5、20 和 10 的同心圆。效果如图 16-25 所示。

（5）输入 XL 激活"构造线"命令，配合"切点"捕捉功能绘制半径为 15 和 35 的轴测圆的公切线，然后输入 TR 激活

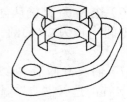

图 16-23　机座机械零件正等轴测图

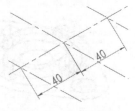

图 16-24　绘制辅助线

"修剪"命令，对公切线以及轴测圆进行修剪。效果如图 16-26 所示。

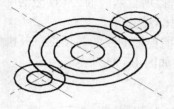

图 16-25 绘制轴测圆

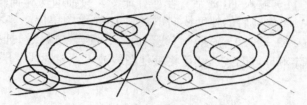

图 16-26 绘制公切线并修剪图形

（6）按 F5 键将轴测面切换为"< 等轴测平面 左视 >"，输入 CO 激活"复制"命令，将修剪后的图形外轮廓线向上复制 15 个绘图单位，输入 M 激活"移动"命令，将半径为 7.5 和 27.5 的轴测圆向上移动 15 个绘图单位。效果如图 16-27 所示。

（7）输入 XL 激活"构造线"命令，绘制外轮廓圆弧的垂直公切线，然后输入 TR 激活"修剪"命令，对公切线以及轴测圆进行修剪，并删除不可见图线。效果如图 16-28 所示。

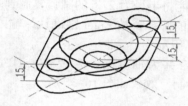

图 16-27 复制与移动图形

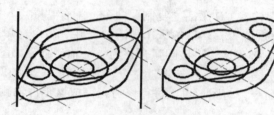

图 16-28 绘制公切线并修剪图线

（8）输入 M 激活"移动"命令，将半径为 20 和 10 的轴测圆向上移动 30 个绘图单位，输入 CO 激活"复制"命令，再将这两个轴测圆向上复制 10 个绘图单位，将半径为 27.5 的轴测圆向上复制 25 个绘图单位。效果如图 16-29 所示。

（9）输入 XL 激活"构造线"命令，配合"切点"捕捉功能绘制半径为 27.5 的轴测圆的垂直公切线，然后输入 TR 激活"修剪"命令，对公切线以及轴测圆进行修剪，并删除不可见图线。效果如图 16-30 所示。

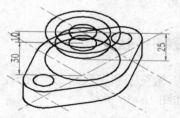

图 16-29 移动并复制轴测圆

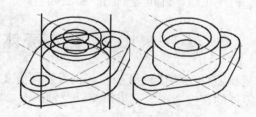

图 16-30 绘制公切线并修剪图线

（10）将 Y 轴上两端的辅助线删除，然后输入 M 激活"移动"命令，选择 X 轴和 Y 轴辅助线。以辅助线的交点为基点，将其向上移动 40 个绘图单位，然后输入 CO 激活"复制"命令，将两条辅助线对称复制 5 个绘图单位。效果如图 16-31 所示。

（11）输入 TR 激活"修剪"命令，对辅助线和轴测圆进行修剪，然后输入 CO 激活"复制"命令，将修剪后的辅助线向下复制 10 个绘图单位。效果如图 16-32 所示。

（12）输入 L 激活"直线"命令，配合"端点"捕捉功能捕捉辅助线的各顶点以补画图线，并删除不可见图线，然后将其他图线放入"轮廓线"层。效果如图 16-33 所示。

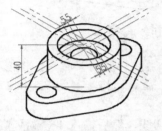 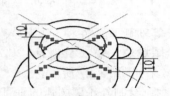 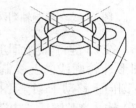

图 16-31　复制辅助线　　　　图 16-32　复制辅助线　　　　图 16-33　补画图线并调整图层

（13）输入 CO 激活"复制"命令，配合"端点"捕捉功能将半径为 27.5 的圆弧复制到垂直图线的端点位置，然后输入 J 激活"合并"命令，单击复制的圆弧，按 Enter 键确认，输入 L，再按 Enter 键确认，将该圆弧合并为一个轴测圆，如图 16-34 所示。

（14）再次执行"合并"命令，将半径为 20 的圆弧也合并为轴测圆，然后输入 TR 激活"修剪"命令，对图形再次进行修剪，完成该零件轴测图的绘制。效果如图 16-35 所示。

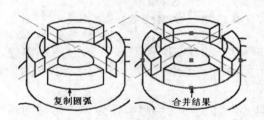 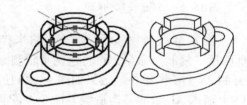

图 16-34　复制并合并圆弧　　　　　　图 16-35　合并轴测圆并修剪图线

至此，机座机械零件正等轴测图绘制完毕。

16.2　绘制壳体机械零件图

壳体机械零件结构比较复杂，其正投影图有主视图、俯视图和左视图三个视图，本节绘制壳体机械零件的正投影图、三维模型以及轴测图。效果如图 16-36 所示。

16.2.1　实例——绘制壳体机械零件俯视图

本节绘制壳体机械零件的俯视图，然后再根据视图对正关系分别绘制主视图和左视图。其俯视图绘制效果如图 16-37 所示。

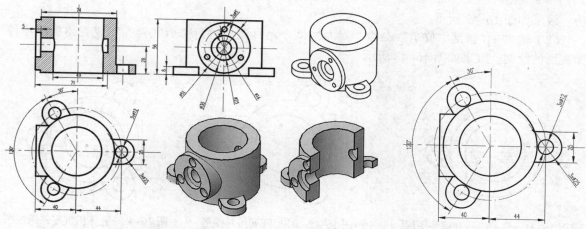

图 16-36 壳体机械零件正投影图、三维模型以及轴测图

图 16-37 壳体机械零件俯视图

（1）执行"新建"命令，选择"样板"/"机械样板 .dwt"文件，并在图层控制列表中将"中心线"层设置为当前图层。

（2）输入 SE 打开"草图设置"对话框，设置"圆心""中点""交点"和"象限点"捕捉模式。

（3）输入 L 激活"直线"命令，绘制水平和垂直相交线作为作图辅助线，然后输入 C 激活"圆"命令，以辅助线的交点为圆心，在"轮廓线"层绘制直径为 49、74 和 88 的同心圆，如图 16-38 所示。

（4）继续执行"圆"命令，以外侧大圆的右象限点为圆心，绘制直径为 12 和 25 的同心圆，如图 16-39 所示。

（5）输入 O 激活"偏移"命令，将垂直构造线向左偏移 40 个绘图单位，将水平构造线向上、下分别偏移 12.5 和 25.5 个绘图单位。效果如图 16-40 所示。

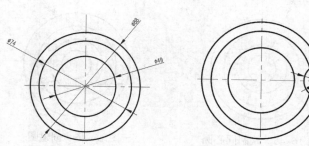

图 16-38 绘制同心圆　　　　图 16-39 绘制同心圆

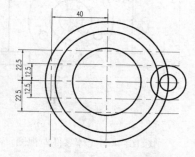

图 16-40 偏移构造线

（6）输入 TR 激活"修剪"命令，对偏移的中心线进行修剪，然后将其放入"轮廓线"层，并将两外侧的大圆放入"点画线"层。效果如图 16-41 所示。

（7）输入 AR 激活"阵列"命令，以辅助线交点作为中心点，将右侧的吊耳图形环形阵列 3

份。效果如图 16-42 所示。

（8）输入 TR 激活"修剪"命令，对左边两个吊耳图形进行修剪完善，完成壳体机械零件俯视图的绘制。效果如图 16-43 所示。

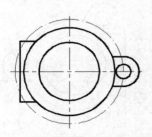
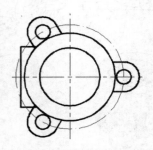
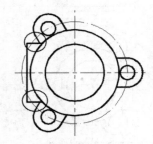

图 16-41　修剪图线并调整图层　　　图 16-42　环形阵列吊耳图形　　　图 16-43　壳体机械零件俯视图

16.2.2　实例——绘制壳体机械零件左视图

本节绘制壳体机械零件的左视图，其效果如图 16-44 所示。

（1）继续 16.2.1 节的操作，输入 O 激活"偏移"命令，将水平中心线向上偏移 140 个绘图单位，将垂直中心线向右偏移 180 个绘图单位，以定位另外两视图的位置。

（2）输入 C 激活"圆"命令，以右上侧辅助线的交点为圆心，绘制直径分别为 14、25、38 和 51 的同心圆，如图 16-45 所示。

（3）重复执行"圆"命令，以直径为 38 的圆的上象限点为圆心，绘制直径为 5 的圆，并将此圆环行阵列三份。效果如图 16-46 所示。

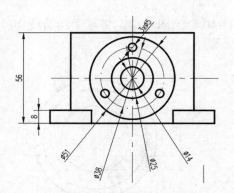
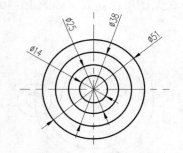
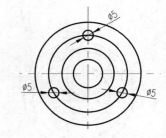

图 16-44　壳体零件左视图　　　　图 16-45　绘制同心圆　　　　图 16-46　创建圆

（4）输入 O 激活"偏移"命令，将水平中心线向上偏移 28 个绘图单位，向下偏移 20 和 28 个绘图单位；将垂直中心线对称偏移 24.5、37 和 49.5 个绘图单位。效果如图 16-47 所示。

（5）输入 TR 激活"修剪"命令，对偏移后的构造线进行修剪，创建出左视图的外轮廓线。效果如图 16-48 所示。

（6）在无任何命令发出的情况下单击选择修剪后的图线，将其放入"轮廓线"层，选择直径为 38 的圆将其放入"点画线"层，完成壳体零件左视图的绘制。效果如图 16-49 所示。

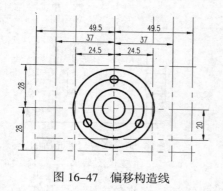

图 16-47　偏移构造线

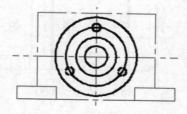

图 16-48　修剪结果

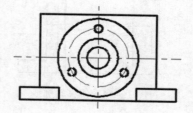

图 16-49　壳体零件左视图

16.2.3　实例——绘制壳体机械零件主视图

本节绘制壳体机械零件的主视图，绘制主视图时可以根据视图间的对正关系，分别从左视图和俯视图引出构造线，然后对构造线进行修剪以创建出主视图的轮廓线。绘制效果如图 16-50 所示。

（1）继续 16.2.2 节的操作，输入 XL 激活"构造线"命令，在"轮廓线"层分别通过左视图各特征点绘制水平构造线。效果如图 16-51 所示。

（2）重复执行"构造线"命令，分别通过俯视图各特征点引出垂直构造线，如图 16-52 所示。

（3）输入 O 激活"偏移"命令，将最左侧的垂直构造线向左偏移 5 个绘图单位，然后输入 TR 激活"修剪"命令，对各构造线进行修剪，创建出主视图轮廓。效果如图 16-53 所示。

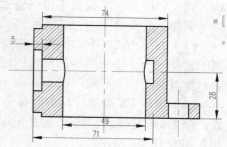

图 16-50　壳体零件主视图

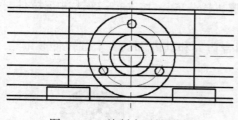

图 16-51　绘制水平辅助线

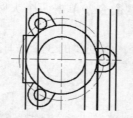

图 16-52　绘制垂直辅助线

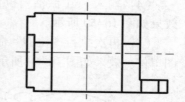

图 16-53　修剪创建主视图轮廓

（4）再次激活"偏移"命令，根据图示尺寸对各垂直轮廓线进行偏移。效果如图 16-54 所示。

（5）输入 A 激活"圆弧"命令，配合"端点"和"交点"捕捉功能，使用"三点"画弧方式，在主视图中绘制弧形轮廓线，如图 16-55 所示。

（6）综合应用"修剪"和"删除"命令，对轮廓线进行编辑，然后将"剖面线"层设置为当前图层，输入 H 激活"图案填充"命令，选择名为 ANS131 的图案，对主视图进行填充。效果如图 16-56 所示。

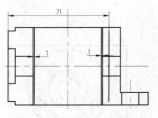

图 16-54　偏移轮廓线

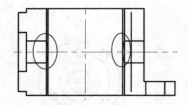

图 16-55　三点画弧

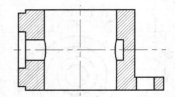

图 16-56　修剪与填充后的主视图结果

（7）使用"修剪"和"夹点拉伸"命令，对三视图中的中心线进行修剪和编辑，完成壳体机械零件正投影图的绘制。效果如图 16-36 所示。

16.2.4　实例——创建壳体机械零件三维模型

继续 16.2.3 节的操作，本节创建壳体机械零件的三维模型，该零件属于聚心但不对称的结构形式，因此其三维模型不可以通过旋转来创建，而是要分段来创建。效果如图 16-57 所示。

（1）继续 16.2.3 节的操作，将绘制的壳体机械零件的俯视图复制一个，将图形中的尺寸标注以及左侧的直线图形删除，暂时关闭"中心线"层。

（2）输入 EX 激活"延伸"命令，单击大圆作为延伸边界，按 Enter 键确认，然后分别单击两个吊耳的直线进行延伸，如图 16-58 所示。

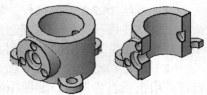

图 16-57　壳体零件三维模型

（3）执行"绘图" / "边界"命令打开"边界创建"对话框，单击"拾取点"按钮图返回绘图区，在编辑后的三个吊耳轮廓线内部单击拾取一点以确定边界，按 Enter 键确认创建闭合边界。

（4）输入 EXT 激活"拉伸"命令，单击两个大圆图形，输入 56，按 Enter 确认进行拉伸。效果如图 16-59 所示。

（5）再次执行"拉伸"命令，将创建的 3 个吊耳的闭合边界和其内部的 3 个圆拉伸 8 个绘图单位。效果如图 16-60 所示。

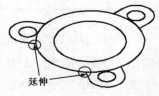

图 16-58　延伸吊耳图线

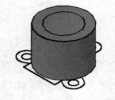

图 16-59　拉伸创建三维模型

图 16-60　拉伸吊耳模型

（6）输入 UNI 激活"并集"命令，单击外侧大圆柱体和 3 个吊耳拉伸实体，按 Enter 键将其并集，然后输入 SUB 激活"差集"命令，单击选择并集后的壳体模型，按 Enter 键确认，再单击选择 3 个吊耳位置的圆柱体，按 Enter 键进行差集运算。效果如图 16-61 所示。

（7）输入 UCS，按 Enter 键，捕捉壳体圆筒上表面圆心以确定坐标系的原点，然后捕捉圆筒右下象限点确定 X 轴，向上引出矢量线拾取一点确定 Y 轴，以定义用户坐标系，如图 16-62 所示。

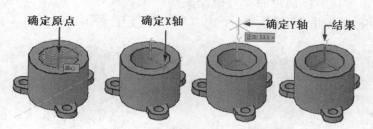

图 16-61　交集和差集布尔运算　　　　图 16-62　定义用户坐标系

（8）输入 CYL 激活"圆柱体"命令，按住 Shift 键右击选择"自"选项，然后输入 0，0，0，按 Enter 键确认，输入 @0，−28，0，按 Enter 键确定圆柱体的圆心，创建半径为 25.5、高度为 42 的圆柱体，如图 16-63 所示。

（9）继续以半径为 25.5 的圆柱体的顶面圆心为圆心，创建半径为 12.5、高度为 5 和半径为 7、高度为 71 的两个同心圆柱体。效果如图 16-64 所示。

（10）输入 UNI 激活"并集"命令，将半径为 25.5 的圆柱体和壳体模型并集，将半径为 12.5 和 7 的圆柱体与壳体内部的圆柱体并集，然后输入 SUB 激活"差集"命令，以并集后的壳体模型与并集后的内部圆柱体进行差集，创建壳体模型的内部结构，如图 16-65 所示。

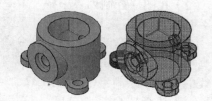

图 16-63　创建半径为　　　　图 16-64　创建半径为 12.5　　　图 16-65　并集与差集创建
　25.5 的圆柱体　　　　　　　　和 7 的圆柱体　　　　　　　壳体机械零件内外部结构

下面创建 3 个螺孔。

（11）依照第（7）步的操作将坐标系移动到壳体左侧圆柱体模型的圆心位置，输入 CYL 激活"圆柱体"命令，按住 Shift 键右击选择"自"选项，然后输入 0，0，0，按 Enter 键确认，再次输入 @0，19，0，按 Enter 键确定圆柱体的圆心，创建半径为 2.5、高度为 5 的圆柱体，如图 16-66 所示。

（12）输入 3DAR 激活"三维阵列"命令，单击选择创建的圆柱体，输入 P，按 Enter 键激活"环形"选项，输入 3，按 3 次 Enter 键，然后输入 @0，0，1 按 Enter 键确认，输入 @0，0，5 按 Enter 键确认，将该圆柱体阵列 3 个，如图 16-67 所示。

（13）输入 SUB 激活"差集"命令，以壳体模型与 3 个圆柱体进行差集，创建壳体模型上的 3 个螺孔。效果如图 16-68 所示。

（14）将创建的套类模型复制一个，输入 SL 激活"剖切"命令，将该模型沿 YZ 平面进行剖切。效果如图 16-69 所示。

图 16-66　创建圆柱体

图 16-67　阵列复制圆柱体

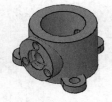

图 16-68　布尔运算创建螺孔

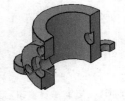

图 16-69　剖切创建剖视图

（15）执行"视图"/"显示"/"UCS"/"开"命令将坐标系隐藏，然后为这两个模型重新设置一种黄色颜色，完成壳体机械零件三维模型的创建。效果如图 16-57 所示。

16.2.5　实例——创建壳体机械零件正等轴测图

本节创建壳体机械零件正等轴测图，该零件的轴测图相对来说比较复杂。其效果如图 16-70 所示。

（1）继续 16.2.4 节的操作，进入"草图与注释"工作空间，将视图切换到俯视图，设置视觉样式为"二维线框"，并激活状态栏上的"等轴测草图"按钮进入等轴测图绘图环境。

（2）在图层控制列表中将"中心线"层设置为当前图层，按 F5 键将轴测面切换为"< 等轴测平面 俯视 >"，按 F8 键启用"正交"功能。

（3）输入 L 激活"直线"命令，绘制相交的两条线作为辅助线，然后将"轮廓线"层设置为当前图层，输入 EL，按 Enter 键激活"椭圆"命令，输入 I 激活"轴测圆"选项，捕捉辅助线的交点，绘制半径分别为 37、24.5 和 44 的轴测圆，如图 16-71 所示。

（4）执行"绘图"/"点"/"定数等分"命令，单击半径为 44 的轴测圆，输入 3，按 Enter 键确认，将该轴测圆等分为 3 份，如图 16-72 所示。

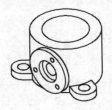

图 16-70　壳体机械零件正等轴测图

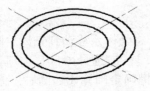

图 16-71　绘制轴测圆

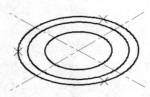

图 16-72　等分轴测圆

（5）再次执行"椭圆"命令，以左边两个等分点和中心线的交点为圆心，绘制半径分别为6 和 12.5 的轴测圆。效果如图 16-73 所示。

（6）设置"切点"捕捉，输入 XL 激活"构造线"命令，绘制半径为 12.5 的轴测圆的公切线。效果如图 16-74 所示。

（7）输入 TR 激活"修剪"命令，对公切线和轴测圆进行修剪，以创建两个吊耳轴测图形，最后删除交点位置半径为 12.5 和最外侧半径为 44 的轴测圆。效果如图 16-75 所示。

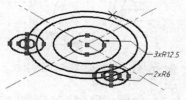

图 16-73　绘制轴测圆

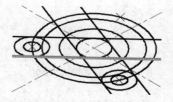

图 16-74　绘制公切线

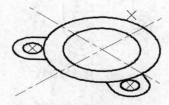

图 16-75　修剪图线

（8）将视图切换到"<等轴测平面 左视>"，输入 CO 激活"复制"命令，将两组吊耳轮廓线向上复制 8 个绘图单位，将中间两个轴测圆向上复制 8 和 56 个绘图单位。效果如图 16-76所示。

（9）输入 XL 激活"构造线"命令，绘制各轴测圆的公切线，然后输入 TR 激活"修剪"命令，修剪掉不可见的图线，并删除多余图线，以创建两个吊耳和壳体的轴测图形，如图 16-77 所示。

（10）输入 L 激活"直线"命令，配合"端点"捕捉功能补画吊耳位置的轮廓线。效果如图 16-78 所示。

（11）将视图切换到"<等轴测平面 俯视>"视图，输入 XL 激活"构造线"命令，捕捉辅助线的交点和右侧等分圆的节点，在"中心线"层绘制一条构造线作为辅助线，如图 16-79 所示。

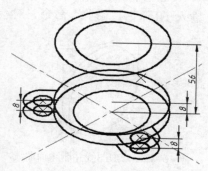

图 16-76　复制轴测圆

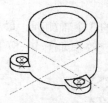

图 16-77　修剪并删除不可见图线

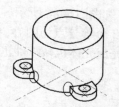

图 16-78　补画吊耳轮廓线

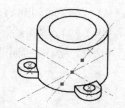

图 16-79　绘制辅助线

（12）输入 M 激活"移动"命令，将绘制的辅助线与另一条辅助线向上移动 28 个绘图单位。效果如图 16-80 所示。

（13）继续使用"移动"命令，将另一条水平辅助线向左下角移动 35 个绘图单位，然后将其再向左下角复制 5 个绘图单位。效果如图 16-81 所示。

（14）将视图切换到 "< 等轴测平面 左视 >" 视图，输入 EL 激活 "椭圆" 命令，捕捉辅助线的交点，绘制半径为 25.5 的两个轴测圆，然后配合 "切点" 捕捉功能，使用 "构造线" 绘制这两个轴测圆的公切线。效果如图 16-82 所示。

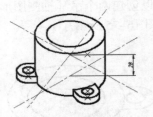
图 16-80　移动辅助线

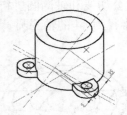
图 16-81　复制辅助线

图 16-82　绘制轴测圆和公切线

（15）激活 "修剪" 命令，对公切线以及其他轮廓线进行修剪，并删除所有辅助线与节点。效果如图 16-83 所示。

（16）继续执行 "椭圆" 命令，以外侧轴测圆的圆心为圆心，绘制半径为 12.5 和 19 的两个轴测圆，然后将半径为 12.5 的轴测圆向内复制 5 个绘图单位。效果如图 16-84 所示。

（17）再以内部半径为 12.5 的轴测圆的圆心为圆心，绘制半径为 7 的另一个轴测圆，然后输入 TR 激活 "修剪" 命令，对绘制的轴测圆进行修剪。效果如图 16-85 所示。

图 16-83　修剪图线并删除辅助线

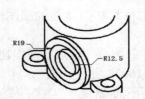
图 16-84　绘制轴测圆

图 16-85　绘制轴测圆并修剪

（18）执行 "绘图" / "点" / "定数等分" 命令，单击半径为 19 的轴测圆，输入 3，按 Enter 键确认，将该轴测圆等分为 3 份，如图 16-86 所示。

（19）执行 "椭圆" 命令，以 3 个等分点为圆心，绘制半径为 2.5 的 3 个轴测圆，最后将 3 个节点和半径为 19 的轴测圆删除，完成壳体机械零件正等轴测图的绘制。效果如图 16-87 所示。

图 16-86　等分轴测圆

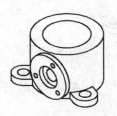
图 16-87　壳体零件正等轴测图

16.3 绘制弯管模机械零件图

弯管模机械零件属于典型的泵类零件，其结构类似于聚心结构的回转体，从外观来看结构比较简单，其正投影图主要有主视图、俯视图和左视图，本节绘制弯管模机械零件正投影图、三维模型和正等轴测图。效果如图 16-88 所示。

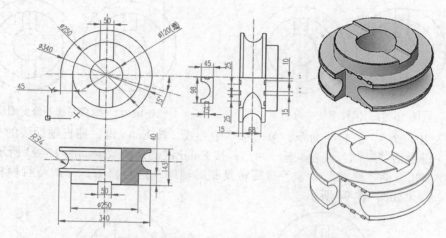

图 16-88 弯管模机械零件正投影图、三维模型以及轴测图

16.3.1 实例——绘制弯管模机械零件主视图

本节绘制弯管模机械零件的主视图，其绘制效果如图 16-89 所示。

（1）执行"新建"命令，选择"样板"/"机械样板 .dwt"文件，并在图层控制列表中将"中心线"层设置为当前图层，输入 L 激活"直线"命令，绘制垂直相交的两条直线作为辅助线。

（2）将"轮廓线"层设置为当前图层，输入 C 激活"圆"命令，以辅助线的交点为圆心，绘制半径为 170、120 和 60 的同心圆。效果如图 16-90 所示。

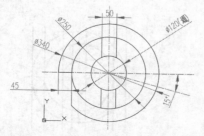

图 16-89 弯管模机械零件主视图

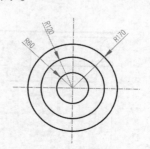

图 16-90 绘制同心圆

（3）输入 O 激活"偏移"命令，输入 L 激活"图层"选项，输入 C 激活"当前"选项，将垂直中心线对称偏移 25 个绘图单位以作为图形轮廓线。

（4）输入 TR 激活"修剪"命令，以半径为 125 和 60 的圆作为修剪边，对偏移的图线进行修剪。效果如图 16-91 所示。

（5）再次输入 O 激活"偏移"命令，将垂直中心线向左偏移 125 个绘图单位，然后输入 TR 激活"修剪"命令，以偏移的图线和水平中心线为修剪边，对外侧圆进行修剪。效果如图 16-92 所示。

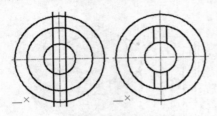

图 16-91　偏移图线并修剪

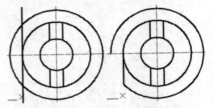

图 16-92　偏移图线并修剪图形

（6）输入 RO 激活"旋转"命令，单击水平中心线，按 Enter 键，捕捉辅助线的交点，输入 CO，按 Enter 键激活"复制"选项，输入 –15，按 Enter 键确认。效果如图 16-93 所示。

（7）输入 TR 激活"修剪"命令，对旋转复制的辅助线进行修剪，完成弯管模机械零件主视图的绘制。效果如图 16-94 所示。

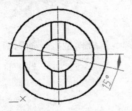

图 16-93　旋转复制辅助线

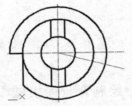

图 16-94　弯管模机械零件主视图

16.3.2　实例——绘制弯管模机械零件俯视图

本节绘制弯管模机械零件的俯视图，效果如图 16-95 所示。

（1）继续 16.3.1 节的操作，在"中心线"层主视图的下方位置绘制水平辅助线，然后将垂直中心线向下拉伸使其与水平辅助线相交。

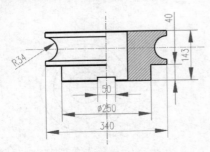

图 16-95　弯管模机械零件俯视图

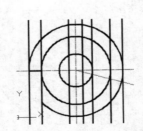

图 16-96　创建垂直构造线

（2）将"轮廓线"层设置为当前图层，输入 XL 激活"构造线"命令，根据视图间的对正关系，通过主视图各特征点绘制 7 条垂直构造线，如图 16-96 所示。

（3）输入 O 激活"偏移"命令，输入 L 激活"图层"选项，输入 C 激活"当前"选项，根据图示尺寸将水平辅助线进行偏移以创建图形轮廓线。效果如图 16-97 所示。

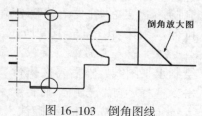

图 16-97　偏移水平辅助线

（4）输入 TR 激活"修剪"命令，对偏移以及创建的图线进行修剪，创建俯视图的轮廓线。效果如图 16-98 所示。

（5）输入 C 激活"圆"命令，以水平中心线与两侧垂直轮廓线的交点为圆心，绘制半径为 34 的两个圆，然后输入 TR 激活"修剪"命令，对图线再次进行修剪，创建俯视图的轮廓线。效果如图 16-99 所示。

（6）输入 F 激活"圆角"命令，输入 R 激活"半径"选项，设置圆角半径为 2，对图形进行圆角处理。效果如图 16-100 所示。

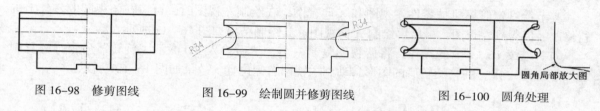

图 16-98　修剪图线　　图 16-99　绘制圆并修剪图线　　图 16-100　圆角处理

（7）输入 CHA 激活"倒角"命令，输入 A，按 Enter 键激活"角度"选项，输入 2，按 Enter 键设置倒角长度，输入 45，按 Enter 键设置倒角角度，然后继续对图形进行倒角处理。效果如图 16-101 所示。

（8）输入 L 激活"直线"命令，配合"端点"捕捉功能补画其他图线。效果如图 16-102 所示。

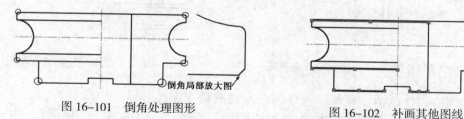

图 16-101　倒角处理图形　　　　图 16-102　补画其他图线

（9）再次输入 CHA 激活"倒角"命令，输入 A，按 Enter 键激活"角度"选项，输入 2，按 Enter 键设置倒角长度，输入 45，按 Enter 键设置倒角角度，输入 T 激活"修剪"命令，输入 N 激活"不修剪"模数，继续对图形右侧的图线进行倒角处理。效果如图 16-103 所示。

（10）再次输入 TR 激活"修剪"命令，以倒角线为修剪

图 16-103　倒角图线

边，对垂直图线进行修剪，形成一个内倒角效果，其放大图如图 16-104 所示。

（11）在图层控制列表中将"剖面线"层设置为当前图层，输入 H 激活"图案填充"命令，选择名为 ANS131 的图案，对弯管模零件俯视图进行填充，完成该零件俯视图的绘制。效果如图 16-105 所示。

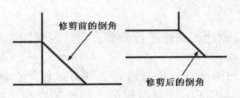

图 16-104　修剪倒角

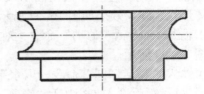

图 16-105　弯管模机械零件俯视图

16.3.3　实例——绘制弯管模机械零件左视图和 A 向视图

本节绘制弯管模机械零件左视图和 A 向视图，在绘制左视图时，可以在俯视图的基础上进行修改，以得到左视图，最后再绘制 A 向视图。其绘制结果如图 16-106 所示。

（1）继续 16.3.2 节的操作，将俯视图复制一个，然后输入 RO 激活"旋转"命令，将复制的图形旋转 -90°，并将旋转后的图形移动到主视图右侧位置。效果如图 16-107 所示。

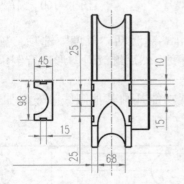

图 16-106　弯管模机械零件左视图和 A 向视图

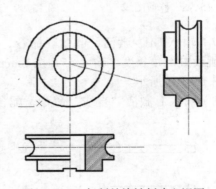

图 16-107　复制并旋转创建左视图

（2）继续输入 MI 激活"镜像"命令，向左视图沿 Y 轴镜像，并删除源对象，然后输入 E 激活"删除"命令，删除不需要的图线，然后使用夹点拉伸功能对图线进行拉伸。效果如图 16-108 所示。

（3）输入 L 激活"直线"命令，配合"端点"捕捉功能绘制水平图线，然后再次执行"直线"命令，按住 Shift 键右击，选择"自"选项，捕捉水平中线与左垂直线的交点，输入 @0，-10，按 Enter 键确认，继续输入 @5，0，按 Enter 键

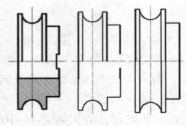

图 16-108　镜像、删除与夹点拉伸

确认，输入 @0，–15，按 Enter 键确认，输入 @–5，0，按 Enter 键确认，绘制图形。效果如图 16–109 所示。

（4）输入 CO 激活 "复制" 命令，选择绘制的图形，捕捉图形上端点为基点，将该图形向下复制 2 个，其间距为 25。效果如图 16–110 所示。

（5）输入 MI 激活 "镜像" 命令，以垂直中线为镜像轴，将复制的图形镜像到图形的右侧位置。效果如图 16–111 所示。

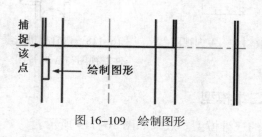

图 16–109　绘制图形

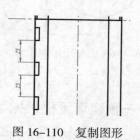

图 16–110　复制图形

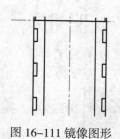

图 16–111　镜像图形

（6）输入 XL 激活 "构造线" 命令，根据视图间的对正关系，从主视图引出两条水平构造线，如图 16–112 所示。

（7）输入 TR 激活 "修剪" 命令，对图形进行修剪，创建左视图上的轮廓线。效果如图 16–113 所示。

（8）执行 "绘图" / " 圆弧" / " 起点、端点、半径" 命令，分别捕捉垂直中线与水平构造线的交点以及端点 B，输入 71，按 Enter 键确认绘制圆弧。效果如图 16–114 所示。

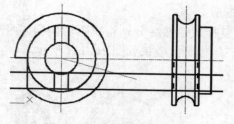

图 16–112　绘制水平构造线

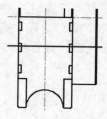

图 16–113　修剪图线

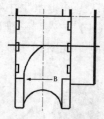

图 16–114　绘制圆弧

（9）输入 MI 激活 "镜像" 命令，以垂直中心线为镜像轴，将绘制的圆弧进行镜像，最后删除水平构造线，完成弯管模零件左视图的绘制。效果如图 16–115 所示。

下面绘制 A 向视图。

（10）输入 REC 激活 "矩形" 命令，绘制 45×98 的矩形，然后以矩形左垂直边的中点为圆心，绘制半径为 34 的圆，如图 16–116 所示。

（11）输入 TR 激活 "修剪" 命令，对矩形和圆进行修剪，最后依照前面的操作，根据图示尺寸对 A 向视图进行完善。效果如图 16–117 所示。

（12）将 A 向视图移动到左视图与主视图中间位置，完成弯管模机械零件左视图与 A 向视图的绘制。效果如图 16–118 所示。

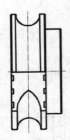
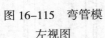

图 16-115　弯管模
左视图

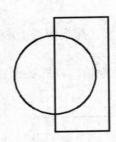

图 16-116　绘制矩形和圆

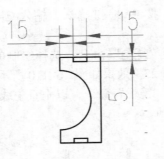

图 16-117　A 向视图

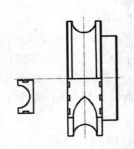

图 16-118　弯管模机械零
件左视图与 A 向视图

16.3.4　实例——创建弯管模机械零件三维模型

继续 16.3.3 节的操作，本节创建弯管模机械零件的三维模型。效果如图 16-119 所示。

（1）继续 16.3.3 节的操作，将绘制的弯管模机械零件左视图复制一个，将图形中的尺寸标注以及多余图线删除，然后输入 O 激活"偏移"命令，将水平中线向上偏移 60 个绘图单位，并以该线为修剪边，对垂直图线进行修剪。

（2）执行"绘图"/"边界"命令打开"边界创建"对话框，单击"拾取点"按钮■返回绘图区，在编辑后的轮廓线内部单击拾取一点以确定边界，按 Enter 键确认创建闭合边界，如图 16-120 所示。

（3）将偏移的中心线删除，输入 REV 激活"旋转"命令，单击创建的边界图形，按 Enter 键确认，捕捉水平中线的两个端点进行旋转，创建三维模型。

（4）进入"三维建模"工作空间，设置"概念"视觉样式，然后分别将视图切换到"西南等轴测"视图和"东南等轴测"视图，查看旋转生成的三维模型。效果如图 16-121 所示。

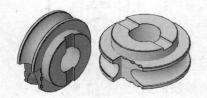

图 16-119　弯管模零件三维模型

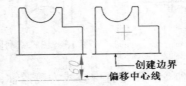

图 16-120　创建边界

图 16-121　旋转生成的三维模型

（5）将视图切换到"东南等轴测"视图，输入 BOX 激活"长方体"命令，按 Shift 键右击，选择"自"选项，捕捉弯管模三维模型右平面圆心，输入 @-45，-125，0，按 Enter 键确定长方体的一个角点，继续输入 @-98，-45，-200，按 Enter 键创建一个长方体，如图 16-122 所示。

（6）输入 SUB 激活"差集"命令，单击弯管模模型，按 Enter 键确认，再单击创建的长方体，按 Enter 键进行差集运算，然后调整模型的视角查看效果。效果如图 16-123 所示。

（7）输入 BOX 激活"长方体"命令，单击拾取一点，输入 @5，–5，按 Enter 键确认，输入 15，按 Enter 键确认，绘制一个长方体。

（8）输入 CO 激活"复制"命令，选择创建的长方体对象，拾取一点，向下引导光标并输入 40，按 Enter 键确认，再次输入 80，按两次 Enter 键确认对其进行复制。

图 16–122　创建长方体

（9）设置"二维线框"视觉样式，并调整视图的视觉，输入 M，按 Enter 键激活"移动"命令，选择创建和复制的 3 个长方体对象，捕捉上方长方体左上角点为基点，按住 Shift 键右击并选择"自"功能，然后捕捉弯管模模型上切口位置的端点作为参照点，如图 16–124 所示。

（10）输入 @0，0，–10，按 Enter 键确认，将长方体移动到弯管模对象上。效果如图 16–125 所示。

图 16–123　差集运算结果

（11）输入 CO 激活"复制"命令，选择 3 个长方体对象，以上方长方体左上端点为基点，沿 X 轴引导光标，捕捉追踪线与弯管模切口右侧垂直边的交点为目标点，将其复制，如图 16–126 所示。

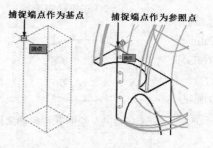

图 16–124　捕捉基点和参照点

图 16–125　移动长方体

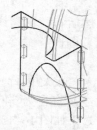

图 16–126　复制长方体

（12）输入 SUB 激活"差集"命令，单击选择弯管模模型，按 Enter 键确认，然后分别单击选择 6 个长方体对象，按 Enter 键确认进行差集运算。效果如图 16–127 所示。

（13）设置"概念"视觉样式，再次输入 BOX 激活"长方体"命令，创建 11×50×250 的长方体对象，输入 M 激活"移动"命令，以长方体左上角点为基点，以弯管模右平面圆心为参照点，以 @–11，–25，125 为目标点，将其移动到弯管模模型对象上，如图 16–128 所示。

图 16–127　差集运算结果

（14）再次执行"差集"命令，使用弯管模模型与长方体模型进行差集运算，完成弯管模机械零件三维模型的创建。效果如图 16–129 所示。

（15）输入 3DR 激活"三维旋转"命令，将弯管模模型沿 Y 轴旋转 90°，最后为其重新选择一种黄色颜色，完成该弯管模机械零件三维模型的创建。效果如图 16–130 所示。

图 16-128　移动长方体的位置

图 16-129　差集布尔运算

图 16-130　旋转并设置颜色

16.3.5　实例——创建弯管模机械零件正等轴测图

本节创建弯管模机械零件正等轴测图，该零件的轴测图相对来说比较简单。其效果如图 16-131 所示。

（1）继续 16.3.4 节的操作，进入"草图与注释"工作空间，将视图切换到俯视图，设置视觉样式为"二维线框"，并激活状态栏上的"等轴测草图"按钮进入等轴测图绘图环境。

（2）在图层控制列表中将"中心线"层设置为当前图层，按 F5 键将轴测面切换为"< 等轴测平面 俯视 >"，按 F8 键启用"正交"功能。

（3）输入 L 激活"直线"命令，绘制相交的两条线作为辅助线，然后将"轮廓线"层设置为当前图层，输入 EL，按 Enter 键激活"椭圆"命令，捕捉辅助线的交点，绘制直径为 336 的轴测圆。

（4）重复执行"椭圆"命令，继续以辅助线的交点为圆心，再次绘制直径为 340 的轴测圆，然后将该圆向上移动 2 个绘图单位。效果如图 16-132 所示。

图 16-131　弯管模机械零件正等轴测图

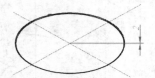
图 16-132　绘制并移动轴测圆

（5）按 F5 键将轴测面切换为"< 等轴测平面 右视 >"，输入 CO 激活"复制"命令，将直径为 340 的轴测圆向上复制 13、81 和 94 个绘图单位，将直径为 336 的轴测圆向上复制 98 个绘图单位。效果如图 16-133 所示。

（6）输入 XL 激活"构造线"命令，配合"切点"捕捉功能绘制直径为 340 的轴测圆的公切线，然后输入 TR 激活"修剪"命令，对轴测圆和公切线进行修剪。效果如图 16-134 所示。

（7）再次激活"椭圆"命令，捕捉上表面圆心，绘制直径为 250 的轴测圆，然后将该圆向上复制 40 个绘图单位。效果如图 16-135 所示。

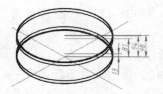
图 16-133　复制轴测圆

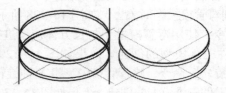
图 16-134　绘制轴测图

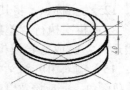
图 16-135　绘制并复制轴测圆

（8）继续以上顶面圆心为圆心，再次绘制直径为246的轴测圆，并将其向上移动2个绘图单位。效果如图16-136所示。

（9）继续以上顶面圆心为圆心，再次绘制直径为120的轴测圆，然后输入XL激活"构造线"命令，绘制直径为250的轴测圆的公切线。效果如图16-137所示。

（10）输入TR激活"修剪"命令，对公切线以及轴测圆进行修剪。效果如图16-138所示。

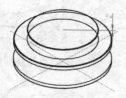 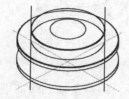 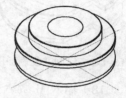

图16-136 绘制并移动轴测圆　　图16-137 绘制轴测圆与公切线　　图16-138 修剪图形

（11）按F5键将轴测面切换为"<等轴测平面 右视>"，按输入CO激活"复制"命令，单击选择两条辅助线，将其向上复制98个绘图单位，然后将Y轴上的两条辅助线向左下方向复制125个绘图单位，如图16-139所示。

（12）继续使用"复制"命令，将上层一组辅助线向下复制15个绘图单位，将下层一组辅助线向上复制15个绘图单位。效果如图16-140所示。

（13）输入TR激活"修剪"命令，以复制的辅助线为修剪边，对图形进行修剪，然后将修剪后的图线放入轮廓线层，并使用"直线"命令补画其他图线。效果如图16-141所示。

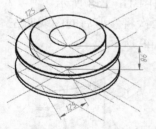 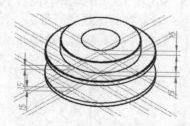 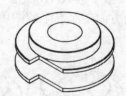

图16-139 复制辅助线　　　图16-140 再次复制辅助线　　　图16-141 修剪图线并补画图线

（14）按F5键将轴测面切换为"<等轴测平面 俯视>"，输入L激活"直线"命令，通过上顶面圆心重新绘制两条辅助线，如图16-142所示。

（15）输入CO激活"复制"命令，将Y轴上的复制性对称复制25个绘图单位，然后将复制的两条线向下复制11个绘图单位。效果如图16-143所示。

（16）输入TR激活"修剪"命令，对图形进行修剪，将修剪后的图线放入"轮廓线"层，然后使用"直线"命令补画其他图线。效果如图16-144所示。

（17）按F5键将轴测面切换为"<等轴测平面 右视>"，输入CO激

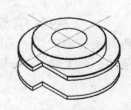

图16-142 绘制辅助线

活"复制"命令，将半径为 120 的圆弧再次向下复制 11 个绘图单位，然后再次对图形进行修剪，并补画其他图线。效果如图 16-145 所示。

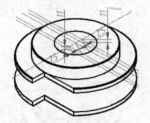
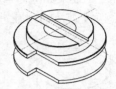
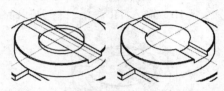

图 16-143　绘制并复制辅助线　　　　图 16-144　修剪图形并补画图线　　　　图 16-145　复制轴测圆并修剪图形

（18）输入 M 激活"移动"命令，将两条辅助线向下移动 94 个绘图单位，然后将 Y 轴上的辅助线沿 X 轴负方向复制 170 和 125 个绘图单位，将 X 轴上的辅助线沿 Y 轴负方向复制 115 个绘图单位。效果如图 16-146 所示。

（19）分别按 F5 键将轴测面切换为"< 等轴测平面 左视 >"和"< 等轴测平面 右视 >"，输入 EL 激活"椭圆"命令，输入 I 激活"轴测圆"选项，捕捉辅助线的交点，绘制半径为 34 的两个轴测圆，然后输入 TR 激活"修剪"命令，对图形进行修剪，并删除多余图线。效果如图 16-147 所示。

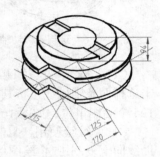

图 16-146　移动辅助线

（20）输入 CO 激活"复制"命令，将弯管模切口位置的边线统统向内复制 5 个绘图单位，将垂直线向右下复制 10、25、50、65、90 和 105 个绘图单位。效果如图 16-148 所示。

（21）输入 TR 激活"修剪"命令，对复制的图线进行修剪，然后再次将修剪后的图线向左下角方向复制 5 个绘图单位，最后再次修剪并补画图线。效果如图 16-149 所示。

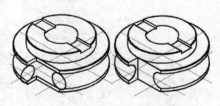

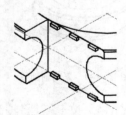

图 16-147　绘制轴测圆并修剪图形　　　图 16-148　复制图线　　　图 16-149　修剪图线

（22）这样，弯管模机械零件正等轴测图绘制完毕，删除所有辅助线，关闭"线宽"显示功能并调整视图查看效果。效果如图 16-150 所示。

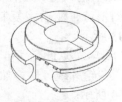

图 16-150　弯管模机械零件正等轴测图

附录　命令快捷键

命 令	快 捷 键	功 能	命 令	快 捷 键	功 能
设计中心	ADC	设计中心资源管理器	线宽	LW	用于设置线宽的类型、显示及单位
对齐	AL	用于对齐图形对象	特性匹配	MA	把某一对象的特性复制给其他对象
圆弧	A	用于绘制圆弧	定距等分	ME	按照指定的间距等分对象
面积	AA	用于计算对象及指定区域的面积和周长	镜像	MI	根据指定的镜像轴对图形进行对称复制
阵列	AR	将对象矩形阵列或环形阵列	多线	ML	用于绘制多线
定义属性	ATT	以对话框的形式创建属性定义	移动	M	将图形从原位置移动到所指定的位置
创建块	B	创建内部图块，以供当前图形文件使用	多行文字	T、MT	创建多行文字
边界	BO	以对话框的形式创建面域或多段线	偏移	O	按照指定的偏移距离对图形进行偏移复制
打断	BR	删除图形一部分或把图形打断为两部分	选项	OP	自定义 AutoCAD 设置
倒角	CHA	给图形对象的边进行倒角	对象捕捉	OS	设置对象捕捉模式
特性	CH	特性管理窗口	实时平移	P	用于调整图形在当前视口内的显示位置
圆	C	绘制圆	编辑多段线	PE	编辑多段线和三维多边形网格
颜色	COL	定义图形对象的颜色	多段线	PL	绘制多段线
复制	CO、CP	用于复制图形对象	点	PO	创建点对象
编辑文字	ED	用于编辑文本对象和属性定义	多边形	POL	绘制多边形
对齐标注	DAL	用于创建对齐标注	特性	CH、PR	控制现有对象的特性
角度标注	DAN	用于创建角度标注	快速引线	LE	快速创建引线和引线注释
基线标注	DBA	从上一或选定标注基线处创建基线标注	矩形	REC	绘制矩形
圆心标注	DCE	创建圆和圆弧的圆心标记或中心线	重画	R	刷新显示当前视口
连续标注	DCO	从基准标注的第二尺寸界线处创建标注	全部重画	RA	刷新显示所有视口
直径标注	DDI	用于创建圆或圆弧的直径标注	重生成	RE	重生成图形并刷新显示当前视口
编辑标注	DED	用于编辑尺寸标注	全部重生成	REA	重新生成图形并刷新所有视口
线性标注	DLI	用于创建线性尺寸标注	面域	REG	创建面域
坐标标注	DOR	创建坐标点标注	重命名	REN	对象重新命名

续表

命 令	快捷键	功 能	命 令	快捷键	功 能
半径标注	DRA	创建圆和圆弧的半径标注	线型比例	LTS	用于设置或修改线型的比例
标注样式	D	创建或修改标注样式	渲染	RR	创建具有真实感的着色渲染
距离	DI	用于测量两点之间的距离和角度	旋转实体	REV	绕轴旋转二维对象以创建对象
定数等分	DIV	按照指定的等分数目等分对象	旋转	RO	绕基点移动对象
圆环	DO	绘制填充圆或圆环	比例	SC	在 X、Y 和 Z 方向等比例放大或缩小对象
绘图顺序	DR	修改图像和其他对象的显示顺序	切割	SEC	用剖切平面和对象的交集创建面域
草图设置	DS	用于设置或修改状态栏上的辅助绘图功能	剖切	SL	用平面剖切一组实体对象
鸟瞰视图	AV	打开"鸟瞰视图"窗口	捕捉	SN	用于设置捕捉模式
椭圆	EL	绘制椭圆或椭圆弧	二维填充	SO	用于创建二维填充多边形
删除	E	用于删除图形对象	样条曲线	SPL	绘制样条曲线
缩放	Z	放大或缩小当前视口对象的显示	编辑样条曲线	SPE	用于对样条曲线进行编辑
输出	EXP	以其他文件格式保存对象	拉伸	S	用于移动或拉伸图形对象
延伸	EX	用于根据指定的边界延伸或修剪对象	样式	ST	用于设置或修改文字样式
拉伸	EXT	用于拉伸或放样二维对象以创建三维模型	差集	SUB	用差集创建组合面域或实体对象
圆角	F	用于为两对象进行圆角	公差	TOL	创建形位公差标注
编组	G	用于为对象进行编组，以创建选择集	圆环	TOR	创建圆环形对象
图案填充	H	以对话框的形式为封闭区域填充图案	修剪	TR	用其他对象定义的剪切边修剪对象
编辑图案填充	HE	修改现有的图案填充对象	并集	UNI	用于创建并集对象
消隐	HI	用于对三维模型进行消隐显示	单位	UN	用于设置图形的单位及精度
导入	IMP	向 AutoCAD 输入多种文件格式	视图	V	保存和恢复或修改视图
插入	I	用于插入已定义的图块或外部文件	写块	W	创建外部块或将内部块转变为外部块
交集	IN	用于创建交两对象的公共部分	楔体	WE	用于创建三维楔体模型
图层	LA	用于设置或管理图层及图层特性	外部参照	XA	用于向当前图形中附着外部参照
拉长	LEN	用于拉长或缩短图形对象	外部参照绑定	XB	将外部参照依赖符号绑定到图形中
直线	L	绘制直线	构造线	XL	绘制构造线
线型	LT	用于创建、加载或设置线型	分解	X	将组合对象分解为组建对象
列表	LI、LS	显示选定对象的数据库信息	外部参照管理	XR	控制图形中的外部参照